深度探索 C++14

【德】Peter Gottschling 著　吴野 译

Discovering Modern C++

An Intensive Course for Scientists, Engineers, and Programmers

电子工业出版社
Publishing House of Electronics Industry
北京·BEIJING

内 容 简 介

本书从传统的 Hello World 开始，先介绍了语言入门 C++ 所必须的基本要素（如表达式、语句、声明）；再到和程序组织有关的函数、类；然后深入探讨了 C++ 所支持的泛型编程、元编程和面向对象等不同编程范式，并且提供了很多的例子可以让读者仔细体会它们之间的联系、区别和适用场景；最后再以一个中型项目为例介绍了一些大型工程所必备的基础知识。

本书适合 C++ 初学者、正在开发和维护科学和工程软件的软件工程师，以及希望学习和理解现代 C++ 机制如泛型编程和元编程的读者。

Authorized Translation from the English language edition, entitled Discovering Modern C++: An Intensive Course for Scientists, Engineers, and Programmers, 9780134383583 by Peter Gottschling, published by Pearson Education, Inc., Copyright © 2016 Pearson Education, Inc.

All rights reserved. No part of this book may be reproduced or transmitted in any form or by any means, electronic or mechanical, including photocopying, recording or by any information storage retrieval system, without permission from Pearson Education, Inc.

CHINESE SIMPLIFIED Language edition published by PUBLISHING HOUSE OF ELECTRONICS INDUSTRY, Copyright © 2020.

本书简体中文版专有出版权由 Pearson Education, Inc. 培生教育出版集团授予电子工业出版社，未经许可，不得以任何方式复制或抄袭本书的任何部分。专有出版权受法律保护。

本书仅限中国大陆境内（不包括中国香港、澳门特别行政区和中国台湾地区）销售发行。

本书简体中文版贴有 Pearson Education, Inc. 培生教育出版集团激光防伪标签，无标签者不得销售。

版权贸易合同登记号　图字：01-2016-1169

图书在版编目（CIP）数据

深度探索 C++14/（德）彼得•哥特史林（Peter Gottschling）著；吴野译. —北京：电子工业出版社，2020.7
书名原文：Discovering Modern C++: An Intensive Course for Scientists, Engineers, and Programmers
ISBN 978-7-121-35498-4

Ⅰ. ①深… Ⅱ. ①彼… ②吴… Ⅲ. ①C++ 语言—程序设计 Ⅳ. ①TP312.8

中国版本图书馆 CIP 数据核字（2018）第 251349 号

责任编辑：张春雨
印　　刷：北京京师印务有限公司
装　　订：北京京师印务有限公司
出版发行：电子工业出版社
　　　　　北京市海淀区万寿路 173 信箱　　邮编：100036
开　　本：787×980　1/16　印张：31.25　字数：605 千字
版　　次：2020 年 7 月第 1 版
印　　次：2020 年 7 月第 1 次印刷
定　　价：128.00 元

凡所购买电子工业出版社图书有缺损问题，请向购买书店调换。若书店售缺，请与本社发行部联系，联系及邮购电话：(010) 88254888，88258888。

质量投诉请发邮件至 zlts@phei.com.cn，盗版侵权举报请发邮件至 dbqq@phei.com.cn。
本书咨询联系方式：010-51260888-819，faq@phei.com.cn。

推荐序 1
一些关于 C++ 的大实话

我在北美这几年面试了上百位应聘者，这边的公司大多会让应聘者自选编程语言。我注意到一个现象，即使用C++作为面试语言的应聘者比例很低，大约不到1/10，在应届生中这个比例更低，远远不如我早前在上海和香港那几年面试的情况。在面试中，我也不再考察C++语法和标准库的知识点了。因为据我了解，即便是北美计算机科班出身的应届生也不一定在学校学过C++，他们学习的编程语言一般以Java或Python为主，然后因为操作系统或体系结构课程需要，会学一点C语言。这些新人参加工作之后，如果项目需要，会用两三周的时间，在原有的编程语言基础上快速入门C++，然后仿照项目现有代码的风格和习惯，开始上手C++编程。这种学习方式的优点是主次分明、重点突出、有的放矢。相比之下，其他专业的毕业生掌握C++的比例就更低了，我见过一些统计或者信号处理方向的博士们毕业之后进入工业界，需要把自己原来用R语言或者MATLAB实现的模型或算法用C++重写，使之融入公司的产品。正是因为有这样的开发者使用C++来完成工作中的开发任务，才赋予了这门语言蓬勃的生命力，否则它就只能沦为C++语言爱好者的玩物了。

换句话说，早前我刚参加工作那会儿的行情是：在学校学好C++，借此找到好工作。现在的情况变成了先学会编程，找份好工作，如果工作需要，再去学C++。本书正是适应这种"新需求"的产物，作者Peter Gottschling在科学计算领域颇有建树，也有丰富的教学经验，他的书抓住了重点，能够把C++常用功能的使用方法快速传授给读者。

其实，大多数普通程序员，包括我自己，在工作中很少有自由选择语言的权利。我在Morgan Stanley利用C++写了几年的实时外汇交易系统，后来在Google用C++写了几年的广告后台服务。并不是因为我擅长C++才决定在工作中采用C++，而是因为这些系统本来就是以C++为主的，我参与到其中，自然也得用C++来开发。话说回来，对于目前很多技术热点（Web和移动开发、机器学习）来说，C++并不是一门必须要学习和掌握的语言，很多不懂C++的程序员也能拥有相当辉煌的职业生涯。因此，对于C++初学者，与其问C++能做什么，不如多想想你需要用C++做什么。你想加入的公司或开发组是不是主要使用C++来开发项目？如果是，你掌握的C++知识是否足以胜任此项工作？

那么，C++要学到什么程度？其实项目越大，参与的人越多，使用的技术就会越趋于"平凡"，毕竟要照顾大家的平均水平，不宜剑走偏锋。对于多人开发的大中型项目，我认为大多数组员把C++学到能读懂并仿写LevelDB源码的程度，就足以应付日常的开发。只有那些写C++模板库给别人用的少数人，才需要钻研比较高深的模板（元）编程技术。举个例子，用逗号分隔字符串大家都会写，但是实现absl::StrSplit()用到的语法就不是每个C++程序员都需要掌握的。

商业公司使用C++开发商业项目，一定有其充分理由。常见的理由有两个：节约成本、增加收入。节约成本，一般认为是节约机器（服务器）的成本。虽然大家都知道人比机器贵，但是当系统的规模大到一定程度（5万台以上可称为Warehouse-Scale Computers[1]）时，节约10%的机器资源所能获得的收益就不容忽视了。[2] 在竞争环境下，一个高效的系统有可能增加收入。例如，在实时在线广告竞价领域，用C++能在规定的期限（比如100ms）内对候选广告做更细致的评分，从中挑选出更有机会被用户点击的广告。对于在线广告公司来说，提升广告的点击率是能直接影响企业利润的核心需求，那么用C++来实现广告系统似乎是一个很自然的选择。

大家普遍认为，C++是一门高效的（efficient）语言，高效通常指的是节省机器资源，但高效不等于高性能（high performance）。随着摩尔定律的终结，目前高性能领域往往会使用特定硬件加速（Domain-Specific Architecture, DSA）。如果计算密集型的代码，要么用SIMD指令做向量化，要么放到GPU上去做并行计算，这样获得的性能提升通常会远超更换编程语言的效果。用C/C++实现的AES加密算法再怎么优化，也比不过在CPU里加几条相关的指令。Google为了提高机器学习的效率，还专门研发了TPU加速芯片。[3] "用C++写出来的程序一定是高性能的"这种观点如今看来不免有些太天真了。

C++好用不好用，主要看你的工具和库好不好。我没见过哪个公司只用C++标准库做开发，因为标准库提供的功能实在是太少了，而且标准库提供的不一定是最好的选择。Google前不久开源了自己用的C++基础库Abseil，我尤其推荐其中的两个：

- 号称瑞士军刀的散列表，用于替换标准库中的 unordered_set/unordered_map。得益于 memory locality，absl::flat_hash_map 的性能显著高于 std::unordered_map。

---

[1] 参见 *Computer Architecture: A Quantitative Approach, Sixth Edition*，第 6 章：Warehouse-Scale Computers。

[2] 一台普通服务器 3 年的总使用成本大约是 8000 美元，即每月 222 美元。一个普通程序员每月的薪资成本大致相当于几十台甚至上百台这样的服务器。（参见 *The Datacenter as a Computer: Designing Warehouse-Scale Machines, Third Edition*，136 页）

[3] 参见 *A Domain-Specific Architecture for Deep Neural Networks*，Communications of the ACM, 2018.09。

- 时间库，用于替换标准库中的 `std::chrono`。

与10年前相比，C++的代码工具有了巨大的进步，这主要得益于LLVM/Clang为编写C++源码工具提供了坚实而便利的基础，让工具对C++代码的理解从正则表达式层面提升到了抽象语法树层面，从而能真正理解一段C++代码的语意。Clang-Tidy让稍具水平的程序员也能方便地编写工具来改进codebase的质量。[1] 此外，新的运行时工具也有助于在测试阶段发现错误。

俗话说，到什么山头唱什么歌，在一个公司中多人合作编写代码时要遵循统一的约定，不能随心所欲地自由发挥。这里列出几个工业级的C++编码规范，它们各自都被上百万行的海量代码遵循着，可供大家借鉴并体会哪些知识点是反复强调、需要下功夫去好好掌握的：

- Google C++ Style Guide/C++ Tips of the Week

- LLVM Coding Standards

- Qt Coding Conventions

值得一提的是，目前这几个规范都明确地禁用异常，因此我认为不必为C++异常投入过多的学习精力，将来的工作中很可能用不到。在工作中，对于可能返回错误的函数，我们一般的做法是返回`Status`或者`StatusOr<T>`。

最后，提一点建议：写一个新的类时，绝大多数情况下，请先禁用复制构造函数和赋值操作符，这将有效地防止浅复制导致的内存错误。

我期待将来有一天C++标准能采纳一个建议：把复制构造函数和赋值操作符默认删除（`=delete`），除非用户显式地定义它们。

祝大家学习愉快！

陈　硕

美国·加利福尼亚州

2019年7月

1　Google 把 Clang Tools 和 MapReduce 结合在了一起，参见 *Large-Scale Automated Refactoring Using ClangMR*。

推荐序 2

  C++是一门强大的语言，而C++本身也在不断演进中，最新的标准已经演进到C++20，并引入了相当多引人注目的特性，如Concept、Module和Coroutine。相比C++20，本书着眼的C++11/14是对编译器支持相对成熟，并且工业项目也愿意采用的C++新标准。C++11/14相比C++98/03也具有非常多的新特性，如auto、匿名函数、constexpr、move语义等。本书从丰富的代码例子出发，引出C++11/14新特性要解决的问题，避免了过多的语言特性描述，这样可以很直观地让大家知道某个特性实际是要怎么使用的。但是，本书的不足之处在于有点发散，很多概念一笔带过。总体而言，瑕不掩瑜，本书对于已有C++98/03基础，且想要快速补足C++11/14知识的人群来说是一本合适的图书。

吴 钊（蓝色）

前言

世界是建立在 C++（以及它的 C 子集）上的。

——Herb Sutter

Google、Amazon 和 Facebook 的很多基础设施都构建于 C++ 之上。还有相当一部分的其他底层技术也是使用 C++ 实现的。在电信领域，几乎所有的固定电话和手机都由 C++ 开发的软件所驱动。在德国，几乎所有的主要通信节点都是由 C++ 处理的，这意味着作者的家庭也是 C++ 的间接受益者。

即便是用其他语言编写的软件也可能会依赖于 C++，因为最流行的编译器都是用 C++ 实现的：比如 Visual Studio、Clang，以及 GNU 和 Intel 编译器中较新的组件。[1] 在 Windows 系统上运行的组件更是如此，因为 Windows 系统（以及 Office）本身就是用 C++ 开发的。C++ 无所不在，甚至你的手机和汽车，都一定包含了用 C++ 开发的组件。C++ 的发明者 Bjarne Stroustrup 制作了一个示例网页，上述大部分例子都源于该网页。

科学和工程领域的许多高质量软件包也都是用 C++ 实现的。当项目超过一定规模，且数据结构相当复杂时，C++ 的优势就会体现出来。这也是许多——甚至可以说大多数——科学和工程中的仿真软件程序（比如业内领头的 Abaqus、deal.II、FEniCS、OpenFOAM，以及 CATIA 等一些 CAD 软件）都用 C++ 来实现的原因。得益于处理器和编译器的发展，C++ 也越来越多地应用到嵌入式系统中（不过可能不是全部的现代语言特性和库都可以使用）。此外，我们不确定有多少项目如果晚些启动就会转用 C++，而不会使用 C。比如，著名的科学库 PETSc 的作者 Matt Knepley（也是本书作者的好友）就承认，如果有可能，他更愿意用 C++ 重写这个库。

---

1 GNU 和 Intel 编译器以前多用 C 语言实现。——译注

学习 C++的理由

和其他语言不同，从硬件编程到高级抽象编程，C++几乎都能胜任。底层编程——如用户自定义的内存管理——可以让程序员明确掌握程序是如何被执行的，它也会帮助你更好地了解其他语言中程序的行为。使用 C++可以编写极高性能的程序。这些程序仅仅比花大力气用机器语言精心编写的代码性能略差一些。况且，程序员应该优先让软件的实现清晰明了，"硬核"的性能调优只是其次。

而这正是 C++高级特性的用武之地。C++直接支持各种编程范式：面向对象编程（见第 6 章）、泛型编程（见第 3 章）、元编程（见第 5 章）、并发编程（见 4.6 节）和过程式编程（见 1.5 节），等等。有好几种编程技术，比如 RAII（见 2.4.2.1 节）和表达式模板（见 5.3 节）都是在 C++中发明的。由于 C++的语言表达能力非常强，所以通常可以在保持语言不变的条件下开发出新的技术。也许有一天你也会成为新技术的发明者。

阅读本书的原因

这本书中的所有内容都经过了实践检验。作者教授了三年（每年两个学期）C++ for Scientists 课程。大部分学生来自数学系，还有一些来自物理和工程系。他们在课前通常并不了解 C++，而在课程结束时，已经能够实现表达式模板（5.3 节）等高级技术。你可以根据自己的需要阅读本书：直接跟随本书主章节学习要点，或者阅读附录 A 中的其他示例和背景知识以获得更多的信息。

"美女与野兽"

C++可以有多种编写方式。在本书中，我们会引导你平滑过渡到更加高级的风格上。这需要用到 C++的高级特性。这些特性在最初可能会令人却步，但是习惯之后就会发现，高层[1]上的编程不仅适用面更广，在效率和可读性上也会更好。

我们使用恒定步长的梯度下降法这个简单的例子作为 C++的入门用例。它的原理非常简单，我们以函数 $f(x)$ 的梯度 $g(x)$ 作为它最陡的方向进行下降，然后用固定大小的步长沿着这个方向抵达局部最小值。算法的伪代码也同样简单：

---

[1] 指高抽象层次。——译注

> **算法1：梯度下降法**
>
> 输入：初始值 x、步长 s、终止条件 ε、函数 f、梯度 g
> 输出：局部最小值 x
> 1　do
> 2　$\quad\big|\quad x = x - s \cdot g(x)$
> 3　while $|\Delta f(x)| \geqslant \varepsilon$;

对于这个简单的算法，我们提供了两个完全不同的实现。这里只需注意它的主要框架，不必考虑技术细节。

```
void gradient_descent(double* x,
    double* y, double s, double eps,
    double(*f)(double, double),
    double(*gx)(double, double),
    double(*gy)(double, double))
{
    double val= f(*x, *y), delta;
    do {
        *x-= s * gx(*x, *y);
        *y-= s * gy(*x, *y);
        double new_val= f(*x, *y);
        delta= abs(new_val - val);
        val= new_val;
    } while (delta > eps);
}
```

```
template <typename Value, typename P1,
          typename P2, typename F,
          typename G>
Value gradient_descent(Value x, P1 s,
    P2 eps, F f, G g)
{
    auto val= f(x), delta= val;
    do {
        x-= s * g(x);
        auto new_val= f(x);
        delta= abs(new_val - val);
        val= new_val;
    } while (delta > eps);
    return x;
}
```

这两段代码乍看之下很相似，且让我们来仔细分析。第一个版本可以算是纯 C 的实现，用 C 语言编译器也可以编译它。它的好处是优化（optimize）的目标特别直观：一个双精度浮点的二维函数（在加粗部分中）。第二个版本是我们更喜欢的版本，因为它更加泛化：从被加粗的类型和函数参数上可以看到，它可以用具有任意值类型、任意维度的函数。出乎意料的是，拥有更多功能的后者在执行效率上并不落后于前者。相反，由 F 和 G 给出的函数可以被内联（见 1.5.3 节），以节省函数调用的开销。而左侧显式使用函数指针（也更难看）的版本则会令此类优化变得更加困难。

如果读者有耐心的话，可以在附录 A（A.1 节）中找到一个更长的新旧风格对比的例子。在实际工作中，现代风格的编程所带来的好处远比这里的示例更加明显。不过，在此我们不会举出更为复杂的例子，以免你耽于细节。

科学和工程计算中的编程语言

如果每种数值软件都可以用 C++ 编写并保持高效，那当然是一件极好的事情。但前提是它们一定不能打破 C++ 的类型系统。否则更应该使用 Fortran、汇编语言或针对特定架构的扩展来进行编写。

——Bjarne Stroustrup

科学和工程计算软件可以使用不同的语言编写。而哪种语言最适合则取决于最终目标和可用资源：

- 对于 MATLAB、Mathmatica 或者 R 这样的软件，当我们可以使用它们内建的算法时，它们会非常好用。但如果我们自己实现的算法需要细粒度的运算（例如标量），那么上述软件的性能会显著降低。不过如果问题规模较小或者用户有足够的耐心，这也可能不是问题。否则，我们就应该考虑其他的替代语言。

- Python 非常适合快速开发，并拥有类似 SciPy 或者 NumPy 这样的科学库。基于这些库（库本身通常由 C 或者 C++开发）的应用程序的效率还是很高的。但是同样，需要细粒度运算的用户自定义算法的性能会降低。[1] 使用 Python 是快速完成中小型任务的绝佳方式。但是当项目到一定规模后，更加严格的编译器就变得越来越重要（比如赋值会在参数不匹配时被拒绝）。

- 当我们可以依赖现有的、经过良好优化的运算（比如密集矩阵计算）时，Fortran 也是一个很不错的选择。它非常适合完成老教授的家庭作业（因为他们只会问一些在 Fortran 中很容易实现的问题）。根据作者的经验，当引入新的数据结构时，Fortran 就会变得极为麻烦。事实上用 Fortran 编写大型模拟程序是一个相当大的挑战。如今愿意这样做的人越来越少。

- C 语言的性能很好，而且已有大量的软件使用 C 语言开发。它的语言核心内容较少，且易于学习。使用 C 语言开发所面临的主要挑战是：使用简陋而危险的语言特性，尤其是指针（见 1.8.2 节）和宏（见 1.9.2.1 节），开发大型、无错的软件。

- 当应用程序最主要的部分是 Web 和图形界面并且计算较少时，Java、C#和 PHP 都是不错的选择。

当我们要开发具有良好性能的大型高质量软件时，C++在各项语言中可谓翘楚。这样

---

1 这个问题有很多已成型或正在开发的解决方案，比如 PyPy、Numba 等。——译注

的软件开发过程并不一定是缓慢而痛苦的。通过正确的抽象，我们可以非常快速地编写 C++ 程序。一定会有更多的科学计算库被纳入未来的 C++ 标准，我们对此表示乐观。

体例

本书中术语以中文楷体、英文斜体（*italic*）表示。C++源码使用等宽字体（`monospace`）。重要细节以粗体（**boldface**）标注。类、函数、变量和常量都是小写的，并可能含有下画线。矩阵例外，通常用单个大写字母命名。模板参数和概念（Concept）以大写字母开头，也可能会有其他的大写字母在名字中（CamelCase）。程序输出、命令行则用打字机字体（`typewriter font`）表示。

当需要使用 C++03、C++11 和 C++14 的特性时，程序会以相应的边框标注。一些轻度使用 C++11 特性，且易于被对应的 C++03 的机制替换的程序，就不再另行标注。

⇒ `directory/source_code.cpp`

除了特别短的代码示例，本书中所有的程序示例都在至少一个编译器上进行了测试。完整程序的路径通常在包含这段代码的小节开头以箭头形式标出。

在 Windows 系统上还可以使用更方便的工具 TortoiseGit（`tortoisegit.org`）。[1]

读者服务

微信扫码回复：35498

- 获取博文视点学院 20 元付费内容抵扣券
- 获取免费增值资源
- 获取本书代码资源及参考文献
- 获取精选书单推荐

---

1 也有其他 Git 的 GUI 可以选择，比如 Github on Windows 等。——译注

致谢

依照时间顺序，我首先要感谢 Karl Meerbergen 和他的同事们所编写的 80 页讲义。这些讲义是 2008 年 Karl 在 KU Leuven 授课时使用的。在此之后，讲义中的大多数段落都被重写，但是它的原始版本为整个写作过程提供了至关重要的原动力。我还欠了 Mario Mulansky 一个大人情，他为 7.1 节常微分方程解算器的实现部分做出了巨大的贡献。

非常感谢 Jan Chritiaan van Winkel 和 Fabio Fracassi。他们审阅了手稿中的每一个细节，并提出了许多关于标准合规性和可理解性的建议。

特别感谢 Bjarne Stroustrup 为本书的成型出谋划策。他帮助我与 Addision-Wesley 出版社建立联系，慷慨地允许我使用他精心准备的材料，以及——创造了 C++。感谢所有的校对者，是你们敦促我尽可能地使用 C++11 和 C++14 中的特性，去更新讲义中旧的材料。

还要感谢 Karsten Ahnert 的建议。感谢 Markus Abel 帮助我将原本冗长的前言化繁为简。

感谢 Jan Rudl，当我为 4.2.2.6 节寻找一个有趣的随机数用例时，他建议我使用他在班级授课中所用到的股价演变的例子。[60]

感谢德累斯顿工业大学，我在那里教授了三年多的 C++。感谢我的学生在课程中给予了我很多建设性的反馈。同样也感谢参与我 C++培训的学员们。

非常感谢本书的编辑 Greg Doench，感谢他接受了我在本书中亦庄亦谐的风格，也感谢他和我对策划案进行了漫长的讨论，并最终获得了我们都满意的方案。他还提供了专业上的支持。如果没有他，这本书永远都无法出版。

Elizabeth Ryan 在本书制作过程中的管理方式非常值得称赞，同时感谢她耐心听取我的所有特殊要求。

最后，同样重要的，我要衷心感谢我的家人——我的妻子 Yasmine，我的孩子 Yanis、Anisa、Vincent 和 Daniel——为了完成本书，我牺牲了原本应和全家人共度的时光。

作者简介

Peter Gottschlling 致力于开发领先的科学计算软件,并希望他的热情能打动读者。他开发了矩阵模板库(Matrix Template Library 4,MTL4),同时也是许多程序库的合作开发者,如 Boost Graph Library。他在大学的基础 C++ 课程和专业培训课程中分享了这些开发经验,并最终促使了本书的诞生。

他是 ISO C++ 标准委员会成员、德国编程语言标准委员会副主席、德累斯顿 C++ 用户组创始人。年少之时,他在德累斯顿工业大学同时学习计算机科学和数学,拿到了双学士学位,并获得了计算机科学专业的博士学位。在经历了一场学术机构中的"冒险"之后,他创立了自己的公司 SimuNova,最后回到了故乡莱比锡,彼时正是莱比锡建城一千周年。他已婚,育有四个孩子。

译者简介

译者吴野,线上常用 ID "空明流转"。毕业后在数家 IT 企业工作过,拥有数年软件开发和硬件设计经验。C++ 为其常用编程语言之一,业余时间也会阅读一些 C++ 标准和标准提案。

目录

第 1 章　C++基础（C++ Basics）···············1
1.1　第一个程序（Our First Program）···············1
1.2　变量（Variables）···············4
1.2.1　常量（Constants）···············7
1.2.2　字面量（Literals）···············7
1.2.3　非窄化的初始化（non-narrowing initialization）···············9
1.2.4　作用域（Scopes）···············11
1.3　操作符（Operators）···············13
1.3.1　算术操作符（Arithmetic Operators）···············14
1.3.2　布尔操作符（Boolean Operators）···············17
1.3.3　位操作符（Bitwise Operators）···············18
1.3.4　赋值（Assignment）···············19
1.3.5　程序流（Program Flow）···············19
1.3.6　内存处理（Memory Handling）···············20
1.3.7　访问操作符（Access Operators）···············21
1.3.8　类型处理（Type Handling）···············21
1.3.9　错误处理（Error Handling）···············21
1.3.10　重载（Overloading）···············22
1.3.11　操作符优先级（Operator Precedence）···············22
1.3.12　避免副作用（Avoid Side Effects!）···············22
1.4　表达式和语句（Expressions and Statements）···············25
1.4.1　表达式（Expressions）···············25
1.4.2　语句（Statements）···············26
1.4.3　分支（Branching）···············27

目录

  1.4.4 循环（Loops） ……………………………………………………… 29
  1.4.5 `goto` ……………………………………………………………………… 33
1.5 函数（Functions） …………………………………………………………… 33
  1.5.1 参数（Arguments） ……………………………………………………… 34
  1.5.2 返回结果（Returning Results） ………………………………………… 36
  1.5.3 内联（Inlining） ………………………………………………………… 37
  1.5.4 重载（Overloading） …………………………………………………… 38
  1.5.5 `main` 函数（`main` Function） ………………………………………… 40
1.6 错误处理（Error Handling） ………………………………………………… 41
  1.6.1 断言（Assertions） ……………………………………………………… 41
  1.6.2 异常（Exceptions） ……………………………………………………… 43
  1.6.3 静态断言（Static Assertions） ………………………………………… 48
1.7 I/O ……………………………………………………………………………… 48
  1.7.1 标准输出（Standard Output） ………………………………………… 48
  1.7.2 标准输入（Standard Input） …………………………………………… 49
  1.7.3 文件的输入和输出（Input/Output with Files） ……………………… 49
  1.7.4 泛化的流概念（Generic Stream Concept） …………………………… 50
  1.7.5 格式化（Formatting） …………………………………………………… 51
  1.7.6 处理输入输出错误（Dealing with I/O Errors） ……………………… 53
1.8 数组、指针和引用（Arrays, Pointers, and References） ………………… 56
  1.8.1 数组（Arrays） …………………………………………………………… 56
  1.8.2 指针（Pointers） ………………………………………………………… 58
  1.8.3 智能指针（Smart Pointers） …………………………………………… 62
  1.8.4 引用（References） ……………………………………………………… 65
  1.8.5 指针和引用的比较（Comparison between Pointers and References）…… 66
  1.8.6 不要引用过期数据（Do Not Refer to Outdated Data!） …………… 67
  1.8.7 数组的容器（Containers for Arrays） ………………………………… 67
1.9 软件项目结构化（Structuring Software Projects） ……………………… 70
  1.9.1 注释（Comments） ……………………………………………………… 70
  1.9.2 预编译指示字（Preprocessor Directives） …………………………… 71
1.10 练习（Exercises） …………………………………………………………… 75

1.10.1 年龄（Age）..75
1.10.2 数组和指针（Arrays and Pointers）..76
1.10.3 读取一个矩阵市场文件的头部（Read the Header of a Matrix Market File）...76

第 2 章 类（Classes）..77

2.1 为普遍意义而不是技术细节编程（Program for Universal Meaning Not for Technical Details）...77
2.2 成员（Members）...79
    2.2.1 成员变量（Member Variables）..80
    2.2.2 可访问性（Accessibility）..80
    2.2.3 访问操作符（Access Operators）...83
    2.2.4 类的静态声明符（The Static Declarator for Classes）.....................84
    2.2.5 成员函数（Member Functions）...84
2.3 设置值：构造函数和赋值（Setting Values: Constructors and Assignments）......85
    2.3.1 构造函数（Constructors）..86
    2.3.2 赋值（Assignment）...96
    2.3.3 初始化器列表（Initializer Lists）..97
    2.3.4 一致性初始化（Uniform Initialization）..99
    2.3.5 移动语义（Move Semantic）..101
2.4 析构函数（Destructors）...105
    2.4.1 实现准则（Implementation Rules）..105
    2.4.2 适当处理资源（Dealing with Resources Properly）.....................106
2.5 自动生成方法清单（Method Generation Résumé）............................112
2.6 成员变量访问（Accessing Member Variables）..................................113
    2.6.1 访问函数（Access Functions）..113
    2.6.2 下标操作符（Subscript Operator）...115
    2.6.3 常量成员函数（Constant Member Functions）............................116
    2.6.4 引用限定的变量（Reference-Qualified Members）......................117
2.7 操作符重载的设计（Operator Overloading Design）..........................118

目录

- 2.7.1 保持一致！（Be Consistent!） ……… 119
- 2.7.2 注意优先级（Respect the Priority） ……… 120
- 2.7.3 成员函数和自由函数（Member or Free Function） ……… 120
- 2.8 练习（Exercises） ……… 123
  - 2.8.1 多项式（Polynomial） ……… 123
  - 2.8.2 移动赋值（Move Assignment） ……… 123
  - 2.8.3 初始化器列表（Initializer List） ……… 123
  - 2.8.4 资源管理（Resource Rescue） ……… 124

第 3 章 泛型编程（Generic Programming） ……… 125

- 3.1 函数模板（Function Templates） ……… 125
  - 3.1.1 实例化（Instantiation） ……… 127
  - 3.1.2 参数类型的推导（Parameter Type Deduction） ……… 128
  - 3.1.3 在模板中处理错误（Dealing with Errors in Templates） ……… 132
  - 3.1.4 混合类型（Mixing Types） ……… 133
  - 3.1.5 一致性初始化（Uniform Initialization） ……… 134
  - 3.1.6 自动返回值类型（Automatic `return` Type） ……… 134
- 3.2 命名空间与函数查找（Namespaces and Function Lookup） ……… 135
  - 3.2.1 命名空间（Namespaces） ……… 135
  - 3.2.2 参数相关查找（Argument-Dependent Lookup） ……… 138
  - 3.2.3 命名空间限定还是 ADL（Namespace Qualification or ADL） ……… 142
- 3.3 类模板（Class Templates） ……… 144
  - 3.3.1 一个容器的范例（A Container Example） ……… 144
  - 3.3.2 为类和函数设计统一的接口（Designing Uniform Class and Function Interfaces） ……… 146
- 3.4 类型推导与定义（Type Deduction and Definition） ……… 153
  - 3.4.1 自动变量类型（Automatic Variable Type） ……… 153
  - 3.4.2 表达式的类型（Type of an Expression） ……… 154
  - 3.4.3 `decltype(auto)` ……… 155
  - 3.4.4 定义类型（Defining Types） ……… 156

3.5 关于模板的一点点理论：概念（A Bit of Theory on Templates: Concepts） ········ 158
3.6 模板特化（Template Specialization） ········ 159
    3.6.1 为单个类型特化类（Specializing a Class for One Type） ········ 159
    3.6.2 函数特化和重载（Specializing and Overloading Functions） ········ 162
    3.6.3 部分特化（Partial Specialization） ········ 164
    3.6.4 函数的部分特化（Partially Specializing Functions） ········ 165
3.7 模板的非类型参数（Non-Type Parameters for Templates） ········ 168
3.8 仿函数（Functors） ········ 170
    3.8.1 类似函数的参数（Function-like Parameters） ········ 172
    3.8.2 组合仿函数（Composing Functors） ········ 173
    3.8.3 递归（Recursion） ········ 175
    3.8.4 泛型归纳函数（Generic Reduction） ········ 179
3.9 匿名函数（Lambda） ········ 180
    3.9.1 捕获（Capture） ········ 181
    3.9.2 按值捕获（Capture by Value） ········ 181
    3.9.3 按引用捕获（Capture by Reference） ········ 182
    3.9.4 广义捕获（Generalized Capture） ········ 184
    3.9.5 泛型匿名函数（Generic Lambdas） ········ 185
3.10 变参模板（Variadic Templates） ········ 186
3.11 练习（Exercises） ········ 188
    3.11.1 字符串表示（String Representation） ········ 188
    3.11.2 元组的字符串表示（String Representation of Tuples） ········ 188
    3.11.3 泛型栈（Generic Stack） ········ 188
    3.11.4 向量的迭代器（Iterator of a Vector） ········ 189
    3.11.5 奇数迭代器（Odd Iterator） ········ 189
    3.11.6 奇数范围（Odd Range） ········ 189
    3.11.7 bool 变量的栈（Stack of bool） ········ 190
    3.11.8 自定义大小的栈（Stack with Custom Size） ········ 190
    3.11.9 非类型模板参数的推导（Deducing Non-type Template Arguments） ········ 190
    3.11.10 梯形公式（Trapezoid Rule） ········ 190
    3.11.11 仿函数（Functor） ········ 191

3.11.12 匿名函数（Lambda） ··· 191

3.11.13 实现 make_unique（Implement make_unique） ························ 191

第 4 章 库（Libraries） ··· 192

4.1 标准模板库（Standard Template Library） ································ 193

4.1.1 入门示例（Introductory Example） ····································· 193

4.1.2 迭代器（Iterators） ··· 194

4.1.3 容器（Containers） ··· 199

4.1.4 算法（Algorithms） ··· 208

4.1.5 超越迭代器（Beyond Iterators） ······································· 215

4.2 数值（Numerics） ·· 216

4.2.1 复数（Complex Numbers） ·· 217

4.2.2 随机数发生器（Random Number Generators） ··························· 220

4.3 元编程（Meta-programming） ··· 230

4.3.1 极限（Limits） ··· 230

4.3.2 类型特征（Type Traits） ·· 232

4.4 支持库（Utilities） ·· 234

4.4.1 元组（Tuple） ··· 235

4.4.2 函数（function） ·· 238

4.4.3 引用包装器（Reference Wrapper） ······································ 240

4.5 就是现在（The Time Is Now） ··· 242

4.6 并发（Concurrency） ·· 244

4.7 标准之外的科学计算程序库（Scientific Libraries Beyond the Standard） ········ 248

4.7.1 其他算术运算库（Other Arithmetics） ·································· 248

4.7.2 区间算术（Interval Arithmetic） ··· 248

4.7.3 线性代数（Linear Algebra） ··· 249

4.7.4 常微分方程（Ordinary Differential Equations） ························· 249

4.7.5 偏微分方程（Partial Differential Equations） ··························· 249

4.7.6 图论算法（Graph Algorithms） ·· 250

4.8 练习（Exercises） ··· 250

4.8.1　按模排序（Sorting by Magnitude） ····· 250
   4.8.2　STL 容器（STL Container） ····· 250
   4.8.3　复数（Complex Numbers） ····· 250

第 5 章　元编程（Meta-Programming） ····· 252

5.1　让编译器进行计算（Let the Compiler Compute） ····· 252
   5.1.1　编译期函数（Compile-Time Functions） ····· 253
   5.1.2　扩展的编译期函数（Extended Compile-Time Functions） ····· 255
   5.1.3　质数（Primeness） ····· 257
   5.1.4　此常数？彼常数？（How Constant Are Our Constants?） ····· 259
5.2　提供和使用类型信息（Providing and Using Type Information） ····· 260
   5.2.1　类型特征（Type Traits） ····· 261
   5.2.2　条件异常处理（Conditional Exception Handling） ····· 264
   5.2.3　一个 const 整洁视图的用例（A const-Clean View Example） ····· 265
   5.2.4　标准类型特征（Standard Type Traits） ····· 272
   5.2.5　领域特定的类型属性（Domain-Specific Type Properties） ····· 272
   5.2.6　enable_if ····· 274
   5.2.7　新版变参模板（Variadic Templates Revised） ····· 278
5.3　表达式模板（Expression Templates） ····· 281
   5.3.1　一个简单的操作符实现（Simple Operator Implementation） ····· 281
   5.3.2　一个表达式模板类（An Expression Template Class） ····· 285
   5.3.3　泛化的表达式模板（Generic Expression Templates） ····· 288
5.4　元优化：编写你自己的编译器优化（Meta-Tuning: Write Your Own Compiler Optimization） ····· 290
   5.4.1　经典的固定大小的循环展开（Classical Fixed-Size Unrolling） ····· 292
   5.4.2　嵌套展开（Nested Unrolling） ····· 295
   5.4.3　动态循环展开——热身（Dynamic Unrolling—Warm-up） ····· 301
   5.4.4　展开向量表达式（Unrolling Vector Expressions） ····· 303
   5.4.5　调优表达式模板（Tuning an Expression Template） ····· 305
   5.4.6　调优缩减运算（Tuning Reduction Operations） ····· 308

  5.4.7 调优嵌套循环（Tuning Nested Loops）………………………………316
  5.4.8 调优一览（Tuning Résumé）……………………………………………322
5.5 练习（Exercises）……………………………………………………………………323
  5.5.1 类型特征（Type Traits）………………………………………………323
  5.5.2 Fibonacci 数列（Fibonacci Sequence）…………………………………323
  5.5.3 元编程版的最大公约数（Meta-Program for Greatest Common Divisor）…323
  5.5.4 向量表达式模板（Vector Expression Template）………………………324
  5.5.5 元列表（Meta-List）……………………………………………………325

第 6 章 面向对象编程（Object-Oriented Programming）………………326

6.1 基本原则（Basic Principles）………………………………………………………327
  6.1.1 基类和派生类（Base and Derived Classes）……………………………327
  6.1.2 继承构造（Inheriting Constructors）……………………………………331
  6.1.3 虚函数和多态类（Virtual Functions and Polymorphic Classes）………332
  6.1.4 基于继承的仿函数（Functors via Inheritance）…………………………338
6.2 消除冗余（Removing Redundancy）………………………………………………339
6.3 多重继承（Multiple Inheritance）…………………………………………………340
  6.3.1 多个父类（Multiple Parents）…………………………………………340
  6.3.2 公共祖父（Common Grandparents）…………………………………342
6.4 通过子类型进行动态选择（Dynamic Selection by Sub-typing）…………………347
6.5 转换（Conversion）………………………………………………………………350
  6.5.1 在基类和派生类之间转换（Casting between Base and Derived Classes）…351
  6.5.2 `const` 转换（const-Cast）………………………………………………356
  6.5.3 重解释转型（Reinterpretation Cast）……………………………………356
  6.5.4 函数风格的转型（Function-Style Conversion）…………………………357
  6.5.5 隐式转换（Implicit Conversions）………………………………………359
6.6 CRTP………………………………………………………………………………359
  6.6.1 一个简单的例子（A Simple Example）…………………………………360
  6.6.2 一个可复用的访问操作符（A Reusable Access Operator）……………361
6.7 练习（Exercises)……………………………………………………………………364
  6.7.1 无冗余的菱形继承（Non-redundant Diamond Shape）…………………364

6.7.2　继承向量类（Inheritance Vector Class） ···················· 364
6.7.3　克隆函数（Clone Function） ································ 364

第 7 章　科学计算项目（Scientific Projects） ··············· 365

7.1　常微分方程解算器的实现（Implementation of ODE Solvers） ········ 365
  7.1.1　常微分方程（Ordinary Differential Equations） ············ 366
  7.1.2　龙格-库塔法（Runge-Kutta Algorithms） ···················· 368
  7.1.3　泛型实现（Generic Implementation） ······················ 369
  7.1.4　展望（Outlook） ··· 376
7.2　创建工程（Creating Projects） ····································· 377
  7.2.1　构建过程（Build Process） ·································· 378
  7.2.2　构建工具（Build Tools） ····································· 382
  7.2.3　分离编译（Separate Compilation） ··························· 386
7.3　最终的话（Some Final Words） ···································· 391

附录 A　杂谈（Clumsy Stuff） ······························· 393

A.1　更多好的或者不好的软件（More Good and Bad Scientific Software） ···· 393
A.2　细节中的基础（Basics in Detail） ·································· 400
  A.2.1　关于字面量修饰的其他事项（More about Qualifying Literals） ···· 400
  A.2.2　静态变量（`static` Variables） ······························ 401
  A.2.3　关于 `if` 的其他事项（More about `if`） ······················ 402
  A.2.4　达夫设备（Duff's Device） ·································· 404
  A.2.5　关于 `main` 的其他事项（More about `main`） ················· 404
  A.2.6　异常还是断言？（Assertion or Exception?） ·················· 405
  A.2.7　二进制 I/O（Binary I/O） ·································· 406
  A.2.8　C 风格的 I/O（C-Style I/O） ································ 407
  A.2.9　垃圾收集（Garbage Collection） ····························· 408
  A.2.10　宏的麻烦（Trouble with Macros） ·························· 409
A.3　现实世界的用例：矩阵求逆（Real-World Example: Matrix Inversion） ···· 411
A.4　类的一些细节（Class Details） ····································· 421

	A.4.1 指向成员的指针（Pointer to Member）......421
	A.4.2 更多的初始化例子（More Initialization Examples）......422
	A.4.3 多维数组的存取（Accessing Multi-dimensional Arrays）......423
A.5	方法的生成（Method Generation）......426
	A.5.1 控制生成的代码（Controlling the Generation）......428
	A.5.2 代码生成的规则（Generation Rules）......429
	A.5.3 陷阱和设计指南（Pitfalls and Design Guides）......434
A.6	模板相关的细节（Template Details）......438
	A.6.1 统一初始化（Uniform Initialization）......438
	A.6.2 哪个函数被调用了？（Which Function Is Called?）......439
	A.6.3 针对特定硬件的特化（Specializing for Specific Hardware）......442
	A.6.4 变参二进制 I/O（Variadic Binary I/O）......443
A.7	使用 C++03 中的 std::vector（Using std::vector in C++03）......444
A.8	复古风格的动态选择（Dynamic Selection in Old Style）......445
A.9	元编程的一些细节（Meta-Programming Details）......446
	A.9.1 历史上的第一个元程序（First Meta-Program in History）......446
	A.9.2 元函数（Meta-Functions）......448
	A.9.3 向下兼容的静态断言（Backward-Compatible Static Assertion）......450
	A.9.4 匿名类型参数（Anonymous Type Parameters）......450
	A.9.5 "动态循环展开"的性能基准测试源码（Benchmark Sources of Dynamic Unrolling）......454
	A.9.6 矩阵乘法的性能基准测试（Benchmark for Matrix Product）......455

附录 B 编程工具（Programming Tools）......456

B.1	gcc......456
B.2	调试（Debugging）......457
	B.2.1 基于文本的调试器（Text-Based Debugger）......458
	B.2.2 使用图形界面 DDD 进行调试（Debugging with Graphical Interface: DDD）......460
B.3	内存分析（Memory Analysis）......462

- B.4 gnuplot ... 463
- B.5 UNIX、Linux 和 macOS 系统（UNIX, Linux, and macOS）... 464

附录 C 语言定义（Language Definitions）... 467

- C.1 值类别（Value Categories）... 467
- C.2 操作符概览（Operator Overview）... 468
- C.3 类型转换规则（Conversion Rules）... 470
  - C.3.1 类型提升（Promotion）... 471
  - C.3.2 其他类型提升（Other Conversions）... 471
  - C.3.3 常用的数值转换（Usual Arithmetic Conversions）... 472
  - C.3.4 窄化（Narrowing）... 473

第 1 章 C++基础

C++ Basics

致子女：不要在帮我解决电脑问题时取笑我。我可是教过你们怎么用勺子的。

——Sue Fitzmaurice

本章将介绍一些 C++ 的基础特性。本书将从多个视角来解读和讲授 C++，但不会，同样也无法过多地讨论语言细节。

1.1 第一个程序（Our First Program）

作为 C++ 的开场白，先看以下例子：

```
#include <iostream>

int main ()
{
    std::cout << "The answer to the Ultimate Question of Life,\n"
              << "the Universe, and Everything is:"
              << std::endl << 6 * 7 << std::endl;
    return 0;
}
```

程序将输出：

```
The answer to the Ultimate Question of Life,
the Universe, and Everything is:
42
```

这段文字来自 Douglas Adams 的《银河系漫游指南》[2]。[1] 这个小例子包含了以下一些 C++ 特性：

- 输入和输出功能不是语言的核心要素，它们由程序库提供。所以我们需要显式地将它们包含到程序中，否则程序无法使用读写操作。

- 标准输入输出（I/O，即 Input/Output）是一个流模型（stream model），所以它被命名成 <iostream>。为了在程序中启用这个功能，需要在第一行写上 include<iostream>。

- 每一个 C++ 程序都从 main 函数开始执行。main 函数会返回一个整数，当返回 0 时，表示整个程序正确执行到结尾。

- 大括号 {} 标记出一组代码，称为代码块（block/group of code），在语言中也叫复合语句（compound statement）。

- <iostream> 中定义了 std::cout 和 std::endl。std::cout 是一个输出流（output stream），用于在屏幕上打印文本，std::endl 则用于结束一行。[2] 我们也可以用一个特殊字符 \n 来换行。

- 操作符 << 用来将对象传递到 std::cout 这样的输出流中以输出对象内容。

- std:: 前缀表明其后的类型或函数来自标准命名空间（namespace）。命名空间的具体内容会在 3.2.1 节介绍，这里我们只要知道，它会帮助我们整理好程序中数量众多的名称（name），并防止名称之间互相冲突。

- 由一对双引号（"）括起来的字符是字符串常量（string constant）。

- 程序会先计算表达式（expression）6 * 7 并将结果传递给 std::cout。在 C++ 中每个表达式都会有一个对应的类型（type）。有时这个类型需要程序员显式声明，有时程序会自动完成类型的推导。此处的 6 和 7 都是 int 类型的字面常量（literal constant），所以它们的乘积也是 int 类型。

在阅读后续内容之前，建议读者先试着在计算机上编译并执行这段程序。当编译和运行成功以后，可以再试着添加一点新的操作或者输出——也许会看到一些错误信息。不过，学好一

---

[1] 本书参考文献以 [x] 形式标注，获取方式见封底。——编者注
[2] 也就是下个字符将换行输出。——译注

门编程语言唯一的方法就是多多使用。下一节将会以这段程序为例，讲授一些基本的编译器使用方法。如果读者已经知道 C++ 编译器或开发环境（IDE）的使用方法，则可跳过此部分。

Linux：每个发行版都提供了 GNU C++ 编译器。通常它们在安装 Linux 系统时就已经附带安装好（附录 B.1 节有一个简短的介绍）。我们把上一段程序（program）保存到 hello42.cpp 文件中，通过执行以下命令轻松完成编译：

```
g++ hello42.cpp
```

按照 19 世纪的旧俗，编译出的二进制文件默认称为 a.out。如果有多个程序需要编译，应通过编译器参数给输出文件取个名字：

```
g++ hello42.cpp -o hello42
```

我们也可使用构建工具 make（见 7.2.2.1 节），它提供了默认的规则（rule）来构建二进制。只需调用：

```
make hello42
```

make 工具就会查找当前文件夹下与 hello42 名称相似的程序源文件。make 会查找到 hello42.cpp，因为 .cpp 是 C++ 源代码文件的标准文件后缀名。[1] 然后构建工具会调用系统默认的 C++ 编译器。当程序编译完成后，可以通过命令行调用刚刚编译好的程序

```
./hello42
```

这时可执行程序就会被运行。这个程序不依赖于其他软件，可以将它复制到任何兼容的 Linux 系统[2]上并运行。

Windows：如果读者使用的是 MinGW，那么所有编译步骤和 Linux 的步骤都是相同的。如果是 Visual Studio，则需要创建一个工程（project）。使用控制台应用程序（console application）模板创建工程是最简单的。程序运行时，用户只有数毫秒的时间阅读控制台输出，随即程序就会退出，控制台关闭。这时我们可以插入一个不可移植的命令 Sleep(1000);并包含头文件 <windows.h>，这样让控制台在运行结束数秒后再关闭，以方便用户阅读控制台输出。如果使用 C++11 以上的版本，可选择可移植的实现，包含头文件 <chrono> 和 <thread>，并添加以下代码：

---

[1] Windows 平台上也称扩展名。——译注
[2] 通常标准程序库是动态链接到程序上的（见 7.2.1.4 节），不过，"存在相同版本的标准库"也视作兼容性要求的一部分。

```
std::this_thread::sleep_for(std::chrono::seconds(1));
```

微软提供了 Visual Studio 一个免费的 Express 版。[1] 在标准语言工具部分，Express 版的功能和专业版基本相同，两者的差距主要在于后者提供了更多的开发库和工具。但是本书不需要这些专业版特有的高级特性，使用 Express 版即可运行我们的示例。

IDE：像示例这样比较简短的程序，用一般的文本编辑工具即可轻易编写。更大的工程一般推荐使用集成开发环境（*Integrated Development Environment*，IDE）。在集成开发环境中，可以查找到函数在何处定义，又在何处使用；可以显示嵌在代码中的文档（in-code documentation）；还可以在工程内对名称进行查找和替换。KDevelop 是一个由 KDE 社区使用 C++ 开发的免费 IDE。它可能是 Linux 上效率最高的 IDE。它与 git 和 CMake 的集成度也很高。Eclipse 由 Java 开发，和 KDE 相比明显要慢一些。不过 Eclipse 社区投入了大量精力以改善它对 C++ 的支持。借助于 Eclipse，C++ 开发者也有了不错的生产力。Visual Studio 是一个非常好的 IDE，和其他 IDE 相比，它具有一些独特的功能，例如使用一个缩小的彩色页面视图作为滚动条。[2]

想要找到最有生产力的开发环境，需要花一些时间并做一些尝试。当然，易用程度也和个人体验和协作方式有关。这些因素会随着时间流逝不断变化。

1.2 变量（Variables）

C++ 是一个强类型语言（和很多的脚本语言相比）。这意味着每个变量都有一个类型，并且类型在执行过程中不会发生变化。变量由一种特殊语句定义，这个语句以类型名开头，紧接着是变量名或变量名列表。每个变量名后都可用一个表达式完成初始化（initialization）。

```
int     i1= 2;              // 对齐只是为了提高代码的可读性
int     i2, i3= 5;
float   pi= 3.14159;
double  x= -1.5e6;          // -1500000
double  y= -1.5e-6;         // -0.0000015
char    c1= 'a', c2= 35;
```

---

[1] 对于非商业应用，从 Visual Studio 2013 起，微软开始提供免费的 Visual Studio Community 版本（社区版）。这个版本除了授权协议，功能基本等同于 Visual Studio Professional（专业版）。——译注

[2] 此处应该是指代码面板中垂直滚动条的缩略图模式。此模式在一些其他的编译器或者 IDE 中也在使用，如 Sublime Text 的 Minimap 功能。Visual Studio 从 2017 开始也引入了类似的功能，叫作 Enhanced Scrollbar。——译注

```
bool    cmp= i1 < pi,        // -> 正确
        happy= true;
```

双斜杠//代表它之后的部分是一个单行的注释，也就是说从//开始一直到行末的内容都会被编译器忽略。原则上，关于注释就只有这么多需要交代的内容了。如果觉得意犹未尽，我们将在 1.9.1 节再做讨论。

回到变量的讨论中。表 1-1 给出了 C++的基本类型——也叫内建类型（*Intrinsic Type*）。

表1-1　内建类型

char	字符（letter）或者很短的整数
short	短（short）整数
int	常规整数
long	长整数
long long	很长的整数
unsigned	上述整数的无符号版本
signed	上述整数的有符号版本
float	单精度的浮点数
double	双精度的浮点数
long double	长浮点数
bool	布尔型

表中的前五种类型都是整数类型，按照长度[1]升序排列。比如，int 的长度一定大于或等于 short，不过一般情况下 int 都会比 short 长一些。每个类型的具体长度和实现相关，一般来说，int 可以是 16、32 或 64 位元（bit）。这五种不同长度的整数类型都可以使用 signed 或者 unsigned 限定（qualified）[2]。除 char 类型外，signed（有符号的）对于其他整数类型来说没什么影响，因为它们默认就是 signed。

如果使用 unsigned 声明整数类型，那么该类型就无法表示负值。但是它们能够表达的非负整数范围也扩大了近一倍（实际上是两倍范围再减去 1，因为 0 既不是正数也不是负数）。一般来说，signed 和 unsigned 可看作是修饰 short 和 int 这些类型名词的形容词，不过单独使用 signed 和 unsigned 时，就默认了它们的中心词是 int。

---

[1] 此处"长度"指二进制表示下的位元数量。——译注
[2] qualifier 是 C++中的术语，通常译为限定符。C++语境中，我们会将 qualified 译作"限定"，在无歧义时也会译作"修饰"。——译注

char 类型有两个用途，一是用于表示单个字符，二是用于表示非常短的整数。除了一些很特殊的体系结构，通常 char 的长度都是 8 位元。因此它能表示所有在-128 到 127（signed）或者是 0 到 255（unsigned）之间的整数或数值的运算结果。如果 char 没有用 signed 或者 unsigned 修饰，那么它到底是 signed 还是 unsigned 取决于具体的编译器实现。我们可以将所有的字符[1]都放在 8 位元中。甚至字符和数字还可以混起来用，比如在一般的字符编码中，'a' + 7 就是字母'h'。当然不建议大家这样使用，因为它可能会让代码变得更加难读，从而浪费我们的时间。但是，如果我们需要一个保存众多小数字的容器，使用 char 或者 unsigned char 类型存储数字还是很有用的。

bool 类型用于表示逻辑值。一个布尔变量的值可以是真（true）值或者假（false）值。

浮点也一样按照存储长度升序排列：float 一定不会长于 double，更不会长于 long double。一般情况下 float 都是 32 位元，double 都是 64 位元，而 long double 多是 80 位元。

下一节将讲述常见的整数和浮点类型的运算。在 Python 等一些其他语言中，单引号（'）和双引号（"）是可以混用的，它们既能用于表示单个字符，也能用于表示字符串。和这些语言不同，C++严格区分了这两者。C++编译器只会将'a'认作 char 类型的单个字符 a，而"a"则表示包含 a 且以 0 结尾的字符串。这也意味着"a"的类型是 char[2]。如果之前学过 Python，请务必注意这一点。

> **忠告**
> 尽可能地推迟变量的声明，最好是在声明后便立刻使用它。如果你在声明变量时不能初始化它，就最好别在此处声明它。

当程序写得较长时，执行这条忠告可以保证程序更有可读性。而且对于内嵌在作用域中的变量，编译器优化它的内存使用情况也更容易一些。

C++11 可以自动推导变量类型，如下例：

```
auto i4= i3 + 7;
```

i4 和 i3+7 一样都是 int 类型。虽然 i4 的 int 类型是通过类型推导自动获得的，但是一

---

1 这里主要指西方字符集，如 ASCII。——译注

且 i4 通过初始化确定是 int 类型，它就不再变化。任何给 i4 赋的值都会先被转成 int 类型。以后会看到 auto 在更复杂的代码编写中是多么有用的一项特性。本例中将 auto 用于变量声明的做法一般来说都比显式地指定类型要更好。关于 auto 更多的讨论参见 3.4 节。

1.2.1 常量（Constants）

从语法的角度上来说，常量不过是增加了恒常（constancy）属性的特殊变量。

```
const int    ci1= 2;
const int    ci3;                // 错误：缺少一个值
const float  pi= 3.14159;
const char   cc='a';
const bool   cmp= ci1 < pi;
```

因为这些值在声明后不能更改，所以编译器强制代码必须在声明时设置它们的值。第二个常量声明违反了这条规则，所以编译器就直接报错了。

任何使用变量且不会修改变量的地方都可以使用常量。此外，因为例子中的这些常量在编译期间就是已知的，这就使得编译器可以针对常量做各种优化，甚至可以将常量作为类型参数使用（这一点将在 5.1.4 节中讨论）。

1.2.2 字面量（Literals）

比如，2 或者 3.14 都是字面量。一般来说整数字面量根据其数值，会作为 int、long 或者 unsigned long 类型来处理。如果数值中含有符号"."，或者含有指数（如 $3e12 \equiv 3 \cdot 10^{12}$）形式，则一律当作 double 类型来处理。

字面量也可以通过增加后缀来为其指定类型，具体后缀对应的类型参见表 1-2：

表1-2 字面量类型

字面量（Literal）	类型（Type）
2	int
2u	unsigned
2l	long
2ul	unsigned long
2.0	double
2.0f	float
2.0l	long double

大多数情况下，因为内建数值类型间存在隐式转换（*implicit conversion* 或 *Coercion*），

并能正确地设置程序员所预期的值,所以通过后缀指定类型通常不是必要的写法。

不过我们仍然需要注意字面量的类型,有以下三个原因:

可用性(Availability):标准库提供了复数类型,它的实部和虚部类型可以通过类型参数指定。

```
std::complex<float> z(1.3, 2.4), z2;
```

不巧的是,这个复数类型的运算只能支持复数类型自身和它的基础(underlying)实数类型[1](此处操作符的参数不会进行类型转换)[2],因此我们只能使用 float 乘以 z,除此以外,无论是 int 还是 double 都会导致错误:

```
z2= 2 * z;       // 错误:不支持 int * complex<float>
z2= 2.0 * z;     // 错误:不支持 double * complex<float>
z2= 2.0f * z;    // 正确:float * complex<float>
```

二义性(Ambiguity):当存在函数重载时(参见 1.5.4 节),实参 0 可能会导致函数匹配的二义性,而将 0u 作为实参就能避免这一问题。

精确性(Accuracy):在我们需要 long double 时,可能会遇到精度问题。因为默认情况下的浮点字面量是 double 类型,因此会导致在给 long double 赋值前就丢失了一些精度。

```
long double third1= 0.3333333333333333333;    // 可能会丢失精度
long double third2= 0.3333333333333333333l;   // 精度值
```

如果觉得这三段介绍太过概要,可在附录 A.2.1 节中找到详细描述。

非十进制数字(Non-decimal Number):以 0 开头的整数字面量代表八进制。

```
int o1= 042;      // int o1= 34;
int o2= 084;      // 错误!八进制里面没有 8 和 9
```

十六进制的整数字面量以 0x 或 0X 开头:

```
int h1= 0x42;     // int h1= 66;
int h2= 0xfa;     // int h2= 250;
```

C++14 开始,可以用 0b 或 0B 开头表示二进制字面量:

```
int b1= 0b11111010;    // int b1= 250;
```

---

1 本例中是 float。——译注
2 混合类型的算术运算也是可以实现的,参见参考文献[18]。

为了改善长数字的可读性，C++14 还允许使用单引号作为数字分隔符：

```
long               d=  6'546'687'616'861'129l;
unsigned long      ulx= 0x139'ae3b'2ab0'94f3;
int                b=  0b101'1001'0011'1010'1101'1010'0001;
const long double  pi= 3.141'592'653'589'793'238'462l;
```

字符串字面量被视作是 char 类型的数组：

```
char s1[]= "Old C style"; // 最好不要这么做
```

数组什么都好，就是用起来不方便。所以使用库 <string> 中的 string 类型是更好的选择。它可以直接用字面量创建：

```
#include <string>
```

std::string s2= "In C++ better like this";

如果文本特别长，可以将它分拆成多条子串：

```
std::string s3= "This is a very long and clumsy text "
                "that is too long for one line.";
```

更多关于字面量的信息，请参考[43, 6.2 节][1]。

1.2.3 非窄化[2]的初始化（non-narrowing initialization）

C++11

考虑用一个很长的数字来初始化一个 long 类型的变量：

```
long l2= 1234567890123;
```

此时编译和运行一切正常——因为在 64-bit 平台上，long 类型一般都是 64 位元。如果平台上的 long 只有 32 位元（为了模拟这一情形可以使用 -m32 编译参数），这个初始化值就显得太大了。这个程序仍然可以编译通过（可能会有警告），但是运行时就会变成另外一个值，因为高部分的位元都被切掉了。

C++11 引入了一种机制以确保初始化时不会损失数据，换句话说，会阻止值被窄化（*narrow*）。这一机制被称为一致性初始化（*Uniform Initialization*）或大括号初始化（*Braced*

---

1 参考书目 43，6.2 节。本书中使用方括号的形式对参考书目进行引用，例如：[×，×.× 节]。使用圆括号的形式对本书内容进行引用，例如：（见 ×.× 节）。本书的参考书目可以登录博文视点官网进行下载。——编者注
2 narrow 也会译作收窄、收缩或缩窄。本书多使用"窄化"的译法。——译注

Initialization）。此处我们只是使用它，详细的叙述将会放到 2.3.4 节。当我们用大括号将值括起来以后，这个值就不会被窄化了：

```
long l= {1234567890123};
```

这时编译器就会检查变量 l 在目标架构上到底能不能存入这么大的整数。

编译器的防窄化机制也可以帮助我们验证在初始化时是否会丢失值的精度。因为隐式类型转换的存在，原有的初始化允许使用浮点数初始化一个整数：

```
int i1= 3.14;           // 编译器执行了窄化操作（这是风险）
int i1n= {3.14};        // 窄化错误：小数部分丢失
```

第二行使用了新的初始化形式。它损失了浮点的小数部分，因此被编译器拒绝了。与之类似，在传统的初始化过程中，将负值赋值给一个无符号变量或常量也是会被容忍的，但是新写法下就会被编译器拒绝。

```
unsigned u2= -3;        // 编译器执行了窄化操作（这是风险）
unsigned u2n= {-3};     // 窄化错误：不支持负值
```

在前面的例子中，我们使用了一些字面量的值。编译器会检查这些值能否被目标类型准确表示：

```
float f1= {3.14};       // 正确
```

例子中 3.14 其实是不能被二进制浮点整数精确表示的，但是编译器会将 f1 设置成一个最接近 3.14 的值。如果 float 被一个 double 类型的变量或常量（非字面量）初始化，那么我们必须要考虑，double 类型整个值域中所有的值，能否都无损地转换成 float 类型。

```
double d;
...
float f2= {d};          // 窄化错误
```

注意，在两个类型的互相转换中，可能两个转换方向上都会发生窄化。

```
unsigned u3= {3};
int      i2= {2};

unsigned u4= {i2};      // 窄化错误：不支持负值
int      i3= {u3};      // 窄化错误：超出上限
```

类型 signed int 和 unsigned int 大小相同，但是它们所表达的值域并不能互相覆盖。

1.2.4 作用域（Scopes）

作用域决定了非静态变量和常量的可见性和生命周期，同时也帮助我们建立了程序的结构。

1.2.4.1 全局定义（Global Definition）

每一个我们要在程序中使用的变量，都应该在使用前声明变量和它的类型。变量可以处于全局作用域或局部作用域中。全局作用域的变量声明在函数之外。在变量声明之后，全局变量可以在代码中的任何地方使用，包括函数体内。听起来这一点非常好使，因为它让变量的使用更加方便。但是当程序变得庞大以后，就很难去追踪全局变量到底在哪里被修改了。也正因为如此，任何对代码的修改都可能会导致雪崩一般的错误。

> **忠告**
> 不要使用全局变量。

相信我，一旦使用了全局变量，你很快就会后悔。当然，如下所示的全局常量：

```
const double pi= 3.1415926535897932384626433832795028841971693;
```

并没有问题，因为它们不会有副作用（side effect）。

1.2.4.2 局部定义（Local Definition）

局部变量在函数体中声明。它的可见性被局限在由{ }所囊括的、声明所在的代码块中。更具体地说，一个局部变量的作用域，起始自它的声明，并终止于声明所在代码块的后大括号。

如果我们在 main 函数中定义 π：

```
int main ()
{
    const double pi= 3.1415926535897932384626433832795028841971693;
    std::cout << "pi is " << pi << ".\n";
}
```

那么变量 π 只存在于 main 函数中。我们也可以将代码块定义在其他函数或代码块内：

```
int main ()
```

```
    {
        {
            const double pi= 3.1415926535897932384626433832795028841971 6939;
        }
        std::cout << "pi is " << pi << ".\n";  // 错误：已经在 pi 的作用域外
    }
```

本例中 π 的定义被局限在函数体内的代码块内部，因此函数体余下的部分会输出一个错误：

```
>>pi<< is not defined in this scope.
```

因为此时已经在 π 的作用域之外了（out of scope）。

1.2.4.3 隐藏（Hiding）

当多个同名变量存在于多层嵌套的作用域中时，只会有一个变量是可见的。内层作用域会屏蔽掉外层的同名变量。例如：

```
int main ()
{
    int a= 5;              // 定义 a#1
    {
        a= 3;              // 赋值给 a#1，a#2 尚未定义
        int a;             // 定义 a#2
        a= 8;              // 赋值给 a#2，a#1 被隐藏了
        {
            a= 7;          // 赋值给 a#2
        }                  // a#2 所在的作用域结束了
        a= 11;             // 赋值给 a#1，因为已经超出 a#2 作用域范围
    }
    
    return 0;
}
```

因为隐藏的存在，我们必须区分变量的可见性和生命周期。例如 a#1 从被定义开始，一直存活到 main 函数结束。但是它的可见性只存在于从 a#1 被定义到 a#2 被定义、从 a#2 所在的块结束到函数结束这两段过程中。也就是说，变量的可见性长度是变量的生命周期减去它被隐藏的这段时间。

在同一个作用域定义两次变量会导致错误。

作用域的优点在于，我们不用担心作用域外是否定义过同名变量。当命名相同的时候，

只会简单地隐藏外面的变量，而不会发生冲突。[1,2]

不过有一个坏处，就是一旦外层同名变量在内层被隐藏，那么内层代码就再也访问不到它了。我们当然可以通过重命名来应付这个问题。但是我们有更好的解决方案——命名空间来处理嵌套和可访问性，具体请参见 3.2.1 节。

1.3 操作符[3]（Operators）

C++拥有非常丰富的内置（built-in）操作符。这些操作符可以分为不同类型：

- 计算（computational）
    - 算术（arithmetic）：++、+、*、%……
    - 布尔（boolean）：
        - 比较（comparison）：<=、!=……
        - 逻辑（logic）：&&和||
    - 位运算（bitwise）：~、<<和>>、&、^和|

- 赋值（assignment）：=、+=……

- 程序流（program flow）：函数调用、?:和，

- 内存处理（memory handling）：new 和 delete

- 访问（access）：.、->、[]、*……

- 类型操作（type handling）：dynamic_cast、typeid、sizeof、alignof……

- 错误处理（error handling）：throw

本节将对这些操作符做一个概览。有一些操作符更适合在介绍其他相应语言特性的地方进行讲解，例如作用域解析操作符更适合和命名空间放在一起讲解。大部分操作符都可

---

[1] 与之相反的是宏（macro），一个过时且粗暴的遗留特性。在任何时候都应该避免使用宏，因为它会破坏语言原有的结构和可靠性。

[2] 关于宏的使用是一直存在争议的，总的来说它非常强大，但是更加危险。——译注

[3] 也译作"运算符"，本书统一使用操作符的译法。——译注

以被用户自定义类型所重载,即当表达式中的一个参数是我们自己的类型时,我们可以决定这个表达式到底要如何计算。

操作符优先级表格(表1-9)放置在本节结尾。我们建议打印出这个表格,并固定在显示器旁。很多人都知道优先级问题,但是几乎没有人能记住全部细节。如果不能确定操作符的优先级,或觉得括号会让程序更容易被他人阅读,那就应当为子表达式添加括号。如果总要依靠编译器提示,那说明你对优先级规则并不精通。这时应该给程序添加一些括号以明确优先级。在 C.2 节中,我们会给出所有操作符的概述和参考。

1.3.1 算术操作符(Arithmetic Operators)

表 1-3 列举了 C++ 中可用的算术操作符。我们按照优先级对它们排序,并一一讨论。

表1-3 算术操作符

操作符	表达式
后递增	x++
后递减	x--
前递增	++x
前递减	--x
一元加	+x
一元减	-x
乘法	x * y
除法	x / y
取模	x % y
加法	x + y
减法	x - y

第一类操作符是递增(increment)和递减(decrement)。这些操作符用于给数字加一或减一。我们应在一般变量而不是临时变量上使用这些操作符来改变变量的值。例如:

```
int i= 3;
i++;              // i 现在是 4
const int j= 5;
j++;              // 错误:j 是常量
(3 + 5)++;        // 错误:3+5 是一个临时量
```

简单来说，递增和递减运算应该作用在一个可被修改（modifiable）以及可被寻址（addressable）的数据上。这种可被寻址的数据，术语叫作 *Lvalue*（具体定义见附录 C.1 节）。

因此在以上代码片段中，只有 i 满足这个要求。而 j 是一个常量，3+5 则不可被寻址。

这类操作符有两种形式：前缀形式和后缀形式。它们都会使变量自身加一或减一。两者的区别在于两种形式的表达式返回值不同：前缀操作符返回修改后的值，而后缀操作符返回修改前的值。例如：

```
int i= 3, j= 3;
int k= ++i + 4;      // i是4, k是8
int l= j++ + 4;      // j是4, l是7
```

程序结束处，i 和 j 的结果都是 4。但是在计算 l 时，用的是 j 在递增之前的值，而上一个表达式 k 用的是 i 修改后的值。

一般来说我们应该避免在数学表达式中使用递增或递减操作符，而应该用 j+1 这样的形式，或者是将递增和递减运算单独放在一行执行。这样既可以让程序更容易被理解，也能让编译器更好地优化没有副作用的表达式。原因我们很快就会介绍（参见 1.3.12 节）。

一元减号操作符用于对一个数值取反。

```
int i= 3;
int j= -i;           // j是-3
```

对于标准类型，一元操作符没有副作用。如果是用户自定义类型，就可以指定一元加号或者一元减号操作符的行为。在表 1-3 中，一元操作符拥有和前缀递增（pre-increment）和前缀递减（pre-decrement）相同的运算优先级。

乘法和除法操作符用于执行相乘操作和相除操作。所有数值类型都可以执行这些操作。当我们对两个整数做除法时，小数部分会被截断（向 0 取整）。% 操作符将返回整数除法的余数，因此这个操作符的两个参数都必须是整数类型。

最后，两个变量或表达式中间的 + 和 - 代表相加操作和相减操作。

这些操作符的语义——比如如何对结果舍入或如何处理结果溢出——都不是由语言定义的。出于性能原因，C++ 将这些具体行为的定义交给了硬件决定。

一般来说一元操作符的优先级都要高于二元操作符。如果同时存在前置和后置的一元操作符,前置操作符将优先于后置操作符。

二元操作符中,有和数学上一样的优先级——乘法和除法优先级高于加法和减法,同级的操作符遵循左结合的规则。例如:

```
x - y + z
```

一定会被解释成:

```
(x - y) + z
```

关于操作符,有一件非常重要的事情需要牢记:参数的求值顺序是不确定的。例如:

```
int i = 3, j= 7, k;
k= f(++i) + g(++i) + j;
```

在这个例子中,结合性保证了第一个加法一定先于第二个加法执行。但是 f(++i)和 g(++i)谁先执行却取决于编译器实现。也就是说,k 可能是 f(4)+g(5)+7,也可能是 f(5)+g(4)+7。在不同的平台上,我们无法保证两个执行结果是相同的。一般而言,在一条表达式内修改变量的值是很危险的。某些条件下它可以正常工作,但是我们必须要仔细测试并且密切监视它。所以更值得花点时间多打几个字母,把赋值操作分开。关于这个问题的更多讨论请参见 1.3.12 节。

⇒ c++03/num_1.cpp

使用这些操作符就可以编写第一个完整的数值程序了:

```
#include <iostream>

int main ()
{
    const float r1= 3.5, r2 = 7.3, pi = 3.14159;

    float area1 = pi * r1*r1;
    std::cout << "A circle of radius " << r1 << " has area "
              << area1 << "." << std::endl;

    std::cout << "The average of " << r1 << " and " << r2 << " is "
              << (r1 + r2) / 2 << "." << std::endl;
}
```

当二元操作符的两个实参类型不同时,其中一个或两个参数会自动将类型转换到更一般的类型上(common type),具体的规则参见附录 C.3 节。

类型转换可能会导致精度损失。浮点类型比整数类型更一般化，但是 64 位元的 long 到 32 位元的 float 类型的转换一定会有精度损失。即便是 32 位元的 int 类型也无法完全正确地转换为 32 位元的 float 类型。因为 float 类型中还有若干位元是用于指数的。还有一种情况，即最终的变量类型能够满足值的精度要求，但是在中间计算过程中损失了精度。以下例子很好地展示了这个类型转换导致的问题：

```
long l= 1234567890123;
long l2= l + 1.0f - 1.0;     // 精度有误
long l3= l + (1.0f - 1.0);   // 正确结果
```

在作者的平台上，显示结果如下：

```
l2 = 1234567954431
l3 = 1234567890123
```

在 l2 这个例子中，因为中间步骤的类型转换而导致了精度损失，l3 的结果则是正确的。当然这个例子是我们生造的，非常刻意，但是我们仍然能见到中间运算在精度上的潜在风险。

好在关于精度的讨论至此也就告一段落了，下一节我们不用再考虑精度的问题了。

1.3.2　布尔操作符（Boolean Operators）

布尔操作符包括逻辑操作符和关系操作符。顾名思义，这两类操作符都会返回 bool 值。操作符及其含义参见表 1-4，根据优先级分组。

表1-4　布尔操作符

操作符	表达式
非	!b
大于	x > y
大于等于	x >= y
小于	x < y
小于等于	x <= y
等于	x == y
不等于	x != y
逻辑与	b && c
逻辑或	b || c

二元关系和逻辑操作符的优先级要低于所有的算术操作符。也就是说，如 4>=1+7 这样

的表达式的求值顺序可以写作 4>=(1+7)。在所有的布尔操作符中，一元取非操作符!的优先级要高于所有二元操作符。

在一些旧代码中可能会见到人们将逻辑操作符施加到 int 值上。请尽量避免这样的代码，因为这会减少程序的可读性，并且会导致一些未定义行为的发生。

> **忠告**
> 永远只对 bool 类型使用逻辑操作符。

注意，比较操作符不支持链式写法：

```
bool in_bound= min <= x <= y <= max;        // 错误
```

我们要使用逻辑运算结合它们：

```
bool in_bound= min <= x && x <= y && y <= max;
```

下面一节会看到一些和这一节很相似的操作符。

1.3.3 位操作符（Bitwise Operators）

通过这些操作符可以测试或操作整数中的单个位元(bit)。该特性对系统编程非常重要，但是对现代应用开发来说则未必如此。表 1-5 按照优先级列出了所有的位操作符。

表1-5 位操作符

操作符	表达式
取反（1-补）	~x
左移	x << y
右移	x >> y
按位与	x & y
按位异或	x ^ y
按位或	x | y

运算 x<<y 将 x 中的位元左移 y 位。相对的 x>>y 则将 x 中的位元右移 y 位。多数情况下，除了负的有符号整数，右移操作的左侧位元都会用 0 填充。负的有符号整数的填充则依赖于实现。按位与（bitwise AND）可以用于测试一个特定的位元。按位或（bitwise inclusive OR）可以设置一位元，而按位异或（bitwise exclusive OR）则用于翻转一位元。

相对于科学计算程序,这些操作对于系统级别的编程更加重要一些。作为算法游戏,我们会在 3.6.1 节中使用它们。

1.3.4 赋值(Assignment)

对象——一个可更改的左值(lvalue)可以被赋值:

```
object= expr;
```

如果类型不能完全匹配,expr 会尝试转换成 object 所对应的类型。赋值操作符是右结合的,这样我们就可以在一个表达式中将一个值相继赋予多个对象:

```
o3= o2= o1= expr;
```

说到赋值,要解释一下为什么这里会把符号左对齐。绝大多数的二元操作符在形式上都是对称的,并且两个实参都是值。而赋值操作有一个可修改的变量位于左侧。部分语言使用非对称的符号(如 Pascal 中的:=),本书则在 C++ 中使用一个非对称的空格来表现。

将一个算术或位操作符放在左侧,将赋值操作符放在右侧,二者结合构成了复合赋值操作符。在下面的例子中,两行语句是等价的:

```
a+= b;          // 相当于
a= a + b;
```

所有的赋值操作符优先级都低于任意的算术或者位操作符。因此赋值表达式的右侧总会在组合赋值之前计算好:

```
a*= b + c;      // 相当于
a= a * (b + c);
```

下一节中的表 1-6 列出了所有赋值操作符,它们都遵循右结合的规则,且优先级相同。

1.3.5 程序流(Program Flow)

控制程序流的操作符一共有三个。首先,C++ 中的函数调用可以看作是一个操作符。关于函数及其调用的具体描述,可以参见 1.5 节。条件操作符 c ? x : y 是说,先对条件 c 求值,如果条件为真则表达式返回 x,否则返回 y。这个操作符可作为分支语句 if 的替代,特别在只能使用一个表达式而不是语句的场合,参见 1.4.3.1 节。

C++中有一个很特别的操作符——逗号操作符(comma operator),它提供了顺序求值。简单来说就是这个表达式会先计算最左侧的子表达式的值,然后再计算右侧的子表达式的值,并将右侧的子表达式的值作为整个逗号表达式的值返回:

```
3 + 4, 7 * 9.3
```

这个表达式返回的结果是 65.1,而第一个子表达式的计算结果和最终结果完全无关。拥有逗号操作符的子表达式可以定义任意长的表达式序列。借助于逗号操作符,可以在只能写一个表达式的地方执行多个表达式。一个典型的例子,就是在 for 循环中递增多个索引的值(详见 1.4.4.2 节)

```
++i, ++j
```

如果要将逗号表达式整体作为函数实参,则需要用括号将表达式括起来,否则逗号表达式会被解读成多个参数。

表1-6 赋值操作符

操作符	表达式
简单赋值	x= y
乘并赋值	x*= y
除并赋值	x/= y
取模并赋值	x%= y
加并赋值	x+= y
减并赋值	x-= y
左移并赋值	x<<= y
右移并赋值	x>>= y
与并赋值	x&= y
或并赋值	x|= y
异或并赋值	x^= y

1.3.6　内存处理(Memory Handling)

操作符 new 和 delete 分别执行内存的分配和释放工作,具体参见 1.8.2 节。

1.3.7 访问操作符（Access Operators）

C++提供了一些操作符，或用于访问子结构，或用于援引子结构（取变量地址）和解引用（通过地址访问内存）。当然在学习指针和类之前讨论这些操作符并没有什么意义，所以本节只用表 1-7 列出这些操作符，之后的章节中会详细介绍。

表1-7 访问操作符

操作符	表达式	参考章节
成员选择	x.m	§ 2.2.3
延迟成员选择	p->m	§ 2.2.3
下标	x[i]	§ 1.8.1
解引用	*x	§ 1.8.2
成员解引用	x.*q	§ 2.2.3
延迟成员解引用	p->*q	§ 2.2.3

1.3.8 类型处理（Type Handling）

用于处理类型的操作符将在第 5 章讨论如何编写和类型有关的编译期编程时讲到。表 1-8 中列出了所有的类型处理操作符。

表1-8 类型处理操作符

操作符	表达式
运行期类型识别	typeid(x)
类型标识	typeid(t)
对象大小	sizeof(x) 或 sizeof x
类型大小	sizeof(t)
参数数量	sizeof...(p)
类型参数数量	sizeof...(P)
对齐	alignof(x)
类型对齐	alignof(t)

注意，sizeof 操作符用于表达式时是唯一一个可以不用括号的操作符。alignof 从 C++11 开始进入标准，其他的操作符在 C++98 或更早时期就已经可用。

1.3.9 错误处理（Error Handling）

throw 操作符用于在运行中标记一个异常（例如内存不足）。具体参见 1.6.2 节。

1.3.10　重载（Overloading）

程序员可以为新类型提供操作符，这是 C++非常强大的一个特性。这点我们将在 2.7 节讲述。当然，内置类型的操作符是不可更改的，但是我们可以让新类型和内置类型一起工作。例如我们可以重载一些操作符，实现矩阵的倍增。

大部分操作符都是可以重载的，以下操作符除外：

`::`	作用域解析
`.`	成员选择（C++17 中可能会允许重载）
`.*`	借助指针的成员选择
`?:`	条件
`sizeof`	类型或对象的大小
`sizeof...`	参数的数量
`alignof`	类型或对象的内存对齐
`typeid`	类型标识符

C++给予了操作符重载极大的自由，而我们则需要明智地使用我们的自由。在 2.7 节中，我们会使用到操作符重载，届时再详细讨论这个问题。

1.3.11　操作符优先级（Operator Precedence）

表 1-9 给出了操作符优先级的总览。为了让这个表简短一些，一些操作符我们没有区分类型和变量（例如 `typeid`），同时针对 `new` 和 `delete` 操作符的多种形式我们也没有区分。符号`@=`则代表所有的复合赋值操作符，如`+=`、`-=`，等等。关于操作符更加具体的描述及其语义，参见附录 C，表 C-1。

1.3.12　避免副作用（Avoid Side Effects！）

所谓疯狂，不过是重复地做着同样的事，却期待有不同的结果。

——佚名[1, 2]

---

[1] 此句出处曾被错归到爱因斯坦、富兰克林和马克·吐温的头上。这句话曾在 Rita Mae Brown 的小说《突然死亡》(*Sudden Death*)中引用，但是原始出处已不可考。也许这句话本身也有点疯狂吧。
[2] Rita Mae Brown，作家，演员。代表作小说《红果林》。——译注

表1-9 操作符优先级

操作符优先级			
class::member	nspace::member	::name	::qualified-name
object.member	pointer->member	expr [expr]	expr(expr_list)
type(expr list)	lvalue++	lvalue--	typeid(type/expr)
*_cast<type>(expr)			
sizeof expr	sizeof(type)	sizeof...(pack)	alignof(type/expr)
++lvalue	--lvalue	~expr	!expr
-expr	+expr	&lvalue	*expr
new...type...	delete []_{opt} pointer	(type) expr	
object.*member_ptr	pointer->*member_ptr		
expr * expr	expr / expr	expr % expr	
expr + expr	expr - expr		
expr << expr	expr >> expr		
expr < expr	expr <= expr	expr > expr	expr >= expr
expr == expr	expr != expr		
expr & expr			
expr ^ expr			
expr | expr			
expr && expr			
expr || expr			
expr ? expr: expr			
lvalue = expr	lvalue @= expr		
throw expr			
expr , expr			

在应用程序中，对于相同的输入，一段有副作用的代码完全可以有不同的输出，这一点儿都不疯狂。于是在各个组件相互干扰的程序中，它的行为会变得难以捉摸。可以说，一个结果错误但是行为确定的程序，要远好过一个时不时正确的程序，因为后者修改起来要困难得多。

在 C 标准库中，有一个函数用于复制字符串（strcpy）。这个函数接受一个指针，它指向源字符串的第一个字符，并接受另一个指针作为复制目标，然后依次复制源字符串中的字符，直到遇到 0 为止。这个函数可以用一个空循环体的循环在一行内实现。复制的执行和递增都在循环的测试条件中利用副作用完成。

```
while (*tgt++= *src++) ;
```

看起来很可怕是吗？是有点儿。然而这绝对是合法的 C++ 代码，尽管有些要求严格的编译器会发一些牢骚。这是一个很好的练习，通过它我们可以思考操作符优先级、求值顺序和子表达式的类型等相关知识。

先把这个问题弄得简单一些：我们将 i 值赋给数组中的第 i 个元素，并且在下一个迭代中增加 i：

```
v[i]= i++;
```

这句话表面看起来没有问题，但是注意，这个表达式的行为实际上是未定义的。为什么？因为 i 的后递增只保证会增加 i 的值并将旧的 i 值赋给左边的表达式。但是，递增操作可能会在 v[i] 执行之前就执行了，在这种情况下，实际是把 i 赋值给了 v[i+1]。

这个例子告诉我们：副作用可能并不会按照我们的预期来执行。一些非常有技巧性的代码可以正常工作，但是简单的代码反而就不行了。更糟糕的是，一开始能正常工作的代码可能在更换编译器，或更新编译器至一个实现上有变化的新版本后，就会出现问题。

本节最初的代码片段是演示操作符优先级意义的一个绝佳范例——我们并没有用到任何的括号。不过这个程序并不符合现代 C++ 的写法。这种激进的、追求代码最短的做法将我们带回到 C 语言发展早期，那时打字更麻烦，打字设备是机械化的而非电子的，甚至是读卡器（card puncher），而且还没有显示屏。科技发展到今日，多打一些字母已经不再是一个问题了。

这个极简的实现还有一个坏处，它将三个不同的关注点：字符检测、字符复制和字符串遍历揉到了一起。软件设计中一个非常重要的概念是关注点分离（Separation of Concerns）。这个概念可以提高程序的灵活性并降低复杂度。在这样的条件下，我们希望能够降低理解实现所需要的心智复杂度。将这个原则应用到一行实现中，可以得到：

```
for (; *src; tgt++, src++)
    *tgt= *src;
*tgt= *src; // 复制最后的 0
```

现在，我们可以很清楚地将三个关注点区分开：

- 字符检测：*src

- 修改（字符复制）：*tgt=*src

- 遍历：tgt++、src++

这样递增指针、字符检测和赋值就变得非常清楚了。新的实现没有之前那么紧凑，但是更加容易检查其正确性。当然，我们也建议把非零字符的检测写得更加清楚一些（ *src!=0 ）。

有一类编程语言称作函数式语言（*Functional Language*）。这些语言中的值一旦被设置，就不能再更改。很显然 C++并不是这样的语言。但是我们可以合理地使用函数式风格，这会对自己有很大的帮助。例如，写一个赋值操作时，唯一可以被改变的变量一定放在赋值符号的左侧。因此我们需要在右侧用一个恒常的表达式来代替可变表达式，比如用 i+1 代替++i。如果赋值表达式的右侧是一个没有副作用的表达式，那么程序就会变得容易理解，编译器也能更好地优化代码。一个经验法则：越容易理解的程序，也越有优化的潜力。

1.4 表达式和语句（Expressions and Statements）

C++将表达式和语句做了区分。如果不太讲究地说，我们可以认为表达式加上一个分号就算是一条语句了。不过在这里，我们仍然想就这个话题多做一些讨论。

1.4.1 表达式（Expressions）

我们自下而上来递归地构造表达式。任意的变量名（如 x、y、z 等）、常量，以及字面量都是一个表达式。一个或多个表达式通过操作符组合起来，也会构造出一个表达式，例如 x + y 或者 x * y + z。在一些语言例如 Pascal 中，赋值是一个语句，但是在 C++里，它则是一个表达式，例如 x = y + z。因此，我们可以将一个赋值表达式用在另一个赋值表达式中：x2= x = y + z。赋值表达式是自右向左求值的。输出和输出操作符，如：

std::cout << "x is " << x << "\n"

也是一个表达式。

以其他表达式为实参的函数调用也是一个表达式。比如 abs(x)或者 abs(x * y + z)。

因此函数调用可以嵌套使用：pow(abs(x), y)。不过这里嵌套使用并不是必需的，因为函数调用也可以独立成一个语句。

因为赋值操作也是一个表达式，所以它可以当作是函数的一个参数 abs(x= y)，或者 I/O 操作也能像赋值一样被嵌入其中，例如：

```
print(std::cout << "x is " << x << "\n", "I am such a nerd!");
```

毋庸置疑，这种写法可读性不是很好，虽然有一定的用途，但更容易引起混乱。一个表达式如果被包在小括号中，如(x + y)，它也是一个表达式。小括号内的部分有更高的优先级，括号会改变求值顺序以符合我们的预期：x * (y + z)将先执行加法。

1.4.2 语句（Statements）

在任何表达式后追加分号都会是一个语句：

```
x= y + z;
y= f(x + z) * 3.5;
```

如下面这个形态的语句：

```
y + z;
```

是符合语法的，但是通常来说没什么用处。在程序执行过程中，y 和 z 的和会被计算出来，然后就丢掉了。现代的编译器通常会优化掉这些无用的代码。然而，并不是说这个语句就一定能被忽略。如果 y 或者 z 是一个用户自定义类型的对象，那么加法会是用户所指定的行为，并且可能会修改 y、z 或者其他东西。显然，这是一种很糟糕的编码风格（有隐含的副作用），但是在 C++中它是合法的。

单独一个分号也是一个空语句，因此我们可以在表达式的后面追加任意数量的分号。并不是所有的语句都是由分号结尾的，比如函数定义就不是。不过，在这些语句后面添加一个分号并不会导致错误，实际上它只是添加了一个空语句罢了。尽管如此，一些编译器在保守模式下仍然会打印一些警告。如果将一串语句用一对大括号包围起来，它们也会构成一个语句——我们称为复合语句（Compound Statement）。

之前部分我们所看到的变量和常量声明也是语句。在初始化变量或者常量的时候，可以使用任意的表达式（赋值语句和逗号操作符除外）。其他语句如函数和类定义等，我们会在之后讨论。此外还有控制语句，我们会在下一节进行介绍。

除了条件操作符，一般都用语句来控制程序流程。这里我们会分为分支和循环两部分进行介绍。

1.4.3 分支（Branching）

本节将展示一些例子，介绍如何使用不同的语言特性在程序中选择执行特定的分支。

1.4.3.1 if-语句（if-Statement）

`if` 是最简单的控制语句。通过下面的例子可以看到，它的含义非常直观：

```c++
if (weight > 100.0)
    cout << "This is quite heavy.\n";
else
    cout << "I can carry this.\n";
```

如果不需要 `else` 分支，就可以省略掉它。比如，我们有一个变量 `x`，要根据它的值做一些计算：

```c++
if (x < 0.0)
    x= -x; // 现在我们知道 x>=0.0 ( 后置条件 )
```

`if` 语句的各个分支都具有独立的作用域，所以下面这段代码是错误的：

```c++
if (x < 0.0)
    int absx= -x;
else
    int absx= x;
cout << "|x| is " << absx << "\n"; // absx 超出了作用域范围
```

上述代码引入了两个新变量，它们都叫作 `absx`。这两个名字不会发生冲突，因为它们分属不同的作用域。但是这两个名字的生命期都不会超过 `if` 语句，所以最后一行中对 `absx` 的访问是错误的。也就是说，声明在分支中的变量只能在分支内使用。

`if` 语句的每个分支都是一个单条语句。如果要在分支中执行多项操作，那么可以用大括号将一组语句组合成一个复合语句，如下例中的 Cardano 算法[1]：

```c++
double D= q*q/4.0 + p*p*p/27.0;
if (D > 0.0) {
    double z1= ...;
```

---

[1] 一种求解一元三次函数的数值方法。——译注

```
        complex<double> z2= ..., z3= ...;
        ...
    } else if (D == 0.0) {
        double z1= ..., z2= ..., z3= ...;
        ...
    } else {                        // D < 0.0
        complex<double> z1= ..., z2= ..., z3= ...;
        ...
    }
```

建议大家在任何情况下都应在分支语句中使用大括号。很多的代码风格指南要求，即便分支中只有一条语句，也要使用大括号——虽然作者更倾向于单条语句可以不用大括号。不过不管支持哪种观点，都建议大家让分支语句有一个缩进以便于阅读。

if 语句是可以被嵌套使用的，此时 else 只和最近的一个 if 结合。附录 A.2.3 节中提供了更多示例，有兴趣的话可以进一步阅读。最后给读者一个忠告：

> **忠告**
> 尽管空格不会影响 C++ 的编译，但是它仍然能正确体现程序的结构性。一般来说能够识别 C++ 的编译器（如 Visual Studio 的 IDE 和 emacs 的 C++ 模式）都支持自动缩进以帮助构造结构良好的程序。如果发现代码行的缩进和预期不同，一般都意味着代码嵌套出现了问题。

1.4.3.2 条件表达式（Conditional Expression）

虽然本节都是在讨论语句，不过我们仍然想在此处进一步讨论条件表达式，因为它和 if 语句非常相似。下面这个表达式的结果：

```
condition ? result_for_true : result_for_false
```

在 condition 求值结果为 true 时返回第二个子表达式（即 result_for_true），而当 condition 求值结果为 false 时，则返回 result_for_false。我们可以将条件表达式：

```
min= x <= y ? x : y;
```

和 if 语句相比较：

```
if (x <= y)
    min= x;
else
    min= y;
```

初看起来，使用 if 语句的版本更加具有可读性，虽然有些有经验的程序员更喜欢条件表达式的简洁。

?:作为一个表达式,可以用于初始化一个变量:

```
int x= f(a),
    y= x < 0 ? -x : 2 * x;
```

以多个实参调用函数时,使用操作符也更加方便一些:

```
f(a, (x < 0 ? b : c), (y < 0 ? d : e));
```

这个时候用 if 就会累赘一些,不信你可以试一试。

多数情况下,在 if 和条件表达式两者中选一个你喜欢的形式即可。

逸闻:一个体现 if 和?:差异的例子,在标准模板库(Standard Template Library,缩写为 STL,参见 4.1 节)的 replace_copy 中。原先的代码使用了条件操作符,而实际上 if 要更通用一些。这个 bug 存在了近十年,后来才被 Jeremy Siek 博士论文中所描述的代码自动分析工具发现。[38]

1.4.3.3 switch 语句(switch Statement)

switch 有点儿像是一种特殊的 if。当程序员需要根据不同的整数条件来执行不同分支时,switch 提供了一个简洁的语法形式。

```
switch(op_code) {
  case 0: z= x + y; break;
  case 1: z= x - y; cout << "compute diff\n"; break;
  case 2:
  case 3: z= x * y; break;
  default: z= x / y;
}
```

switch 有一个行为比较反直觉,那就是只要不遇到 break,代码就可以从上一个条件执行到下一个条件。因此实际上在上述例子中,2 和 3 两种情况执行的是相同的代码逻辑。有关 switch 的更多讨论可以参见附录 A.2.4 节。

1.4.4 循环(Loops)

1.4.4.1 while 和 do-while 循环(while-and do-while-Loops)

顾名思义,while 循环会在满足条件的情况下反复执行代码。下面这个例子展示了如何用 while 循环创建一个 Collatz 数列[1]：

算法1-1：Collatz数列

输入：x_0

1　while $x_i \neq 1$ do
2　　$x_i = \begin{cases} 3x_{i-1}+1 & \text{当 } x_{i-1} \text{ 是奇数} \\ x_{i-1}/2 & \text{当 } x_{i-1} \text{ 是偶数} \end{cases}$

下面的代码是一个不考虑整数溢出的简单示例：

```
int x= 19;
while (x != 1) {
    cout << x << '\n';
    if (x % 2 == 1)         // 奇数
        x= 3 * x + 1;
    else                     // 偶数
        x= x / 2;
}
```

和 if 一样，如果循环体只有一条语句，是可以不写括号的。

C++还提供了 do-while 循环。do-while 在循环体执行结束时才判断循环是否需要继续执行：

```
double eps= 0.001;
do {
    cout << "eps= " << eps << '\n';
    eps/= 2.0;
} while (eps > 0.0001);
```

这个循环体内的代码至少会被执行一次——即使 eps 是一个非常小的值。

1.4.4.2　for 循环（for-Loop）

for 循环是 C++中最常用的循环。下面是一个简单的例子，我们将两个向量[2]相加，并打印结果：

---

[1] Collatz 猜想，又称奇偶归一猜想。这个猜想认为，通过算法 1-1 的生成规则，可以使得 Collatz 数列最终归到 1 上。——译注
[2] 后面的章节会介绍一个真正的向量类。这里我们用一个简单的数组做例子。

```
double v[3], w[]= {2., 4., 6.}, x[]= {6., 5., 4};
for (int i= 0; i < 3; ++i)
    v[i]= w[i] + x[i];

for (int i= 0; i < 3; ++i)
    cout << "v[" << i << "]= " << v[i] << '\n';
```

for 循环的头部由以下三个部分构成：

- 初始化

- 循环条件判断

- 步进操作

上面的例子就是一个典型的 for 循环。在初始化部分，我们声明了一个新变量，并且设置为 0——0 也是绝大多数索引结构的起始索引。条件表达式则用于检查循环索引是否小于当前数组的大小，而最后一步操作则用于递增循环体的索引。例子中使用了前递增来操作变量 i。当然对于 int 类型来说，++i 和 i++ 并没有什么区别，但是对于用户自定义类型来说，后缀递增操作符可能意味着一次不必要的复制，参见 3.3.2.5 节。所以为了统一起见，本书对循环索引一律使用前缀递增操作符。

初学者比较常犯的一个错误是，用 i<=size(...) 作为循环的条件表达式。但是 C++ 的索引是从 0 开始的，因此等 i==size(...) 成立时就已经越界了。所以如果是习惯 Fortran 或者 MATLAB 的读者，可能需要花一些时间来适应从 0 开始的索引。尽管从 1 开始的索引更自然一些，也更符合数学上的习惯，但是从 0 开始的索引在进行索引运算和计算地址时都要更加方便一些。

再举一个例子。考虑以下计算指数的 Taylor 展开的例子。

$$e^x = \sum_{n=0}^{\infty} \frac{x^n}{n!}$$

如果我们要展开到 n=10，就要这么写：

```
double x= 2.0, xn= 1.0, exp_x= 1.0;
unsigned long fac= 1;
for (unsigned long n= 1; n <= 10; ++n) {
    xn*= x;
    fac*= n;
    exp_x+= xn / fac;
    cout << "e^x is " << exp_x << '\n';
}
```

此时我们将第 0 项单独计算，并且让循环体从 1 开始。循环条件上使用小于等于来判断，因为我们最后要将 $x^{10}/10!$ 纳入结果中。

C++中的 for 循环非常灵活。初始化部分既可以是一个表达式，也可以是一个变量的定义，甚至可以是空的。它也可以在初始化部分定义多个相同类型的变量。这可以用来避免在条件表达式中重复执行同一函数，如下例所示：

```
for (int i= xyz.begin(), end= xyz.end(); i < end; ++i) ...
```

在初始化部分定义的变量只能在循环体内可见，而且它也会隐藏循环体外的同名变量。

条件表达式可以是任何能够被转换成 bool 类型的表达式。一个空的条件表达式等价于这个表达式是恒为 true 的，相当于一个无限循环。不过这样的循环仍然可以在循环体内被终止，具体做法我们将在下一节讨论。for 的第三个子表达式我们之前已经介绍过了，一般用于递增循环索引。原则上，循环索引的递增也可以放在循环体内，但是放在 for 循环的头部要清晰得多。此外，也不是说循环索引每次都只能加一。实际上通过使用逗号操作符（详见 1.3.5 节）可以任意修改变量：

```
for (int i= 0, j= 0, p= 1; ...; ++i, j+= 4, p*= 2) ...
```

当然这样写起来比只有一个循环索引的时候要复杂得多，但是它的可读性仍然要强于把索引更新操作符放在循环体内。

1.4.4.3　基于范围的 for 循环（Range-Based for-loop）

C++11

基于范围的 for 循环（*Range-Based for-loop*）是 C++11 的一个新特性，它的语法结构很紧凑。我们会在介绍迭代器（iterator）（参见 4.1.2 节）的概念时再做详细介绍。

在这里只要知道它是一种用于遍历数组或其他容器的简要语法即可：

```
int primes[]= {2, 3, 5, 7, 11, 13, 17, 19};
for (int i : primes)
    std::cout << i << " ";
```

这个例子将打印整个数组，数组元素之间以空格隔开。

1.4.4.4　循环控制（Loop Control）

有两条语句可以调整循环体的执行：

- break

- continue

break 语句终止整个循环，而 continue 语句则停止当次循环后进入下一次循环。

```
for (...; ...; ...) {
    ...
    if (dx == 0.0) continue;
        x += dx;
    ...
    if (r < eps) break;
    ...
}
```

上面这个例子中，我们假定当 dx==0.0 时，就不用再执行当次循环剩余的部分了。在迭代过程中，很显然当 r<eps 时，所有的工作就已经结束了。

1.4.5　goto

所有的分支和循环语句都意味着存在跳转。C++ 还提供了一个显式的跳转语句 goto。

> 忠告
> 绝对不要使用 goto！

C++ 中对 goto 的使用限制要远多于 C 语言（比如我们不能调转到初始化部分），但是它仍然对程序的结构有很强的破坏性。

编写不含 goto 的程序被称为结构化编程（*structured programming*）。不过在今天，这个词已经很少使用了，因为它已在高质量软件中被视作是理所当然的事情。

1.5　函数（Functions）

函数是 C++ 程序中非常重要的构建单元（building block）。读者在本书中见到的第一个有关函数的例子，是 hello-world 当中的 main 函数。1.5.5 节中我们会介绍更多有关 main 函数的细节。

C++函数的一般形式如下[1]：

```
[inline] return_type function_name (argument_list)
{
    body of the function
}
```

本节中会详细讲解函数的每个部分。

1.5.1 参数（Arguments）

C++使用两种方法传递参数：传值（by value）或传引用（by reference）。

1.5.1.1 传值调用（Call by Value）

当我们将一个参数传递到函数中时，默认会创建一个参数的副本。例如下面这个例子中，函数体内增加 x 对外部是不可见的。

```
void increment(int x)
{
    x++;
}

int main()
{
    int i= 4;
    increment(i);        // i 并没有被增加
    cout << "i is " << i << '\n';
}
```

最终的输出是 4。x++操作符只递增了 i 在函数体内的副本，而不是 i 本身。这种参数传递的方法，称为传值调用（*Call-by-Value*）或者是传值（*Pass-by-Value*）。

1.5.1.2 传引用调用（Call by Reference）

如果需要修改函数参数，则需要按引用（*by-Reference*）传递（*Pass*）参数。

```
void increment(int& x)
{
    x++;
}
```

---

[1] 在一些教材中，函数定义处的参数被称为形参（parameter），函数调用处传入的参数被称为实参（argument）。但是本书没有做出区别。——译注

在这个例子中，外部变量增加了 1，输出如预期一样变成了 5。关于引用的讨论参见 1.8.4 节。

临时变量——如操作的返回值——是不能作为引用传递的。

```
increment(i + 9);   // 错误：临时变量无法被引用
```

我们也无法执行(i+9)++这样的操作。如果需要对某临时值调用该函数，则应先把值存储到一个变量中，再把变量传递给函数。

如果是比较大规模的数据，比如向量和矩阵，一般都是通过传递引用来实现的，这样可以避免昂贵的复制操作：

```
double two_norm(vector& v) { ... }
```

有一些操作是不可修改参数的。但是如果传递了向量的引用，这个向量就有被修改的风险。如果我们既不想复制这个向量，又不想它被修改，可以使用常量引用（constant reference，或 const reference）来传递：

```
double two_norm(const vector& v) { ... }
```

此时如果在函数内修改 v 的值，编译器就会报错。

传值调用和传常量引用都可以保证参数不会被修改，但是它们在使用上还是有差别的：

- 通过值传递的参数本身是可以被修改的，因为函数在参数的副本上工作。[1]
- 通过常量引用传递的参数可被函数直接使用，但是任何对参数的修改都会被拒绝。尤其是常量引用不能作为赋值表达式中的左参（Left Hand Side，LHS），也不能作为非常量引用传递到其他函数中（实际上赋值操作符中的 LHS 也是一个非常量引用）。

和可变（mutable）引用[2]不同，常量引用可以接受一个临时值：

```
alpha= two_norm(v + w);
```

---

[1] 这里假设参数是正确复制的。如果用户自定义类型的复制实现存在问题，那么传入数据的完整性就很难得到保证。
[2] 在本书中，一般用 "可变" 这个词语来代表变量不具有恒常性（non-const）。C++也有一个关键字叫作 mutable（参见 2.6.3 节），不过这个关键词不是很常用。

诚然，这个方案在语言设计上，存在一些一致性的问题，但是它仍然令程序员的生活更加轻松了。

1.5.1.3 默认值（Defaults）[1]

如果一个参数在多数情况下都使用同样的值，我们可以让这个参数拥有一个默认值。比如我们要实现一个计算一个数的 *n* 次方的根的函数，可以写作：

```
double root(double x, int degree= 2) { ... }
```

可以使用一个或两个参数调用该函数：

```
x= root(3.5, 3);
y= root(7.0);        // 如 root(7.0, 2)
```

一个函数可以有多个默认参数，但是所有的默认参数都应该在参数列表的最后面。换句话说，任意一个默认参数之后，都不能再有普通的非默认参数。同样的，在向函数添加参数时，默认参数也会有所助益。考虑我们有一个画圆的函数：

```
draw_circle(int x, int y, float radius);
```

在这个实现中，所有画出来的圆都是黑色的。随后，我们增加一个颜色参数用于绘制不同颜色的圆：

```
draw_circle(int x, int y, float radius, color c= black);
```

由于有默认参数的存在，我们并不需要重构所有该函数的调用方，因为三个参数都能正确执行 draw_circle。

1.5.2 返回结果（Returning Results）

在之前的例子中，我们的函数只返回了 double 或 int 类型。这些类型的数据都是比较容易返回的。现在我们来看看两种较极端的例子：返回大量数据，或者不返回数据。

1.5.2.1 返回大量数据（Returning Large Amounts of Data）

编写一个函数来计算大型数据结构的数据要更加困难。这里只提供几个可选方法，具

---

[1] 也叫缺省值。——译注

体细节稍后讨论。首先，一个好消息是现代编译器已经足够聪明，可以在许多情况下消除（elide）复制操作，具体参见 2.3.5.3 节。其次，在编译器无法避免数据复制时，也可以使用移动语义（move semantic）（参见 2.3.5 节）"偷走"临时变量的数据，从而避免复制。一些比较先进的程序库，可以通过表达式模板（expression template）避免返回大型数据结构，并将数据计算的时间节点延迟到真正要保存结果的时候（参见 5.3.2 节）。还有，在任何情况下，都不能返回函数中局部变量的引用（参见 1.8.6 节）。

1.5.2.2　什么都不返回（Returning Nothing）

从句法上说，任何函数都需要返回一个值，即便实际上函数不需要返回任何东西。C++ 通过引入一个虚类型 void 解决了这两者的矛盾。例如，下面这个函数只是打印了 x，但没有返回任何东西：

```
void print_x(int x)
{
    std::cout << "The value x is " << x << '\n';
}
```

void 并不是一个真正的类型，它更多的只是一个占位符，让我们可以不用真的返回一个值。我们无法定义一个 void 类型的对象，如：

```
void nothing;        // 错误：没有 void 类型的对象
```

一个 void 函数内可以用不加任何参数的 return 语句提前终止：

```
void heavy_compute(const vector& x, double eps, vector& y)
{
    for (...) {
        ...
        if (two_norm(y) < eps)
            return;
    }
}
```

1.5.3　内联（Inlining）

函数调用是一件很昂贵的事情，需要做保存寄存器、复制参数到栈上等一系列的操作。为避免这些开销，编译器可以内联一个函数调用。此时编译器会直接使用函数内部的操作来代替函数调用。程序还可以通过适当的关键字（`inline`）来通知编译器内联一个函数。

```
inline double square(double x) { return x*x; }
```

不过编译器并不确保一定会进行内联。与之相反，如果编译器认为内联一个函数可以提高性能，它就可能会去内联它，即便这个函数没有关键字提示。不过内联声明还有一个作用就是可以让多个编译单元包含同一个函数。相关的讨论参见 7.2.3.2 节。

1.5.4 重载（Overloading）

C++中不同的函数可以使用同一个名称，只要它们的函数参数不完全一样。这个特性被叫作函数重载（*Function Overloading*）。我们先来看一个例子：

```
#include <iostream>
#include <cmath>

int divide(int a, int b) {
    return a / b ;
}

float divide(float a, float b) {
    return std::floor( a / b ) ;
}

int main() {
    int   x= 5, y= 2;
    float n= 5.0, m= 2.0;
    std::cout << divide(x, y) << std::endl;
    std::cout << divide(n, m) << std::endl;
    std::cout << divide(x, m) << std::endl; // 错误：二义性
}
```

这里，我们定义了两次 *divide* 函数，分别使用了 *int* 和 *float* 作为参数类型。当调用 *divide* 时，编译器会执行重载解析（*Overload Resolution*）[1]：

1. 有没有一个重载可以精确匹配参数类型？如果可以，就使用它。

2. 如果不可以，那么有多少个重载形式可以通过类型转换接受当前参数？

   - 零个——错误：没有找到匹配函数。

   - 一个——那就使用这个函数。

---

[1] 或称重载决议。——译注

- 大于一个——错误：二义性调用。

那么把这个规则用到我们的例子上试试。函数调用 divide(x,y) 和 divide(n,m) 都能找到匹配的重载。对于 divide(x,m) 来说，没有哪个重载形式能够直接匹配这两个参数，而两个重载形式都能通过隐式类型转换（*Implicit Conversion*）接受这两个参数，这就造成了二义性。

隐式类型转换是一个术语，这里我们多解释几句。我们已经知道，数值类型可以相互转换，而例子中这些类型则可以完成隐式转换。以后我们会定义自己的类型，而且也可以实现从一个类型到另外一个类型的转换，或者将自己的新类型转换成已有类型。如果将这些转换以 explicit 声明，那么这些转换过程就只能在显式的转换过程中执行，而无法参与到函数参数的匹配中。

⇒ c++11/overload_testing.cpp

更加形式化的说法为，函数重载形式之间必须有不同的签名（*Signature*）。C++中一个函数签名包括：

- 函数名称
- 参数数目（number of argument，也称作 *Arity*）
- 每个参数的类型（以及它们的顺序）

如果函数之间只有返回值的类型不同，或者只有参数的名称不同，那么它们的签名仍然是相同的，并且这些函数会被认为是重定义的：

```
void f(int x) {}
void f(int y) {} // 重定义：只有参数名称不同
long f(int x) {} // 重定义：只有返回值类型不同
```

如果函数名称不同，或者参数数量不同，那它们当然是不一样的函数。如果有引用符号的话，则参数类型也不一样，比如 f(int) 和 f(int&) 是可以共存的。所以下面三个函数都是不同的签名：

```
void f(int x) {}
void f(int& x) {}
void f(const int& x) {}
```

上面这段代码能成功编译。不过若尝试调用 f 的话，就会出现问题：

```
int        i= 3;
const int ci= 4;

f(3);
f(i);
f(ci);
```

这三个调用都存在二义性，因为它们都能完美匹配到第一个函数，也能完美匹配到其中一个含有引用型参数的函数上。所以混用值型参数和引用型参数经常会引起程序错误。如果使用了一个含有引用型参数的重载形式，那么其他重载函数的相应参数最好也是引用型的。对于本例，可移除传值的重载形式以修正这个问题。此时 f(3) 和 f(ci) 都会使用常量引用的形式，而 f(i) 会使用可变引用的重载。

1.5.5 main 函数（main Function）

main 函数和其他函数没有本质区别。main 函数一般有两种形式的签名：

int main()

或者

int main(int argc, char* argv[])

其中后者也等价于：

int main(int argc, char** argv)

参数 argv 包含了参数列表，而 argc 则用于描述 argv 的长度。在大部分系统中，第一个参数（argv[0]）都是可执行文件的名字（这个不是源代码的名字）。我们用下面这个简短的例子 argc_argv_test 来看看参数列表是如何使用的：

```
argc_argv_test:
   int main (int argc, char* argv[])
   {
       for (int i= 0; i < argc; ++i)
           cout << argv[i] << '\n';
       return 0;
   }
```

使用下面的命令行执行程序：

```
argc_argv_test first second third fourth
```

会输出：

```
argc_argv_test
first
second
third
fourth
```

正如读者所见，空格符把命令行分隔成了多个参数。main 函数最终会返回一个整数作为退出码（exit code）来表示程序是否正确结束。返回 0（或者<cstdlib>中的 EXIT_SUCCESS）表示程序成功执行完，返回其他数字一般都代表程序出现了问题。如果 main 函数没有写 return 0 也符合标准，此时默认函数在结尾处返回 0。更多的讨论参见附录 A.2.5 节。

1.6 错误处理（Error Handling）

一次过失不会变成一个真正的错误，除非你拒绝纠正它。

——John F.Kennedy

C++有两种方法处理非预期的行为（unexpected behavior）：断言和异常。前者主要用于检测程序错误，而后者则用于处理一些可能导致程序无法正常运行的预期之外的情况。老实说，这两种情况有时候差别并不是很大。

1.6.1 断言（Assertions）

<cassert>中有一个宏 assert，这个宏来自 C 语言，在 C++中也很有用。它会对一个表达式求值，如果为假，则立刻退出程序。这个宏通常被用来检测程序错误。比如说，用某个算法计算非负实数的平方根，无论如何这个函数的结果都不会是负数。如果出现了负数，那说明程序有错误：

```
#include <cassert>
double square_root(double x)
{
    check_somehow(x >= 0);
    ...
    assert(result >= 0.0);
    return result;
}
```

这里先不讨论在函数入口处的检查是怎样实现的。如果函数的返回值为负，那么程序会打印如下的错误信息：

```
assert_test: assert_test.cpp:10: double square_root(double):
Assertion 'result >= 0.0' failed.
```

实际上如果计算结果小于 0，那一定是程序有什么 bug，在使用这个函数之前我们必须修正它。

在修好 bug 之后，你可能会想删除这个断言。但是不建议你这么做。如果有一天要更改这个函数的实现，还可以使用这段代码做合理的检查。在这里用断言测试后置条件（post-condition）实际上有点像一个迷你的单元测试（mini-unit test）。

assert 的另一个优点在于我们可以通过定义一些宏让断言失效。在包含头文件 <cassert> 之前，先定义一个宏 NDEBUG：

```
#define NDEBUG
#include <cassert>
```

那么所有的断言就被禁用了，也就是说在程序执行过程中它什么都不会做。我们还可以通过切换 debug 和 release 模式，来代替对程序源代码的修改，而且在编译参数中使用 NDEBUG 也更加清晰一些。（一般来说 Linux 系统上用-D，Windows 系统上用/D 来定义宏）：

```
g++ my_app.cpp -o my_app -O3 -DNDEBUG
```

如果软件在性能关键的部分使用断言，且在 release 模式下不禁用它们，可能会导致性能折半甚至更低。一些成熟的构建系统如 CMake，都会在 release 模式时自动添加-DNDEBUG 到编译选项中。

正因为断言禁用启用都很容易，所以我们建议大家：

> **防御式编程**（defensive programming）
> 测试尽可能多的属性。

即便能确认一个属性拥有正确的实现，也最好加上断言。因为有时系统的行为可能无法完全符合我们的预期，而编译器也可能会有问题（虽然很罕见），又或者我们在原来的代码上做了一些小小的变更。但是无论做法多么合理、实现上怎么小心，在未来总会有触发断言的可能。如果属性特别多，那么测试代码就会把功能代码弄得很混乱，此时可以把测试代码提到功能代码以外的另一个函数中。

负责任的程序员一般会编写大量的测试。即便如此，也无法保证程序可以在任意环境下工作。应用程序可能会在稳定运行多年之后突然崩溃。此时可以让程序在 debug 模式下工作来查找程序崩溃的原因。当然这需要能够复现程序崩溃时的环境，而且还需要那些在 debug 模式下运行缓慢的程序能够在合理的时间内运行到关键的代码上。

1.6.2 异常（Exceptions）

在前面一节中，我们介绍了断言是如何帮助我们检查程序错误的。然而还有一些异常情况，即便是再精心的编程也无法完全阻止，比如要读取一个文件但是它却被删掉了，或者程序需要的内存超过了机器的可用内存。此外还有一些问题，在理论上能够处理，但是实际中需要付出高昂的代价。比如，检测一个矩阵是否正规（regular）当然是可行的，但是检查的代价可能要比实际计算的要高。在这些例子里，更有效的方法是一边尝试完成任务，一边检查异常（exception）。

1.6.2.1 动机（Motivation）

在展示旧式的出错处理方法之前，我们先介绍"反派英雄"——赫伯特（Herbert）。[1] 他是一个非常聪明的数学家。他认为编程是一个无法摆脱的"累赘"，只能用来展现他算法的伟大之处。他像条真汉子一样学习编程，并且对一切现代编程中的新奇玩意儿免疫。

在计算遇到问题时，他最喜欢用返回错误值的方法来处理（就像 main 函数的行为一样）。如果想从文件中读入一个矩阵，就要检查文件存在与否。如果文件不存在则返回错误码 1。

```
int read_matrix_file(const char* fname, ...)
{
    fstream f(fname);
    if (!f.is_open())
        return 1;
        ...
    return 0;
}
```

因此我们可以检查所有可能导致错误的东西，然后通过错误代码通知调用方。此时调用方可以评估错误，并及时做出应对。但是如果调用方简单地忽略了错误会发生什么？什

---

[1] 如果你叫 Herbert，我为选择了你的名字而真诚地向你致歉。

么都不会发生！程序仍然会继续执行，并因为错误的数据而崩溃。更糟糕的是，程序有可能产生一些毫无意义的结果，而粗心的人可能会用这个结果去制造飞机或者汽车。当然，飞机或汽车的制造者并不会真的这么粗心。但即便是细心的人也不可能关注到现实中软件的每一个细节。

即便如此，我们也很难用这个观点来说服 Herbert 这样的"古董"程序员："我的程序是完美的，你不但愚蠢地给我传入了一个错误的文件，而且还忽略了我的返回值。显然责任在你不在我。"

错误码的另一个缺点在于，没有办法返回计算结果，而只能通过一个引用参数来返回。这样会导致我们没有办法把函数放到一个表达式中。当然还有一种办法是函数返回计算结果，而使用引用参数传递错误码，但是这么做也简单不了多少。

1.6.2.2 抛出异常（Throwing）

更好的做法是抛出（throw）一个异常：

```
matrix read_matrix_file(const char* fname, ...)
{
    fstream f(fname);
    if (!f.is_open())
        throw "Cannot open file.";
    ...
}
```

在这段代码中，我们抛出了一个异常。这样调用方就被迫要做出响应——否则程序就崩溃了。

相比于返回错误码，异常处理的另一个好处是，我们可以只把功夫花在能处理这个错误的地方。`read_matrix_file` 的调用方可能无法处理"文件不存在"这个问题。此时代码是在函数不会抛出异常的情况下实现的，所以我们也不用把处理返回错误代码的程序混入我们的程序中。抛出的异常会一直向上传递到适当的异常处理中。在我们的场景中，最后可能是 GUI 来处理这个异常，它会向用户申请打开一份新的文件。因此，异常处理既能提高程序可读性又能改善错误处理的可靠性。

C++允许将任何东西都作为异常抛出：字符串、数字、用户类型，等等。然而要正确地使用异常，最好是定义一个异常类型，或者使用标准库中的异常类型。

```cpp
struct cannot_open_file {};

void read_matrix_file(const char* fname, ...)
{
    fstream f(fname);
    if (!f.is_open())
        throw cannot_open_file{};
    ...
}
```

这里我们引入了自己的异常类型。第 2 章将解释如何定义一个类。上面的例子中我们只定义了一个空类，它只需要一对大括号以及一个分号。更大规模的工程一般会建立自己的异常类型体系，通常这些异常类型都继承（第 6 章）自 `std::exception`。

1.6.2.3 捕获（Catching）

为了处理异常我们先要捕获（catch）它。这一工作可以由 try-catch 块完成。

```cpp
try {
    ...
} catch (e1_type& e1)
{ ...
} catch (e2_type& e2) { ... }
```

在可以处理异常（或者处理它的相关事宜）的地方，我们可以写一个 `try` 块。在 `try` 块结束以后，可以捕获异常并依据异常的类型或值来处理它。通常我们以引用来捕获异常 [45, Topic 73]，特别是当异常是多态类型的时候（参见 6.1.3 节，定义 6-1）。当异常被抛出时，第一个 `catch` 块会匹配类型以确认是否需要执行，如果是，那么会忽略其他拥有同样类型（或子类型，参见 6.1.1 节）的 `catch` 块。如果 `catch` 块是省略号（三个点），那么它会捕获所有的异常：

```cpp
try {     ...
} catch (e1_type& e1) { ... }
  catch (e2_type& e2) { ... }
  catch (...) { // 处理其他所有异常
}
```

显然这个 `catch-all` 的异常处理要放在最后进行。

如果没有其他要做的，可以将异常捕获后提示一个错误信息，并且退出程序。

```cpp
try {
    A= read_matrix_file("does_not_exist.dat");
```

```
    } catch (cannot_open_file& e) {
        cerr << "Hey guys, your file does not exist! I'm out.\n";
        exit(EXIT_FAILURE);
    }
```

当异常被捕获后,程序会认为异常已经解决了,并且会接着 catch 块之后继续执行。如果要退出程序,需要调用<cstdlib>头文件中的函数 exit。即便不是在 main 函数中调用 exit,exit 也会终止程序执行。一般只在认为程序继续执行的风险很高,且调用方也无法修复这一问题时才执行 exit 操作。

也可以在提示错误后或者在修复部分问题后继续执行,并重新抛出一个异常以便稍后再做处理:

```
    try {
        A= read_matrix_file("does_not_exist.dat");
    } catch (cannot_open_file& e) {
        cerr << "O my gosh, the file is not there! Please caller help me.\n";
        throw e;
    }
```

本例中捕获异常的代码已位于顶层的 main 函数中,所以调用栈中已没有其他函数可以再次捕获异常了。如果只是重新抛出当前异常,C++提供了一个更简短的写法:

```
    } catch (cannot_open_file&) {
        ...
        throw;
    }
```

一般建议使用上面这个简短的形式,因为这种写法既不容易出错,也能更清楚地表示我们是在将原先的异常重新抛出。忽略这个异常也很简单,只要将异常处理的实现置空即可。

```
    } catch (cannot_open_file&) {} // 文件是垃圾而已,继续执行
```

目前为止,我们的异常处理函数还没有真正解决文件缺失的问题。如果这个文件名是由用户提供的,可以一直缠着用户直到他提供了令我们满意的文件名:

```
    bool keep_trying= true;
    do {
        char fname[80]; //   建议使用 std::string
        cout << "Please enter the file name: ";
        cin >> fname;
        try {
            A= read_matrix_file(fname);
```

```
            ...
            keep_trying= false;
        } catch (cannot_open_file& e) {
            cout << "Could not open the file. Try another one!\n";
        } catch (...)
            cout << "Something is fishy here. Try another file!\n";
        }
    } while (keep_trying);
```

当程序执行到 try 块的末端时，我们就知道已经没有未处理的异常，直接收工就可以了。否则的话程序就会落入某个 catch 块中，keep_trying 也会一直保持为真。

异常有一个很大的优势，当无法在当前上下文中处理检测到的问题时，可以延期处理它。这里有个例子来自作者的实践，和 LU 分解有关。LU 分解无法处理奇异矩阵（singular matrix）。这是 LU 分解自身的问题，我们也无能为力。但是如果矩阵分解是迭代计算的一部分，我们或许可以在没有分解矩阵的情况下继续迭代。尽管我们也可以使用传统的错误处理手段，但是异常可以令我们的实现更加优雅和易读。一般情况下我们可以让分解程序工作，并且在遇到奇异矩阵时抛出异常。异常会抛给调用方，由调用方根据自己的情况来处理——如果它能处理的话。

1.6.2.4 谁抛出异常（Who Throws？） C++11

C++03 开始就允许指定哪些类型的异常可以在函数中抛出。此处无须深究细节，因为这些规范不是很常用，而且现在也已经过时了。

C++11 提供了新的修饰符（qualification）表示指定的函数一定不会抛出异常：

```
double square_root(double x) noexcept { ... }
```

这个修饰符的好处在于，调用方在 square_root 调用后一定不会检查异常抛出。函数如果罔顾修饰符而抛出异常，程序就会被终止。

模板函数可以根据类型参数判断是否会抛出异常。为了正确实现这一功能，noexcept 可以依赖于编译期条件，这一点将会在 5.2.2 节中讲到。

那么是异常好还是断言好？这个问题不简单，我们也没办法简短地回答。不过这个问题现在还不会影响到我们。因此把它的讨论放到附录 A.2.6 节中。

C++11 1.6.3 静态断言（Static Assertions）

可以用 `static_assert` 来捕捉编译期能检测到的错误。这时编译器会报一个出错信息并终止编译。不过把例子放在这里讲不是很合适，我们把它放到 5.2.5 节中讨论。

1.7 I/O

为了对键盘和屏幕这样的顺序存储设备进行 I/O 操作，C++ 提供了一种方便使用的抽象来操作它们，这种抽象称作"流"（stream）。一个流是一个对象，程序可以将字符插入其中或者从中提取字符。C++ 标准库中包含了一个头文件 `<iostream>`，在这个文件中声明了标准输入/输出流对象。

1.7.1 标准输出（Standard Output）

默认情况下程序的标准输出将写到屏幕上，我们可以用 C++ 流 `cout` 来访问它。它通过插入操作符（insertion operator）`<<`（和左移相同）来使用，我们在之前已经用过多次了。它在我们想打印文本、变量和常数的组合时非常有用。例如：

```
cout << "The square root of " << x << " is " << sqrt(x) << endl;
```

这个程序将输出：

```
The square root of 5 is 2.23607
```

`endl` 产生了一个换行符。我们也可以使用字符 `\n` 来代替 `endl`。出于执行效率的缘故，输出可能是有缓冲的。此时 `endl` 和 `\n` 会略有不同：前者会刷新缓冲而后者不会。当我们在没有调试器参与的情况下进行调试时，需要找到程序是在哪两个输出之间崩溃的，刷新操作就可以用在这里。相对的，如果我们要输出大量的文本到文件中，那么每行刷新缓冲会显著拖慢 I/O 的速度。

插入操作符的优先级较低，所以可以将算术运算直接写在输出过程中：

```
std::cout << "11 * 19 = " << 11 * 19 << std::endl;
```

不过所有的比较、逻辑和位操作符都需要使用括号括起来，比如下面这个条件操作符：

```
std::cout << (age > 65 ? "I'm a wise guy\n" : "I am still half-baked.\n");
```

如果忘了加括号,编译器也会提醒我们(不过这需要破译编译器提供的神秘信号)。

1.7.2 标准输入(Standard Input)

标准输入设备一般就是指键盘。在 C++ 中,通过将重载的提取操作符(operator of extraction)>> 应用到 cin 流上来处理标准输入。

```
int age;
std::cin >> age;
```

std::cin 从输入设备中读取字符,并且根据变量的类型(例子中为 int)解析读入的字符并存储到变量中(例子中为 age)。每敲击一次回车键,键盘输入都会被处理一次。

也可以使用 cin 从用户那里请求多条数据:

```
std::cin >> width >> length;
```

这种写法也等价于:

```
std::cin >> width;
std::cin >> length;
```

这两种情况下用户都需要提供两条数据,一个给 width,一个给 length。这两条数据可以用任何空白符号分隔,比如空格、制表符(tab)或者换行。

1.7.3 文件的输入和输出(Input/Output with Files)

C++ 提供了以下类,可以将字符输入或输出到文件中:

ofstream	写入到文件
ifstream	从文件读取
fstream	支持文件的读写

我们可以用和 cin、cout 相同的风格来使用文件流,区别在于这些流必须关联到实际的文件上。参见以下例子:

```cpp
#include <fstream>

int main ()
{
    std::ofstream square_file;
    square_file.open("squares.txt");
    for (int i= 0; i < 10; ++i)
        square_file << i << "^2 = " << i*i << std::endl;
    square_file.close();
}
```

这段代码创建了一个名为 squares.txt 的文件（如果文件存在就覆盖它），然后将句子写到文件中，就像写到 cout 中一样。C++建立了一个更加通用的流的概念，它既能满足输出到文件，也能满足输出到 std::cout 的需要。也就是说凡是能够输出到文件中的内容都能输出到 std::cout 中，反之亦然。如果要为一个新类型定义 operator<<，那么只要对 ostream 定义一次就可以了（参见 2.7.3 节），它可以同时应用到控制台、文件和任意的输出流中。

也可以将文件名作为流的构造函数参数来隐式地打开一个文件。这个文件将在 square_file 这个对象超出作用域时关闭[1]，在本例中就是在 main 的结尾处关闭。所以我们得到了一个比先前更加简短的例子：

```cpp
#include <fstream>

int main ()
{
    std::ofstream square_file("squares.txt");
    for (int i= 0; i < 10; ++i)
        square_file << i << "^2 = " << i*i << std::endl;
}
```

我们通常都更偏好这个比较短的形式。只有当某些原因下需要先声明文件，稍后再打开时，才需要使用到文件的显式打开。同样，只有必须在作用域结束前关闭文件时，才用得到显式关闭文件的操作。

1.7.4 泛化的流概念（Generic Stream Concept）

流并不局限于屏幕、键盘和文件。任何一个继承 istream、ostream 或者 iostream[2] 并

---

[1] 这要归功于一个强大的技术 RAII，具体讨论参见 2.4.2.1 节。
[2] 第 6 章中会演示类是继承的。这里只要注意到，在技术上只要继承 std::ostream 就可以实现一个流。

提供了相应实现的类，都算是一个流。比如 Boost.Asio 就提供了一个 TCP/IP 的流，Boost.IOStream 也提供了 I/O 流的一个替代实现。标准库也包含了一个 stringstream，可以用任意可打印的类型创建一个字符串。stringstream 的 str()函数用于返回流的内部字符串。

我们可以编写一个输出函数，它有一个 ostream 的可变引用参数，这个参数可以接受任意类型的输出流：

```cpp
#include <iostream>
#include <fstream>
#include <sstream>

void write_something(std::ostream& os)
{
    os << "Hi stream, did you know that 3 * 3 = " << 3 * 3 << std::endl;
}

int main (int argc, char* argv[])
{
    std::ofstream myfile("example.txt");
    std::stringstream mysstream;

    write_something(std::cout);
    write_something(myfile);
    write_something(mysstream);

    std::cout << "mysstream is: " << mysstream.str(); // 包含换行符
}
```

与之类似，可以借助 istream 实现一个通用的输入，借助 iostream 可以实现通用的读写 I/O。

1.7.5 格式化（Formatting）

⇒ c++03/formatting.cpp

I/O 流可以通过在<iomanip>中声明的 I/O 操纵子（manipulator）[1]来完成格式化。默认情况下，C++只会输出浮点数很少的几位数字。因此要提高输出的精度可以：

```cpp
double pi= M_PI;
```

---

[1] 也译作操纵符。——译注

```cpp
cout << "pi is " << pi << '\n';
cout << "pi is " << setprecision(16) << pi << '\n';
```

此时程序就能以更高的精度输出数值:

```
pi is 3.14159
pi is 3.141592653589793
```

在 4.3.1 节中,将演示如何将精度调整到类型所能表达的位数。

当打印一个表格、向量或者是矩阵时,需要将值对齐以便于阅读。因此,可以设置输出的宽度:

```cpp
cout << "pi is " << setw(30) << pi << '\n';
```

程序会输出:

```
pi is            3.141592653589793
```

setw 只会影响到下面一个输出,而 setprecision 则和其他的操纵子一样,会影响到所有后续输出的数值类型。setw 指定的宽度会被程序理解为"最小宽度",所以如果有值需要更多的空间时,打印出的表格就会变得很丑陋。

我们也可以让输出值左对齐,空格部分可以由我们所指定的字符填充,比如"-":

```cpp
cout << "pi is " << setfill('-') << left
     << setw(30) << pi << '\n';
```

会输出:

```
pi is 3.141592653589793-------------
```

还有一种控制格式的办法就是直接设置流的标记(flag)。一些不常用的选项只能通过这个办法设置,比如让正整数也显示正号。另外可以使用"scientific"记号强制使用科学记数法显示数值。

```cpp
cout.setf(ios_base::showpos);
cout << "pi is " << scientific << pi << '\n';
```

输出:

```
pi is +3.1415926535897931e+00
```

整数类型可以通过以下方法输出为八进制和十六进制:

```
cout << "63 octal is " << oct << 63 << ".\n";
cout << "63 hexadecimal is " << hex << 63 << ".\n";
cout << "63 decimal is " << dec << 63 << ".\n";
```

以上程序会输出：

```
63 octal is 77.
63 hexadecimal is 3f.
63 decimal is 63.
```

默认情况下布尔类的值会以整数 0 或 1 的形式输出。但是也可以要求它输出 true 或者 false：

```
cout << "pi < 3 is " << (pi < 3) << '\n';
cout << "pi < 3 is " << boolalpha << (pi < 3) << '\n';
```

最后，可以重置所有改变过的格式选项：

```
int old_precision= cout.precision();
cout << setprecision(16)
...
cout.unsetf(ios_base::adjustfield | ios_base::basefield
        | ios_base::floatfield | ios_base::showpos | ios_base::boolalpha);
cout.precision(old_precision);
```

每一个选项都是状态变量中的一位元。如果要同时启用多个选项，可以通过按位或组合这些位元。

1.7.6　处理输入输出错误（Dealing with I/O Errors）

首先要明确一点：C++中的 I/O 不是失效安全的（fail-safe）[1]，更不用说防呆机制了。I/O 会有多种途径报告错误，而我们的错误处理必须要遵循它们。来看下面这个例子：

```
int main ()
{
    std::ifstream infile("some_missing_file.xyz");

    int i;
    double d;
    infile >> i >> d;

    std::cout << "i is " << i << ", d is " << d << '\n';
    infile.close();
}
```

---

1 简单来说，失效安全是说失效了也不会导致严重损害。——译注

此时即便文件不存在，打开操作也不会失败。甚至可以从这个不存在的文件中读取数据，而程序还能照常运行。但毫无疑问，这里的值 i 和 d 都不会有意义。

```
i is 1, d is 2.3452e-310
```

默认情况下，流一般不会抛出异常。这样做是有历史原因的，因为异常是在流之后才出现的。为了不破坏既有的代码，流保持了原有的行为。

为确保一切正常，原则上我们需要在每次 I/O 操作后检测错误标记。下面这段程序会不停地向用户问询文件名，直到文件能被正常打开。我们会在读取文件内容后检查读取操作是否成功：

```
int main ()
{
    std::ifstream infile;
    std::string filename{"some_missing_file.xyz"};
    bool opened= false;
    while (!opened) {
        infile.open(filename);
        if (infile.good()) {
            opened= true;
        } else {
            std::cout << "The file '" << filename
                      << "' doesn't exist, give a new file name: ";
            std::cin >> filename;
        }
    }
    int i;
    double d;
    infile >> i >> d;

    if (infile.good())
        std::cout << "i is " << i << ", d is " << d << '\n';
    else
        std::cout << "Could not correctly read the content.\n";
    infile.close();
}
```

通过这个简单的例子可以看到，为了编写健壮的文件 I/O 的应用，我们得多做一些工作。

如果要使用异常，需要在运行期间对用到的每个流分别启用异常：

```
cin.exceptions(ios_base::badbit | ios_base::failbit);
cout.exceptions(ios_base::badbit | ios_base::failbit);
```

```cpp
std::ifstream infile("f.txt");
infile.exceptions(ios_base::badbit | ios_base::failbit);
```

此时，一旦遇到操作失败或者流进入 "bad" 状态，流就会抛出异常。当遇到文件末尾时，流也会抛出异常。不过还有更加便捷的方法来检测文件末尾（例如：`while (!f.eof())`）。

上面例子中所有 `infile` 的异常，都是在打开文件或尝试打开文件以后才启用的。要让异常也作用于文件打开错误，就需要先创建一个流，再启用异常，然后再显式地打开文件。启用异常起码能让我们知道，只要程序正常结束，就说明所有的 I/O 操作都是成功的。通过捕获异常，还可以使程序更加健壮。

文件 I/O 异常捕捉到部分错误，比如下面这个例子：

```cpp
void with_io_exceptions(ios& io)
{   io.exceptions(ios_base::badbit | ios_base::failbit); }

int main ()
{
    std::ofstream outfile;
    with_io_exceptions(outfile);
    outfile.open("f.txt");

    double o1= 5.2, o2= 6.2;
    outfile << o1 << o2 << std::endl;   // 没有分隔
    outfile.close();

    std::ifstream infile;
    with_io_exceptions(infile);
    infile.open("f.txt");

    int   i1, i2;
    char  c;
    infile >> i1 >> c >> i2;              // 类型未匹配
    std::cout << "i1 = " << i1 << ", i2 = " << i2 << "\n";
}
```

尽管程序存在明显错误（类型未匹配，数字之间也没有正确隔开），但是仍然不会有异常抛出，并且这个程序还捏造了一个输出：

```
i1 = 5, i2 = 26
```

我们知道，测试并不能完全证明程序的正确性。这一点在程序有 I/O 时更加明显。流输入读取输入的字符并根据变量的类型转换成值输出到变量中。例如，在设置 `i1` 时就转换成 int 类型。当它遇到一个无法作为目标值解析的字符时就会停止，对于 int 类型 i1 来说就是"."（点符号）。接下来再读取一个整数的话，就会失败，因为一个空字符串无法解析成一个 int 值。但是我们并没有再读取一个 int，而是把点符号作为一个 char 类型读入。当解析 i2 时，我们会选择从 o1 的小数部分开始一直读到 o2 之后，无法被整数读取的点符号之前。

糟糕的是，在实践中不是所有违反语法规则的行为都会导致异常。比如 .3 可以被解析成 int 的 0（当然下一次输入可能会失败）。把 -5 当成 unsigned 解析的话就会变成 4294967291（此处的 unsigned 是 32 位元）。显然，窄化规则并没有应用到 I/O 流之中——为了向下（backward）兼容。

无论如何，程序中的 I/O 都是需要特别关注的部分。数值需要被正确地分割（例如使用空格），而且读写的类型也要相同。如果输出部分有分支，这时产生的文件格式可能是变化的，此时输入代码就会复杂许多，甚至难以理解。[1]

此外，还有两种 I/O 要在这里提一下：二进制和 C 风格的 I/O。感兴趣的读者可以参见 A.2.7 节和 A.2.8 节。如果有需要也可以稍后再阅读它们。

1.8 数组、指针和引用（Arrays, Pointers, and References）

1.8.1 数组（Arrays）

C++的内建数组存在很多限制，也有很多奇怪的行为。不过不管怎么说，我们认为每一个 C++程序员都应该了解数组并注意到它存在的问题。

可以像下面这样来声明一个数组：

```
int x[10];
```

变量 x 是一个由 10 个 int 项构成的数组。在标准 C++中，这个数组的大小是一个编译器已知的常数。部分编译器如 gcc 也支持在运行时确定大小的数组。[2]

数组可以通过方括号访问：x[i] 即 x 中的第 i 个元素的引用。[3] 数组中的首个元素是

---

[1] 如果文件格式高度复杂，应该使用 XML、Json 这样的结构化文件格式。——译注
[2] 指 C99 中的变长数组（Variable-Length Arrays，可缩写为 VLA）。——译注
[3] 在本书中，如果提及第 i 个元素，一般都是从零计数的。——译注

x[0]，最后一个元素是 x[9]。数组可以在定义的时候被初始化：

```
float v[]= {1.0, 2.0, 3.0}, w[]= {7.0, 8.0, 9.0};
```

在本例中，编译器会推导出数组的大小。

C++11 中的初始化列表不支持窄化。这点对实际代码影响不大。例如下面的代码： | C++11

```
int v[]= {1.0, 2.0, 3.0};      // C++11 中会出错
```

在 C++03 中是合法的，而在 C++11 中则不是，因为从浮点字面量转成整数可能会损失精度。不过这么差的代码我们肯定是不会写的。

通常我们用循环来操作数组。例如以向量形式计算 $x=v-3w$ 可以写成：

```
float x[3];
for (int i= 0; i < 3; ++i)
    x[i]= v[i] - 3.0 * w[i];
```

也可定义更高维度的数组：

```
float A[7][9];         // 一个 7x9 的矩阵
int   q[3][2][3];      // 一个 3x2x3 的矩阵
```

语言本身没有为数组提供任何线性代数运算。直接在数组上实现它们既难看又容易出错。例如，我们要像下例这样实现加法：

```
void vector_add(unsigned size, const double v1[], const double v2[],
                double s[])
{
    for (unsigned i= 0; i < size; ++i)
        s[i]= v1[i] + v2[i];
}
```

注意这里用第一个参数将数组的大小传递给函数，因为数组本身没有大小的信息。[1] 所以函数的调用方有责任将正确的数组大小传递给函数。

```
int main ()
{
    double x[]= {2, 3, 4}, y[]= {4, 2, 0}, sum[3];
    vector_add(3, x, y, sum);
    ...
}
```

---

[1] 当传递一个高维数组时，只有第一个维度是未确定的，其他维度的长度必须是编译期已知的。然而这样很容易使程序写起来不干净。在 C++ 中我们有更好的方法来解决它。

因为数组大小在编译期是已知的，所以可以通过将数组所占字节数和数组中单个元素的大小相除，从而得到数组长度。

```
vector_add(sizeof x / sizeof x[0], x, y, sum);
```

在这个旧式的接口上，我们很难测试输入的数组是否与传入的大小相匹配。更惨的是，直到今天 C 和 Fortran 中库的接口，也仍然需要像这样将数组大小通过参数传递。只要用户稍有失误程序就会崩溃，而要跟踪查找崩溃的原因也需要付出很大的代价。因此本书将会展示，如何实现一个易于使用、难于出错的数学软件。也希望未来的 C++ 标准中可以有更多的高等数学支持，特别是线性代数的库。

数组存在以下两个问题：

- 访问数组时无法检查索引，如果访问到数组之外，可能会导致程序因为段错误（segmentation fault）或访问冲突（violation）而崩溃。这还不是最糟糕的，毕竟还能知道有错误发生。一次错误的访问还可能破坏我们的数据，之后程序仍然能运行，但会产生完全错误的结果，从而导致任何能想到或者想不到的严重后果。甚至有时它还能覆盖程序代码，此时数据会被当作机器码来执行从而导致不可预知的问题。

- 数组的大小必须在编译期间确定。[1] 例如，我们想要把一个保存到文件的数组回读到内存中：

```
ifstream ifs("some_array.dat");
ifs >> size;
float v[size];    // 错误：数组大小必须在编译期确定
```

因为编译器不能在编译期间确定数组大小，所以这段代码是无法工作的。

第一个问题只能通过新的数组类型来解决，而第二个问题则通过动态内存分配来解决。这就给我们引入了指针的概念。

1.8.2 指针（Pointers）

指针是一个包含了内存地址的变量。这个地址可以是其他变量通过取址操作符（&）获得的地址，也可以是通过动态内存分配获得的地址。

---

[1] 部分编译器也支持使用变量作为数组大小。不过这一特性并没有被所有编译器支持，因此会阻止我们写出可移植的软件。这个特性曾经被考虑纳入 C++14 中，但是因为仍有细节没有厘清而推迟了。

我们从下面这段动态分配的数组代码开始。

```
int* y= new int[10];
```

这段代码分配了一个有 10 个 int 元素的数组。这个大小可以在运行时选择。我们也可以实现上节中读取向量的例子：

```
ifstream ifs("some_array.dat");
int size;
ifs >> size;
float* v= new float[size];
for (int i= 0; i < size; ++i)
    ifs >> v[i];
```

指针和数组同样危险：超出范围的数据访问可能会导致程序崩溃或无征兆地使数据失效。在处理动态分配的数组时，保存数组大小是用户的责任。

此外，用户还有责任在不再需要内存时释放它：

```
delete[] v;
```

数组作为函数参数时，内部实现上是当作指针来处理的，因此之前的 vector_add 也可以应用到指针上：

```
int main (int argc, char* argv[])
{
    double *x= new double[3], *y= new double[3], *sum= new double[3];
    for (unsigned i= 0; i < 3; ++i)
        x[i]= i+2, y[i]= 4-2*i;
    vector_add(3, x, y, sum);
    ...
}
```

不过在指针上就不能使用 sizeof 这个技巧了。这个操作符只会返回指针自己的大小而与数组中条目的数量无关。除此之外的大部分情况下指针和数组都可以交换。指针可以传递给数组参数（如前面的例子），数组也可以传递给指针参数使用。指针和数组最大的区别在于变量定义上：定义一个大小为 n 的数组会预留 n 个条目的内存空间，而定义一个指针只会保留一个指针大小的空间。

因为我们是从数组开始的，所以在第一步学习指针的使用方法之前，就先学习了第二步。最简单的指针使用是分配单个数据条目：

```
int* ip= new int;
```

释放内存可以通过：

```
delete ip;
```

注意分配和释放是成对的。单个对象的分配需要单个对象的释放，数组的分配要求使用数组的释放。否则在运行时，系统可能会错误处理释放并导致在释放内存时崩溃。指针也可以指向其他变量：

```
int   i= 3;
int*  ip2= &i;
```

操作符"&"和一个对象运算并返回对象的地址。还有一个相对应的操作符"*"，它接受一个地址并返回一个对象：

```
int   j= *ip2;
```

这被称为解引用（*Dereference*）。因为操作符的优先级不同，语法规则也不同，所以"*"符号的解引用和乘法的含义并不会混淆——起码编译器不会弄错。

未经初始化的指针的值是随机的（具体是什么值取决于对应的内存）。使用未初始化的指针可以导致各种问题。明确地说，如果一个指针不指向任何东西，应该进行如下设置：

> C++11

```
int* ip3= nullptr;      // >= C++11
int* ip4{};             // 同上
```

或者在老版本的编译器上：

```
int* ip3= 0;            // 不要在C++11中使用
int* ip4= NULL;         // 同上
```

> C++11

可以确认的是地址 0 一定不会被应用程序所使用，所以用它来代表指针为空（不指向任何东西）是安全的。但是仅使用字面上的 0 既不能清楚地表达意图，也会在函数重载时导致二义性。宏 NULL 也没有好到哪里去：它就是个 0。C++11 开始引入了关键字 `nullptr` 作为指针的字面量。它可以被赋值给任意指针，也能和任意类型的指针比较。它不会与其他类型混淆，而且也有自描述的能力，所以它要好于其他的表示法。使用空的初始化列表来初始化指针也就是将指针设置成 `nullptr`。

指针最危险的地方在于内存泄漏（*Memory Leak*）。例如，我们觉得之前开的数组太小，所以要开一个新数组并赋给 y：

```
int* y= new int[15];
```

这样 y 就有了更多的空间。但是我们之前分配的内存会怎样呢？它仍然存在，但是我们再也无法访问它了。甚至也没办法释放它，因为释放也需要地址。所以在后面的程序运行过程中这块内存就相当于丢失了。直到整个程序结束，操作系统才会释放它。在这个例子中，数 GB 的内存只丢失了 40B。但是如果这个问题发生在迭代过程中，那么无法使用的内存数量就会在同一处持续增长，直到用尽整个（包括虚拟内存）内存。

即便手头的应用程序不在乎浪费内存，但编写高质量的科学计算软件时，内存泄漏仍然是不可接受的。如果我们的软件有很多用户，迟早会有人出来批评我们，并阻止其他用户使用我们的软件。好在是有工具可以帮助我们发现内存泄漏的，具体可参考附录 B.3 节。

当然我们不会因为指针的这些问题而因噎废食。我们也不禁止大家使用指针，因为很多东西只能使用指针：列表、队列、树、图，等等。但是使用指针必须要格外小心，以规避上面所提到的这些非常严重的问题。

这里有三个策略可以尽量减少与指针相关的错误。

- 使用标准容器：使用来自标准库或者其他经过检验的库的容器。标准库中的 `std::vector` 提供了动态数组的功能，包括重设大小（resize）和范围检查（range check），并且所有的内存都会自动释放。

- 封装：在类的内部管理动态内存。这样只需在每个类中处理一次。[1] 当对象被销毁时，所有由该对象分配的内存都会被释放。比如我们有 738 个拥有动态内存的对象，那么就会被释放 738 次。内存必须在对象构造时分配，并在它析构时释放。这个原则我们称为资源获得即初始化（Resource Acquisition Is Initialization，RAII）。作为比较，如果调用了 738 次的 `new`，并且部分操作还是在循环和分支中完成的，我们是否能保证精确地调用了 738 次的 `delete`？这个问题有工具可做检查，然而亡羊补牢毕竟不如防患于未然。[2] 理解封装这一思想并非易事，和满地的裸指针（raw pointer）相比，使用封装后所需工作量确实更少。在 2.4.2.1 节中将进一步讨论 RAII。

- 使用智能指针：智能指针将在下节（1.8.3 节）中讨论。

指针有两个用途：

---

[1] 可以假设对象数量远多于类的数量，否则一般意味着整个程序在设计上存在问题。
[2] 这些工具通常只能显示本次运行没有问题，但是对于其他的输入可能会有差别。

- 援引（refer）[1]一个对象

- 管理动态内存

裸指针的问题在于我们无法区分这个指针是否仅仅用于援引一个数据，还是当指针不再使用时，需要负责内存的释放。为了从类型层面上区分两者，可以使用智能指针（*Smart Pointer*）。

1.8.3 智能指针（Smart Pointers）

C++11 中引入了三种智能指针：unique_ptr、shared_ptr 和 weak_ptr。C++03 中也有一个智能指针 auto_ptr，但是通常认为这个指针只算是 unique_ptr 失败的试验品，因为那时语言本身还没有准备好，所以现在已经不再使用它了。所有的智能指针都在头文件 `<memory>` 中定义。如果无法在平台使用 C++11 的特性（比如嵌入式编程），那么 Boost 中的智能指针也是个不错的替代品。

1.8.3.1 独占指针（Unique Pointer）

顾名思义，这个指针援引的数据是独占所有权（*Unique Ownership*）的。它的使用方法基本上和普通指针是类似的：

```
#include <memory>

int main ()
{
    unique_ptr<double> dp{new double};
    *dp= 7;
    ...
}
```

它和裸指针最大的区别在于，指针生命期结束后，其中的内存会自动释放。因此，将一个不是通过动态分配得到的内存赋予 unique_ptr 是错误的行为。

```
double d;
unique_ptr<double> dd{&d}; // 错误：非法的删除
```

dd 的析构函数会尝试删除 d。

---

1 也译作指涉。——译注

我们也不能将独占指针赋给或转换成其他类型。如果要把它赋给一个裸指针，可以使用成员函数 get：

```
double* raw_dp= dp.get();
```

甚至也不能把一个 unique_ptr 赋值给另一个 unique_ptr：

```
unique_ptr<double> dp2{dp};    // 错误：不允许复制
dp2= dp;                        // 同上
```

它只能被移动：

```
unique_ptr<double> dp2{move(dp)}, dp3;
dp3= move(dp2);
```

移动语义将在 2.3.5 节讨论。现在我们只说：*copy* 会复制数据，而 *move* 则将源数据转移到目标中。在我们的例子中，涉及内存的所有权，先是从 dp 转移到 dp2 中，再转移到 dp3 中。所有权转移后 dp 和 dp2 都是 nullptr，而 dp3 的析构函数会释放内存。同理，当一个 unique_ptr 从函数返回时，内存的所有权也转移了。在以下例子中，dp3 掌握了 f() 中分配出的内存的所有权。

```
std::unique_ptr<double> f()
{    return std::unique_ptr<double>{new double}; }

int main ()
{
    unique_ptr<double> dp3;
    dp3= f();
}
```

在本例中 move() 不是必需的，因为这个函数的结果是一个会被移动的临时变量。（参见 2.3.5 节）

对于数组，unique_ptr 有一个特殊实现[1]，因为它需要正确地释放数组的内存（通过 delete[]）。此外，对数组的特化版本还提供了和数组类似的元素访问方式：

```
unique_ptr<double[]> da{new double[3]};
for (unsigned i= 0; i < 3; ++i)
    da[i]= i+2;
```

而 operator* 则对数组不适用。

---

[1] 特化将在 3.6.1 节和 3.6.3 节中进行讨论。

unique_ptr 有一个很重要的福利，那就是无论时间还是内存的占用上它相对裸指针都没有任何额外开销。

延伸阅读：独占指针有一个高级特性，它可以提供自定的删除器（*Deleter*）。细节参见 [26，5.2.5 节]、[43，34.3.1 节]，也可以参考在线手册（如 cppreference.com）。

1.8.3.2　共享指针（Shared Pointer）

顾名思义，shared_ptr 通常用于管理被多个客户使用的内存（每个客户都持有它）。当不再有 shared_ptr 引用这块内存时，内存就会被自动释放。这可以显著简化程序，特别是那些复杂的数据结构。shared_ptr 还有一个重要的应用领域就是并发：当所有访问某块内存的线程都退出后，这块内存就可以被自动释放了。

和 unique_ptr 相比，shared_ptr 可以被随意复制。例如：

```
shared_ptr<double> f()
{
    shared_ptr<double> p1{new double};
    shared_ptr<double> p2{new double}, p3= p2;
    cout << "p3.use_count() = " << p3.use_count() << endl;
    return p3;
}
int main ()
{
    shared_ptr<double> p= f();
    cout << "p.use_count() = " << p.use_count() << endl;
}
```

在这个例子中，我们为两个 double 值分别分配了内存，并存储在 p1 和 p2 中。然后将 p2 指针复制到 p3，因此这两个指针都指向了同一块内存，如图 1-1 所示。

我们可以从 use_count 的输出中观察到这一点。

```
p3.use_count() = 2
p.use_count() = 1
```

当函数返回时，指针会销毁，p1 所指向的内存也会被释放（因为不再使用了）。第二次分配的内存仍然健在，因为 main 函数中 p 仍然援引了它。

如果可能的话，尽量使用 make_shared 创建 shared_ptr：

```
shared_ptr<double> p1= make_shared<double>();
```

此时用于管理的内存和业务数据会被存于同一处,如图 1-2 所示,它的高速缓存(cache)效率会更高。因为 make_shared 返回一个共享指针,所以可以使用自动类型侦测(参见 3.4.1 节)来简化程序实现。

```
auto p1= make_shared<double>();
```

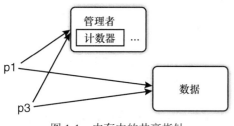

图 1-1　内存中的共享指针

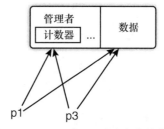

图 1-2　make_shared 后内存中的共享指针

我们必须要提醒大家,shared_ptr 在运行时间和内存占用上都是有额外开销的。不过,多亏使用了 shared_ptr 程序才能得以简化,通常付出一点点的开销还是值得的。

延伸阅读:关于删除器和其他 shared_ptr 的细节可参考库[26, 5.2 节]、[43, 34.3.2 节],或者参考在线手册。

1.8.3.3　弱指针(Weak Pointer)

C++11

使用 shared_ptr 可能会出现一个问题——循环引用(*Cyclic Reference*),它会阻止内存的释放。可以使用 weak_ptr 打破引用循环。weak_ptr 并不持有内存,甚至也不会分享内存的所有权。这里提到它只是为了完整地介绍全部的智能指针类型。如果要使用它,建议读者阅读合适的参考材料,如[26, 5.2.2 节]、[43, 34.3.3 节],或者 cppreference.com。

如果是为了管理动态内存,那指针自然是不可替代的。但是如果只是为了援引某个对象,我们可以使用另一个称之为引用(*Reference*)的语言特性。下面这节就来介绍它。

1.8.4　引用(References)

我们用下面这段代码来介绍引用:

```
int i= 5;
int& j= i;
j= 4;
std::cout << "i = " << i << '\n';
```

变量 j 援引了 i。如例所示，修改 j 会导致 i 的变化，反之亦然。i 和 j 永远是相同的值。我们可以认为引用是一种别名，它为已有的对象或子对象引入了一个新名字。在定义对象的同时，必须声明它引用了哪个对象（这点和指针不同）。在定义后再决定引用哪个对象是不可行的。

到这里引用听起来似乎没什么大用。在作为函数参数时（参见 1.5 节）、援引对象的一部分时（例如向量的第 7 项），或者构建一个视图时（参见 5.2.3 节），才是引用大显身手的时候。

C++11　为了在引用和指针之间折中，C++11 开始，提供了 `reference_wrapper` 类。这个类行为和引用类似，但是解除了一些引用的限制。比如它可以用于容器中，参见 4.4.2 节。

1.8.5 指针和引用的比较（Comparison between Pointers and References）

和引用相比，指针最主要的优势在于有动态内存分配和地址计算的能力。另一方面引用被强制援引一个已有的位置。[1] 因此，引用不会导致内存泄漏（除非你用一些非常邪恶的技巧），它们在使用上和被援引的对象完全相同。不过不幸的是，我们基本上无法构建保存引用的容器。

简单来说，引用并不能杜绝错误，但是它仍然比指针要更少出错。指针应该只被用来处理动态内存，例如创建列表或树这样的动态数据结构。即便用到指针，也应该尽可能通过完善测试的类型来使用指针，或者将指针封装到类中。智能指针可以用于内存分配，而且使用它好过使用裸指针，即便在类中也是如此。表 1-10 总结了指针和引用的差别。

表1-10　指针和引用的比较

特　　性	指　　针	引　　用
援引已定义的位置		√
强制初始化		√
避免内存泄漏		√
类似对象的记号		√
内存管理	√	
地址计算	√	
构建它的容器	√	

---

1 引用可以援引任意地址，但是这么做要麻烦得多。为了安全起见，本书不会演示如何把引用用得和指针一样糟糕。

1.8.6 不要引用过期数据（Do Not Refer to Outdated Data!）

函数内的局部变量只能用于函数的作用域内，如下例：

```
double& square_ref(double d) // 不要！
{
    double s= d * d;
    return s;
}
```

此处我们的函数结果引用了一个已经不存在的局部变量 s。存储 s 的内存仍然存在，如果幸运的话，也许其中的值仍未被改写，但是我们不能指望这一点。事实上，隐藏的错误要比表面的错误糟糕得多，因为我们的程序可能只在某个特定条件下才会崩溃，这会导致问题难以发觉。

这种引用我们称为失效引用（*Stale Reference*）。在援引局部变量时，一个好的编译器可能会警告我们。很不幸我们经常在一些网站的在线指南上见到类似的例子。

这个问题对指针也同样存在：

```
double* square_ptr(double d) // 不要！
{
    double s= d * d;
    return &s;
}
```

这个指针指向一个局部变量的地址，在出了作用域之后就失效了。这样的指针我们称为悬挂指针（*Dangling Pointer*）。

在成员函数中返回一个成员变量的指针或引用是没有问题的，参见 2.6 节。

> **忠告**
> 仅返回动态分配数据、函数调用前已存在的数据或静态数据的指针或引用。

1.8.7 数组的容器（Containers for Arrays）

我们将两个容器作为传统 C 数组的替代，它们有着类似的使用方法。

1.8.7.1 标准向量（standard vector）

数组和指针都是 C++ 语言核心的一部分。相比之下，std::vector 则属于标准库，并用类模板来实现。但是不管怎么说，它和数组的使用方法非常相似。1.8.1 节中的例子设置两个数据 v 和 w，这里我们用 vector 来实现：

```
#include <vector>

int main ()
{
    std::vector<float> v(3), w(3);
    v[0]= 1; v[1]= 2; v[2]= 3;
    w[0]= 7; w[1]= 8; w[2]= 9;
}
```

编译期间并不需要知道向量的大小。它甚至可以在运行时调整大小，我们将在 4.1.3.1 节演示这一功能。

当然，逐元素的设置会让代码显得很不紧凑。C++11 开始，允许使用初始化列表完成向量初始化。

```
std::vector<float> v= {1, 2, 3}, w= {7, 8, 9};
```

上个例子中，向量的大小隐含在列表长度中。因此之前的向量加法也能有更可靠的实现：

```
void vector_add(const vector<float>& v1, const vector<float>& v2,
                vector<float>& s)
{
    assert(v1.size() == v2.size());
    assert(v1.size() == s.size());
    for (unsigned i= 0; i < v1.size(); ++i)
        s[i]= v1[i] + v2[i];
}
```

相比于 C 数组和指针，vector 参数是含有大小信息的，我们也可以去检查它们是否匹配。注意：数组的大小可以由模板推导出，我们会在之后的章节中留给大家作为练习（参见 3.11.9 节）。

向量可以复制，也可以通过函数返回。所以这允许我们使用更为自然的写法：

```
vector<float> add(const vector<float>& v1, const vector<float>& v2)
{
    assert(v1.size() == v2.size());
    vector<float> s(v1.size());
    for (unsigned i= 0; i < v1.size(); ++i)
        s[i]= v1[i] + v2[i];
    return s;
}
```

```
int main ()
{
    std::vector<float> v= {1, 2, 3}, w= {7, 8, 9}, s= add(v, w);
}
```

之前的实现把要输出的向量作为引用参数传递给函数，与之相比，现在这个实现可能会比之前的更加昂贵。稍后会讨论在用户层和编译器层优化的可能性。根据我们的经验，设计一个合用的接口更加重要，性能问题可以之后再处理。提高一个正确实现的程序的性能比让一个高性能程序正确实现要简单得多。因此，我们的首要目标是良好的程序设计。在绝大多数情况下，漂亮的接口都会有好的性能。

容器 std::vector 并不是数学意义上的 vector。它们并没有任何的算术运算。尽管如此，容器仍然被证明了在科学应用中处理非标量的中间值是非常有用的。

1.8.7.2 valarray

valarray 是一个拥有逐元素操作的一维数组，甚至连乘法也都是逐元素的。当操作数是标量时，会将其与数组中的每个元素进行运算。因此，一个浮点的 valarray 是一个向量空间。

下面这个例子演示了一些操作：

```
#include <iostream>
#include <valarray>

int main ()
{
    std::valarray<float> v= {1, 2, 3}, w= {7, 8, 9}, s= v + 2.0f * w;
    v= sin(s);
    for (float x : v)
        std::cout << x << ' ';
    std::cout << '\n';
}
```

注意，valarray<float> 运算仅限于和自己，或 float 之间。例如 2*w 会导致错误，因为 int 和 valarray<float> 的相乘是不被支持的。

valarray 的一个强大之处在于它可以访问一个片段（slice）。这允许我们模拟（*Emulate*）矩阵和高阶张量以及它们的运算。不过，因为 valarray 缺乏对线性代数运算的直接支持，它没有办法广泛应用于数值领域。我们推荐使用已有的 C++ 库进行线性代数计算。也希望未来的标准中加入一个线性代数库。

在 A.2.9 节我们有一些关于垃圾回收的评论。简单来说，即便没有垃圾回收我们也能过得不错。

1.9 软件项目结构化（Structuring Software Projects）

名称冲突是大型项目中的一个大麻烦。因此，本节将讨论宏是如何加剧这个问题的，并在之后的 3.2.1 节演示命名空间如何解决名称冲突。

为了理解 C++软件项目中文件之间的相互作用，需要先理解构建过程，即如何从源代码生成可执行文件。这也是第 1 节的主题。在此基础上，将展示宏机制以及其他一些语言特性。

首先，将简要讨论一个帮助程序结构化的特性：注释。

1.9.1 注释（Comments）

注释最主要的目的是用简明的语言描述不是对所有人都显而易见的内容，如下例：

```
// O(n log n)时间内完成拟态生物的量子力学分析[1]
while (cryptographic(trans_thingy) < end_of(whatever)) {
    ...
```

通常用类似伪代码的注释来理清一段易于混淆的实现。

```
// A= B * C
for ( ... ) {
    int x78zy97= yo6954fq, y89haf= q6843, ...
    for ( ... ) {
        y89haf+= ab6899(fa69f) + omygosh(fdab); ...
        for ( ... ) {
            A(dyoa929, oa9978)+= ...
```

在这个例子中，我们更应当重构程序。如此混乱的代码只应在库的某个犄角旮旯里实现一次，而其他地方写的都是清晰简单的程序语句而非注释，如：

```
A= B * C;
```

这也是本书的主要目标之一：展示如何只编写你想要的表达式，而把实现隐藏起来，同时还能将程序的性能压榨彻底。

---

[1] 这段代码和注释是胡诌的。——译注

注释的另一个作用是在不改变代码的条件下，使一些代码片段临时失效，如下：

```
for ( ... ) {
    // int x78zy97= yo6954fq, y89haf= q6843, ...
    int x78zy98= yo6953fq, y89haf= q6842, ...
    for ( ... ) {
        ...
```

C++也和 C 一样通过一对/*和*/提供了块注释的语法。它们可将代码行内或多行代码的任意部分变成注释。不过很可惜，块注释无法被嵌套。不管写了多少层的/*，第一个*/就终结了所有块。几乎所有的程序员都会落入这个陷阱——他们本来想注释一段更长的代码，但是要注释的代码内已经包含了块注释，因此新的注释比预料的提早结束了：

```
for ( ... ) {
    /* int x78zy97= yo6954fq;    // 新的注释开始
    int x78zy98= yo6953fq;
/* int x78zy99= yo6952fq;        // 原有注释开始
    int x78zy9a= yo6951fq;     */   // 原有注释结束
    int x78zy9b= yo6950fq;     */   // 新注释结束（既定）
    int x78zy9c= yo6949fq;
    for ( ... ) {
```

这里本来希望 x78zy9b 这一行被注释掉，但是前面一个*/过早地结束了注释。

嵌套注释可以通过预处理指示字#if 来实现，我们会在 1.9.2.4 节介绍。此外，IDE 和具有语言支持的编辑器也可通过适当的功能注释多行程序。

1.9.2 预编译指示字（Preprocessor Directives）

本节将介绍预处理过程中可能使用的命令（指示字，directive）。因为它们大多数都独立于语言本身，所以建议尽量少地使用它们，尤其是宏。

1.9.2.1 宏（Macros）

几乎所有的宏，都暴露了语言、程序或者程序员自身的缺陷。

——Bjarne Stroustrup[1]

宏是一种古老的技术，它通过反复将可携带参数的宏名展开成定义的文本而实现代码

---

1 参见 The C++ Programming Luaguage，第 4 版，12.6 节。——译注

复用。尽管宏的使用可以让你的程序拥有更多的可能性，但是更多时候，它会毁掉你的程序。宏把自己和命名空间、作用域或其他语言要素孤立开，因为它仅仅是不计后果地进行文本替换，而且缺乏任何类型的概念。更糟糕的是，一些程序库会使用一个常用的名字作为宏定义，比如 `major`。我们可以毫不犹豫地取消这些宏定义，例如`#undef major`，而不用同情那些仍然希望使用这些宏的人。Visual Studio 甚至到今天都仍然在使用 `min` 和 `max` 宏[1]，我们强烈建议通过编译选项 `/DNOMINMAX` 禁用它们。几乎所有的宏都可以被其他技术（常量、模板、内联函数）所取代。但是当发现无法为某些实现找到宏的替代品时：

> **宏名称**
> 请使用 `LONE_AND_UGLY_NAMES_IN_CAPITALS`（全大写的、长而丑陋的名称）作为宏的名称！

宏会以任何匪夷所思的方式来滋生各种诡异的问题。为了让你对这个问题有个大致了解，我们会在附录 A.2.10 节提供一些例子，并介绍如何处理它们的提示（tip）。在你遇到问题之前，暂时可以不用阅读它们。同时在本书中将会看到，C++提供了如常数、内联函数和 `constexpr`（常量表达式）等更好的选择。

1.9.2.2 包含（Inclusion）

为了保持 C 语言的简洁性，包括 I/O 在内的诸多特性都被排除在语言核心之外，依靠程序库来提供。C++也沿袭了同样的设计，并尽可能地将功能放置于标准库中，尽管已经没人会将 C++称作一门简单的语言。

因此几乎每一个程序都要包含一个或多个头文件。其中最常见的莫过于我们所见过的 I/O：

```
#include <iostream>
```

预处理器会搜索一些标准的目录，比如`/usr/include`、`/usr/local/include`，等等。也可以通过编译器选项增加更多搜索路径——通常在 UNIX/Linux/macOS 系统上使用`-I`，在 Windows 系统上使用`/I`。

当我们将文件名写在一对双引号之间时：

```
#include "herberts_math_functions.hpp"
```

---

[1] 和 Visual Studio 关系不大，这个宏最常见是因为包含了 Windows.h。——译注

编译器通常会先搜索当前目录，然后再搜索标准目录。[1] 它等同于将文件名写在一对尖括号内并把当前目录添加到搜索目录中。有人认为尖括号应只用于系统头文件，而用户自定义头文件都应该用双引号。

为了避免名称可能发生的冲突，通常会将父目录添加到搜索路径，并在 include 指示字中写上相对路径：

```
#include "herberts_includes/math_functions.hpp"
#include <another_project/more_functions.h>
```

斜杠（slash）[2]是可移植的，它在 Windows 系统中也可以使用，尽管在 Windows 下子目录一般都用反斜杠（backslash）[3]表示。

包含守卫（include guard）：因为头文件可以间接包含，所以在一个编译单元中，一些常用的头文件可能会被包含多次。为了避免错误的重复包含，以及减少文本展开的次数，我们使用包含守卫保证每个文件只在第一次遇到时被包含。这些守卫就只是普通的宏，它们记录了当前文件的包含状态。一个典型的头文件类似下例：

```
// 作者：我
// 授权：每次阅读支付 100 美元

#ifndef HERBERTS_MATH_FUNCTIONS_INCLUDE
#define HERBERTS_MATH_FUNCTIONS_INCLUDE

#include <cmath>

double sine(double x);
...

#endif // HERBERTS_MATH_FUNCTIONS_INCLUDE
```

这个文件中的内容只在守卫宏尚未定义时才能被包含。这之后因为文件内容定义了守卫宏，所以再次包含会被守卫所阻止。

和所有的宏一样，我们要确保不管在自己的项目中还是所有被项目直接或间接包含的头文件中，这个名称都必须唯一。理想情况下，这个名称一般包括工程名称和文件名称。它还可以包含工程文件的相对路径或命名空间（参见 3.2.1 节）。还有一个常见的做法，使

---

[1] 实际上标准并没有规定使用双引号时到底哪些目录会参与搜索，这一行为取决于实现。
[2] 即"/"。——译注
[3] 即"\"。——译注

用_INCLUDED 或者_HEADER 作为宏名的结尾。如果不小心重用了一个守卫宏的名称，编译器可能会产生各种不同的编译错误信息。按照我们的经验，找到错误根源通常要花费很长的时间。如果是经验丰富的开发人员，可以通过上面所述的规则或随机发生器生成守卫宏。

#pragma once 是一个更加方便的选择。我们可以将前面的例子简化为：

```
// 作者：我
// 授权：每次阅读支付 100 美元

#pragma once

#include <cmath>

double sine(double x);
...
```

这个编译指示（pragma）并不是标准的一部分，但是今日所有的主流编译器都支持它。通过使用该编译指示，避免双重包含就成为了编译器的责任。

1.9.2.3 条件编译（Conditional Compilation）

控制条件编译是预处理器指示字一个重要且必要的用途。预处理器提供了一些指示字如#if、#else、#elif 和#endif 控制编译分支。条件编译中的条件可以从比较、检查宏定义是否存在，或逻辑表达式中计算得来。指示字#ifdef 和#ifndef 分别是：

```
#if defined(MACRO_NAME)

#if !defined(MACRO_NAME)
```

的简写形式。如果要把检查宏定义是否存在和其他条件合并使用，就必须要用上面这个版本。与之类似，#elif 是#else 接上#if 的简写。

在理想化的世界里，我们只需要写兼容标准 C++的可移植程序。但是在现实中，我们有时不得不使用不可移植的库。比如说，有个库只能运行在 Windows 系统上，或者更准确地说，只能用于 Visual Studio。而对于其他相关的编译器，我们还有另外一个库。这种平台相关的实现，最简单的方法就是为不同的编译器提供不同的代码片段：

```
#ifdef _MSC_VER
    ... Windows code
#else
    ... Linux/Unix code
#endif
```

相似地，当我们要用到的一些新特性（如 move 语义，参见 2.3.5 节）还没有被所有目标平台支持时，也需要条件编译：

```
#ifdef MY_LIBRARY_WITH_MOVE_SEMANTICS
    ... make something efficient with move
#else
    ... make something less efficient but portable
#endif
```

在这里，如果平台支持，就可以使用新特性，如果不支持也能够保持对这些旧编译器的兼容。当然，我们需要有一个可靠的工具，可以根据功能的可用性正确地定义宏。条件编译非常强大，但是它也是有成本的：源代码的维护和测试都更加费力且容易出错。一个设计良好的封装通过让不同的实现有相同的接口，可以适当弥补这些缺陷。

1.9.2.4　可嵌套的注释（Nestable Comments）

指示字 #if 还可用于将代码块注释掉：

```
#if 0
    ... Here we wrote pretty evil code! One day we fix it. Seriously.
#endif
```

和 /*...*/ 相比，它的优势就在于可以嵌套。

```
#if 0
    ... Here the nonsense begins.
#if 0
    ... Here we have nonsense within nonsense.
#endif
    ... The finale of our nonsense. (Fortunately ignored.)
#endif
```

尽管它有这样的优点，对于这种技术的使用也应该适度。如果要注释掉四分之三的代码，那么就应该考虑启用新的文件版本了。

最后，我们在附录 A.3 节中展示了 C++ 的基础特性。我们没有把它包含到主要章节中，是为了让一些缺乏耐心的读者可以较快地阅读。如果不是很着急的话，建议花一些时间去阅读它，看一看一个复杂的软件是如何演化发展的。

1.10　练习（Exercises）

1.10.1　年龄（Age）

编写一个程序，从键盘接受用户输入，输出到屏幕上并同时写入文件中。这个问题是：

"What is your age（你的年龄是多少）？"

1.10.2 数组和指针（Arrays and Pointers）

1. 编写如下声明：字符的指针、十个整数的数组、十个整数的数组的指针、字符串的数组的指针、字符的指针的指针、整数常量的指针、整数的常量指针，并且初始化这些对象。

2. 写一个小程序，分别在栈上建立固定大小的数组，在堆上通过内存分配建立数组。如果没有正确的 delete，使用 valgrind 查看发生了什么。

1.10.3 读取一个矩阵市场文件的头部（Read the Header of a Matrix Market File）

矩阵市场数据格式以 ASCII 码[1]格式存储密集和稀疏矩阵。文件的头部包含了类型与矩阵大小的信息。对于稀疏矩阵，数据一共存为三列：第 1 列是行号，第 2 列是列号，第 3 列是数值。当矩阵的类型是复数的时候，第 4 列会保存虚部。

以下是矩阵市场文件的一个例子：

```
%%MatrixMarket matrix coordinate real general
%
% ATHENS course matrix
%
         2025         2025       100015
            1            1    .9273558001498543E-01
            1            2    .3545880644900583E-01
..................
```

第一个不以%开头的行是矩阵的行数和列数，以及稀疏矩阵中非零元素的数量。

使用 fstream 读取矩阵市场的头部，并且将矩阵的行数、列数和非零值的数量打印到屏幕上。

---

[1] 也就是文本。——译注

第 2 章 类 Classes

计算机之于计算机科学的意义,并不比望远镜在天文学中的意义更重要。

——Edsger W. Dijkstra

因此,计算机科学也不仅仅是研究编程语言细节的学科。本章不仅要告诉大家如何声明一个类,更是要介绍如何使用才可以让它们更好地服务于我们的需求。或者换个更好的说法,本章旨在指导我们如何便捷和高效地在各种情况下使用类。在软件中,我们主要将类看成是一个建立新抽象的工具。

2.1 为普遍意义而不是技术细节编程(Program for Universal Meaning Not for Technical Details)

在编写最前沿的工程和科学软件时,如果只专注于性能细节是非常痛苦的,而且也很容易失败。在科学和工程编程中最重要的任务是:

- 识别领域中重要的数学抽象
- 在软件中全面高效地表达这些抽象

对于领域特定软件(domain-specific software)来说,专注于找到正确的表示是如此重要,以至于它的方法演变为一种编程范式:领域驱动设计(*Domain-Driven Design*,DDD)。

其核心思想是，软件开发人员应当经常与领域专家讨论程序组件如何命名，并使得最终软件中的行为尽可能符合直觉（不仅是对程序员更是对用户而言）。本书中不会详细讨论该范式，它的具体细节可以参阅其他文献，如[50]。

科学应用中最常见的抽象就是向量空间（vector space）和线性算子（linear operator）。后者用于将向量从一个空间投影到另一个空间。

首先，我们应决定如何在程序中表示这些抽象。令 v 是向量空间中的一个元素，L 是一个线性算子。将 L 应用到 v 上在 C++ 中可以如下表达：

```
L(v)
```

或者也可以表达为：

```
L * v
```

一般情况下两种表达难分优劣。但是它总比下面这种要好：

```
apply_symm_blk2x2_rowmajor_dnsvec_multhr_athlon(L.data_addr, L.nrows,
    L.ncols, L.ldim, L.blksch, v.data_addr, v.size);
```

后面这种表达暴露了太多的技术细节，还分散了对主要任务的关注。用这种风格编写软件会大量浪费程序员的精力，也让开发过程毫无乐趣可言。就算是"正确调用函数"这么简单的任务，这样做也比用清晰简单的接口麻烦得多。如果对程序做一些细微的变动——比如把一些对象换一个数据结构——也会导致一连串劳神费心的修改。要知道这个实现了线性投影的人，真正想做的只是科学研究而已。

这些接口拙劣的科学计算软件（我们还看过比例子中更糟糕的）所犯的最大错误就是：接口上存有太多的技术细节。这样做的部分原因是软件使用了 C 或 Fortran77 这样简陋的编程语言，或者是软件需要与用这些语言编写的部分进行交互。

> **忠告**
> 如果你编写的软件被迫要和 C 或 Fortran 进行交互，那么应当先编写一个简洁直观的 C++ 接口供自己和其他程序员使用，并将 C 和 Fortran 的接口封装起来。这样就不会把这些接口暴露给其他开发者。

从 C++ 调用 C 和 Fortran 要比从这些语言调用 C++ 更容易一些。然而使用这些语言开发大型项目实在是太低效了，以至于即便需要做一些额外的工作，从 C 和 Fortran 调用 C++

也是绝对合算的。Stefanus Du Toit 在他的 *Hourglass*（沙漏）*API* 中展示过一个例子，讲解了如何通过一个薄的 C API 层，让 C++程序提供接口给其他语言[12]。

编写科学软件最优雅的方式就是提供最好的抽象。在一个良好的实现中，用户接口可以减少基础行为的暴露，并隐去了对所有不必要的技术细节的依赖。而且拥有简洁直观的接口的应用，可以和它丑陋且关注于细节的竞争对手一样高效。

在这里我们所做的抽象就是线性算子和向量空间。对于开发者来说，最重要的是如何使用抽象，即如何将让线性操作作用到向量上。我们约定，使用符号"*"实现线性操作，例如 L * v 或者 A * x。显然，我们希望这个操作的结果会产生一个向量类型的对象（也就是说语句 w= L * v；可通过编译）。这也保留了数学上的"线性"性质。这就是开发人员需要知道的，如何使用线性算子的全部知识。

内部如何存储线性算子不会影响程序的正确性。这些操作只需满足数学要求，且在实现上没有诸如覆盖了其他对象的内存这样意料之外的副作用即可。也就是说，只要两种实现都提供了必要的接口和语义行为，它们就是可以互换的，程序能够通过编译并输出相同的结果。当然，不同的实现在性能上可能会有显著差异。也正因为如此，可以在程序修改极少甚至无须修改情况下，就能为目标平台或特定应用选择最佳的实现，这是非常重要的。

这也是为什么我们说 C++最有用的并不是继承（inheritance）机制（参见第 6 章），而是它拥有建立抽象，并可为相同抽象提供不同实现的能力。本章将介绍一些基础内容，后续章节中会详细介绍这种编程风格，并引入更多的高级技术。

2.2 成员（Members）

我们对类（class）已经做了不少的讨论，现在终于到定义一个类的时候了。类定义了一个新类型（type），这个类型可以包含：

- 数据：也就是成员变量（*Member Variable*），或简称成员（*Member*）。标准中也称作数据成员（*Data Member*）。
- 函数：即方法（*Method*）或成员函数（*Member Function*）。
- 类型定义。
- 内联类。

本节主要讨论数据成员和方法。

2.2.1 成员变量（Member Variables）

在这里我们用复数类型的定义作为最简单的例子。当然 C++ 里面已经有这个类了，不过为了演示类的使用，我们还是编写一个自己的复数类型：

```
class complex
{
  public:
    double r, i;
};
```

这个类有两个变量，分别存储复数的实部和虚部。概念上可以把类比作建筑中的蓝图，在这里我们还没有定义一个复数的实例。我们只是描述了一下复数：它包含两个 double 变量，一个叫 r，另一个叫 i。

然后再来创建复数类型的对象（*Object*）：

```
complex z, c;
z.r= 3.5; z.i= 2;
c.r= 2; c.i= -3.5;
std::cout << "z is (" << z.r << ", " << z.i << ")\n";
```

这段代码通过变量声明定义了 z 和 c 两个对象。变量声明和内建类型相同：一个类型名称，后面跟上变量名或者变量名列表。通过点操作符"."可以访问对象成员。如上例所示，成员变量和普通变量一样都可以被读写——只要这些成员变量是可访问的(accessible)。

2.2.2 可访问性（Accessibility）

类型中的每个成员都会被指定"可访问性"。C++ 提供了三类可访问性的控制：

- 公有（public）：可以在任何地方被访问。

- 保护（protected）：只能被类自身或它的子类所访问。

- 私有（private）：只能在类内部被访问。

借助于可访问性，类的设计者可以更好地控制类的用户对每个变量的使用。一方面，多使用公有成员会提高程序自由度，但是可控性上就低了很多；另一方面，越多地使用私有成员会产生更受限的用户接口。

使用访问修饰符（*Access Modifier*）可以控制类成员的可访问性。比如我们想实现一个有理数类，它的方法是公开的，数据是私有的：

```
class rational
{
  public:
    ...
    rational operator+(...) {...}
    rational operator-(...) {...}
  private:
    int p;
    int q;
};
```

访问修饰符作用于它之后的所有成员，直到下一个访问修饰符。我们可以随意放置访问修饰符。注意，我们在语言上对说明符（specifier）和修饰符（modifier）做出了区分：前者为单个条目声明一个属性，而后者则为下一个修饰符前的所有方法和成员变量添加了描述。相比于打乱类成员的顺序，我们更加建议使用多个访问修饰符。在第一个修饰符之前的类成员都是私有的。

2.2.2.1 隐藏细节（Hiding Details）

面向对象的纯化论者会将所有的数据成员都声明为私有（`private`）。这样做可以保证对象的内在一致性。例如，我们希望让有理数类保持"分母始终为正数"这个不变式（invariant）。此时，应当将分子和分母声明为私有，并且所有方法都会维护这个不变式。如果数据成员是公有的，那么这个不变式就无法得到保证了，因为用户可以违反这一约定自由修改。

私有成员也可以让代码修改更加自由。当修改私有方法的接口或者私有成员的类型时，所有使用该类的代码无须修改，只要重新编译即可。对公有方法的修改则可能（也通常会）影响到用户代码。换句话说：公有变量和公有方法构成了类的接口，只要接口不变，就能修改类且保证编译通过（如果没有引入 bug 且能保证正常运行）。如果所有公开方法的行为不变，那么整个应用的行为也不变，至于如何定义私有成员则完全随我们的意思（只要别把所有内存和计算资源浪费光就行）。因为类的行为直接以外部接口定义，而不依赖实现，所以可以说我们构建了一个抽象数据类型（*Abstract Data Type*，ADT）。

不过对于小型辅助类，如果只通过 getter 和 setter 函数访问数据，其实也是一种不必要的麻烦。例如用：

```
z.set_real(z.get_real()*2);
```

替代：

```
z.real *= 2;
```

如何界定一个类到底是持有公开成员的简单类，还是数据私有的隐藏类，这是一个很主观的问题（这在开发者团队中也是一个潜在的争论话题）。Herb Sutter 和 Andrei Alexandrescu 对二者做出了区分——如果想建立一个新抽象，就要让所有的内部细节私有化；如果只想聚合现有的抽象，就可以公开数据成员。这里再加一些说明：如果抽象数据类型中所有的成员变量都有对应的 getter 或 setter 函数，那么这个类就毫无抽象可言。此时，可以毫无损失地将变量直接公有化，还能抛掉丑陋的接口。[1]

protected 的变量通常只对其子类有意义。6.3.2.2 节将给出一个 **protected** 的用例。

C++ 也有 C 语言中的 **struct** 关键字。它也用于定义类，并且所有 **class** 能用的特性它都有。唯一的区别在于，**struct** 中所有成员默认都是公开的。也就是说：

```
struct xyz
{
    ...
};
```

等同于：

```
class xyz
{
  public:
    ...
};
```

作为一个经验法则，有以下忠告。

> **忠告**
> **struct** 应仅用作功能有限且不需要维护的不变式的辅助类，其余时候都应该用 **class**。

---

1 其实损失了给变量访问设置断点、打印日志的机会。2.2.5 节中有提到。——译注

2.2.2.2 友元（Friends）

尽管我们不会把内部数据提供给其他人，但是可能还会想开个后门给好朋友。在我们的类中，我们想让一些自由函数和类型拥有访问私有和保护成员的特殊许可：

```
class complex
{
    ...
    friend std::ostream& operator<<(std::ostream&, const complex&);
    friend class complex_algebra;
};
```

此例中我们允许输出操作符和一个叫作 `complex_algebra` 的类访问我们的内部数据和函数。友元（friend）声明可以任意放置于 public、private 或 protected 段中。当然，我们应尽可能少地使用友元，因为必须要保证每个友元都能够维护内部数据的完整性。

2.2.3 访问操作符（Access Operators）

一共有四个访问操作符。第一个之前已经见过了："."用来选择成员，如 `x.m`。其他的操作符主要用来处理指针。

首先考虑 complex 类的指针。如何通过这个指针访问成员变量呢？

```
complex  c;
complex* p= &c;

*p.r= 3.5;          // 错误：它等价于*(p.r)
(*p).r= 3.5;        // 正确
```

通过成员选择操作符"."来访问指针的成员不是一个特别好的选择，因为"."的操作符优先级要高于解引用操作符"*"。想象一下，如果这个成员是一个指向类型 B 的指针，我们要用这个指针去访问 B 的成员变量，于是我们还要为第二次选择再加一层括号：

```
(*(*p).pm).m2= 11;   // 天哪
```

为了更加方便地从对象指针访问成员，C++提供了"->"操作符：

```
p->r= 3.5;           // 这下好多了
```

前面提到的间接访问的问题也得到了解决：

```
p->pm->m2= 11;       // 可以有更多层级
```

在 C++中还可以定义指向成员的指针。对于大部分读者来说，这个特性一般都用不着（除了写本书之外，作者还从没在其他地方用过它）。如果想看这个特性的例子，可以参见附录 A.4.1 节。

2.2.4 类的静态声明符（The Static Declarator for Classes）

如果用静态（static）定义成员变量，那么该变量在整个类中只有一份实例。我们可以通过它在同一个类的不同对象间共享资源。静态声明的另一个用例是单件模式（*Singleton*）。单件模式是一种保证类在系统中只有一个实例的设计模式[14，127～136 页]。

数据成员可以同时是 static 和 const，此时该类只有一个不能被修改的实例。由其性质可以得知，它能够在编译期使用。我们会在第 5 章的元编程中用到这样的数据成员。

方法也可以是静态的。这种方法只能够访问静态数据、调用静态函数。这样的方法不需要访问对象数据，因此编译器可能会对其进行额外的优化。

我们的例子中用到的所有的静态成员都是有 const 的，并且也没有用到静态方法。在第 4 章我们会在标准库中看到静态方法的身影。

2.2.5 成员函数（Member Functions）

类中的函数称之为成员函数（*Member function*）或方法（*Method*）[1]。getter 和 setter 是面向对象软件中典型的成员函数：

程序清单2-1：有getter和setter的类

```
class complex
{
  public:
    double get_r() { return r; }              // 笨拙的
    void set_r(double newr) { r = newr; }     // 代码
    double get_i() { return i; }
    void set_i(double newi) { i = newi; }
  private:
    double r, i;
};
```

---

[1] "方法"一词容易产生歧义。在可能有歧义的地方，我们会将 method 译为成员方法。——译注

和成员一样，类中的方法默认也是私有的（`private`）。也就是说，它们只能被类内部的函数调用。私有的 getter 和 setter 显然没什么用处，因此可以把它们的可访问性改成公有（`public`）。这样就可以将代码写成 `c.get_r()` 而不是 `c.r`。然后使用这个类：

程序清单2-2：getter和setter的使用

```
int main()
{
  complex c1, c2;
  // 设置 c1
  c1.set_r(3.0);                      // 笨拙地初始化
  c1.set_i(2.0);

  // 复制 c1 到 c2
  c2.set_r(c1.get_r());               // 笨拙地复制
  c2.set_i(c1.get_i());
  return 0;
}
```

在 `main` 函数的开头，我们创建两个 `complex` 的对象。然后将一个对象设置好，再把它复制给另外一个。这段代码虽能正常工作，但是看着挺蠢的不是吗？

因为这里的成员变量只能通过函数访问，所以类的设计者可以最大限度地控制对象的行为，比如可以限制 setter 所能接受的值的范围，还能统计在程序运行时每个复数变量的读写频次；通过函数还能打印一些数据用于调试（不过相比于在代码中打印还是用调试器更好一些）；甚至还能规定这个数据每天只能被读取多少次，或者只有当程序运行在某个特定 IP 地址的计算机上时该变量才可以被写入。当然我们不会真的做这些事情，起码不会在复数类型上做，但是至少我们有了这样做的可能性。但如果变量是公开的并被直接访问，就没办法实现这些行为了。当然，要这样去处理一个复数的实部和虚部实在太麻烦了，我们会在以后讨论其他可行的方案。

不过大部分的 C++ 程序员都不会用这种方法去初始化对象中的值。那他们会怎么做？写构造函数。

2.3 设置值：构造函数和赋值（Setting Values: Constructors and Assignments）

构造函数和赋值是两种在对象创建时或创建后设置对象的值的机制。这两种机制有很多的共同点，因此我们放在一起介绍。

2.3.1 构造函数（Constructors）

构造函数（*Constructor*）是一类成员方法，它们会初始化对象并为成员函数创建工作环境。有时"环境"会包含一些资源，如文件、内存，或者锁等需要在使用后释放的内容。我们会在稍后讨论它。

先来看我们的第一个构造函数，它设置了复数的实部和虚部的值：

```
class complex
{
  public:
    complex(double rnew, double inew)
    {
        r= rnew; i= inew;
    }
    // ...
};
```

构造函数是和类同名的成员函数，它可以有任意数量的参数。这个构造函数可以让我们在定义 c1 时直接设置它的值：

```
complex c1(2.0, 3.0);
```

构造函数还有一种特殊的语法来设置成员变量和常量，我们称之为成员初始化列表（*Member Initialization List*）或简称为初始化列表（*Initialization List*）[1]：

```
class complex
{
  public:
    complex(double rnew, double inew) : r(rnew), i(inew) {}
    // ...
};
```

初始化列表以冒号（:）开头，紧接在构造函数的函数头后面。规则上一个非空的初始化列表由类的成员变量（和基类）或它们的子集构成（当初始化顺序和成员定义顺序不一致时编译器可能会发出警告）。编译器要确认所有成员变量都已经被初始化，因此对于没有初始化的成员，它会调用一个不带参数的构造函数来初始化它们。这个无参的构造函数我们称为默认构造函数（*Default Constructor*，2.3.1.1 节有更多讨论）。所以我们第一个构造函

---

[1] C++11 中用大括号括起来的初始化器列表是 initializer list，有时候也直接称之为初始化列表。——译注

数的例子等价于:

```
class complex
{
  public:
    complex(double rnew, double inew)
      : r(), i()  // 由编译器生成
    {
        r= rnew; i= inew;
    }
};
```

对于 int 和 double 这样的简单算术类型,到底是在初始化列表中设值还是在构造函数体内设值并不重要。对于没有写在初始化列表中的成员,内建类型的数据成员将仍然保持未初始化的状态,而其他类型的数据成员会隐式地调用它的默认构造函数进行初始化。

当成员是类的实例时,如何初始化它们就变得很重要了。想象一下,我们正在写一个类,用于解算线性系统,然后要在类中存储一个矩阵:

```
class solver
{
  public:
    solver(int nrows, int ncols)
    // : A()    #1 错误:调用一个不存在的默认构造函数
    {
        A(nrows, ncols); // #2 错误:不能在这里调用构造函数
    }
// ...
  private:
    matrix_type A;
};
```

假设矩阵类型有一个构造函数,用于设置两个维度的大小,那么在构造函数的函数体内是无法调用这个矩阵的构造函数的(#2)。实际上 #2 表达式会被解释成一个函数调用 A.operator()(nrows, ncols) 而不是构造函数,参见 3.8 节。

因为所有成员变量都会在函数体前构造完毕,所以构造函数会在 #1 处调用矩阵 A 的默认构造函数。但是,这里的 matrix_type 并没有默认构造性(*Default-Constructible*)[1],因此会产生如下的错误信息:

---

[1] 或者说不能被默认构造。——译注

Operator >>matrix_type::matrix_type()<< not found.

所以需要这样写：

```
class solver
{
  public:
    solver(int nrows, int ncols) : A(nrows, ncols) {}
  // ...
};
```

以调用正确的矩阵构造函数。

上面这个例子中，矩阵是求解器（solver）的一部分。不过在一些更常见的场景中，会有一个已经存在的矩阵。此时我们并不想浪费内存创建矩阵的副本，只要引用这个矩阵即可。所以我们的类将矩阵的引用作为成员，并且在初始化列表中设置这个引用（因为引用也没有默认构造性）：

```
class solver
{
  public:
    solver(const matrix_type& A) : A(A) {}
  // ...
  private:
    const matrix_type& A;
};
```

这段代码表明我们可以让成员变量和构造函数参数拥有相同的名称。那么问题来了，我们怎么知道哪个名称对应哪个对象？换句话说，在我们的例子中，这两个 A 分别代表的是什么？答案就是，初始化列表括号之外的部分一定指的是成员变量，括号内的部分则遵从成员函数的作用域法则。成员函数中局部变量的名称——包括参数名称——都会隐藏类中相同的名称。同样的规则对构造函数体也适用：来自参数和局部变量的名称会隐藏类中的名称。一开始可能会令人困惑，但是相信你很快就会习惯。

再回到复数这个例子上来。现在我们已经有了一个构造函数用于设置实部和虚部。通常只有实部需要设置，而虚部默认是 0 即可。

```
class complex
{
```

```cpp
public:
  complex(double r, double i) : r(r), i(i) {}
  complex(double r) : r(r), i(0) {}
  // ...
};
```

同时,如果什么值都不给,就默认它为 $0+0i$,也就是说我们让复数可以被默认构造:

```cpp
complex() : r(0), i(0) {}
```

我们会在下一节关注默认构造函数。

这三个不同的构造函数可以用默认实参结合成一个:

```cpp
class complex
{
  public:
    complex(double r= 0, double i= 0) : r(r), i(i) {}
  // ...
};
```

这样构造函数就可以接受多种初始化形式:

```cpp
complex z1,         // 默认初始化
        z2(),       // 默认初始化 ??????????
        z3(4),      // z3(4.0, 0.0)的简写
        z4= 4,      // z4(4.0, 0.0)的简写
        z5(0, 1);
```

z2 的定义是一个陷阱。它怎么看怎么像是调用了默认构造函数,但事实并非如此。实际上它被解释成了一个函数声明,这个函数名称为 z2,没有参数,返回 complex。Scott Meyers[1]把这种行为叫作"最烦人的解析"(*Most Vexing Parse*)。使用单个参数构造对象可以写成赋值的形式,如 z4。在一些老书中可能会提到,这种形式下会构造一个临时变量并复制,因而具有额外开销。可能"上古时期"的 C++编译器有这样的行为,但是现在已经不会有任何编译器做这种事了。

C++会识别三种特殊的构造函数:

- 之前提到的默认构造函数。

- 复制构造函数(*Copy Constructor*)。

---

1 知名技术作家,C++社区知名专家。他的著作如 *Effective C++, 3rd edition*、*Effective Modern C++*等都值得一读。——译注

- 移动构造函数（*Move Constructor*）（C++11 及以上版本，参见 2.3.5.1 节）。

接下来的章节我们将逐一讨论。

2.3.1.1 默认构造函数（Default Constructor）

默认构造函数等同于没有参数或所有参数全有默认值的构造函数。类中并不强制要求包含默认构造函数。

乍看之下很多类都不需要默认构造函数，但是如果有了它，在实际工程中运用起来就会容易很多。就 `complex` 类而言，因为可以在知道对象的值以后再构造对象，所以看起来没有默认构造函数也能活得下去。但是实际上没有默认构造函数会导致（至少）以下两个问题：

- 如果一个变量需要在内侧作用域中被初始化，但是同时考虑到算法的原因，它的生命期需要在外侧作用域，那么它就必须在没有合理初值的时候被初始化。此时，声明变量时使用默认构造函数是更恰当的选择。

- 更重要的原因是，为一个没有默认构造函数的类生成容器类型——如列表、树、向量、矩阵等——是非常麻烦的（尽管也可以做到）。

简单来说，离开了默认构造函数当然也能过下去，但是迟早你会因为缺少它而受罪。

> **忠告**
> 尽可能地定义默认构造函数。

然而总有一些类的默认构造函数非常难以定义，比如当一些成员是引用，或成员包含引用的时候。在这些情况下，即便没有默认构造函数会造成诸多不便，你也要忍，而不是强行设计一个糟糕的默认构造函数。

2.3.1.2 复制构造函数（Copy Constructor）

在介绍 getter-setter 的例子中（程序清单 2-2），在 `main` 函数里定义了两个对象，其中一个是另外一个的副本。当时复制操作是通过读写每个数值变量完成的。使用复制构造函数是更好的复制对象的方法：

```
class complex
{
  public:
    complex(const complex& c) : i(c.i), r(c.r) {}
    // ...
};
int main()
{
    complex z1(3.0, 2.0),
            z2(z1),         // 复制
            z3{z1};         // C++11：没有窄化
}
```

如果用户没有编写复制构造函数，编译器会生成一个标准的复制构造函数：和我们在例子中所做的类似，按照定义的顺序调用所有成员（与基类）的复制构造函数。

如果复制构造函数仅仅是精确复制所有成员而不做其他操作的话，应使用默认的版本。原因如下：

- 默认的要更简洁。

- 更少出错。

- 能直接知道复制构造函数做了什么而无须阅读代码。

- 编译器可以做更多的优化。

一般我们不建议使用可变引用作为复制构造函数的参数：

```
complex(complex& c) : i(c.i), r(c.r) {}
```

这样的话只能从可变对象复制。不过在某些情况下，我们可能还是会用到它。

复制构造函数的参数一定不能是传值的：

```
complex(complex c) // 错误！
```

请花几分钟思考一下为什么不能这么做。我们将在本节结束时揭晓答案。

⇒ c++03/vector_test.cpp

有一些情况下默认复制构造函数是有问题的，尤其是当类中含有指针时。考虑下面这个简单的向量类，它有一个复制构造函数：

```cpp
class vector
{
  public:
    vector(const vector& v)
      : my_size(v.my_size), data(new double[my_size])
    {
        for (unsigned i= 0; i < my_size; ++i)
            data[i]= v.data[i];
    }
    // 析构函数,参见2.4.2节
    ~vector() { delete[] data; }
  // ...
  private:
    unsigned my_size;
    double   *data;
};
```

如果省略复制构造函数,编译器并不会抱怨,它只会自动替我们创建一个。我们很高兴这个程序简短又好看,但是迟早就会发现它的行为非常奇怪:改变其中一个向量,另外一个会随之改变。当发现这个错误之后,当然要在项目中寻找原因。这个原因很难被找到,因为我们自己写的部分并无问题,问题在被我们省略的那部分里。问题的根源在于,我们没有复制数据,而只是复制了它的地址。图 2-1 描述了这一点:当使用编译器产生的构造函数把 v1 复制到 v2 时,v2.data 所指向的内容和 v1.data 是一样的。

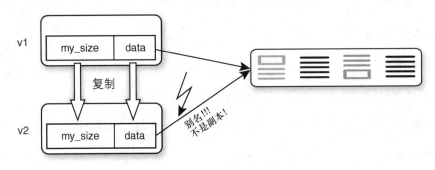

图 2-1　生成的向量复制

另外一个容易出现的问题是,运行时程序库会两次尝试释放同一块内存。[1] 为了说明这个问题,我们把 2.4.2 节中的析构函数放到这里:析构函数删除了 data 这个地址的内存,

---

[1] 每个程序员在他/她的一生中至少会遇到一次这个错误(除非他/她只写 Hello World)。当然希望我只是乌鸦嘴。我的朋友,审校 Fabio Fracassi 则乐观地认为未来程序员会使用现代 C++,将不会再遇到此类麻烦。希望如他所愿。

因为两个指针的地址是相同的,所以第二个析构函数会导致错误。

⇒ c++11/vector_unique_ptr.cpp

因为我们的 vector 类从设计上就希望它是自己数据的唯一所有者,所以对 data 来说 `C++11` unique_ptr 是比裸指针更好的选择:

```
class vector
{
    // ...
    std::unique_ptr<double[]>   data;
};
```

这不仅要求自动释放内存,更重要的是编译期无法自动生成复制构造函数,因为 unique_ptr 中的复制构造函数被删除了。这就强迫我们必须要自己提供复制构造函数的实现。

回到之前的问题上:为什么复制构造函数的参数不能传值?你可能已经找到原因了。如果以传值的方式传递参数,就需要一个复制构造函数,而这正是我们正在定义的函数。我们创造了一个自我依赖(self-dependency)的怪物,这可能会导致编译器陷入无限的循环之中。幸运的是,编译器并不会因为它而挂起,它甚至还能给我们一个有意义的出错信息。

2.3.1.3 类型转换与显式构造函数(Conversion and Explicit Constructors）

C++中对隐式构造函数和显式构造函数进行了区分。隐式构造函数允许在构造过程中使用隐式转换和赋值操作。比如:

```
complex c1{3.0};    // C++11 或更高版本
complex c1(3.0);    // 所有标准
```

也可以写作:

```
complex c1= 3.0;
```

或者:

```
complex c1= pi * pi / 6.0;
```

对于大多数受过科学教育的人而言,这种表示法更具有可读性,而且编译器为它们生成的代码是相同的。

当提供的类型和所需要的类型不同时，隐式转换就会参与其中。比如我们在一个需要 complex 的地方放上了一个 double。考虑我们有这样的函数：[1]

```
double inline complex_abs(complex c)
{
    return std::sqrt(real(c) * real(c) + imag(c) * imag(c));
}
```

并用 double 作为参数来调用这个方法，如：

```
cout << "|7| = " << complex_abs(7.0) << '\n';
```

字面量 7.0 是个 double 类型，complex_abs 函数并没有重载形式来接受这个参数。但是，这个函数有一个 complex 参数的重载，并且这个 complex 还有一个接受 double 的构造函数。因此，编译器会通过 double 类型的字面量隐式构造一个 complex 的值。

在声明构造函数时使用 explicit 修饰可以禁止隐式转换：

```
class complex { public:
    explicit complex(double nr= 0.0, double i= 0.0) : r(nr), i(i) {}
};
```

这时 complex_abs 就无法用 double 来调用了。如果非要使用 double，要么提供 double 的重载，要么显式地用 double 构造一个 complex 来调用它：

```
cout << "|7| = " << complex_abs(complex{7.0}) << '\n';
```

对于一些类型（如 vector）来说，explicit 属性是非常重要的。vector 有一个构造函数，可以用元素数量作为其参数：

```
class vector
{
  public:
    vector(int n) : my_size(n), data(new double[my_size]) {}
};
```

有一个计算标量积（scalar product）的函数，它的参数是两个向量：

```
double dot(const vector& v, const vector& w) { ... }
```

我们用整数参数来调用这个函数：

```
double d= dot(8, 8);
```

---

[1] real 和 imaf 的定义将会在之后的章节给出。

此时会发生什么？程序通过隐式构造函数创建了两个长度为 8 的临时向量，然后把它们传递到 dot 函数中。这种问题通过将构造函数定义为 explicit 就能很容易解决。

将哪个构造函数指定为显式的，取决于类设计者。显然，在向量这个例子中，没有哪个正常的程序员会让编译器自动将整数转换成向量类型。

是否用 explicit 标记 complex 类的构造函数，取决于 complex 类如何使用。在数学上，一个虚部为零的复数和一个实数等价，故从 double 到 complex 的隐式类型转换不会导致语义变化。又因为在需要 complex 的时候都可以接受 double 类型值或字面量，所以隐式构造函数要更加方便一些。这样只要不是性能关键的函数，就只需对 complex 实现一次，然后让 double 也使用这个函数即可。

在 C++03 中，explicit 属性只能用于单参数的构造函数。C++11 中因为一致性初始化（uniform initialization）的引入，explicit 也开始用于多参数的构造函数（2.3.4 节）。

2.3.1.4　委托（Delegation）

C++11

在之前的例子中，一些类具有多个构造函数。通常来说这些构造函数不会完全不同，它们总有一些共同的代码，也就是说构造函数之间常常会有些冗余。在 C++03 中，如果只是设置一些简单变量，我们通常会忽略这种冗余；否则可以将共同的代码片段提取到一个方法中，然后在多个构造函数内调用这个方法。

C++11 开始，提供了一种新机制：委托构造函数（Delegating Constructor），这种构造函数可以调用其他的构造函数。我们用这个特性代替默认参数重新实现 complex 类的构造函数：

```
class complex
{
  public:
    complex(double r, double i) : r{r}, i{i} {}
    complex(double r) : complex{r, 0.0} {}
    complex() : complex{0.0} {}
    ...
};
```

当然，在这个小例子中很难看到它的好处。但是在更加复杂的类（远比我们的 complex 类复杂）的初始化中，委托构造函数就可以体现它的作用了。

> C++11

2.3.1.5 成员的默认值（Default Values for Members）

C++11 的另一个特性是允许成员变量拥有默认值。这样我们只需要在构造函数中设置非默认项即可：

```cpp
class complex
{
  public:
    complex(double r, double i) : r{r}, i{i} {}
    complex(double r) : r{r} {}
    complex() {}
    ...
  private:
    double r= 0.0, i= 0.0;
};
```

这个特性在大型类中更能体现价值。

2.3.2 赋值（Assignment）

在 2.3.1.2 节中，已经看到复制对象可以不用 getter 和 setter——起码在构造的时候不用了。现在希望可以用下面的表达式完成对象赋值：

```cpp
x= y;
u= v= w= x;
```

要做到这一点需要类型提供赋值操作符(或者让编译器生成一个)。我们仍然用 complex 类作为例子。将一个 complex 赋值给另外一个 complex 需要如下的操作符：

```cpp
complex& operator=(const complex& src)
{
    r= src.r; i= src.i;
    return *this;
}
```

在例子中我们复制了成员 r 和 i。为了多次赋值，操作符将返回当前对象的引用。this 是这个对象自身的指针。如果需要一个引用，那么解引用 this 指针即可。这个操作符赋值自另一个同类型对象，我们称之为复制赋值操作符，它也可以由编译器生成。本例中编译器产生的代码和我们自己写的代码是一样的，因此我们自己的实现可以省略。

那么把 double 赋值给 complex 会发生什么呢？

```cpp
c= 7.5;
```

我们没有为 double 参数定义赋值操作符，代码也能编译通过，这仍然归因于隐式转换——隐式构造函数使用 double 即时地创建一个 complex 对象并用它赋值。如果这么做存在性能问题，我们可以再增加一个 double 的赋值函数：

```
complex& operator=(double nr)
{
    r= nr; i= 0;
    return *this;
}
```

和复制构造一样，编译器为 vector 自动生成的赋值操作符也存在问题，因为默认实现仅复制了数据的指针而不是数据自身。正确的赋值操作符的实现和赋值构造函数类似：

```
1   vector& operator=(const vector& src)
2   {
3       if (this == &src)
4           return *this;
5       assert(my_size == src.my_size);
6       for (int i= 0; i < my_size; ++i)
7           data[i]= src.data[i];
8       return *this;
9   }
```

[45, 94 页]建议复制赋值和复制构造函数的行为应当保持一致，以避免用户混淆。

第 3 行和第 4 行避免了把对象赋值给自己。第 5 行则检测了源向量和当前向量的大小是否相同。复制操作也可以在两个对象长度不等时重置当前对象的大小。后者在技术上是可行的，但是对科学计算而言就值得商榷了：在数学和物理中突然改变一个向量[1]空间的维度是合理的吗？

2.3.3 初始化器列表（Initializer Lists）

C++11

初始化器列表（*Initializer List*）是 C++11 的新特性——注意不要把它与"成员初始化列表（member initialization list）"（参见 2.3.1 节）相混淆。使用时需要先包含头文件 `<initializer_list>`。虽然这个特性和类正交，但因为向量的构造函数和赋值操作符是演示这一特性的绝佳范本，所以把初始化器列表放在这里介绍是非常合适的。它可以让我们同时设置向量中的所有元素。

---

[1] 注意这里的向量（vector）和标准库中 vector 的区别。——译注

原始的 C 数组可以在定义时完成初始化：

```
float v[]= {1.0, 2.0, 3.0};
```

C++11 把这个能力泛化了，任意类型都有可能通过一串相同类型的值初始化。在有了合适的构造函数后，我们可以这样写：

```
vector v= {1.0, 2.0, 3.0};
```

或者：

```
vector v{1.0, 2.0, 3.0};
```

我们也可以通过赋值操作设置 vector 中的全部元素：

```
v= {1.0, 2.0, 3.0};
```

如果函数的参数是 vector，可以通过以下方式调用：

```
vector x= lu_solve(A, vector{1.0, 2.0, 3.0});
```

这条语句通过对矩阵 A 做 LU 分解，求经矩阵 A 变换后的向量是 $(1, 2, 3)^T$ 的方程的解。

要 vector 支持上面的写法，我们应为它编写以 initializer_list<double> 为参数的构造函数和赋值函数。如果你比较懒的话可以只实现构造函数部分，然后通过复制赋值使用。出于演示需要和性能考量，此处这两个函数都实现了。在赋值函数中可以检查 vector 的大小是否匹配：

```
#include <initializer_list>
#include <algorithm>

class vector
{
    // ...
    vector(std::initializer_list<double> values)
      : my_size(values.size()), data(new double[my_size])
    {
        std::copy(std::begin(values), std::end(values),
                  std::begin(data));
    }

    vector& operator=(std::initializer_list<double> values)
    {
        assert(my_size == values.size());
        std::copy(std::begin(values), std::end(values),
```

```
            std::begin(data));
        return *this;
    }
};
```

我们使用了标准库中的 `std::copy` 函数将数据从列表复制到对象中。这个函数接受三个迭代器（iterator）[1]作为参数，分别表示输入的起始位置、结束位置和输出的起始位置。自由函数 `begin` 和 `end` 自 C++11 开始支持。在 C++03 中，我们要使用相应的成员函数，如 `values.begin()`。

2.3.4 一致性初始化（Uniform Initialization） C++11

C++11 引入了一对大括号`{}`的初始化语法，使用以下方法完成的初始化都可以统一到这个语法上：

- 初始化器列表构造函数（initializer-list constructor）
- 其他构造函数（other constructor）
- 直接成员的设置（direct member setting）

最后一条仅可应用于数组或所有非静态成员变量都是公开成员且无用户定义构造函数的类。[2] 这些类型称为聚合（Aggregate），而用括号和值列表设置对象值的行为，称为聚合初始化（Aggregate Initialization）。

假设我们定义了一个简易的 `complex` 类，这个类没有构造函数。可以用以下代码完成初始化：

```
struct sloppy_complex
{
    double r, i;
};

sloppy_complex z1{3.66, 2.33},
               z2= {0, 1};
```

毫无疑问，构造函数要比聚合初始化更好。但是当我们处理遗留代码时，它就可以派上用场。

---

[1] 可以认为是一种广义的指针，参见 4.1.2 节。
[2] 还有两个附加条件：没有基类且没有虚函数，参见 6.1 节。

带构造函数的 `complex` 类也可以通过类似的语法完成初始化：

```
complex c{7.0, 8}, c2= {0, 1}, c3= {9.3}, c4= {c};
const complex cc= {c3};
```

不过当对应的初始化函数被声明为 `explicit` 时，就无法用"="初始化了。

前一节中还提到了初始化器列表。如果想要一致性初始化调用初始化器列表的构造函数，需要使用双重大括号：

```
vector v1= {{1.0, 2.0, 3.0}},
       v2{{3, 4, 5}};
```

为了让代码变得简单，C++为一致化构造提供了大括号消除（*Brace Elision*）的机制。也就说，这里可以省略第二层大括号，而把列表中的内容按顺序传递给构造函数或成员。所以这里的声明可以简记为：

```
vector v1= {1.0, 2.0, 3.0},
       v2{3, 4, 5};
```

大括号消除机制可谓"亦正亦邪"。假设以 `complex` 类作为 `vector` 的元素实现一个 `vector_complex` 类，我们可以很方便地用下面的代码初始化：

```
vector_complex v= {{1.5, -2}, {3.4}, {2.6, 5.13}};
```

不过对于下面的例子：

```
vector_complex v1d= {{2}};
vector_complex v2d= {{2, 3}};
vector_complex v3d= {{2, 3, 4}};

std::cout << "v1d is " << v1d << std::endl; ...
```

结果可能有些出人意料：

```
v1d is [(2,0)]
v2d is [(2,3)]
v3d is [(2,0), (3,0), (4,0)]
```

第一行只有一个参数，所以向量只有一个复数元素，这个元素由单个参数构造（虚部为 0）。第二行也是由一个元素创建向量，这个元素由两个参数构造。但是在第三行中，就不能维持这个逻辑了：`complex` 没有能接受三个参数的构造函数。所以，此处将使用多个向量元素构造向量，每个向量元素分别使用一个参数构造。对此感兴趣的读者在附录 A.4.2 节中可以找到更多的例子。

大括号构造的另一个应用是初始化成员变量：

```
class vector
{
  public:
    vector(int n)
      : my_size{n}, data{new double[my_size]} {}
    ...
  private:
    unsigned my_size;
    double   *data;
};
```

这个语法可以防止我们偶然的失误。比如在上面的例子里，如果用 int 参数来初始化一个 unsigned 类型的成员，那么会因为窄化而被编译器拒绝。我们要更换一个参数类型：

```
vector(unsigned n) : my_size{n}, data{new double[my_size]} {}
```

我们曾演示过，构造器初始化列表允许我们就地创建非基本类型的函数参数，例如：

```
double d= dot(vector{3, 4, 5}, vector{7, 8, 9});
```

如果参数类型是明确的——比如只有一个函数重载时——初始化器列表可以直接传递给函数而不需要提供类型：

```
double d= dot({3, 4, 5}, {7, 8, 9});
```

同样的，函数结果也可以通过一致性构造返回：

```
complex subtract(const complex& c1, const complex& c2)
{
    return {c1.r - c2.r, c1.i - c2.i};
}
```

该函数的返回值类型是 complex，可以用两个参数的列表来初始化它。

本节展示了一致性初始化各种可能的使用方法，也让读者看到了它们的风险所在。总的来说这是一个非常有用的特性，但是在使用时要注意特殊情形下存在的问题。

2.3.5 移动语义（Move Semantic） C++11

复制大量数据是一项高成本的操作。人们曾使用各种技巧来试图避免不必要的复制。一些软件包默认使用浅复制（shallow copy）。以 vector 为例来说，它只复制数据的地址而不是数据本身。也就是说在赋值操作以后：

```
v = w;
```

两个变量中指针都指向同样的数据。如果我们修改 v[7]，那么 w[7]就会被修改，反之亦然。以浅复制为主的软件通常会提供一个单独的函数用于深复制（deep copy）：

```
copy(v, w);
```

在变量赋值时，我们必须用这个函数来取代赋值操作符。临时值——例如作为函数返回值的 vector——是可以用浅复制的，因为临时值不能被访问，我们也没有为临时值创造别名。使用这些方法避免复制是有隐患的，程序员必须时刻注意别名、两次释放内存等问题。我们需要使用引用计数这样的技术将程序员从中解放出来。

另一方面，在把大型对象作为函数的返回值时，深复制会非常昂贵。我们将在 5.3 节介绍一种可以避免复制的高效技术。这里我们将介绍另外一个从 C++11 开始才引入的特性：移动语义。它的基本思想是，所有的变量，或者说具名项（named item）都会被深复制，而临时值（不具名对象）则只需转移它的数据。

那么问题来了：如何区分临时数据（temporary data）和持久数据（persistent data）呢？有个好消息是，编译器可以帮助我们区分。在 C++的术语中，又把临时变量称作右值（*Rvalue*），因为它们通常只能出现在赋值语句的右侧。C++11 引入了右值引用的记号：&&。有名字的值，也叫左值（*lvalue*），这些值不能传递给右值引用。

C++11 ### 2.3.5.1 移动构造函数（Move Constructor）

在提供了移动构造函数和移动赋值函数以后，就可以不再对右值高成本地复制了：

```
class vector
{
    // ...
    vector(vector&& v)
      : my_size(v.my_size), data(v.data)
    {
        v.data= 0;
        v.my_size= 0;
    }
};
```

移动构造函数会从源对象中把数据偷取出来，并置空源对象的状态。

一般认为，在函数返回后，通过右值传递进函数的变量的生命周期就结束了，也就是说此时所有的数据完全可以是随机的。唯一的要求就是析构对象时（参见 2.4 节）不能失败。因此我们要特别注意裸指针，此时它们不能随机指向某个内存。否则要么删除指针的操作会失败，要么不小心释放了其他用户的内存。如果我们放着 v.data 的值不动，那么在 v 离开作用域时就会把数据释放掉，进而目标 vector 中的数据会失效。一般来说，裸指针在移动之后都应当置为 nullptr（C++03 中置为 0）。

有一点要强调的是，像 vector&& v 这样的右值引用，因为它有名字，所以是左值而不是右值。如果希望将 v 传递到其他需要移动它的数据的方法中时，必须使用标准函数 std::move 将其转换成右值后再传递（参见 2.3.5.4 节）。

2.3.5.2 移动赋值（Move Assignment） C++11

移动赋值的实现很简单，只要交换两个数据指针就可以了：

```
class vector
{
    // ...
        vector& operator=(vector&& src)
        {
            assert(my_size == 0 || my_size == src.my_size);
    std::swap(data, src.data);
    return *this;
        }
};
```

这样在源对象被销毁时，它就会释放掉当前对象的数据。

考虑我们有空向量 v1，以及一个由 f() 临时创建的对象 v2，如图 2-2 左图所示。当把 f() 的结果赋值给 v1 时：

```
v1= f();      // f 返回 v2
```

此时移动赋值会交换 data 指针。交换后，v1 持有原 v2 的值而 v2 则被置空，如图 2-2 右图所示。

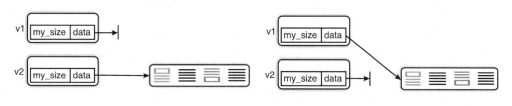

图 2-2　数据移动

2.3.5.3 复制消除（Copy Elision）

如果给这两个函数加入日志，就会发现移动构造函数的调用没有我们想象的那么频繁。这是因为现代编译器会做比偷取数据更好的优化：复制消除。编译器会省略数据的复制，让数据直接在复制操作目标对象的地址上生成。

这一优化最重要的用例是返回值优化（Return Value Optimization, RVO），特别是当变量使用函数返回值初始化时：

```
inline vector ones(int n)
{
    vector v(n);
    for (unsigned i= 0; i < n; ++i)
        v[i]= 1.0;
    return v;
}
...
vector w(ones(7));
```

编译器并不会先创建 v，然后在函数结束时将它移动或复制到 w，而是会直接创建 w 并在 w 中完成所有操作，因此并不会调用复制（或移动）操作符。我们可以借助日志打印或者调试器来检查这个行为。

在很多编译器中复制消除是一个先于移动语义出现的技术。但这并不是说移动构造就没用了。数据移动的规则是在标准中规定的，而 RVO 优化没有这样的保证。有很多细节都会导致 RVO 无法开启，例如当函数有多条 return 语句时。

`C++11` 2.3.5.4 何处需要移动语义（Where We Need Move Semantics）

有 std::move 就一定会使用移动构造函数。实际上这个函数本身没有移动对象，它只是将一个左值转换成右值。也就是说它会将一个变量认定为临时量，或者说使该变量可移动。然后构造函数或者赋值函数就会调用右值对应的重载，比如下面代码：

```
vector x(std::move(w));
v= std::move(u);
```

第一行的 x 会从 w 中偷取数据，并将 w 置为空向量，第二条语句会将 v 和 u 互换。

在和 std::move 一同使用时，例子中的构造和赋值函数会存在一些一致性问题。不过当处理真正的临时变量时，二者并没有区别。为了改善一致性，我们会将移动赋值函数执

行后的源对象状态也置为空:

```
class vector
{
    // ...
    vector& operator=(vector&& src)
    {
        assert(my_size == src.my_size);
        delete[] data;
        data= src.data;
        src.data= nullptr;
        src.my_size= 0;
        return *this;
    }
};
```

另外,在 `std::move` 以后对象应被视作过期(expired)。换句话说,这些对象此时尚未消亡,但已经失效。对象中的值不再重要,只要它们是合法的状态就行(即析构函数不会崩溃)。

移动语义的一个应用就是 C++11 及更高版本中 `std::swap` 的默认实现,参见 3.2.3 节。

2.4 析构函数(Destructors)

当一个对象被销毁时就会调用析构函数,例如:

```
~complex()
{
    std::cout << "So long and thanks for the fish.\n";
}
```

因为析构函数和默认构造函数算是一对互补的函数,所以析构函数的名称就是在默认构造函数的名称之前放了一个按位取反操作符(~)。和构造函数不同,它只有无参数这一种重载形式。

2.4.1 实现准则(Implementation Rules)

析构函数的实现有两条非常重要的准则:

1. 绝不要在析构函数中抛出异常!这会导致程序崩溃,并且异常将无法被捕捉。在 C++11 及以上版本中,它会导致运行时错误并中断程序的执行(析构函数默认标记为 noexcept，见 1.6.2.4 节）。在 C++03 里，此行为的后果取决于编译器实现，但程序退出是最常见的行为。

2. 如果类中有虚（virtual）函数，那么析构函数也必须是虚函数。我们会在 6.1.3 节重提这个问题。

2.4.2　适当处理资源（Dealing with Resources Properly）

在析构函数中做什么是程序员的自由，语言本身并未做任何限定。在实践中，析构函数最主要的任务就是释放对象的资源（内存、文件句柄、套接字、锁等）并清除任何和对象相关且以后不再用到的内容。因为析构函数不能抛出异常，所以很多程序员将释放资源作为析构函数中唯一的操作。

⇒ c++03/vector_test.cpp

在我们的例子中，复数类型在被销毁时不需要做任何事情，因此可以省略析构函数。当对象拥有资源如内存时，就需要析构函数了。此时必须要在析构函数中释放内存和其他资源。

```
class vector
{
  public:
  // ...
    ~vector()
    {
        delete[] data;
    }
  // ...
  private:
    unsigned my_size;
    double   *data;
};
```

注意 delete 已经检查了指针是否为 nullptr（或 C++03 的 0），因此不需要做额外检查。与之类似，如果文件使用 C 句柄打开的话，也需要在析构函数中显式关闭（这是我们唯一不用它的原因）。

2.4.2.1　资源获得即初始化（Resource Acquisition Is Initialization）

资源获得即初始化（*Resource Acquisition Is Initialization*，RAII）是由 Bjarne Stroustrup

和 Andrew Koenig 所提出的一种开发范式。其思想是绑定资源到对象，并在程序中利用对象构造和析构机制自动处理资源。每当我们想获得一个资源时，我们就创建一个对象并持有它。当对象退出作用域外时，资源（内存、文件、套接字……）就会自动释放，如同之前 vector 中的例子。

想象一下，我们有个程序在 986 个地方分配了 37186 块内存。我们能否保证所有内存块都被释放了？我们要花多少时间才能做到这一点，或者起码做到可接受的程度？甚至就算我们有 valgrind（见附录 B.3 节）这类的工具，我们也只能检测到本次运行有没有内存泄漏，而无法保证在一般情况下内存总是会被释放。如果所有的内存块都在构造函数中分配，并在析构函数中释放，我们就能确保没有内存泄漏存在。

2.4.2.2　异常（Exceptions）

在有异常抛出之时，确保所有资源的释放更具有挑战性。当我们侦测到问题时，我们必须释放所有在抛出异常之前分配的资源。不幸的是，这里所说的资源并不仅限于当前作用域，也包括了更外围的作用域。具体有多大范围，取决于异常在哪里被捕获。这意味着如果错误处理被调整，手动的资源管理就要做大量修改以匹配。

2.4.2.3　受管资源（Managed Resource）

使用管理资源的类可以解决上面提到的所有问题。C++ 已经在标准库中提供了一些用于管理资源的类。如文件流管理了 C 中的文件句柄，unique_ptr 和 shared_ptr 可以免泄漏、异常安全地处理内存。[1] 在 vector 这个例子中，也可以使用 unique_ptr 而不再需要自己实现析构函数。

2.4.2.4　自我管理（Managing Ourselves）

智能指针说明资源管理可以有多种方式。当没有现成的类可以按我们的需求处理资源时，就需要为之编写一个资源管理器。

这时要注意不要在同一个类中管理一个以上的资源，因为构造函数可能会抛出异常，而如果要在代码中确保异常发生之前创建的所有资源都能得到释放是有困难的。

---

[1] 只有循环引用需要特殊处理。

如果我们要写管理两个资源的类（即便这两个资源都是相同的类型），必须要先写一个只管理单个资源的类，然后再写一个管理者类管理两个资源，并将处置资源与科学计算部分的内容完全隔离开。这样即便在构造函数的中间抛出异常也不会有任何资源泄漏，因为资源的管理者类的析构函数会被自动调用并将资源处理妥当。

从字面上看，术语 RAII 要更加侧重于初始化。然而在技术上，对象的终结（finalization）更加重要。这并不是要强制在构造函数中获取资源，也可以在对象的生命周期中稍后再获取。问题的根本在于单个对象需要对资源负责，并在生命周期结束时释放资源。Jon Kalb 把这种方法称作是单一责任原则（Single Responsibility Principle，SRP）。他的演讲可以在互联网上找到，很值得一看。

2.4.2.5　资源救援（Resource Rescue） `C++11`

对于已经具有显式资源处理接口的软件包，本节将介绍一种自动释放资源的技术。我们将使用 Oracle C++ Call Interface（OCCI）[33]作为演示。OCCI 是一种用 C++ 来访问 Oracle 数据库的接口。估计很多科学家和工程师都会用到数据库，因此它算是一个现实世界的用例。虽然 Oracle 数据库是一个商业产品，但是它也有免费的 Express 版。我们的例子可以在它的免费版上测试通过。

OCCI 是 C 语言程序库 OCI 的一个 C++ 扩展。它仅在顶层增加一个非常薄的 C++ 层，而整个软件架构仍然是 C 语言的。资源管理问题广泛存在于 C 语言程序库的跨语言接口上。因为 C 语言不支持析构函数，所以无法使用 RAII，所有的资源都必须显式释放。

在 OCCI 中，我们首先要创建一个 `Environment`，通过它我们才能建立数据库的连接（`Connection`）。然后我们可以编写查询语句（`Statement`），它会返回一个结果集（`ResultSet`）。这些资源都是以裸指针表示的，且必须按照和创建相反的顺序释放。

作为例子，我们先看看表 2-1，这是我们的朋友 Herbert 对于一些他未解决的数学问题的解答情况的记录。第二列表示他能否因为自己的贡献而获奖。因为篇幅有限，我们不能在本书中一一展示他的伟大发现。

⇒ c++03/occi_old_style.cpp

表2-1　Herbert[1]的解决方案

问题[2]	Worth an Award
高斯圆问题（Gauss Circle）	√
同余数问题（Congruent number）	?
相亲数问题（Amicable number）	√
⋮	

有时候 Herbert 会使用下面的 C++ 程序，查询他那些值得奖励的发现：

```cpp
#include <iostream>
#include <string>
#include <occi.h>

using namespace std;                    // 输入名称（参见3.2.1节）
using namespace oracle::occi;

int main()
{
    string dbConn= "172.17.42.1", user= "herbert",
           password= "NSA_go_away";
    Environment *env = Environment::createEnvironment();
    Connection *conn = env->createConnection(user, password,
                                              dbConn);
    string query= "select problem from my_solutions"
                  "  where award_worthy != 0";
    Statement *stmt = conn->createStatement(query);
    ResultSet *rs = stmt->executeQuery();

    while (rs->next())
        cout << rs->getString(1) << endl;
    stmt->closeResultSet(rs);
    conn->terminateStatement(stmt);
    env->terminateConnection(conn);
    Environment::terminateEnvironment(env);
}
```

这里我们还不能因为这种老式的编程风格嘲笑 Herbert，这完全是库的原因。我们先看一下这段代码。即便不熟悉 OCCI，大概也能猜到这段代码的行为。首先，我们要请求资源，然后在记录了 Herbert 的创新点的文档中遍历，最后按照相反的顺序释放资源。这里加粗部分标记出了释放资源的代码，我们将做进一步的分析。

---

[1] 还记得这个人吗？参见 1.6.2.1 节。——译注
[2] 此表格中的问题是一些热门数学问题。——译注

如果仅仅是上面这段结构简单的代码，那么这样的释放机制就已经足够。但是当我们开始为函数添加查询功能后，情况就发生了变化：

```
ResultSet *rs = makes_me_famous();
while (rs->next())
    cout << rs->getString(1) << endl;

ResultSet *rs2 = needs_more_work();
while (rs2->next())
    cout << rs2->getString(1) << endl;
```

我们有了查询结果，但是还没有关闭它的查询语句。查询结果的声明在函数体内，现在要传递到函数的外面。因此我们都必须在每个结果生成后保留它。这样的依赖关系是重大的隐患，迟早会引发错误。

⇒ c++11/occi_resource_rescue.cpp

问题来了：我们如何管理一个依赖于其他资源的资源？答案很简单，使用带删除器（deleter）的 unique_ptr 或 shared_ptr。这些删除器会在管理的内存被释放时调用。有趣的是，实际上并没有任何规定要求删除器必须要释放内存。我们可以利用这一点自由来管理资源。本例中，Environment 不依赖于其他资源，处理起来最简单：

```
struct environment_deleter {
    void operator()( Environment* env )
    { Environment::terminateEnvironment(env); }
};

shared_ptr<Environment> environment(
    Environment::createEnvironment(), environment_deleter{});
```

现在我们可以任意创建多份 Environment 的副本，并保证在最后一个副本离开作用域时删除器会调用 terminateEnvironment(env)。

Connection 对象需要使用 Environment 对象来创建和释放。因此，我们会保存一个 connection_deleter 的副本：

```
struct connection_deleter
{
    connection_deleter(shared_ptr<Environment> env)
      : env(env) {}
    void operator()(Connection* conn)
    { env->terminateConnection(conn); }
    shared_ptr<Environment> env;
};
```

```
shared_ptr<Connection> connection(environment->createConnection(...),
                        connection_deleter{environment});
```

这样就可以保证，当不再需要 Connection 时它会被正确地释放。而在 connection_deleter 中持有 Environment 则可以确保当仍有 Connection 存在的时候 Environment 不会被终止。

我们可以创建一个管理者类简化数据库的使用：

```
class db_manager
{
  public:
    using ResultSetSharedPtr= std::shared_ptr<ResultSet>;

    db_manager(string const& dbConnection, string const& dbUser,
               string const& dbPw)
      : environment(Environment::createEnvironment(),
                    environment_deleter{}),
        connection(environment->createConnection(dbUser, dbPw,
                                                 dbConnection),
                   connection_deleter{environment} )
    {}
    // 一些 getter
  private:
    shared_ptr<Environment> environment;
    shared_ptr<Connection>  connection;
};
```

注意这里我们的 db_manager 并没有析构函数，因为它的成员会负责管理资源。

现在我们可以向这个类中添加 query 方法，返回一个受管的 ResultSet：

```
struct result_set_deleter
{
    result_set_deleter(shared_ptr<Connection> conn,
                       Statement* stmt)
      : conn(conn), stmt(stmt) {}
    void operator()( ResultSet *rs )        // 调用 op, 参见 3.8 节
    {
        stmt->closeResultSet(rs);
        conn->terminateStatement(stmt);
    }
    shared_ptr<Connection> conn;
    Statement*             stmt;
};
```

```cpp
class db_manager
{
   public:
      // ...
      ResultSetSharedPtr query(const std::string& q) const
      {
         Statement *stmt= connection->createStatement(q);
         ResultSet *rs = stmt->executeQuery();
         auto deleter= result_set_deleter{connection, stmt};
         return ResultSetSharedPtr{rs, deleter};
      }
};
```

正因为有了新的方法和删除器，应用程序变得非常简单：

```cpp
int main()
{
    db_manager db("172.17.42.1", "herbert", "NSA_go_away");
    auto rs= db.query("select problem from my_solutions "
                      "    where award_worthy != 0");
    while (rs->next())
        cout << rs->getString(1) << endl;
}
```

我们用到的查询越多，就越能体现这段代码节省的工作量。不用再为自我重复而感到羞愧了：现在所有的资源都会被隐式地释放。

可能细心的读者已经意识到这个类违反了单一责任原则。对于你发现了这个问题我们深表感谢，并请你在练习 2.8.4 中进一步改进我们的设计。

2.5 自动生成方法清单（Method Generation Résumé）

C++一共有六种方法（C++03 中为四种）具有默认行为：

- 默认构造函数

- 复制构造函数

- 移动构造函数（C++11 及以上）

- 复制赋值函数

- 移动赋值函数（C++11 及以上）
- 析构函数

编译器可以自动生成这些代码，将我们从无聊中解放出来。还可以防止我们在这些代码上粗心大意。

具体哪些方法可以隐式产生，涉及相当多的细节。这些细节将在附录 A.5 节中详细介绍。这里我们针对 C++11 及以上版本给一个最终结论：

> **六之法则**
> 尽可能少地实现，并尽可能多地声明上面六种方法。任何没有自定义实现的方法都应标记为默认（default）或者删除（delete）。

2.6 成员变量访问（Accessing Member Variables）

C++ 提供了多种访问成员变量的方法。这里我们会给出不同的选项，并讨论它们的优缺点。通过本节希望读者能够体会到，将来如何设计出最适合你的领域的类。

2.6.1 访问函数（Access Functions）

2.2.5 节中，我们介绍了使用 getter 和 setter 访问 complex 中的成员变量。但是它们用起来很麻烦。比如我们想让实部的值增长：

```
c.set_r(c.get_r() + 5.);
```

这看着一点不像数值运算，可读性也不太好。更好的做法是让成员函数返回一个引用：

```
class complex {
  public:
    double& real() { return r; }
};
```

有了这个函数，我们可以这样写：

```
c.real()+= 5.;
```

尽管新的代码好了一些，但是看着仍然有些怪异。为什么不像下面这样呢：

```
real(c)+= 5.;
```

这里需要实现一个自由函数：

```
inline double& real(complex& c) { return c.r; }
```

不过这个函数需要访问私有变量 r。我们可以修改自由函数令其调用成员函数：

```
inline double& real(complex& c) { return c.real(); }
```

或者将该自由函数变成 complex 的友元（friend），这样它就可以操作 private 数据了：

```
class complex {
    friend double& real(complex& c);
};
```

此外我们还希望当 complex 是常量时也能够访问实部。因此我们还将再添加一个常量版本：

```
inline const double& real(const complex& c) { return c.r; }
```

这个函数也需要友元声明。

后面两个函数虽然返回了引用，但是我们知道它不会失效。这些函数——无论是自由函数还是成员函数——显然调用的时候对象已经创建了。在下面语句中，复数的实部的引用：

```
real(c)+= 5.;
```

只能存在到语句结束，而它所援引的变量 c 生存时间更长：直到定义所在的作用域末尾。

我们可以创建一个引用变量：

```
double &rr= real(c);
```

它能存活到当前作用域末尾。即便在该例子中，rr 和 c 在同一个作用域定义 C++也保证了 c 的存活期长于 rr，因为对象的析构顺序与构造顺序相反。

在同一个表达式中使用临时对象的成员函数是安全的，如：

```
double r2= real(complex(3, 7)) * 2.0;        // OK
```

临时的 complex 对象将仅在语句内存活，但是起码会比它的实部引用的生存期长，因此这个例子是正确的。但如果我们持有实部的引用，就会导致引用过期：

```
const double &rr= real(complex(3, 7));       // 非常糟糕!
cout << "The real part is " << rr << '\n';
```

临时创建的实数变量仅能存活到第一个语句的结束,而它的实部的引用则一直要存活到当前作用域的末尾。

⎡ **法则**
⎢ 不要持有一个临时表达式的引用!
⎣

这些引用我们还未使用它时就已经失效了。

2.6.2 下标操作符(Subscript Operator)

为了迭代访问 vector,我们写了下面这个函数:

```
class vector
{
  public:
    double at(int i)
    {
        assert(i >= 0 && i < my_size);
        return data[i];
    }
};
```

以计算 v 中各项之和:

```
double sum= 0.0;
for (int i= 0; i < v.size(); ++i)
    sum+= v.at(i);
```

C++和 C 可以通过下标操作符(subscript operator)访问固定大小的数组。因此,对于(动态大小的)向量来说,执行下标操作也是很自然的。我们可以重写前面的例子:

```
double sum= 0.0;
for (int i= 0; i < v.size(); ++i)
    sum+= v[i];
```

这样要更简洁,也更能说明我们在做什么。

这个操作符重载的接口类似赋值操作符,实现上和 at 函数相同:

```
class vector
{
  public:
    double& operator[](int i)
```

```
        {
            assert(i >= 0 && i < my_size);
            return data[i];
        }
};
```

通过这个操作符我们就可以使用中括号访问向量中的元素，不过此时只能访问可变（非常量的）向量。

2.6.3　常量成员函数（Constant Member Functions）

那么我们能否写一个接收常量对象的成员函数或操作符呢？事实上，操作符是成员函数的一种特殊形式，我们可以像调用成员函数一样调用操作符：

```
v[i];                // 是下面这个形式的语法糖
v.operator[](i);
```

当然，我们几乎不用下面这种形式，但是它说明了操作符只是比一般的方法多了一种调用的语法。

自由函数可以对每个参数都提供恒常性（const-ness）说明。成员函数所在的对象并没有出现在函数的签名中，我们如何确定当前对象是否为常量呢？C++提供了一个特殊语法，在函数头增加一个限定符（qualifier）：

```
class vector
{
  public:
    const double& operator[](int i) const
    {
        assert(i >= 0 && i < my_size);
        return data[i];
    }
};
```

这个 const 属性并不只是一个随随便便的标记，来表示程序员可以使用它处理常量对象。编译器会非常重视这个标记，并验证函数到底会不会修改对象（的某些成员）。同时，还要求该对象仅能作为 const 参数传递给其他函数。因此在 const 方法中调用对象中的其他方法时，也只能调用 const 方法。

常量性也会保证函数不会返回对象的非常量指针或非常量引用。如果以值形式返回，则不需要 const 修饰（当然加了也可以），因为它返回的只是成员变量的副本，这些副本并不会有修改当前对象的风险。

非常量对象可以调用常量成员函数（因为 C++可在必要时将非常量引用转换为常量引用）。因此，通常可以只提供常量版本的成员函数。如下面这个返回向量大小的函数：

```
class vector
{
  public:
    int size() const { return my_size; }
    // int size() { return my_size; } //  无效
};
```

因为非常量的函数和常量的版本完全相同，就不需要再写了。

对于下标操作符我们同时需要常量和可变版本。若只有常量成员函数，我们虽可以用它读取常量和可变向量的元素，但却无法修改元素。

成员变量可以声明为可变的（`mutable`）。这样，即使在常量成员函数中也能修改这些成员变量。这种成员变量通常用于内部状态——就像缓存一样——它们不会改变对象的行为。本书并不使用这一特性，也建议读者在非必要时不要使用，因为这样做会让数据失去语言的保护。

2.6.4 引用限定的变量（Reference-Qualified Members） C++11

除对象（即*this）的常量性之外，在 C++11 中我们还可以要求对象是一个左值或者右值。假设我们有一个向量加法（见 2.7.3 节），它的结果是一个非常量的临时对象，那么我们可以给这个对象中的元素赋值：

```
(v + w)[i]= 7.3; //  没有意义
```

当然，这是刻意编造的例子，但是它也说明了我们的代码仍有改进的空间。赋值操作符的左侧只能接受一个可变左值（mutable lvalue），这条规则不仅仅适用于内置类型。那么，为什么(v+w)[i]会被编译器当作是一个"可变左值"？我们的 `vector` 的下标操作符有两种重载形式，分别支持常量对象和可变对象。v+w 的结果不是一个常量对象，所以它使用了可变对象的重载形式，而取一个可变对象的成员的可变引用当然是合法的。

问题在于，(v+w)[i]是左值，而 v+w 不是左值。这里我们少了一个要求：那就是让下标操作符只能作用于左值：

```
class vector
{
  public:
    double&       operator[](int i) &      { ... }   // #1
    const double& operator[](int i) const& { ... }   // #2
};
```

当我们通过引用符号限定成员函数的一个重载形式时，我们也必须要用它限制其他重载。此时，重载#1无法用于临时向量，重载#2则会返回一个不可赋值的常量引用。这样编译器就会为赋值代码生成如下错误：

```
vector_features.cpp:167:15: error: read-only variable is not assignable
    (v + w)[i]= 3;
    ~~~~~~~~~~^
```
[1]

与之类似，我们还可以使用引用限定符禁用向量的临时对象的赋值操作符：

```
v + w= u;  // 没有意义，所以应当禁止
```

以此类推，符号&&可以限定成员函数仅在右值对象上起作用，也就是说，只能在临时对象上调用该方法：

```
class my_class
{
    something_good donate_my_data() && { ... }
};
```

它可以用于类型转换，此时需要禁止大型对象（如矩阵）的赋值。

对于矩阵这样的多维数据结构我们有其他的访问方法。首先，我们可以通过"应用操作符"（application operator）（见 3.8 节）[2]用多条索引作为参数。但是，下标操作符只能接受单个参数，我们还会在附录 A.4.3 节中讨论应对这个限制的其他方法。在 6.6.2 节中将介绍一种高级方法，可以让一连串的下标操作符调用应用操作符。[3]

2.7 操作符重载的设计（Operator Overloading Design）

除少数操作符外（见 1.3.10 节），C++允许绝大多数操作符的重载。一些操作符的重载

---

[1] 只读变量不可赋值。——译注
[2] 即 operator ()，或称函数调用操作符。——译注
[3] 即通过 matrix[a][b][c]这样的形式调用 matrix(a,b,c)。——译注

只有在特定场合才有意义。比如延期成员选择操作符[1] p->m 对智能指针的实现是非常有用的，但在科学和工程计算领域，这个操作符的意义在直觉上就很难理解了。同样，也只有在理由足够充分的时候，才可以给予取地址操作符（&）新的含义。

2.7.1 保持一致！（Be Consistent!）

前面说到 C++ 对自定义类操作符的设计和实现给予了非常高的自由度，我们可以自由选择每个操作符的语义。不过，自定义操作符的行为越接近标准类型，其他用户（协同开发人员、开源用户……）就越容易理解我们的代码，也会越信任我们的软件。

重载操作符可用于表达特定应用领域的操作，即建立一个领域专用嵌入式语言（Domain-Specific Embeded Language，DSEL）。在这种情况下，操作符可以和它通常的含义有所不同。但是在 DSEL 内的操作符之间应该是一致的。例如用户自定义了 operator=、+ 和+=，那么 a= a + b 则应和 a+= b 效果相同。

> **一致性重载**
> 操作符之间应定义一致，并且如果条件允许应保持和内置类型类似的语义。

我们也可以任意指定每个操作符的返回值类型，比如让 x == y 返回一个字符串或者文件句柄。再次强调，和 C++ 的常规返回值类型越相似，使用自定义操作符对于所有人（也包括我们自己）来说也就越容易。

自定义操作符不能改变的内容只有参数数量（Arity）和操作符优先级。在大多数情况下，这两者都是操作符的内禀属性：比如一个乘法只能有两个参数。对于某些操作符来说我们还是希望它们的操作数是可变的。例如，如果下标操作符能支持两个参数的话，我们就可以这样访问矩阵的元素：A[I,j]。唯一一个支持任意参数数量（包括变参实现，参见3.10 节）的操作符只有应用操作符 operator()。

编译器还提供了选择参数类型的自由。比如我们可以分别为无符号整数、范围或者集合实现下标操作符，分别返回单个元素、子向量和向量元素的集合。这些在 MTL4 中都有所涉及。和 MATLAB 相比，C++ 提供的操作符比较少，但我们可以无限制地重载它们，以

---

[1] o.m 和 p->m 两种形式经常被统一称为成员访问操作符或成员选择操作符。——译注

实现每一个我们想要的功能。

2.7.2 注意优先级（Respect the Priority）

在重定义操作符时，我们必要确保操作（operation）的优先级和操作符（operator）的优先级是一致的。比如我们可能会使用 LaTeX 的符号表示矩阵的指数：

```
A= B^2;
```

A 是 B 的平方。看起来挺不错。^的原始含义是异或，不过无所谓，反正矩阵并没有打算提供位操作。

现在我们把 C 和 B^2 相加：

```
A= B^2 + C;
```

看着也很正常。但是它并不能如期工作。为什么？这是因为+比^的优先级更高。这就导致了编译器对这个表达式的理解如下：

```
A= B ^ (2 + C);
```

虽然操作符给出了一个简洁直观的接口，但是稍微复杂一点的表达式可能会和我们预期的不同。因此：

> **注意优先级**
> 注意：重载操作符在语义上的优先级应当符合 C++操作符的优先级。

2.7.3 成员函数和自由函数（Member or Free Function）

大多数的操作符既可以定义为成员函数也可以定义为自由函数。有一些操作符——全部的赋值操作符、operator[]、operator->和operator()——都必须是非静态成员函数，以确保它们的首个参数是一个左值对象。在2.6节中，我们已给出operator []和operator()的例子。与之相反，以内建类型为首个参数的二元操作符都要定义为自由函数。我们用complex类的加法操作符来说明不同实现的影响：

```cpp
class complex
{
  public:
    explicit complex(double rn = 0.0, double in = 0.0) : r(rn), i(in) {}
```

```cpp
    complex operator+(const complex& c2) const
    {
        return complex(r + c2.r, i + c2.i);
    }
    ...
  private:
    double r, i;
};

int main()
{
    complex cc(7.0, 8.0), c4(cc);
    std::cout << "cc + c4 is " << cc + c4 << std::endl;
}
```

那么能将 complex 和 double 相加吗？

```cpp
std::cout << "cc + 4.2 is " << cc + 4.2 << std::endl;
```

显然，只有上面的实现是不行的。我们可以添加一个接收 double 的操作符重载：

```cpp
class complex
{
    ...
    complex operator+(double r2) const
    {
        return complex(r + r2, i);
    }
    ...
};
```

或者，我们可以去掉构造函数中的 explicit，这样 double 就可以被隐式转换成 complex，从而让两个 complex 值相加。

这两个方法各有优缺点：重载的版本只需要执行一个加法，而隐式构造函数则更加灵活，它允许将 double 值传递给 complex 的函数参数。我们也可以同时支持隐式转换和重载，这样可以同时满足灵活性和效率。

现在我们将两个参数互换顺序：

```cpp
std::cout << "4.2 + c4 is " << 4.2 + c4 << std::endl;
```

这就无法通过编译了。实际上，表达式 4.2 + c4 是以下形式的简写：

```cpp
4.2.operator+(c4)
```

换句话说,我们要在 double 中找这个操作符,然而 double 并不是一个自定义类型。

如果要让操作符的第一个参数接受内建类型,我们需要一个自由函数:

```
inline complex operator+(double d, const complex& c2)
{
    return complex(d + real(c2), imag(c2));
}
```

同样的,我们也建议实现一个以两个复数值作为参数的自由函数:

```
inline complex operator+(const complex& c1, const complex& c2)
{
    return complex(real(c1) + real(c2), imag(c1) + imag(c2));
}
```

为了避免二义性,我们将 complex 中相应的成员函数去掉。

总结一下,成员函数和自由函数的主要区别在于,前者只允许隐式转换第二个参数,而后者则两个参数都可以隐式转换。如果认为代码简洁比性能更重要,那么可免去所有 double 为参数的重载而仅依赖于隐式转换。

即便我们要保留全部三种重载形式,也可以使用自由函数让代码看起来更统一。在所有实现中第二个被加数都将被隐式转换,因此我们最好让两个参数都能有相同的行为。也就是说:

> **二元操作符**
> 将二元操作符实现为自由函数。

二者的区别对于一元操作数也成立。只有自由函数如:

```
complex operator-(const complex& c1)
{ return complex(-real(c1), -imag(c1)); }
```

才能支持隐式类型转换。它对应的成员函数形式:

```
class complex
{
  public:
    complex operator-() const { return complex(-r, -i); }
};
```

是否需要支持隐式类型转换取决于使用场景。例如大多数情况下,用户定义的解引用操作符 operator* 就不应当涉及类型转换。

最后我们来看流的输出操作符。它的参数有一个 std::ostream 的可变引用和一个通常是常量引用的用户类型。为了简单起见我们仍然用 complex 类作为例子：

```
std::ostream& operator<<(std::ostream& os, const complex& c)
{
    return os << '(' << real(c) << ',' << imag(c) << ")";
}
```

因为第一个参数是 ostream&，所以它不能写成 complex 的成员函数，同时为 std::ostream 添加一个成员函数也是不可取的。这个实现让我们可以在所有的标准化流上提供输出（即从 std::ostream 继承的类）。

2.8 练习（Exercises）

2.8.1 多项式（Polynomial）

编写一个多项式的类，要求它至少含有：

- 一个以多项式的最高次数为参数的构造函数。
- 一个用于存储系数（double 类型）的动态数组/向量/列表。
- 一个析构函数。
- 一个输出到 ostream 的输出函数。

其他成员函数，如算术运算是可选的。

2.8.2 移动赋值（Move Assignment）

为练习 2.8.1 中的多项式编写移动赋值操作符，并将复制构造函数声明为 default。编写一个函数 polynomial f(double c2, double c1, double c0)来接受三个系数并返回一个多项式。在赋值操作中打印出相应的信息，或者使用调试去确认赋值函数是否被调用。

2.8.3 初始化器列表（Initializer List）

扩展练习 2.8.1，为之编写一个使用初始化器列表的构造函数和赋值函数。注意多项式的次数是初始化器列表的长度减 1。

2.8.4 资源管理（Resource Rescue）

重构 2.4.2.5 中的实现。为 Statement 实现一个，删除器（deleter），并在 ResultSet 中使用受管理的 Statement。

第 3 章
泛型编程
Generic Programming

模板（*Template*）是 C++的一个功能，由它所创建的函数和类，处理的是参数化（泛化）的类型。通过使用模板，不同的数据类型可使用同一个函数或类，而不必为每个类型都重复编写代码。

泛型编程（*Generic Programming*）有时会被当成模板编程（template programming）的同义词，但这其实是一种误解。实际上，泛型编程是一种编程范式（programming paradigm），目的是在满足正确性的基础上最大程度地实现适用性，而实现这一目的使用的主要工具就是模板。从数学上讲，泛型编程建立在正规概念分析法（*Formal Concept Analysis*）[15]的基础上。在泛型编程中，模板程序还需要文档来描述如何正确地使用模板。也可以说，泛型编程是"有担当的"模板编程。

3.1 函数模板（Function Templates）

函数模板（*Function Template*）也称为泛型函数（generic function）。它可看成是一种蓝本，能产生无穷无尽的函数重载。通常，术语"模板函数"（*Template Function*）要比"函数模板"用得更多，尽管后者才是标准中的正确术语。在本书中我们同时采用这两个术语，它们的含义完全相同。

假设我们要写一个函数 max(x, y)，x、y 是某个类型的表达式或变量。使用函数重载很容易实现：

```
int max (int a, int b)              double max (double a, double b)
{                                   {
    if (a > b)                          if (a > b)
        return a;                           return a;
    else                                else
        return b;                           return b;
}                                   }
```

我们注意到，这里 int 和 double 的函数体是完全相同的。借助模板机制，我们可以只写一份泛化的实现：

```
template <typename T>
T max (T a, T b)
{
    if (a > b)
        return a;
    else
        return b;
}
```

再用这个函数模板替换非模板的重载。名字不变，我们仍然叫它 max。它的使用方式和重载函数相同：

```
std::cout << "The maximum of 3 and 5 is " << max(3, 5) << '\n';
std::cout << "The maximum of 3l and 5l is " << max(3l, 5l) << '\n';
std::cout << "The maximum of 3.0 and 5.0 is " << max(3.0, 5.0) << '\n';
```

第一个例子中，3 和 5 都是整数类型，于是 max 会被实例化（*instantiate*）成：

```
int max (int, int);
```

与之类似，后两个例子中 max 分别会被实例化成：

```
long max (long, long);
double max (double, double);
```

因为这些字面量会被分别解释成 long 和 double 类型。同样的，模板函数也可以使用变量和表达式来调用：

```
unsigned u1= 2, u2= 8;
std::cout << "The maximum of u1 and u2 is " << max(u1, u2) << '\n';
std::cout << "The maximum of u1*u2 and u1+u2 is "
          << max(u1*u2, u1+u2) << '\n';
```

这里的函数会被实例化成 unsigned。

此处我们也可以用 class 关键字来替代 typename 关键字，不过不建议大家这么做，因为 typename 更能表达泛型函数的意图。

3.1.1 实例化（Instantiation）

实例化（*Instantiation*）是什么意思？编译器会读取非泛型函数的定义、检查错误并生成可执行代码。而当编译器处理一个泛型函数的定义时，它只会检测和模板参数无关的错误，比如语法错误。例如：

```
template <typename T>
inline T max (T a, T b)
{
    if a > b           // 错误!
        return a;
    else
        return b;
}
```

以上代码就不会通过编译，因为没有括号的 if 语句不符合 C++ 的语法要求。

只不过我们遇到的大部分错误都是和类型相关的。比如对于下面这段可编译的代码：

```
template <typename T>
inline T max(T x, T y)
{
    return x < y ? y.value : x.value;
}
```

我们不能使用任何的内置类型，如 int 或 double 来调用它。但是函数模板并不局限于内置类型，也可以与实参类型一起使用。

函数模板的编译并不会生成任何二进制代码，只有当我们调用它时才会生成。此时函数模板会被实例化，编译器会执行完整检查，以确认泛型函数对于给定的参数类型来说是否正确。在之前的例子中，我们看到 max 可以被 int 和 double 实例化。

到目前为止我们看到的模板实例化都是隐式的：模板在调用时被实例化，类型参数推导自函数实参。我们也可以显式地声明替换模板参数的类型，例如：

```
std::cout << max<float>(8.1, 9.3) << '\n';
```

这个例子中，模板被指定的类型显式地实例化。此外还有一种更加明确的实例化形式，让我们可以在没有函数调用的情况下强制实例化模板：

```
template short max<short>(short, short);
```

在生成目标文件（object file，参见 7.2.1.3 节）时，有时无论函数是否在编译单元中被调用，我们都要保证某些实例化必须存在，此时显式实例化就很有用了。

定义 3-1：为了简洁起见，我们称需要类型推导的实例化为隐式实例化（*Implicit Instantiation*），而称需要显式指定类型的实例化为显式实例化（*Explicit Instantiation*）。

根据我们的经验，大部分情况下隐式实例化即可满足要求。显式实例化主要用于消除二义性和实现一些特殊需求，如 `std::forward`（参见 3.1.2.4 节）。知道编译器如何完成类型替代，会让我们对模板有更深的理解。

3.1.2　参数类型的推导（Parameter Type Deduction）

⇒ c++11/template_type_deduction.cpp

本节将详细介绍模板参数是如何根据传值、传左值还是右值引用来完成参数替换的。当我们使用自动类型通过 `auto` 声明变量（参见 3.4.1 节）时，对这一知识的了解会更加重要。我们把这个知识点放在这里讨论，是因为参数替换比 `auto` 变量要更直观。

3.1.2.1　值参数（Value Parameters）

在前一个例子中，我们直接使用类型参数 T 作为 max 的函数参数类型：

```
template <typename T>
T max (T a, T b);
```

和其他函数参数一样，函数模板中的参数类型也可以使用 `const` 或者引用限定符：

```
template <typename T>
T max (const T& a, const T& b);
```

现在我们仅讨论返回 `void` 的一元函数 f 的情况（其结论可以推广到其他情形）：

```
template <typename TPara>
void f(FPara p);
```

其中 FPara 包含了 TPara。当我们调用 f(arg) 时，编译器需要推导（*Deduce*）出 TPara 的类型，以便将参数 p 用 arg 初始化。整个过程就是这样，我们先通过一些例子来找找感觉。最简单的形式是令函数的 FPara 等于 TPara：

```
template <typename TPara>
void f1(TPara p);
```

这时它意味着函数的形参（parameter）是实参（argument）的副本。我们分别用 int 字面量、int 变量以及 int 的可变引用和常量引用来调用函数 f1：

```
template <typename TPara>
void f1(TPara p) {}

int main ()
{
    int        i= 0;
    int&       j= i;
    const int& k= i;

    f1(3);
    f1(i);
    f1(j);
    f1(k);
    ...
}
```

在这四种实例化中，TPara 都被替换成 int，所以函数参数 p 的类型也是 int。当然，如果 TPara 被替换成 int& 或 const int&，也能够传入这些参数。但是这样值语义就被弄丢，因为对 p 的修改会影响到函数的实参（例如 j）。所以，如果使用不带限定符的模板参数作为函数形参类型，那么模板参数（TPara）就会被推导为去除所有限定符的函数实参类型。[1] 这样，模板函数就会接受所有的参数，只要它们的类型是可复制的。

例如，unique_ptr 的复制构造函数被标记为已删除，因此它只能以右值的形式传递给函数：

```
unique_ptr<int> up;
// f1(up);              // 错误：没有复制构造函数
f1(move(up));           // 正确：使用移动构造函数
```

3.1.2.2　左值引用参数（Lvalue-Reference Parameters）

我们可使用常量引用作为函数的形参，这样可接受任何实参：

```
template <typename TPara>
void f2(const TPara& p) {}
```

和上面一样，TPara 也被推导为去除所有限定符的实参类型。此时，p 是去除限定符的

---

[1] 这里举个例子，比如函数实参类型是 const int&，可以知道 const 和& 都是限定符，那么"去除所有限定符的函数实参类型"自然就是 int。——译注

实参类型的常量引用，我们不能修改 p。

当形参是可变引用时，问题就变得有趣了：

```
template <typename TPara>
void f3(TPara& p) {}
```

这个函数会拒绝一切字面量和临时变量，因为它们不能被引用。[1] 我们可以从类型替换的角度来阐述这一点：拒绝临时变量是因为可以让 TPara&匹配 int&&的 TPara 是不存在的（在 3.1.2.3 节，我们会讨论引用折叠并再次回到这个问题）。

当我们传递一个普通的 int 变量 i 给函数时，TPara 将被替换成 int，此时 p 的类型是 int&并援引 i。与之类似，当传递可变引用参数 j 时，我们能观察到同样的参数替代行为。那么当我们传递 const int 或者 const int& k 时会发生什么呢？它们能否匹配 TPara？答案是肯定的：TPara 会被替换成 const int。也就是说类型的模式 TPara&并不仅限于匹配可变引用参数，它也可以匹配到常量引用上。此时如果函数要修改 p，会导致实例化错误。

C++11 3.1.2.3 转发引用（Forward References）

在 2.3.5.1 节中，我们介绍过只接受右值参数的右值引用。形如 T&&这样的类型参数的右值引用也可以接受左值引用。因为它能同时接受左值和右值引用，所以 Scott Meyers 叫它广义引用（*Universal Reference*）。不过在这里，我们仍然使用标准中的术语转发引用（*Forward Reference*）。我们会解释为什么它既能接受左值引用也能接受右值引用。为此，我们先看下面这个一元函数的类型替换：

```
template <typename TPara>
void f4(TPara&& p) {}
```

当我们把右值传递给函数时，如：

```
f4(3);
f4(move(i));
f4(move(up));
```

TPara 会被替换成去除限定符的实参类型（在这里是 int 和 unique_ptr<int>）此时 p 的类型对应的是右值引用。

---

[1] 严格来说字面量和临时变量也不能被常量引用所接受，但为了方便程序员，编译器在此处开了一个特例。

当我们用左值（i 或者 j）调用 f4 时，编译器将使用模板右值引用参数来接受左值。此时类型参数 TPara 被替换成 int&，p 的类型也是 int&。如何做到这一点？表 3-1 解释了这个问题，它展示了引用的引用是如何被折叠的。

表 3-1 中的内容显示，只要两个引用中有一个是左值引用，就会折叠到左值引用（或者非常不严谨地说，它会选择出现次数较少的那个符号）。这就解释了 f4 是如何处理左值的。TPara 被替换成 int&，它的右值引用经折叠后还是一个 int&。

表3-1 引用折叠

	·&	·&&
T&	T&	T&
T&&	T&	T&&

当右值不是一个模板时，它是不能接受左值的。这是因为没有模板，类型替换就不会参与到其中。换句话说，正是因为在类型替换阶段引入了左值引用，才能让函数形参可以是一个左值。如果没有类型替换，这个左值引用自然就不存在了，更加没有引用折叠可言。[32, 9~35 页和 157~214 页]讲述了更多关于类型推导的精彩故事。

3.1.2.4　完美转发（Perfect Forwarding） C++11

我们已经见识到通过 move 可以将左值转成右值（参见 2.3.5.4 节）。现在我们希望能根据特性有条件地进行转换。我们知道，转发引用（forward reference）用左值引用接受左值参数，用右值引用接受右值参数。当我们将引用参数转发给其他函数时，我们同样希望以左值传递左值引用，并以右值传递右值引用。然而，引用自身在两种情况下都是左值（因为它们都有名字）。尽管我们可用 move 得到一个右值引用，但是这个函数同样会误作用在一个左值上。

所以这里我们需要一个带条件的转换：std::forward。它会将右值引用转换成一个右值，同时将左值引用保留左值。forward 必须使用非限定的类型参数显式实例化：

```
template <typename TPara>
void f5(TPara&& p)
{
    f4(forward<TPara>(p));
}
```

这样 f5 的参数可以以相同的值类别（value category）将参数传递给 f4。当 f5 接受的是左值时会以左值传递给 f4，是右值时会以右值传递。和 move 类似，forward 仅仅转换了类型，而不会产生一条机器代码。人们也称之为：移而不动，转而不发（move does not move, forward does not forward）。它们只是将参数转换成可移动的或者可转发的类型。

3.1.3　在模板中处理错误（Dealing with Errors in Templates）

回到我们的例子 max 上。max 工作在所有数值类型上。如果碰到像 std::complex<T> 这样没有 operator>的类型该怎么办？我们来尝试编译以下代码：[1]

```
std::complex<float>   z(3, 2), c(4, 8);
std::cout << "The maximum of c and z is " << ::max(c, z) << '\n';
```

此时编译会终止，并出现以下错误：

```
Error: no match for >>operator><< in >>a > b<<
```

再考虑，当我们的模板函数调用另一个模板函数，后者再去调用其他的函数时又会发生什么？答案是，这些函数只会做语法解析，完整的检查会延期到实例化时再执行。我们来看下面这段代码：

```
int main ()
{
    vector<complex<float> >   v;
    sort(v.begin(), v.end());
}
```

不考虑细节，这段代码的问题和之前是相同的：两个 complex 无法进行比较，因而无法对这个数组进行排序。此时，缺少比较函数的问题会在函数被间接调用时发现，编译器会提供当前调用以及调用栈的完整信息以帮助我们追踪错误。你可以在不同编译器上尝试编译这个例子，并看看能否从出错消息中获得任何有意义的提示。

当遇到这样冗长的出错信息时[2]，不要慌！先检查错误本身，并提取出可能有用的信息：比如缺少 operator>、某些东西无法赋值，或者某些东西是 const 但是和预期不符。紧接着，在调用堆栈中找到最内层的、属于你的代码的部分，也就是你开始调用标准库或第三方库的位置。仔细检查这一行和它之前的若干行，根据经验这里是最有可能出错的部分。然后自我检查：根据出错信息来判断，函数模板参数的类型是否缺失了某个操作符或函数？

---

[1] max 前的"::"用于避免和标准库中的 max 相冲突，有时候某些编译器会隐式地包含它们（如 g++）。
[2] 我们见过的最长的出错信息大概有 18MB，如果打印出来有 9000 页之多。

不要因为害怕就说以后都不用模板了。绝大多数情况下，尽管编译错误看起来无穷无尽，但是模板实际的问题要简单得多。根据我们的经验，只要经过适当的训练，找模板函数的错误比找运行时的错误要快多了。

3.1.4 混合类型（Mixing Types）

还有一个问题没有回答：如果 max 的两个参数类型不同，会发生什么？

```
unsigned u1= 2;
int      i= 3;
std::cout << "The maximum of u1 and i is " << max(u1, i) << '\n';
```

编译器会告知——这次出乎意料的言简意赅——类似于下面的错误：

```
Error: no match for function call >>max(unsigned int&, int)<<
```

确实，我们在模板中假设这两个类型是相同的。但不存在精确匹配时，C++就不会隐式转换实参了吗？它会当然会，但是对模板实参不行。模板机制已经在类型这一层上提供了足够的灵活性，如果再把模板实例化和隐式参数相结合，会导致过多潜在的二义性问题。

这样就很糟糕了。那么我们可以让函数模板使用两个模板参数吗？当然是可以的。但这样会产生一个新问题：我们应该用什么样的类型作为这个模板的返回值？在这里有多种选择。首先，我们可以添加一个非模板的函数重载，如：

```
int inline max (int a, int b) { return a > b ? a : b; }
```

这时就可以用混合类型的参数来调用它，unsigned 参数可隐式转换成 int。但是当我们再增加一个 unsigned 为参数的重载时会发生什么？

```
int max(unsigned a, unsigned b) { return a > b ? a : b; }
```

那么，在调用 max 时应该把 int 转换成 unsigned 呢，还是把 unsigned 转换成 int？这时编译器就不知道怎么办了，它就会报出一个二义性提示。

不管怎么说，给模板函数增加非模板的重载都不能算是一种优雅或高效的实现。因此我们要删除所有的非模板重载，并看看我们能否在函数调用时做些什么。我们可以显式地将一个参数的类型转换成另一个参数的类型：

```
unsigned u1= 2;
int      i= 3;
std::cout << "max of u1 and i is " << max(int(u1), i) << '\n';
```

此时，max 由两个 int 调用。我们在函数调用时显式指定模板参数的类型：

std::cout << "max of u1 and i is " << max**<int>**(u1, i) << '\n';

这样两个参数类型都是 int。只要实参是 int 或者实参可隐式转换成 int，就可以调用这个函数模板的实例。

在讲了这么多问题后，我们有一个好消息：模板函数和非模板函数有着同样的执行效率！这是因为 C++ 会为函数的每个类型或类型组合都生成一份新代码。相比之下，Java 仅编译一次模板，并通过类型转换就可以使同样的代码在不同的类型上工作。这样编译起来更快，可执行代码也更短，但是运行时间要长一些。

由于每个类型（及其组合）都要生成一个实例，因而模板能够快速执行的另一个代价是更长的可执行文件。在某些极端（但是很罕见）的情况下，较大的二进制文件可能会拖慢执行速度。此时高速缓存[1]被代码占据，而数据的存取则被挤到低速的内存中。

不过现实中函数实例的数量通常不会太多，而且大函数一般也不会被内联。对于内联函数而言，无论是模板函数还是非模板函数，二进制代码总是会被直接插入到可执行文件中调用函数的地方，因此它们可执行代码的长度都是相同的。

| C++11 | ### 3.1.5 一致性初始化（Uniform Initialization）

一致性初始化（参见 2.3.4 节）也可以和模板一起工作。不过在极少数的情况下，括号消除会导致一些奇怪的行为。如果你感兴趣或遇到了这样的问题，可阅读附录 A 中的 A.6.1 节。

| C++14 | ### 3.1.6 自动返回值类型（Automatic return Type）

C++11 引入了匿名函数（lambda），可以自动推导返回值类型，但是一般函数的返回值类型在 C++11 中仍然需要人工输入。从 C++14 开始，编译器可以自动推导出返回值类型：

```
template <typename T, typename U>
inline auto max (T a, U b)
{
    return a > b ? a : b;
}
```

此时返回值类型由 return 语句中的表达式确定，它的推导规则和根据实参推导函数模

---

[1] L2 和 L3 缓存通常是数据和指令共享的。

板形参的规则一样。如果函数存在多条 return 语句,那么所有 return 语句的类型必须相同。在模板库中,简单函数的返回值类型有时也需要冗长的声明——甚至可能比函数体还要长——此时不需要拼写返回值在很大程度上减轻了程序员的负担。

3.2 命名空间与函数查找(Namespaces and Function Lookup)

命名空间不能算是泛型编程内容的一部分(实际上二者是正交的)。只是当存在函数模板时,命名空间会变得更加重要,因此我们选择在此处讨论这一特性。

3.2.1 命名空间(Namespaces)

使用命名空间的动机是我们会在不同的上下文中定义一些通用的名称,比如 min、max、abs 等,这样会导致二义性的发生。甚至在实现函数或类时,它们的名称也可能会因为包含了其他的库而发生冲突。比如,做统计的程序库和 GUI 的实现中可能同时都有命名为 window 的这个类。此时,我们可以使用命名空间区分它们:

```
namespace GUI {
    class window;
}
namespace statistics {
    class window;
}
```

我们也有其他处理命名冲突的方法,比如使用不同的名称,如 max、my_abs 或者 library_name_abs。这也是 C 中所使用的方案:主要的程序库一般使用较短的名称,用户的程序库则使用较长的名称,而操作系统相关的内部函数则以下画线(_)打头。这样做当然可以降低命名冲突的可能性,但是仅仅这样还不够。在我们编写自己的类时,命名空间非常重要,在函数模板中更是如此。命名空间允许我们在软件中使用分级的名称,从而避免名称冲突,并为函数和类名提供了复杂的访问控制。

命名空间和作用域类似,也就是说我们可以看见外侧命名空间中的名称:

```
struct global {};
namespace c1 {
    struct c1c {};
```

```
namespace c2 {
    struct c2c {};
    struct cc {
        global x;
        c1c    y;
        c2c    z;
    };
} // 命名空间 c2
} // 命名空间 c1
```

当名称在内侧的命名空间被重新定义时,外侧命名空间中的名称也会被隐藏。不过和作用域不同,我们可通过命名空间限定(*Namespace Qualification*)来访问被隐藏的名称:

```
struct same {};
namespace c1 {
    struct same {};
    namespace c2 {
        struct same {};
        struct csame {
            ::same    x;
            c1::same  y;
            same      z;
        };
    } // 命名空间 c2
} // 命名空间 c1
```

你应该猜到了,`::same` 是从全局命名空间中引入的类型,`c1::same` 则是 c1 中的名称。成员变量 z 的类型是 `c1::c2::same`,因为内侧名称隐藏了外侧名称。命名空间是自内向外进行查找的。如果我们在 c2 中增加命名空间 c1,那么 c2 会遮住外侧的 c1,此时 y 的类型是错误的:

```
struct same {};
namespace c1 {
    struct same {};
    namespace c2 {
        struct same {};
        namespace c1 {}    // 隐藏了::c1
        struct csame {
            ::same    x;
            c1::same  y;   // 错误: c1::c2::c1::same 未定义
            same      z;
        };
    } // 命名空间 c2
} // 命名空间 c1
```

此处只有全局命名空间下的 `c1::same` 存在,而它又被 `c1::c2::c1` 所隐藏,因此我们无法访问 same。如果我们在 c2 中定义一个名为 c1 的类，也会看到类似的隐藏。我们可以在命名空间前加上"::"符号来避免被隐藏，y 的类型也会被明确化：

```
struct csame {
    ::c1::same  y;  // 此时类型唯一
};
```

这样，我们就清楚地表明，c1 来自全局命名空间，而不是其他地方。一些频繁使用的函数名称和类名可以用 using 声明导入：

```
void fun( ... )
{
    using c1::c2::cc;
    cc x;
    ...
    cc y;
}
```

这个声明可存在于函数和命名空间中，但不能用在类中（这会与其他的 using 声明冲突）。如果在头文件中将名称导入命名空间，会大大增加名称冲突的危险。因为导入的名称在该编译单元所有后续的文件中都是可见的。在函数体内（即便函数体在头文件中）使用 using 就无所谓了，因为导入的名称只能在函数体内可见。

与之类似，我们还可以用 using 指示字导入整个命名空间：

```
void fun( ... )
{
    using namespace c1::c2;
    cc x;
    ...
    cc y;
}
```

这一指示字也只能在函数体和命名空间中使用而不能在类作用域中使用。我们经常能看到，将语句：

```
using namespace std;
```

作为 main 函数的首句，甚至把它作为头文件，包含结束后的第一条语句。但是，在全局命名空间中导入 std 容易导致名称冲突，比如我们有一个类也叫 vector（也在全局命名空间）。不过一般来说，在头文件中使用 using 指示字才会导致真正的问题。

如果我们觉得命名空间，特别是嵌套的命名空间的名称实在太长，就可以使用命名空间别名（*Namespace Alias*）重命名命名空间：

```
namespace lname= long_namespace_name;
namespace nested= long_namespace_name::yet_another_name::nested;
```

和前面一样，它也要被定义在适当的作用域中。

3.2.2 参数相关查找（Argument-Dependent Lookup）

参数相关查找（Argument-Dependent Lookup），简称 ADL，可将函数名称的搜索范围扩展到参数所在的命名空间——但是不会扩展到它们的父命名空间。这样可以帮助我们摆脱因命名空间限定而导致的烦琐的函数名称。考虑下面这个例子，在 rocketscience 这个命名空间中编写我们的终极科学计算库：

```
namespace rocketscience {
    struct matrix {};
    void initialize(matrix& A) { /* ... */ }
    matrix operator+(const matrix& A, const matrix& B)
    {
        matrix C;
        initialize(C);   // 相同的命名空间，不需要作用域限定
        add(A, B, C);
        return C;
    }
}
```

这样每次使用函数 initialize 时，都不用再写 rocketscience，因为 rocketscience 是参数类型的命名空间。

```
int main ()
{
    rocketscience::matrix A, B, C, D;
    rocketscience::initialize(B);   // 限定的
    initialize(C);                  // 使用了 ADL

    chez_herbert::matrix E, F, G;
    rocketscience::initialize(E);   // 此处需要限定符
    initialize(C);                  // 错误：没有找到 initialize 函数
}
```

操作符也遵守 ADL：

```
A= B + C + D;
```

想象一下如果没有 ADL 的话：

```
A= rocketscience::operator+(rocketscience::operator+(B, C), D);
```

如果必须写出命名空间限定，流式 I/O 运算的代码会比加法写起来更加丑陋且麻烦。因为用户代码都不在命名空间 std:: 中，所以某个类的 operator<< 一般都在这个类所在的命名空间中定义。这时 ADL 就会为每个类型找到正确的重载形式：

```
std::cout << A << E << B << F << std::endl;
```

如果没有 ADL 的话，我们就要为每个操作符添加命名空间限定，上面这段代码就要写成：

```
std::operator<<(chez_herbert::operator<<(
    rocketscience::operator<<(chez_herbert::operator<<(
        rocketscience::operator<<(std::cout, A), E), B),
    F), std::endl);
```

当类分布在多个不同的命名空间中时，也可以使用 ADL 机制来选择正确的函数模板重载。比如线性代数中，向量和矩阵都定义了 $L1$ 范数，因此我们为两者都提供了模板实现：

```
template <typename Matrix>
double one_norm(const Matrix& A) { ... }

template <typename Vector>
double one_norm(const Vector& x) { ... }
```

那么编译器如何知道我们要用哪个重载呢？一个可行的方案是将矩阵和向量分别放在两个命名空间中，这样 ADL 就会为我们选择正确的重载：

```
namespace rocketscience {
    namespace mat {
        struct sparse_matrix {};
        struct dense_matrix {};
        struct über_matrix¹ {};       // 不过很可惜 C++不允许使用 ü

        template <typename Matrix>
        double one_norm(const Matrix& A) { ... }
    }
    namespace vec {
        struct sparse_vector {};
        struct dense_vector {};
        struct über_vector {};

        template <typename Vector>
```

---

[1] 这里我们用的是 *uber* 的德语拼法——有时候甚至在美国的论文中也能见到。不过注意在名称中是不允许使用像 *ü* 这样的特殊字符的。

```
        double one_norm(const Vector& x) { ... }
    }
}
```

ADL 机制仅在参数类型声明所在的命名空间中搜索函数，而不会在它们的父命名空间中搜索：

```
namespace rocketscience {
    ...
    namespace vec {
        struct sparse_vector {};

        struct dense_vector {};
        struct über_vector {};
    }
    template <typename Vector>
    double one_norm(const Vector& x) { ... }
}

int main ()
{
    rocketscience::vec::über_vector x;
    double norm_x= one_norm(x);        // 错误：并不会被 ADL 找到
}
```

如果我们从另一个命名空间中导入一个名称，当前命名空间的函数并不会被 ADL 找到：

```
namespace rocketscience {
    ...
    using vec::über_vector;

    template <typename Vector>
    double one_norm(const Vector& x) { ... }
}

int main ()
{
    rocketscience::über_vector x;
    double norm_x= one_norm(x);        // 错误：并不会被 ADL 找到
}
```

仅仅依靠 ADL 去选择正确的重载是有局限性的。当我们使用第三方库时，可能会发现其中的函数和操作符也在当前的命名空间中实现了。只导入函数而不是导入整个命名空间，这种做法可以有效减少二义性（但是并不能完全避免）。

多参函数更容易发生二义性问题，尤其是当它们的参数类型分别来自不同的命名空间时：

```
namespace rocketscience {
    namespace mat {
        ...
        template <typename Scalar, typename Matrix>
        Matrix operator*(const Scalar& a, const Matrix& A) { ... }
    }
    namespace vec {
        ...
        template <typename Scalar, typename Vector>
        Vector operator*(const Scalar& a, const Vector& x) { ... }

        template <typename Matrix, typename Vector>
        Vector operator*(const Matrix& A, const Vector& x) { ... }
    }
}
int main (int argc, char* argv[])
{
    rocketscience::mat::Über_matrix A;
    rocketscience::vec::Über_vector x, y;
    y= A * x;                          // 选用哪个重载
}
```

对我们来说，这样做的意图当然是很清楚的，但是编译器就不那么明白了。A 的类型来自 rocketscience::mat，而 x 的类型来自 rocketscience::vec，因此 operator*会同时在两个命名空间中进行查找。这样的话，三个模板的重载都是可用的，而且它们的匹配程度不相上下（尽管可能只有一个能通过编译）。

遗憾的是，ADL 并不能和显式模板实例化一起使用。只要在函数调用中显式指定了模板参数，编译器就不会去参数的命名空间中寻找函数名称。[1]

至此我们知道，函数重载的选择由以下规则决定：

- 命名空间的嵌套和限定

- 名称隐藏

- ADL

- 重载决议

---

[1] 这是因为 ADL 在编译过程中参与得太晚，此时前括号<已经被解释成"小于"运算符。为了解决这个问题，必须使用命名空间限定，或者使用 using 导入该名称（标准 14.8.1.8 节中有更多细节）。

为了确保不发生二义性问题并选择正确的重载形式,我们必须理解这些复杂又相互影响的规则。因此,我们在附录 A.6.2 节中给出了一些例子。当读者在大型代码库上工作时,可能会遇到意料之外的重载决议或二义性问题,到时我们再来讨论这个问题。

3.2.3 命名空间限定还是 ADL (Namespace Qualification or ADL)

多数程序员都不想陷入"编译器如何选择一个重载或生成二义性错误"这样一个复杂的问题中。于是他们会直接使用命名空间限定函数名称,也确切地知道要调用哪一个函数重载(这里我们假设同一个命名空间中的函数重载不存在二义性)。不能说这种做法是错误的,因为名称查找实在有点难。

当我们打算写一个优秀的泛型软件,并且这个软件包含可被多种类型实例化的函数和类模板时,就必须把 ADL 纳入考量范围。我们将通过下面这个很多程序员都遇到过的、一个非常常见的性能问题(特别是在 C++03 中)来说明 ADL 的重要性。标准库中有一个函数模板叫作 swap,用于交换两个同类型的对象。老式的实现使用一个临时对象和复制来完成这一功能:

```
template <typename T>
inline void swap(T& x, T& y)
{
    T tmp(x); x= y; y= tmp;
}
```

它适用于一切有复制构造函数和赋值函数的类型。到这里还看不出什么问题。现在假设我们有两个向量,每个向量有 1GB 的数据。如果使用默认实现,我们必须要复制 3GB 的数据,并提供一个额外的 1GB 内存才能完成交换。现在我们有一种更明智的做法:只交换数据指针和大小信息:

```
template <typename Value>
class vector
{
    ...
    friend inline void swap(vector& x, vector& y)
    { std::swap(x.my_size, y.my_size); std::swap(x.data, y.data); }
private:
    unsigned my_size;
    Value   *data;
};
```

注意这个例子中使用了内联友元(inline-friend)函数。它声明了一个自由函数作为所在类的友元。显然这比将友元声明和友元函数定义分开的写法要更加简短。

假定我们在某些泛型函数中要交换类型为模板参数的数据：

```
template <typename T, typename U>
inline void some_function(T& x, T& y, const U& z, int i)
{
    ...
    std::swap(x, y); // 可能会非常昂贵
    ...
}
```

这里我们使用了标准 swap 函数，它可用于所有可复制类型，但是这样做会导致 3GB 的内存复制。而如果使用我们的实现，只交换指针，就会比标准函数节省许多时间和空间。要达到这个目标只需要对泛型函数体做个小小的改动：

```
template <typename T, typename U>
inline void some_function(T& x, T& y, const U& z, int i)
{
    using std::swap;
    ...
    swap(x, y); // 使用 ADL
    ...
}
```

这个实现中两个 swap 函数都是重载的候选。但是在重载决议中，我们自己的函数优先级要更高一些，因为与标准实现相比，我们的形参类型要更加匹配实参。更普遍的说法是，任何针对用户类型的实现都要比 std::swap 更加具体化。出于同样的原因，标准容器也都重载了 std::swap。以下是一个通用的做法：

> **使用 using**
> 不要对函数模板使用命名空间限定，因为可能存在针对用户类型的自定义实现。应当使函数名称可见，并以无限定符的形式调用函数。

对于默认的 swap 实现要做一个补充，从 C++11 开始，swap 将默认在两个参数和临时变量之间移动值： C++11

```
template <typename T>
inline void swap(T& x, T& y)
{
```

```
      T tmp(move(x));
      x= move(y);
      y= move(tmp);
}
```

这样,即便类型没有定义 swap,只要它快速地提供了移动构造和赋值函数,就能高效地完成交换。这样,只有既没有自定义 swap,也没有 move 支持的类型才会以复制的方式交换。

3.3 类模板(Class Templates)

上一节我们讲述了如何使用模板创建泛型函数。模板也可用于创建泛型类。和泛型函数相似,标准中正确的称呼应是类模板,但是模板类反而在日常中用得更多一些。在这些类中,我们可以参数化数据成员的类型。

这对于向量、矩阵、列表这样通用容器类特别有用。我们可以将值的类型参数化来扩展复数类。不过我们已经在复数类上花了不少的时间,现在我们去看看其他更有趣的例子。

3.3.1 一个容器的范例(A Container Example)

作为示例,现在我们来写一个泛型的向量类型。这里的向量是指线性代数中的向量(vector),和 STL 的 vector 有所不同。首先我们来实现这个类,以及一些最基本的操作符:

程序清单3-1:模板向量类

```
template <typename T>
class vector
{
  public:
    explicit vector(int size)
      : my_size(size), data( new T[my_size])
    {}

    vector(const vector& that)
      : my_size(that.my_size), data(new T[my_size])
    {
        std::copy(&that.data[0], &that.data[that.my_size], &data[0]);
    }

    int size() const { return my_size; }

    const T& operator[](int i) const
```

```
    {
        check_index(i);
        return data[i];
    }
    // ...

  private:
    int                      my_size;
    std::unique_ptr<T[]>     data;
};
```

模板类和非模板类并没有什么本质区别，只是多了一个参数 T 作为其元素类型的占位符。类中还有一些不受模板参数影响的成员变量，如 my_size 和成员函数 size()。此外还有其他一些参数化的函数，如下标操作符、复制构造函数等。这些函数和它们的非模板版本类似：之前使用 double，现在则使用参数 T 作为返回类型或分配类型。同样，成员变量 data 也用 T 参数化。

模板参数也可以有默认值。假设我们的向量类的模板参数除了值的类型，还有参数表示主序和内存在哪里分配：

```
struct row_major {}; // 仅用于标记
struct col_major {}; // 同上
struct heap {};
struct stack {};

template <typename T= double, typename Orientation= col_major,
          typename Where= heap>
class vector;
```

我们可以指定所有 vector 的类型参数：

```
vector<float, row_major, heap>  v;
```

也可以忽略最后一个参数，让它使用默认值：

```
vector<float, row_major>  v;
```

和函数一样，只有最后的参数可以被省略。例如我们希望第二个参数用默认值，最后一个参数不用，我们也必须要写出全部参数：

```
vector<float, col_major, stack>  w;
```

当然，若所有参数都是默认值，则它们全部都可省略。不过就语法而言，此时仍然需要写一对尖括号：

```
vector      x;   // 错误：vector 会被当成非模板类
vector<>    y;   // 看着有些奇怪，但它才是正确写法
```

和函数参数的默认值不同，模板参数的默认值可以援引在它之前的参数：

```
template <typename T, typename U= T>
class pair;
```

这个类有两个值，它们的类型可能不同。如果类型一样，我们可以只声明一次类型：

```
pair<int, float>   p1;    // 对象有一个 int 值和一个 float 值
pair<int>          p2;    // 对象有两个 int 值
```

在第 5 章我们能看到，模板参数默认值甚至还可以是由在它之前的参数所构成的表达式。

3.3.2　为类和函数设计统一的接口（Designing Uniform Class and Function Interfaces）

⇒ c++03/accumulate_example.cpp

在编写泛型类和泛型函数的时候，我们可以先思考一个"鸡与蛋"的问题：先考虑类还是先考虑函数？我们可以先编写函数模板，然后让类实现函数所需要的方法；也可以先开发类的接口，然后根据接口来实现泛型函数。

当我们的泛型函数需要处理标准库中的类或者内置类型时，情况会略有不同。我们不能更改这些标准库中的类，就只能让函数去适应它们的接口。之后我们还会介绍其他的可选方案：特化和元编程等实现类型相关的行为。

接下来我们会以函数 accumulate 作为用例，这个函数来自标准模板库（Standard Template Library）（参见 4.1 节）。在开发这个函数的时候，当时的程序员对指针和普通数组的使用比现在还要多得多。后来 STL 的创始人 Alex Stepanov 和 David Musser 创造了一组泛用性很强的接口，既能用于指针和数组，又能用于库中所有容器。

3.3.2.1　正版数组求和（Genuine Array Summation）

为了对数组求和，首先想到的可能是函数需要用到数组的大小和地址：

```
template <typename T>
T sum(const T* array, int n)
```

```
{
    T sum(0);
    for (int i= 0; i < n; ++i)
        sum+= array[i];
    return sum;
}
```

此时函数的行为也符合我们的预期：

```
int      ai[]= {2, 4, 7};
double   ad[]= {2., 4.5, 7.};

cout << "sum ai is " << sum(ai, 3) << '\n';
cout << "sum ad is " << sum(ad, 3) << '\n';
```

不过这时我们会想，为什么要传递数组的大小呢？编译器能否推导出这一信息？毕竟这一信息在编译期是已知的。为了使用编译器推导，我们引入数组大小作为模板参数，并通过引用传递数组：

```
template <typename T, unsigned N>  // 更多关于非类型模板参数的信息参见 3.7 节
T sum(const T (&array)[N])
{
    T sum(0);
    for (int i= 0; i < N; ++i)
        sum+= array[i];
    return sum;
}
```

这个语法看起来确实有点奇怪，因为我们需要使用括号来声明数组的引用而不是引用的数组。函数调用时接受一个参数：

```
cout << "sum ai is " << sum(ai) << '\n';
cout << "sum ad is " << sum(ad) << '\n';
```

现在我们能正确推导类型和大小。这也意味着，如果对两个类型相同、大小不同的数组求和，函数将被实例化两次。不过这一般不会影响可执行文件的大小，因为通常这样的小函数都是内联的。

3.3.2.2 对链式列表求和（Summing List Entries）

链式列表是一个简单的数据结构，它一般包含两个元素，当前节点的值和对下一个元素的引用（有时也会包含对前一个元素的引用）。在 C++ 标准库中，类模板 `std::list` 是一个双向链表（double-linked list）（参见 4.1.3.3 节），`std::forward_list` 则是一个没有反向

引用的单向链表。这里我们只考虑前向引用（forward reference）：

```cpp
template <typename T>
struct list_entry
{
    list_entry(const T& value) : value(value), next(0) {}

    T              value;
    list_entry<T>* next;
};

template <typename T>
struct list
{
    list() : first(0), last(nullptr) {}
    ~list()
    {
        while (first) {
            list_entry<T> *tmp= first->next;
            delete first;
            first= tmp;
        }
    }
    void append(const T& x)
    {
        last= (first? last->next : first)= new list_entry<T>(x);
    }
    list_entry<T> *first, *last;
};
```

这个链式列表的实现非常简单。根据它的接口，我们可以构造一条短链：

```cpp
list<float>  l;
l.append(2.0f); l.append(4.0f); l.append(7.0f);
```

当然你也可以自行增加代码，以支持 initializer_list 构造函数。

对 list 的求和可以写成：

程序清单3-2：对链式列表求和

```cpp
template <typename T>
T sum(const list<T>& l)
{
    T sum= 0;
    for (auto entry= l.first; entry != nullptr; entry= entry->next)
        sum+= entry->value;
    return sum;
}
```

怎么用它应该已经很明白了。注意，这个求和函数的实现和数组的实现是有不同之处的。

3.3.2.3 共性（Commonalities）

我们在设计公共接口时首要考虑的是：两个 sum 的实现有多少相似之处？乍看上去这两者似乎不太像：

- 访问值的方式不同
- 对条目的遍历方式不同
- 终止条件不同

但是对这个问题进一步抽象，可以发现两个函数执行的任务是相同的：

- 访问数据
- 步进到下一个条目
- 检查是否抵达末端

它们的差别只是如何使用容器类型所提供的接口来实现任务。因此，想要为这两种类型提供同样的泛型函数，首先要建立一组共同接口。

3.3.2.4 另一种数组求和的方法（Alternative Array Summation）

在 3.3.2.1 节中，我们通过索引的方式访问数组。这个方法无法用于——或者说起码不能高效地用于——链式列表这样在内存中分散存放的结构。因此我们将通过逐步遍历这种更加顺序化的方式重新实现数组求和。要达到这一目的，可以递增指针直到数组结尾。第一个超出数组边界的元素是&a[n]，用指针的算术运算来表示就是 a+n。图 3-1 表明我们应在地址到达 a+n 时停止遍历。因此我们可以使用右开放地址的区间（interval）表示条目的范围。

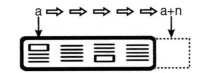

图 3-1　长度为 n 的数组的起始和末尾指针

以适用性为原则来衡量,我们选择使用右开放的区间是因为它比闭区间更为通用,特别是对于像链式列表这样,元素位置以分配出的、较为随机的内存地址来表示的类型。在右开放区间上求和的实现如程序清单 3-3 所示。

程序清单3-3:对数组求和

```
template <typename T>
inline T accumulate_array(T* a, T* a_end)
{
    T sum(0);
    for (; a != a_end; ++a)
        sum+= *a;
    return sum;
}
```

它的用法如下:

```
int main (int argc, char* argv[])
{
    int    ai[]= {2, 4, 7};
    double ad[]= {2., 4.5, 7.};

    cout << "sum ai is " << accumulate_array(ai, &ai[3]) << '\n';
    cout << "sum ad is " << accumulate_array(ad, ad+3) << '\n';
```

我们将上述由一对指针所表达的一个右开放的区间称为范围(*Range*)。这是 C++ 中非常重要的一个概念。标准库中许多算法都和 `accumulate_array` 一样使用范围,这些范围通常由一对类似指针(pointer-like)的对象表示。如果想把求和函数用到新的容器上,我们只需要为新类型提供这种类似指针的接口。接下来我们将用链式列表来演示如何修改接口以适配求和函数。

3.3.2.5 泛型求和(Generic Summation)

程序清单 3-2 和 3-3 中的实现存在较大差异主要是因为它们所使用的对象接口不同,但是在功能上它们却是类似的。在 3.3.2.3 节中,我们总结了 3.3.2.1 节和 3.3.2.2 节中 sum 的实现:

- 它们都要从一个元素到下一个元素这样遍历一个序列。

- 它们都会访问当前元素的值并增加到和中。

第 3 章 泛型编程 Generic Programming

- 它们都会测试是否能够抵达序列的末端。

3.3.2.4 节中修改后的数组求和实现也是如此。只不过后者使用了一种更加抽象的增量遍历序列的接口。所以我们只要让 list 支持顺序访问接口，就能够使用该函数了。

Alex Stepanov 和 David Musser 提供了一种巧妙的思路，他们在 STL 中为所有的容器类型和传统数组引入了一组通用的接口。这种由泛化指针所组成的接口我们称之为迭代器 (*Iterator*)。这样，所有的算法都可以用迭代器来实现。我们在这里先做一个简单的介绍，在 4.1.2 节中将会进一步讨论。

⇒ c++03/accumulate_example.cpp

我们现在需要的这个用于 list 的迭代器，可以以类似指针的语法提供一些必要功能，比如：

- 使用++it 遍历序列。

- 使用*it 访问值。

- 使用==或者!=比较迭代器。

它的实现很直观：

```cpp
template <typename T>
struct list_iterator
{
    using value_type= T;

    list_iterator(list_entry<T>* entry) : entry(entry) {}

    T& operator*() { return entry->value; }

    const T& operator*() const
    { return entry->value; }

    list_iterator<T>& operator++()
    { entry= entry->next; return *this; }

    bool operator!=(const list_iterator<T>& other) const
    { return entry != other.entry; }

    list_entry<T>* entry;
};
```

为了方便使用，我们为 list 添加了 begin 和 end 方法：

```
template <typename T>
struct list
{
    list_iterator<T> begin() { return list_iterator<T>(first); }
    list_iterator<T> end() { return list_iterator<T>(0); }
}
```

借助于 list_iterator，我们可以把程序清单 3-2 和程序清单 3-3 的实现合并到一个函数 accumulate 中：

程序清单3-4：泛型的求和

```
template <typename Iter, typename T>
inline T accumulate(Iter it, Iter end, T init)
{
    for (; it != end; ++it)
        init+= *it;
    return init;
}
```

这个泛型的求和可以同时用于数组和列表：

```
cout << "array sum = " << sum(a, a+10, 0.0) << '\n';
cout << "list sum = " << sum(l.begin(), l.end(), 0) << '\n';
```

如上所述，能成功统一求和函数的关键是我们找到了正确的抽象：迭代器。

list_iterator 的实现还解答了我们的一个疑问，那就是为什么迭代器要用前缀递增而不是后缀递增操作符。前缀递增操作符会更新成员 entry 并返回迭代器的引用；而后缀递增操作符则必须要返回一个旧值，然后再递增其内部状态，好让下次使用迭代器时指向的是当前条目的下一个条目。如果要做到这一点，后缀递增操作符就必须在更改数据成员之前先复制迭代器，然后再返回这个副本：

```
template <typename T>
struct list_iterator
{
    list_iterator<T> operator++(int)
    {
        list_iterator<T> tmp(*this);
        p= p->next;
        return tmp;
    }
};
```

我们的递增操作通常只是为了前进到下一个条目，并不关心它的返回值是什么。因此，创建一个完全不会用到的迭代器副本无疑是一种资源浪费。尽管优秀的编译器可能会把多余的操作优化掉，但为什么非要多此一举呢？这里还有一个细节需要注意，那就是后缀递增操作符使用了一个占位的 `int` 参数来定义操作符。这个参数的作用仅仅是把它和前缀递增操作符区分开来。

3.4 类型推导与定义（Type Deduction and Definition）

在 C++03 中，编译器已经可以自动推导出函数模板参数的类型。令 f 是一个模板函数，然后调用它：

```
f(g(x, y, z) + 3 * x)
```

此时编译器可以推导出 f 的参数类型。

3.4.1 自动变量类型（Automatic Variable Type） `C++11`

在 C++03 中，如果要将表达式的结果赋值给一个变量，就必须要知道该表达式的类型。如果要赋值的类型无法从表达式结果转换得到时，编译器就会提示一个类型不兼容的错误。这表明其实编译器是知道表达式的确切类型的，于是在 C++11 中，编译器把这些信息公开给了程序员。

我们之前例子中给出的 `auto` 变量类型是对类型信息最简单的利用：

```
auto a= f(g(x, y, z) + 3 * x);
```

它并没有改变 C++是强类型的事实。`auto` 类型和其他语言如 Python 中的动态类型有所不同。在 Python 中，对 `a` 赋值可以将 `a` 的类型更改为待赋值的表达式的类型。[1] 而在 C++11 中，变量类型就是表达式结果的类型，之后就不再改变了。因此，`auto` 类型并不是说它的类型可以自动匹配任何赋值给变量的表达式，而是只能被确定一次。

我们可以在同一语句中以 `auto` 类型声明多个变量，只不过它们都要被同一类型的表达式初始化：

---

[1] Python 是一种强类型、动态类型的语言。因篇幅所限，此处不再辨析这些概念。——译注

```
auto i= 2 * 7.5, j= std::sqrt(3.7);    // 正确：都是 double 类型
auto i= 2 * 4, j= std::sqrt(3.7);      // 错误：i 是 int，j 是 double
auto i= 2 * 4, j;                      // 错误：j 没有被初始化
auto v= g(x, y, z);                    // g 的结果
```

我们可以用 const 和引用限定符修饰 auto：

```
auto&        ri= i;                // i 的引用
const auto&  cri= i;               // i 的长量引用
auto&&       ur= g(x, y, z);       // g 的转发引用
```

auto 的类型推导和 3.1.2 节中介绍的函数参数的类型推导完全相同。也就是说，即便 g 返回一个引用，v 也不会是一个引用类型。与之类似，因为 ur 是一个广义引用，所以它究竟是左值引用还是右值引用，取决于函数 g 的返回值究竟是左值还是右值。

C++11 3.4.2 表达式的类型（Type of an Expression）

C++11 中引入了一个新功能 decltype。可以认为它是一个获得表达式类型的函数。如果上一个 auto 例子中的 f 返回一个值，那么它也可以用 decltype 来表示：

decltype(f(g(x, y, z) + 3 * x)) a= f(g(x, y, z) + 3 * x);

显然，这里的 decltype 实在太啰嗦了，因此在这种情况下 decltype 并没有什么用。

但是当需要显式指定类型时，这个特性就非常重要了：首先，它可以作为类模板的模板参数。比如，我们可以声明一个向量，该向量的每个元素都来自另外两个向量对应元素的和。也就是说这个新向量的元素类型就是 v1[0]+v2[0] 的类型。这样即便两个向量的类型不同，也能根据它们和的类型选择适当的返回类型：

```
template <typename Vector1, typename Vector2>
auto operator+(const Vector1& v1, const Vector2& v2)
  -> vector< decltype(v1[0] + v2[0]) >;
```

这段代码引入了另一个新的概念：尾随返回类型（*Trailing Return Type*）。在 C++11 中，我们仍然要为每个函数指定返回类型，通过 decltype 就可以利用参数计算出来。因此，我们要把返回值的类型移动到参数的后面。

两个向量可能是不同的类型，而结果向量可能又是一个新的类型。利用表达式 decltype(v1[0]+v2[0])，我们可以根据两个向量的和推导出类型，而这个类型就是结果向量的元素类型。

decltype 一个比较有意思的地方是,它只会执行类型层面的操作,而不会真正计算表达式的值。也就是说,即便输入向量为空,前面那个表达式也不会出现错误,因为它不会执行 v1[0],而只是去确定它的类型而已。

auto 和 decltype 的区别不仅在它们的应用上,在类型推导上二者也有所差异。auto 遵循了函数模板参数的类型推导规则,并且常常会去掉引用和常量限定;而 decltype 则直接照原样使用表达式的类型。举个例子,如果本节例子中 f 返回的是一个引用,那么变量 a 就是引用类型;而如果使用 auto,则变量是值类型。

如果我们只处理内置类型,那么根本用不到自动类型检测。但是对于一些更高级的泛型和元编程,我们可以从这些非常强大的功能中受益匪浅。

3.4.3　decltype(auto)

C++14

这一特性弥补了 auto 和 decltype 之间的鸿沟。通过 decltype(auto),我们可以使用和 decltype 同样的规则声明自动类型变量。下面这两个声明是等价的:

```
decltype(expr) v= expr;    // 当表达式很长的时候,这一声明冗余且烦琐
decltype(auto) v= expr;    // 这样就好多了
```

第一个语句很啰唆,如果要给 expr 增加内容就得在两处都进行添加。而且每次修改 expr 都必须要注意保持两个表达式是完全相同的。

⇒ c++14/value_range_vector.cpp

限定符的保留对于自动返回类型也是一个很重要的特性。比如下面这个例子中,我们要返回一个向量的视图(view),用于测试向量的值是否在给定的范围中。视图将使用 operator[]获取向量中的元素,并在范围测试之后返回。返回值类型的限定符需要和向量中元素类型的限定符完全相同。很显然,这个工作应该由 decltype(auto)完成。本例中我们只为这个视图实现了构造函数和访问操作符:

```
template <typename Vector>
class value_range_vector
{
    using value_type= typename Vector::value_type;
    using size_type=  typename Vector::size_type;
  public:
    value_range_vector(Vector& vref, value_type minv, value_type maxv)
      : vref(vref), minv(minv), maxv(maxv)
```

```cpp
        {}

        decltype(auto) operator[](size_type i)
        {
            decltype(auto) value= vref[i];
            if (value < minv) throw too_small{};
            if (value > maxv) throw too_large{};
            return value;
        }
    private:
        Vector&     vref;
        value_type  minv, maxv;
};
```

我们的访问操作符会将从 vref 中获得的元素暂存起来,以便在范围检查后再返回它。临时变量和返回值的类型都由 decltype(auto)推导得来。为了测试向量元素的返回值类型是否正确,我们可以把返回值存入 decltype(auto)中,然后检查这个类型:

```cpp
int main ()
{
    using Vec= mtl::vector<double>;
    Vec v= {2.3, 8.1, 9.2};

    value_range_vector<Vec> w(v, 1.0, 10.0);
    decltype(auto) val= w[1];
}
```

同我们的预期相符,val 的类型正是 double&。这个例子用了三次 decltype(auto),其中视图的实现用了两次,测试用了一次。如果我们把这三个 decltype(auto)中的任意一个换成 auto,最终 val 的类型都会变成 double。

3.4.4 定义类型[1]（Defining Types）

有两种方法可以定义一个新类型:使用 typedef 或者使用 using。前者在 C 里面就有了,C++从一开始就沿用了 C 这个特性。它唯一的优势就是:向下兼容。[2] 如果是针对新编写的软件,且不需要支持 C++11 标准之前的编译器,我们建议你:

> **忠告**
> 使用 using 替代 typedef。

---

1 这里的定义类型是为已知类型取一个别名。——译注
2 这也是本书中一些例子仍然使用 typedef 的唯一原因。

using 要比 typedef 更具可读性，功能也更强大。对于简单类型的定义，仅仅是要调整关键字后类型的顺序：

typedef double value_type;

对比

using value_type= double;

在 using 声明中，新名称位于左侧，而在 typedef 中则位于右侧。如果要定义一个数组，在 typedef 中新的类型名称并不在最右侧，整个类型被分成了两部分：

typedef **double** da1**[10]**;

相比之下，在 using 声明中，类型仍然保持一个整体：

using da2= **double[10]**;

当我们声明一个函数（指针）类型时差异将更加明显——你可能永远都不会想做这样的类型定义了。4.4.2 节的 std::function 是函数指针一个更加灵活的替代。我们定义一个参数类型是 float 和 int、返回值类型是 float 的函数来作为示例：

typedef **float** float_fun1(**float, int**);

对比

using float_fun2= **float (float, int)**;

通过这些例子可以看到，using 声明清楚地区分了新类型的名称和定义。

此外，using 声明还允许定义模板别名（Template Alias），这是一种包含了类型参数的类型定义。假设我们有一个模板类，它是一个任意阶且值类型参数化的张量：

```
template <unsigned Order, typename Value>
class tensor { ... };
```

现在我们想分别以 vector 和 matrix 命名第一阶和第二阶张量。这里用 typedef 是无法实现的，但是用带模板别名的 using 就很容易做到：

```
template <typename Value>
using vector= tensor<1, Value>;

template <typename Value>
using matrix= tensor<2, Value>;
```

当我们用以下代码输出时：

```
std::cout << "type of vector<float> is "
          << typeid(vector<float>).name() << '\n';
std::cout << "type of matrix<float> is "
          << typeid(matrix<float>).name() << '\n';
```

经过名称还原（name demangler）后，我们可以看到：

```
type of vector<float> is tensor<1u, float>
type of matrix<float> is tensor<2u, float>
```

如果你已经熟悉了 typedef，应该也会欣赏 C++11 中的新做法；如果你是一个定义类型的新手，那应该从 using 开始。

3.5 关于模板的一点点理论：概念（A Bit of Theory on Templates: Concepts）

> "亲爱的朋友，一切理论皆是灰色，而生命之金树常青。"[1,2]
>
> ——Johann Wolfgang von Goethe

在前面的章节中，你可能会觉得模板参数可以用随便什么类型完成替换操作。这个观点并不完全正确。开发模板类和模板函数的程序员，可以对模板参数所能执行的操作做一些假设。

因此，知道模板参数能接受哪些类型就变得非常重要了。比如 accumulate 函数可以被 int 和 double 实例化，但是没有加法操作的类型，例如 solver（参见 2.3.1 节）就不能用于 accumulate。一组求解器要怎么相加？所以，accumulate 对模板参数 T 都是有要求的。我们可以对满足以下要求的类型的对象求和：

- T 是可复制构造的：如果 b 的类型是 T，则 T a(b); 成立。

- T 是可以相加赋值的：当 a 和 b 的类型都是 T 时，a += b; 可编译。

---

[1] 此处为作者自行翻译。德语原文为：Grau, teurer Freund, ist alle Theorie, und grün des Lebens goldner Baum。
[2] 作者英文译文为：Gray, dear friend, is all theory and green the life's golden tree，这句话源自歌德的《浮士德》。这里译者自英文转译，未参考已有的《浮士德》中译本。——译注

- T 可以由 int 构造：T a(0); 可编译。

这样一组对类型的需求，我们称之为概念（*Concept*）。一个概念 CR 包括两部分内容，一部分来自概念 C 的完整需求；还有一部分则是一些附加需求，我们称之为 C 的细化（*Refinement*）。如果一个类型 t 满足概念 C 的所有需求，我们就称 t 是 C 的一个模型（*Model*）。举个例子，满足加并赋值（Plus-assignable）这个概念的类型有：int、float、double，甚至 string 也可算入。

和 STL 中的函数一样，模板函数或模板类的完整定义也应包含一组必需的概念。

目前这些需求只能存在于文档中。未来 C++ 标准可能会在语言中支持"概念"这一特性。具体的技术规范正在实施中，参见 Andrew Sutton 的 *C++ Extensions for Concepts*[46] 一书，它将有可能成为 C++17 的一部分。[1]

3.6 模板特化（Template Specialization）

不同的参数类型可以使用相同的实现是模板的一大优势。但是对于其中某些参数类型来说，我们可能会有更高效的实现，在 C++ 中可以通过模板特化（*Template Specialization*）实现这一点。原则上只要不怕程序变得混乱，甚至可以让某些类型实现完全不同的行为。不过模板特化最好还是只用于提高性能，行为还是要保持一致的。C++ 为程序员提供了巨大的灵活性，而我们在享有灵活性的同时，也有责任保持程序内的一致性。

3.6.1 为单个类型特化类（Specializing a Class for One Type）

⇒ c++11/vector_template.cpp

程序列表 3-1 中介绍了一个向量的例子，接下来我们希望这个向量可以对 bool 类型特化。该特化的目的是将 8 个 bool 值存放到一个字节中以节省内存。类的定义如下：

```
template <>
class vector<bool>
{
    // ..
};
```

---

[1] 翻译这一段时 C++17 标准正好发布，不过概念（concept）已经没有可能在 C++17 中出现了。译者更私心于 metaclasses proposal。——译注

尽管特化后的类型不再有类型参数，但是我们仍然需要 template 关键字和一对空的尖括号。vector 之前已声明为类模板，因此虽然这里的模板符号看着多余，但是它表明了这是主模板（*Primary Template*）的一个特化。[1] 这也表示，在主模板声明之前定义或声明模板的特化形式会导致错误。在特化中，我们必须在尖括号内为所有的模板参数提供类型，它们可以是参数或参数的表达式。例如，如果我们只特化三个参数中的一个，则可以将其他两个参数仍声明为模板参数：

```
template <template T1, template T3>
class some_container<T1, int, T3>
{
    // ...
};
```

回到我们的布尔向量类：主模板定义了两个构造函数，一个用于构造空向量，而另一个用于构造包含 n 个元素的向量。出于一致性，我们应当让布尔向量类和主模板定义相同。对于非空向量，当数据的大小不能被 8 整除时，我们应该把商向上取整：

```
template <>
class vector<bool>
{
  public:
    explicit vector(int size)
      : my_size(size), data(new unsigned char[(my_size+7) / 8])
    {}
    vector() : my_size(0) {}
  private:
    int                                   my_size;
    std::unique_ptr<unsigned char[]> data;
};
```

你可能已经发现了，默认构造函数和主模板的默认构造函数是相同的。只是很可惜主模板的方法不能"继承到"特化类中。当我们特化一个类时，要么从头定义所有内容，要么继承自公共基类。[2]

特化可以任意忽略主模板中的成员函数或变量，但是为了保持一致性，我们只有在理由非常充分的时候才可以这么做。比如，我们可以忽略操作符+，因为我们无法让两个 bool

---

[1] primary template 和 template specialization 也可以译成模板通例和模板特例。在本书中，在不引起误解的情况下，都取字面翻译：主模板和模板特化。——译注

[2] 作者试图在未来的标准中解决这个冗余问题。[16]

类型相加。也可用位偏移和位模板实现常量限定的访问操作符:

```
template <> class vector<bool>
{
    bool operator[](int i) const
    { return (data[i/8] >> i%8) & 1; }
};
```

实现可变的访问需要一些特殊技巧,因为我们无法创建单个位元的引用。我们可以返回代理(*Proxy*),这个代理实现了单个位元的读写操作:

```
template <> class vector<bool>
{
    vector_bool_proxy operator[](int i)
    { return {data[i/8], i%8}; }
};
```

return 语句用初始化器列表调用双参数的构造函数。这样我们实现了一个能管理 vector<bool> 中某位元的代理。显然,代理类需要一个引用指向包含该位元的字节,还需要位元在字节中的位置。为了简化操作,我们创建了一个掩码,在特定的位元位置上它的值是 1,而其他位置都是 0:

```
class vector_bool_proxy
{
  public:
    vector_bool_proxy(unsigned char& byte, int p)
      : byte(byte), mask(1 << p) {}

  private:
    unsigned char& byte;
    unsigned char  mask;
};
```

读操作中把位元转换成布尔类型,只是简单地用掩码处理所引用的字节。

```
class vector_bool_proxy
{
    operator bool() const { return byte & mask; }
};
```

因为在字节中只有当指定位元是 1 时,按位与(bitwise AND)才会产生非零值,这个非零值在从 unsigned char 到 bool 的转换中会转换成 true。

位元的设置由 bool 类型的赋值操作符实现:

```
class vector_bool_proxy
{
    vector_bool_proxy& operator=(bool b)
    {
        if (b)
            byte|= mask;
        else
            byte&= ~mask;
        return *this;
    }
};
```

赋值操作要更简单一些，我们只要根据条件分别赋值即可。当参数为真时，我们把掩码按位或（bitwise OR）应用到字节上，这样就打开了（设为真）相应的位元，而字节的其他位元不会改变，因为无论谁和 0 进行按位或操作，都会维持原值不变。如果参数值是 false，我们先反转掩码，并将按位与应用到字节上，此时指定的位元就会被关闭，而其他位元保持不变，因为无论谁和 1 进行按位与操作，都会保留原值。

对 bool 类型特化向量后，我们只使用了大约 1/8 的内存。此时特化（大部分）行为仍然和主模板一致：我们可以创建向量并以同样的代码读写。当然，某些情况下，如创建元素的引用或者涉及类型推导时，压缩向量和主模板在行为上并不完全相同。但是我们仍然会让特化版本的行为尽可能和通用版本相仿，这样大多数情况下我们就不会意识到它们之间的差别，它们也会以相同的方式工作。

3.6.2　函数特化和重载（Specializing and Overloading Functions）

本节我们将讨论和评估函数特化的优缺点。

3.6.2.1　使用特定类型特化函数（Specializing a Function to a Specific Type）

函数特化和类特化的方式相同。只不过它们不参与重载决议，而且特化度低的函数比特化度高的函数拥有更高的优先级，见[44]。出于这些原因，Sutter 和 Alexandrescu 都指出[45，条款 66]：

> 忠告
> 不要使用函数模板特化！

如果要为特定类型或类型元组提供特定实现，我们可以使用重载。重载更简单，也更符合我们的预期：

```
#include <cmath>

template <typename Base, typename Exponent>
Base inline power(const Base& x, const Exponent& y) { ... }
double inline power(double x, double y)
{
    return std::pow(x, y);
}
```

如果函数需要做大量特化，那么最好由模板类特化来实现。这样可以在不考虑重载和 ADL 的条件下实现完全特化（full specialization）和部分特化（partial specialization）。我们会在 3.6.4 节中给出具体的例子。

一般来说，请尽可能打消为特定硬件上的特殊功能编写汇编代码的念头。如果实在无法避免，可以先阅读附录 A.6.3 节中的内容。

3.6.2.2 二义性（Ambiguities）[1]

在前面的例子中，我们特化了函数的全部参数。实际上我们也可以将一部分参数做成重载形式，并将剩余参数作为模板参数：

```
template <typename Base, typename Exponent>
Base inline power(const Base& x, const Exponent& y);

template <typename Base>
Base inline power(const Base& x, int y);

template <typename Exponent>
double inline power(double x, const Exponent& y);
```

编译器会找到所有和参数组合匹配的重载，并挑选出最具特异性（most specific）的重载，通常认为这样选出来的重载应该针对特定情况提供了最高效的实现。例如，power(3.0, 2u)将会匹配第一种和第三种重载形式，其中后者特异性更强。用高等数学的话来说[2, 3]：

---

[1] 有时也译为歧义性。——译注
[2] 这段话是说给且仅仅说给喜欢高等数学的人听的。
[3] 本书中的高等数学不仅包括微积分，还包括集合论、抽象代数、统计学等内容。——译注

类型的特化是偏序（partial order）关系，它们构成一个格（lattice），编译器可以从中抽取所有可重载形式的最大元。当然判断哪个类型的特异性更强，并不需要深入学习代数。

当执行 power(3.0, 2)时，上面三种重载都可以匹配。而且这次我们无法确定哪种重载形式最具特异性。此时编译器会告诉我们这个调用是存在二义性的，并提示第二种和第三种重载形式可以作为候选。可能这两者的实现和性能都是相同的，所以对我们来说选哪个都无所谓，但是编译器不行。为了消除二义性，我们得添加第四个重载：

```
double inline power(double x, int y);
```

格论的专家可能会说："当然，因为我们在这个特化格中找不到它的并（join）。"但即便我们没有这样的代数知识，也能够明白为什么这三个重载之间存在二义性，而第四个重载形式加入后就解决了问题。事实上大部分 C++ 程序员都没学过格论。

3.6.3 部分特化（Partial Specialization）[1]

在实现模板类时，我们总会遇到需要用一个模板类特化另一个模板类的情况。假设我们有模板 complex 和 vector，并且想对 complex 的所有实例提供一个特化，如果挨个特化实在太麻烦了：

```
template <>
class vector<complex<float> >;

template <>
class vector<complex<double> >;         // 再来一次 ???: -/

template <>
class vector<complex<long double> >;  // 有完没完 ???: -p
```

它不仅不够美观，还破坏了普适性。因为复数类可以支持所有的实数（Real）类型，而上面这段特化只能顾及有限的数量。而且 complex 可能在以后还会被其他的用户自定义类型实例化，而上面的代码根本就没有考虑这一点。

为了解决上述代码在实现上的冗余和不支持新类型的问题，C++ 提供了部分特化作为解决方案。我们可以对所有的 complex 实例特化我们的向量类：

---

[1] 也常称作偏特化。——译注

```
template <typename Real>
class vector<complex<Real> >
{ ... };
```

如果你的编译器不支持 C++11，请在两个 > 之间放一个空格，否则编译器会将 >> 当作是一个右移操作符而导致错误。尽管本书主要讨论 C++11，但为了可读性我们仍然保留这个空格。

C++03

部分特化也可以用于多模板参数的类，例如：

```
template <typename Value, typename Parameters>
class vector<sparse_matrix<Value, Parameters> >
{ ... };
```

我们还可以特化为任意的指针类型：

```
template <typename T>
class vector<T*>
{ ... };
```

只要一组类型可以用一个类型样式（*Type Pattern*）表达，我们就可对它们使用部分特化。

部分模板特化还可以与 3.6.1 节中的常规模板特化结合——我们将这种特化称为完全特化（*Full Specialization*）。完全特化的优先级要高于部分特化，如果有多个可匹配的部分特化，编译器会选择特异性最明显的一个。例如下例中：

```
template <typename Value, typename Parameters>
class vector<sparse_matrix<Value, Parameters> >
{ ... };
template <typename Parameters>
class vector<sparse_matrix<float, Parameters> > { ... };
```

第二个特化特异性最明显，因此如果可以匹配的话，编译器就会选择第二个特化。事实上，完全特化的特异性要高于任何的部分特化。

3.6.4 函数的部分特化（Partially Specializing Functions）

事实上，函数模板并不支持部分特化。但是和完全特化一样（参见 3.6.2.1 节），我们也可以通过重载提供特殊的实现。为此我们需要编写特异性更高的函数模板，它们在匹配时的优先级更高一些。我们重载一个泛型的 abs 函数作为示例，它有一个针对全部 complex 实例的实现：

```
template <typename T>
inline T abs(const T& x)
{
    return x < T(0) ? -x : x;
}

template <typename T>
inline T abs(const std::complex<T>& x)
{
    return sqrt(real(x)*real(x) + imag(x)*imag(x));
}
```

模板函数的重载实现起来很容易，行为也符合预期。但是复杂的命名空间决议以及模板/非模板函数的重载决议可以同时起作用，而它们又会相互影响。因此，如果函数有很多重载，或者重载分布在多个文件中，就可能有很多不会被调用的重载形式。

⇒ c++14/abs_functor.cpp

为了让特化行为可以预测，最安全的办法是在类模板内部实现，并且只在接口部分提供一个函数模板。不过它的难点在于，一个函数只能返回一个类型，而不同的特化可能会返回不同的类型。比如在示例 abs 中，通常代码会返回参数类型，而 complex 的版本则会返回它的内含类型（underlying value type）。当然，即便在 C++03 中，我们也有可移植的解决方案，不过新的标准也提供了新的特性可以简化这个任务。

C++14

我们先来看一个最简单的实现，它用到了 C++14 的特性：

```
template <typename T> struct abs_functor;

template <typename T>
decltype(auto) abs(const T& x)
{
    return abs_functor<T>()(x);
}
```

abs 是一个泛型函数，它创建了一个匿名对象 abs_functor<T>() 并以 x 为参数调用了它的 operator()。显然，abs_functor 对应的特化需要提供默认构造参数（一般来说可以使用编译器生成）及一个一元函数 operator() 用于接受类型为 T 的参数。operator() 的返回值类型由编译器自动推导得出。对于 abs 来说我们通常可用 auto 自动推导出返回值类型，因为所有特化形式都会返回一个值。只有少数情况下需要返回 const 或引用限定的类型，所以我们使用 decltype(auto) 传递限定符。

C++11 下必须显式声明返回类型。不过我们至少可以像下面的代码一样利用类型推导：C++11

```
template <typename T>
auto abs(const T& x) -> decltype(abs_functor<T>()(x))
{
    return abs_functor<T>()(x);
}
```

总之，abs_functor<T>()(x) 最好不要重复出现，因为任何代码的冗余都可能会导致不一致。

在 C++03 中，无法通过类型推导获得返回值类型。因此它必须由仿函数（functor）[1] 提供，也就是说仿函数需要通过 typedef 定义一个 result_type： C++03

```
template <typename T>
typename abs_functor<T>::result_type
abs(const T& x)
{
    return abs_functor<T>()(x);
}
```

这里我们必须依赖 abs_functor 的实现，它要求 result_type 和 operator()的返回类型一致。

最终，我们实现了对 complex<T> 部分特化的仿函数：

```
template <typename T>
struct abs_functor
{
    typedef T result_type;

    T operator()(const T& x)
    {
        return x < T(0) ? -x : x;
    }
};

template <typename T>
struct abs_functor<std::complex<T> >
{
    typedef T result_type;

    T operator()(const std::complex<T>& x)
```

---

1 也译做函子。本书在 C++语境下译成仿函数。——译注

```
        {
            return sqrt(real(x)*real(x) + imag(x)*imag(x));
        }
};
```

这个可移植的实现具有原有三个 abs 函数的全部功能。如果不考虑 C++03，我们可以省略模板中的 typedef。这个 abs_functor 可以针对任何合理的类型模式进行特化，并避开了许多重载函数的缺点。

3.7 模板的非类型参数（Non-Type Parameters for Templates）

目前为止，我们的模板参数都是类型。值也可以作为模板参数。当然，并不是所有的值都可以，能作为模板参数的值都是整数类型（integral type），即整数（integer number）和 **bool** 类型。此外，指针可也以作为模板参数，不过这里我们不做进一步讨论。

⇒ c++11/fsize_vector.cpp

对于元素较少的向量和矩阵，大家都很喜欢把大小作为模板参数：

```cpp
template <typename T, int Size>
class fsize_vector
{
    using self= fsize_vector;
  public:
    using value_type= T;
    const static int   my_size= Size;

    fsize_vector(int s= Size) { assert(s == Size); }

    self& operator=(const self& that)
    {
        std::copy(that.data, that.data + Size, data);
        return *this;
    }

    self operator+(const self& that) const
    {
        self sum;
        for (int i= 0; i < my_size; ++i)
            sum[i]= data[i] + that[i];
        return sum;
```

```
    }
    // ...
  private:
    T       data[my_size];
};
```

因为模板参数已经提供了大小信息，我们不需要再把它传递给构造参数。这里为了让向量的接口统一，我们在构造时仍然会接受一个 size 参数，并检查它与模板参数是否匹配。

如果将这里的实现和 3.3.1 节中动态分配的向量实现做比较，我们会发现两者差别不大。最主要的区别是，容器的大小成了类型的一部分，因此我们可以在编译时访问它。也因此，编译器可以做一些额外的优化。如果我们把两个长度为 3 的向量相加，编译器可能会把循环展开成三条如下语句：

```
self operator+(const self& that) const
{
    self sum;
    sum[0]= data[0] + that[0];
    sum[1]= data[1] + that[1];
    sum[2]= data[2] + that[2];
    return sum;
}
```

这样就节省了计数器递增和循环结束测试的开销。此外，编译器还可能利用 SSE 并行化执行代码。我们将在 5.4 节详细介绍循环展开（loop unrolling）技术。

当然，根据额外的编译时信息进行编译优化是和编译器息息相关的。我们只能通过读取生成的汇编代码，或者间接地观察性能并和其他实现比较才能得知编译器究竟执行了怎样的转换。汇编，尤其是高度优化的汇编阅读难度很大。不过我们通过降低优化级别，或许可以看到静态大小带来的好处。

在上例中，编译器可能会展开三次这样次数比较少的循环，而当循环次数比较多（如 100 次）时则保留循环不变。编译期大小对小型矩阵和向量，如三维坐标或旋转矩阵而言很有意义。

知道编译期大小的另一个好处是可以把值存储在数组中，这样 fsize_vector 可以只用到单块内存。和管理起来很麻烦的动态分配内存相比，它的创建和销毁都要容易得多。

我们之前也提到，这里的大小是类型的一部分，因此针对同类型的向量，我们不再需要检查它们的大小是否匹配。

细心的读者也应该发现了，我们省略了对两个向量大小是否相同的检查，而且相应的测试也不再需要了。如果两个参数类型相同，那么它们的大小也一定相同。考虑下面这段代码：

```
fsize_vector<float, 3> v;
fsize_vector<float, 4> w;
vector<float>          x(3), y(4);

v= w;
x= y;
```

最后两行代码存在不兼容的向量之间的赋值。两者的区别在于，x= y 之间的不兼容性需要运行时断言才能发现，而 v= w 则在编译期即可发现，因为固定三维大小的向量只能接受同维度向量的赋值。

我们还可以为非类型的模板参数声明默认值。我们生活在三维世界中，因此假设多数向量都是三维向量也是合情合理的：

```
template <typename T, int Size= 3>
class fsize_vector
{ /* ... */ };

fsize_vector<float>        v, w, x, y;

fsize_vector<float, 4>     space_time;
fsize_vector<float, 11>    string;
```

而对于相对论和弦论，我们只要做很少的工作就可以声明我们所需要的维度的向量。

3.8 仿函数（Functors）

本节我们介绍一个非常强大的功能：仿函数，也叫函数对象（*Function Object*）。从外表上看它是一个提供了应用操作符的类，可以像函数一样调用。它和普通函数最关键的区别在于，它可以更灵活地应用于自身或其他函数，允许新函数对象的创建。我们需要一些时间来适应它，因此本节可能会比之前的章节更具挑战性。但是通过对仿函数的学习，可以让我们的编程水平达到一个新的高度，因此，花在本节上的每分钟都是值得的。本节还为匿名函数（lambda，参见 3.9 节）的学习铺平了道路，并且也会让大家初窥元编程的门径（参见第 5 章）。

作为示例，我们开发了一个用于计算可微函数 f 的有限差分的数学算法。有限差分和一阶导数近似：

$$f'(x) \approx \frac{f(x+h) - f(x)}{h}$$

此处 h 是一个微小值，我们称之为间隔。

程序清单 3-5 是一个用于计算有限差分的普通函数。我们在函数 fin_diff 中实现了这一功能，它可以接受任意函数（输入 double 输出 double）作为参数：

程序清单3-5　函数指针的有限差分

```
double fin_diff(double f(double), double x, double h)
{
    return ( f(x+h) - f(x) ) / h;
}
double sin_plus_cos(double x)
{
    return sin(x) + cos(x);
}

int main() {
    cout << fin_diff(sin_plus_cos, 1., 0.001) << '\n';
    cout << fin_diff(sin_plus_cos, 0., 0.001) << '\n';
}
```

上述例子中，以间隔 0.001 计算了 $x=1$ 和 $x=0$ 处 sin_plus_cos 导数的近似值。sin_plus_cos 以函数指针传递（函数可以在需要时隐式转换为函数指针）。

现在，我们要计算二阶导数。可以考虑把 fin_diff 作为参数传给自身。不过此时因为 fin_diff 有三个函数，而函数指针参数只接受单参数函数，二者并不匹配。

我们可以通过仿函数即函数对象来解决这一问题。这些类提供了操作符 operator()，因此它们的对象可以像函数一样被调用，这也是术语"函数对象"的由来。这个术语既可以指代类，也可以指代对象。不幸的是，在很多文本中我们都很难将二者区分开。当然，有时候这可能并不是什么问题，但是我们自己还是应该严格区分类和对象。因此，我们一般更喜欢用仿函数（functor）这个词，尽管它在范畴论（category theory）中另有含义。[1] 在

---

[1] 仿函数和范畴论中的函子在英文中都是 functor，故作者有此解释。在 C++ 中我们会译作仿函数，数学领域会译作函子，以示区别。——译注

本书中，我们使用仿函数指代类，而类的对象称作仿函数对象（functor object）。如果我们使用了术语"函数对象（function object）"，请将其视作仿函数对象的同义词。

回到我们的例子中，我们可以把之前用到的函数 sin_plus_cos 实现成一个仿函数：

程序清单3-6：函数对象

```
struct sc_f
{
    double operator() (double x) const
    {
        return sin(x) + cos(x);
    }
};
```

仿函数最主要的优点是它能够以内部状态的形式保存参数。所以，如果我们要在 sin 函数中用系数 α 缩放 x，即 $\sin \alpha x + \cos x$：

程序清单3-7：带状态的函数对象

```
class psc_f
{
  public:
    psc_f(double alpha) : alpha(alpha) {}
    double operator() (double x) const
    {
        return sin(alpha * x) + cos(x);
    }
  private:
    double alpha;
};
```

注：本节中会介绍不少类型和对象，为了更好地区分它们，我们将使用以下的命名约定——仿函数类型一律使用后缀_f（如 psc_f），它们的对象使用后缀_o。如果是导数的近似则使用前缀 d_，二阶导数使用前缀 dd_。对于更高阶的导数，我们会在 d 后放上它的阶次，如 d7_代表七阶导数。为了行文简洁，当导数是近似值时我们不再做额外声明（事实上二十阶左右的导数已经不正确了，近似也不再是真的近似）。

3.8.1 类似函数的参数（Function-like Parameters）

$\Rightarrow$ c++11/derivative.cpp

在定义了仿函数类型之后，我们需要将其作为对象传递给函数。之前定义 fin_diff 时，我们使用了函数指针作为参数，它无法用于函数对象。此外，因为会使用不同的仿函数，如 sc_f 和 psc_f，所以我们也无法指定参数的类型。有两种基本方法可以支持不同的参数类型：继承和模板。使用继承的方法我们将在正式介绍继承特性之后于 6.1.4 节中讲述。此处优先考虑适用性和性能，因此必须要用模板方法。我们用类型参数接受仿函数和函数：

```
template <typename F, typename T>
T inline fin_diff(F f, const T& x, const T& h)
{
    return (f(x+h) - f(x)) / h;
}

int main()
{
    psc_f psc_o(1.0);
    cout << fin_diff(psc_o, 1., 0.001) << endl;
    cout << fin_diff(psc_f(2.0), 1., 0.001) << endl;
    cout << fin_diff(sin_plus_cos, 0., 0.001) << endl;
}
```

本例中我们创建了仿函数对象 psc_o 并作为模板实参传递给 fin_diff。第二行代码即时创建了一个对象 psc_f(2.0) 并传递给求差函数。最后一行演示了如何将一般函数 sin_plus_cos 传递给 fin_diff。

这三个例子说明了参数 f 的通用性。接下来的问题是它到底有多通用。通过使用 f 我们知道，它一定是一个单参数的函数。STL（参见 4.1 节）将一组需求综合成 UnaryFunction 概念：

- 令 f 的类型是 F。

- 令 x 的类型是 T，T 是 F 的参数类型。

- f(x) 以单个参数调用 f，并以结果类型返回一个对象。

因为所有参与计算的值类型都是 T，所以这里的 f 的返回值类型也应当是 T。

3.8.2 组合仿函数（Composing Functors）

我们已见到了多种不同的参数，不过目前为止我们还不知道如何把 fin_diff 作为参数传递以计算高阶导数。这是因为 fin_diff 需要一元函数作为参数，但它自身又是一个三元函数。我们可以通过定义一个一元仿函数[1]，并将步长和待求导的函数保存为内部状态来解决这个问题：

```cpp
template <typename F, typename T>
class derivative
{
  public:
    derivative(const F& f, const T& h) : f(f), h(h) {}

    T operator()(const T& x) const
    {
        return ( f(x+h) - f(x) ) / h;
    }
  private:
    const F& f;

    T        h;
};
```

这样就只剩 x 仍然是一个常规的函数参数。这个仿函数模板可以用一个代表 $f(x)$ 的仿函数[2, 3]实例化，实例化的结果是一个求 $f'(x)$ 近似值的仿函数：

```cpp
using d_psc_f= derivative<psc_f, double>;
```

这里 d_psc_f 表示 $f(x) = \sin(\alpha \cdot x) + \cos x$ 的导函数。我们可以创建 $\alpha=1$ 时的导函数的函数对象：

```cpp
psc_f        psc_o(1.0);
d_psc_f      d_psc_o(psc_o, 0.001);
```

这样我们就可以计算 $x=0$ 处的差商。

```cpp
cout << "der. of sin(0) + cos(0) is " << d_psc_o(0.0) << '\n';
```

当然，在本节之前我们也能够做到这一点。此处的方案与之前最本质的区别在于，函数和它的导数有着相同的形式，它们都是由仿函数创建的一元函数对象。

这样我们就达成了目标：我们可以像 $f(x)$ 一样处理 $f'(x)$，从而得到 $f''(x)$。或者说，我们用 d_psc_f 实例化 derivative 获得其导函数：

---

[1] 为了简单起见，我们把对象是一元函数的仿函数称作一元仿函数。
[2] 此处是缩写。当我们说仿函数 ft 代表 f(x)，意思是 ft 的对象可以计算 f(x)。
[3] 译本会进一步简写成仿函数 f(x)或 f(x)的仿函数 ft。前者指一个用来计算 f(x)的不具名仿函数对象。——译注

```
using dd_psc_f= derivative<d_psc_f, double>;
```

这样我们就获得了一个二阶导数的仿函数。然后我们来创建它的函数对象并计算 $f''(0)$ 的近似值：

```
dd_psc_f             dd_psc_o(d_psc_o, 0.001);
cout << "2nd der. of sin(0) + cos(0) is " << dd_psc_o(0.0) << '\n';
```

因为 dd_psc_f 也是一个一元仿函数，所以我们可以用它创建三阶或更高阶的导数。

如果有多个函数需要二阶导数，可以直接建立一个二阶导数类，这样用户就不需要再通过一阶导数创建。下面这个仿函数在构造函数内创建了一阶导数以直接计算 $f''(x)$ 的近似值。

```
template <typename F, typename T>
class second_derivative
{
  public:
    second_derivative(const F& f, const T& h)
      : h(h), fp(f, h) {}

    T operator()(const T& x) const
    {
        return ( fp(x+h) - fp(x) ) / h;
    }
  private:
    T                  h;
    derivative<F, T>   fp;
};
```

这样我们可以直接从 f 创建 f''：

```
second_derivative<psc_f, double> dd_psc_2_o(psc_f(1.0), 0.001);
```

通过同样的方式，我们可以为每个高阶导数创建一个生成器。下面我们将实现一个可以求取任意阶导数近似值的仿函数。

3.8.3 递归（Recursion）

如果要实现的三阶、四阶甚至任意 n 阶导数，我们会发现它们看起来和二阶导数的实现是一样的：以 x+h 和 x 为参数分别调用 n-1 阶的导数。我们可以尝试用递归来实现：

```cpp
template <typename F, typename T, unsigned N>
class nth_derivative
{
    using prev_derivative= nth_derivative<F, T, N-1>;
  public:
    nth_derivative(const F& f, const T& h)
      : h(h), fp(f, h) {}

    T operator()(const T& x) const
    {
        return ( fp(x+h) - fp(x) ) / h;
    }
  private:
    T              h;
    prev_derivative fp;
};
```

为了避免编译器无限递归,当抵达一阶导数时要停止递归。注意这里我们不能使用 if 或 ?: 来停止它,因为它们的两个分支都会被继续编译,其中一个分支仍然是无限递归的。我们可以用特化的方式来终止模板定义的递归:

```cpp
template <typename F, typename T>
class nth_derivative<F, T, 1>
{
  public:
    nth_derivative(const F& f, const T& h) : f(f), h(h) {}

    T operator()(const T& x) const
    {
        return ( f(x+h) - f(x) ) / h;
    }
  private:
    const F& f;
    T        h;
};
```

这个特化和之前的 derivative 类是一样的,所以后者可以扔了。或者也可以保留之前的类,并用继承关系将它的功能引入到现在这个特化中(第 6 章将讨论继承的问题):

```cpp
template <typename F, typename T>
class nth_derivative<F, T, 1>
  : public derivative<F, T>
{
    using derivative<F, T>::derivative;
};
```

这样我们可以计算任意阶的导数，比如 22 阶：

nth_derivative<psc_f, double, 22> d22_psc_o(psc_f(1.0), 0.00001);

新对象 d22_psc_o 同样是一个一元函数。只是它的精度实在是太差了，以至于我们不太好意思在这里展示它的结果。根据泰勒级数，如果先用前向差分，再用后向差分，可以让 f'' 近似值的误差从 $O(h)$ 减少到 $O(h^2)$。也就是说，我们可以通过交替使用前向和后向差分提高精度：

```
template <typename F, typename T, unsigned N>
class nth_derivative
{
    using prev_derivative= nth_derivative<F, T, N-1>;
  public:
    nth_derivative(const F& f, const T& h) : h(h), fp(f, h) {}

    T operator()(const T& x) const
    {
        return N & 1 ? ( fp(x+h) - fp(x) ) / h
                     : ( fp(x) - fp(x-h) ) / h;
    }
  private:
    T         h;
    prev_derivative fp;
};
```

不过对于 22 阶差分来说，它和之前的精度一样差，甚至还更糟糕了一些。特别是我们为它计算了超过 400 万次的函数 f，这个消息是不是更令人沮丧？缩小 h 也无济于事，虽然它的切线和导数更加接近，但是 $f(x)$ 和 $f(x±h)$ 的差也更小了，这个差的有效位数可能只剩下几位元。不过至少在使用了泰勒级数之后，二阶导数的结果得到了改进。如有新的求导函数，我们可能也不用付出额外的工作。因为模板参数 N 在编译期已知，所以分支条件 N&1 也是已知的。这样，编译器可以将 if 语句优化成有效的 then- 或者 else- 分支。

在这个例子中，我们不仅学习了 C++ 知识，还知道了：

> **箴言**
> 即便是最厉害的编程技巧，也无法取代扎实的数学基础。

最后，本书主要是讨论编程的。我们已经证明仿函数在构造新的函数对象时会更加直观。如果读者对于数值的递归计算有更好的想法，可随时与作者联系。

现在还剩下一个困扰我们的细节：仿函数参数和构造函数在参数上的冗余。比如我们要计算七阶导数：

```
nth_derivative<psc_f, double, 7> d7_psc_o(psc_o, 0.00001);
```

nth_derivative 的前两个参数的类型和构造函数的参数类型是完全相同的。我们可以消除这种冗余。在这里使用 auto 和 decltype 的用处并不大：

```
auto d7_psc_o= nth_derivative<psc_f, double, 7>(psc_o, 0.00001);
nth_derivative<decltype(psc_o),
               decltype(0.00001), 7>   d7_psc_o(psc_o, 0.00001);
```

更好的做法是使用一个 make 函数，它接受构造函数的参数并推导出它们的类型：

```
template <typename F, typename T, unsigned N> // 次优解
nth_derivative<F, T, N>
make_nth_derivative(const F& f, const T& h)
{
    return nth_derivative<F, T, N>(f, h);
}
```

这样只要声明 N 即可，F 和 T 可以推导出来。但是这样还不够。当我们声明某个模板参数时，必须要提供在它之前的所有模板参数：

```
auto d7_psc_o= make_nth_derivative<psc_f, double, 7>(psc_o, 0.00001);
```

如果写成这样，那就又回到原点了。我们要调整 make 函数的模板参数顺序：N 必须要被声明，而 F 和 T 可依靠推导，因此我们把 N 放在最前面：

```
template <unsigned N, typename F, typename T>
nth_derivative<F, T, N>
make_nth_derivative(const F& f, const T& h)
{
    return nth_derivative<F, T, N>(f, h);
}
```

这样，编译器就能推导出七阶导数的仿函数和值的类型：

```
auto d7_psc_o= make_nth_derivative<7>(psc_o, 0.00001);
```

这里我们知道了 make 函数中模板参数顺序的重要性。如果函数模板的所有参数都是被编译器推导出来的，自然无所谓顺序。只有当其中某个或某些参数需要明确声明时，才需

要顾及它们的顺序。不参与推导的参数必须放在参数列表的最前端。为了记住这一点，想象一下我们调用一个模板函数，其中部分参数来自编译器推导：需要显式声明的参数是最早出现的，然后是函数的"("，接着是其他根据函数实参推导的模板参数，最后是")"。

3.8.4 泛型归纳函数（Generic Reduction）

⇒ c++11/accumulate_functor_example.cpp

回忆一下 3.3.2.5 节中提到的函数 accumulate，我们曾用它来演示泛型编程。本节中我们将把它推广为一般的归纳函数。这里我们引入 BinaryFunction，它是一个接受两个参数的函数或函数对象。然后对序列中的每个元素应用 BinaryFunction，执行任意的归纳操作：

```
template <typename Iter, typename T, typename BinaryFunction>
T accumulate(Iter it, Iter end, T init, BinaryFunction op)
{
    for (; it != end; ++it)
        init= op(init, *it);
    return init;
}
```

如果要把值相加，我们可以实现一个以值的类型作为模板参数的仿函数：

```
template <typename T>
struct add
{
    T operator()(const T& x, const T& y) const { return x + y; }
};
```

或者我们也可以参数化 operator()：

```
struct times
{
    template <typename T>
    T operator()(const T& x, const T& y) const { return x * y; }
};
```

后者的优点在于可以让编译器推导值的类型：

```
vector v= {7.0, 8.0, 11.0};
double s= accumulate(v.begin(), v.end(), 0.0, add<double>{});
double p= accumulate(v.begin(), v.end(), 1.0, times{});
```

这里我们计算了向量中所有条目的总和与乘积。仿函数 `add` 实例化时要用到向量的元素类型，而 `times` 仿函数不是一个模板类，编译器会推导出所需的参数类型。

3.9 匿名函数[1]（Lambda） _{C++11}

$\Rightarrow$ `c++11/lambda.cpp`

C++ 自 C++11 开始引入了 lambda 表达式。一个 lambda 表达式可看作是简短形式的仿函数，它会让程序更紧凑也更容易理解。特别是当计算比较简单时，直接在调用处实现它而不是把调用和声明分开，会让程序更加清晰。我们之前已经了解了经典的仿函数做法，这会帮助我们更好地理解匿名函数。

程序清单 3-6 实现了仿函数 $\sin x + \cos x$。其对应的 lambda 表达式是：

程序清单3-8：一个简单的lambda表达式

```
[](double x){ return sin(x) + cos(x); }
```

lambda 表达式不仅仅是定义了一个仿函数，它还立即创建了一个对象。因此，我们可以将 lambda 表达式直接作为函数的实参：

```
fin_diff([](double x){ return sin(x) + cos(x); }, 1., 0.001 )
```

参数可以直接写在 lambda 表达式中。所以我们可以像在仿函数 `psc_f`（程序清单 3-7）中一样，直接在函数中用乘法缩放 sin 的参数 x，并获得一个一元函数的对象：

```
fin_diff([](double x){ return sin(2.5*x) + cos(x); }, 1., 0.001)
```

lambda 表达式也可以保存到变量中以备后用：

```
auto sc_l= [](double x){ return sin(x) + cos(x); };
```

前例中的 lambda 表达式没有声明返回值类型，因为这些编译器可以通过推导得出。如果编译器无法推导，我们也可以在参数后显式指定返回值类型：

```
[](double x)->double { return sin(x) + cos(x); };
```

$\Rightarrow$ `c++11/derivative.cpp`

---

[1] 本文会将 lambda/λ 译作匿名函数，将 lambda expression /λ-expression 译作 lambda 表达式。这二者常是同义词。——译注

这样就能即时创建函数对象，而不用非得知道它们的类型。并且导数生成器能直接推导类型，我们也很高兴。这样通过一条表达式就能创建 sin 2.5x+cos x 的七阶导函数：

```
auto d7_psc_l= make_nth_derivative<7>(
    [](double x){ return sin(2.5*x) + cos(x); }, 0.0001);
```

因为这条语句比较长，在书本上需要分行。实际代码中作者通常会写作一行。

在匿名函数出现之后，很多程序员都非常兴奋。他们把匿名函数作为参数传遍了每一个函数——这些匿名函数代码冗长，而且还包含了其他的匿名函数。这对有经验的程序员来说算是一种有趣的挑战。但我们相信，如果能把复杂的嵌套表达式分解成更有可读性的部分，会帮助大家更好地使用和维护软件。

3.9.1 捕获（Capture） `C++11`

上一节中我们简单地将匿名函数参数化后插入到运算之中。不过这一做法并不太适合用于多个参数：

```
a= fin_diff([](double x){ return sin(2.5 * x); }, 1., 0.001);
b= fin_diff([](double x){ return sin(3.0 * x); }, 1., 0.001);
c= fin_diff([](double x){ return sin(3.5 * x); }, 1., 0.001);
```

而且我们还不能直接使用作用域中的变量和常量：

```
double phi= 2.5;
auto sin_phi= [](double x){ return sin(phi * x); }; // 错误
```

lambda 表达式只能使用它自身的参数或者之前捕获（*Capture*）的参数。

3.9.2 按值捕获（Capture by Value） `C++11`

为了使用 phi，我们要先捕获它：

```
double phi= 2.5;
auto sin_phi= [phi](double x){ return sin(phi * x); };
```

可以使用逗号分隔的列表捕获多个变量：

```
double phi= 2.5, xi= 0.2;
auto sin2= [phi,xi](double x){ return sin(phi*x) + cos(x)*xi; };
```

捕获的参数将会被复制。和以值传递的一般函数参数不同，被捕获的参数是不能被修改的。可以用仿函数类来模拟这个匿名函数，如下所示：

```cpp
struct lambda_f
{
    lambda_f(double phi, double xi) : phi(phi), xi(xi) {}
    double operator()(double x) const
    {
        return sin(phi * x) + cos(x) * xi;
    }
    const double phi, xi;
};
```

因此，在变量被捕获后再修改它的值并不会影响到匿名函数：

```cpp
double phi= 2.5, xi= 0.2;
auto px= [phi,xi](double x){ return sin(phi * x) + cos(x) * xi; };
phi= 3.5; xi= 1.2;
a= fin_diff(px, 1., 0.001);   // 使用 phi= 2.5 且 xi= 0.2
```

由于变量是在匿名函数被定义后捕获的，所以在调用匿名函数时使用的仍然是当时的值。

此外，尽管这些被捕获的值是副本，我们也不能在匿名函数内修改它们，因为匿名函数的函数体对应上面 lambda_f 中由 const 限定的 operator() 函数。例如，下面想要对捕获的 phi 做累加操作是不合法的：

```cpp
auto l_inc= [phi](double x) {phi+= 0.6; return phi; };  // 错误
```

如果要修改捕获的值，需要使用 mutable 限定匿名函数：

```cpp
auto l_mut= [phi](double x) mutable {phi+= 0.6; return phi; };
```

它等价于无 const 限定的仿函数：

```cpp
struct l_mut_f
{
    double operator()(double x);    // 没有 const
    // ...
    double phi, xi;                  // 也没有 const
};
```

也因此我们不能将匿名函数 l_mut 传递给 const 参数。不过此处可变性并非刚需，我们可以不做递增操作，改为返回 phi+0.6。

3.9.3　按引用捕获（Capture by Reference）

变量也可以按引用捕获：

```
double phi= 2.5, xi= 0.2;
auto pxr= [&phi,&xi](double x){ return sin(phi * x) + cos(x) * xi; };
phi= 3.5; xi= 1.2;
a= fin_diff(pxr, 1., 0.001);  // 现在phi= 3.5且xi= 1.2
```

最后的函数调用使用了匿名函数调用时（而非创建时）的 phi 和 xi 值。对应的仿函数如下：

```
struct lambda_ref_type
double operator() (double x) const
{
    lambda_ref_type(double& phi, double& xi) : phi(phi), xi(xi) {}
    double operator()(double x)
    {
        return sin(phi * x) + cos(x) * xi;
    }
    double& phi;
    double& xi;
};
```

引用语义具有修改被引用值的能力。它可能会有副作用，但是也提升了执行效率。假设我们有不同的密集矩阵和稀疏矩阵类，对于这些类，我们提供了通用的一个遍历函数 on_each_nonzero。它的第一个参数是矩阵，第二个参数是函数对象（按值传递）。我们可利用它计算矩阵的弗罗贝尼乌斯范数（Frobenius norm）[1]：

$$\|A\|_F = \sqrt{\sum_{i,j}|a_{ij}|^2}$$

根据公式，显然我们可以忽略所有零元素，仅处理非零元素即可：

```
template <typename Matrix>
typename Matrix::value_type
frobenius_norm(const Matrix& A)
{
    using std::abs; using std::sqrt;
    using value_type= typename Matrix::value_type;
    value_type ss= 0;
    on_each_nonzero(A, [&ss](value_type x) { ss+= abs(x) * abs(x); });
    return sqrt(ss);
}
```

为了简单起见，我们假设 A(0, 0) 和 abs(A(0, 0)) 类型相同。注意，这个 lambda 表达

---

1 常简写为 F-范数。——译注

式没有返回值，因为它只是把矩阵中的值取平方并累加到引用变量 ss 中。这里没有 return 语句意味着匿名函数的返回值类型是 void。

为了捕获所有变量，C++提供了一些快捷记号：

- [=]：按值捕获所有变量。

- [&]：按引用捕获所有变量。

- [=,&a,&b,&c]：按引用捕获 a,b,c 并按值捕获其他所有变量。

- [&,a,b,c]：按值捕获 a,b,c 并按引用捕获其他所有变量。

Scott Meyers 建议我们不要使用全捕获，因为它增加了某些方面的风险，比如捕获到失效引用、无视静态或成员变量，具体参见[32, Item 31]。

C++14 3.9.4 广义捕获（Generalized Capture）

C++14 中凭借初始捕获（*Init Capture*）特性实现了通用化的捕获。该特性允许我们将变量移动到闭包（closure）中，并可为上下文变量或上下文变量的表达式赋予新名称。考虑我们有一个函数，返回 Hilbert 矩阵的 unique_ptr：

```
auto F= make_unique<Mat>(Mat{{1., 0.5},{0.5,1./3.}});
```

我们可以捕获指针的引用，但是当闭包超出了指针的作用域后，会存在引用失效的风险。如果不这样做，unique_ptr 又不可复制。为了保证矩阵的生命期和闭包一样长，我们需要把数据移动到闭包所持有的 unique_ptr 中：

```
auto apply_hilbert= [F= move(F)](const Vec& x){ return Vec(*F * x); };
```

初始捕获可允许我们赋一个新名称到现有变量或一个表达式的计算结果上：

```
int x= 4;
auto y=
    [&r= x, x= x + 1]()
    {
        r+= 2;              // 递增 r，r 是外部的 x 变量的引用
        return x + 2;       // 返回 x+2，其中 x 是捕获列表中的 x + 1
    }();
```

此例来自 C++ 标准。它定义了一个返回 int 的无参闭包（nullary closure）。[1] 闭包引入了两个局部变量：外部变量 x 的引用 r 和初始化为外部变量的表达式 x+1 的局部变量 x。

通过例子可以知道，初始捕获的形式为 var=expr。还有一点可能你已经注意到了，var 和 expr 定义在不同的作用域中：var 的作用域在闭包内，而表达式的作用域在它的上下文中。因此同样的名称可以出现在=的左右。因此，下面这个捕获列表：

```
int x= 4;
auto y= [&r= x, x= r + 1](){ ... };  // 错误：r 不在上下文中
```

是错误的。因为 r 只存在于闭包中，故它不能用于捕获的右侧。

3.9.5 泛型匿名函数（Generic Lambdas） C++14

C++11 中匿名函数的返回值类型可被自动推导，但它的参数类型却需要明确声明，C++14 解除了这个限制。和函数模板不同，匿名函数的参数类型不需要通过烦琐的 template-typename 来声明，只需用 auto 声明即可。例如通过实现下面这个简单的函数对一个（可随机访问的）容器排序：

```
template <typename C>
void reverse_sort(C& c)
{
    sort(begin(c), end(c), [](auto x, auto y){ return x > y; });
}
```

我们以同样的方式来简化 3.9.3 节中的 frobenius_norm。以一个计算平方和的匿名函数为参数，简化了整个函数的实现：

```
template <typename Matrix>
inline auto frobenius_norm(const Matrix& A)
{
    using std::abs; using std::sqrt;
    decltype(abs(A[0][0])) ss= 0;
    on_each_nonzero(A, [&ss](auto x) { ss+= abs(x) * abs(x); });
    return sqrt(ss);
}
```

这个函数更好地利用了类型推导机制，它将我们从 value_type 的声明中彻底解放了出

---

1 nullary closure 指匿名函数是个无参函数。——译注

来。现在我们也能够处理这样的情况：abs 可能返回一个不同于 value_type 的类型。

3.10 变参模板（Variadic Templates）

支持任意参数的函数或类模板被称为"变参"（*Variadic*）。更准确地说，变参通常规定了参数数量的下限而没有规定上限。此外，变参模板的模板参数可以是不同的类型（或整型常量）。

直至撰写本文时，C++社区仍在持续发掘这个强大的特性。已经发明出的用例包括类型安全的 printf 实现、多种归约函数以及各种泛型转发函数。在此希望我们的例子也可为变参模板的推广做出一点微小的贡献。

我们使用下面这个有着混合类型的 sum 函数来演示这个特性：

```cpp
template <typename T>
inline T sum(T t) { return t; }

template <typename T, typename ...P>
inline T sum(T t, P ...p)
{
    return t + sum(p...);
}
```

变参模板可用递归处理。我们把参数包（*Parameter Pack*）进行拆分，并递归地处理拆分后的子集。其中最常规的拆分方法是将一个元素分离出来并将剩下的元素打包。

变参模板引入了一个新的操作符"..."。当这个符号在左侧时表示打包，在右侧时表示解包。我们通过下面的例子体会一下：

- typename...P：将多个类型参数打包到类型包（type pack）P 中。
- <P...>：在实例化类和函数模板时解包 P。
- P...p：将多个函数参数打包到变量包 p 中。
- sum(p...)：将变量包 p 解包，并以多参数形式调用 sum。

也就是说，我们的 sum 函数会把第一项和剩余项的和相加，这样 sum 就变成了一个递归函数。为了结束这个递归，我们要再写一个接受单个参数的重载形式，或者是一个返回

0 的无参函数的重载形式。

上面的实现还存在一个明显的缺陷：我们用了第一个参数的类型作为返回值类型。有时会有这样的例子：

```
auto s= sum(-7, 3.7f, 9u, -2.6);
std::cout << "s is " << s
          << " and its type is " << typeid(s).name() << '\n';
```

输出

```
s is 2 and its type is int
```

正确结果是 3.1，但是这个值不能以 `int`——也就是第一个参数 -7 的类型——保存。[1]

这个例子的结果已经让人感觉很不好了，但它真的还可以更烂一点，比如下面的例子：

```
auto s2= sum(-7, 3.7f, 9u, -42.6);
std::cout << "s2 is " << s2 << " and its type is " << typeid(s2).name() << '\n';
```

这个函数也返回 `int`：

```
s2 is -2147483648 and its type is int
```

第一个结果是 9-42.6=-33.6，但当它被转成 `unsigned` 后就变成了一个巨大的数字，随后它又被转成了一个非常小的 `int` 值。再看表达式：

```
auto s= -7 + 3.7f + 9u + -42.6;
```

表达式本身可以正确地计算出 `double` 类型的结果。在把什么问题都归到变参模板头上之前，我们要先承认中间值和最终结果的类型都是错误的。在 5.2.7 节中，我们会选择更好的返回类型以修正这个问题。

为了在编译期对参数包中的参数计数，我们可以使用函数形式的表达式 `sizeof...`：

```
template <typename ...P>
void count(P ...p)
{
    cout << "You have " << sizeof...(P) << " parameters.\n";
    ...
}
```

附录 A.2.7 节中的二进制 I/O 会在 A.6.4 节中有个新版本，允许读写操作支持任意数量

---

[1] `typeid` 的输出需要用 `c++filt` 等工具重组（demangle）符号。

的参数。

sum 例子已经展示了一部分变参模板的能力。但只有结合第 5 章中将介绍的元编程后，才能展现出它真正的实力。

3.11 练习（Exercises）

3.11.1 字符串表示（String Representation）

编写一个函数 to_string，接受一个任意类型（以 const&的形式）的参数，并将它输出到 std::stringstream 中以产生一个字符串，最后返回这个字符串。

3.11.2 元组的字符串表示（String Representation of Tuples）

编写一个变参模板函数，它将任意数量的参数元组转换成一个字符串。调用函数 to_tuple_string(x, y, z)后会将每个元素打印成字符串，并最终以(x, y, z)格式的字符串返回。

提示：使用一个辅助函数 to_tuple_string_aux，这个函数以不同的参数数量重载。

3.11.3 泛型栈（Generic Stack）

编写一个栈的实现，它的值类型支持泛型。栈的最大容量可以在类中指定（硬编码）。这个类需要提供以下函数：

- 构造函数。
- 析构函数（如果有需要）。
- top：返回最后一个元素。
- pop：移除最后一个元素（没有返回值）。
- push：插入一个新元素。
- clear：删除所有元素。
- size：元素的数量。

- full：检查栈是否满了。
- empty：检查栈是否为空。

如果栈溢出（overflow）或者下溢（underflow）应抛出异常。

3.11.4 向量的迭代器（Iterator of a Vector）

为 vector 类添加方法 begin() 和 end()，分别返回头迭代器和尾迭代器。为类添加 iterator 和 const_iterator 类型。提示：指针是随机访问迭代器概念的一个模型。

使用 STL 函数 sort 为数组排序，以证明迭代器的正确性。

3.11.5 奇数迭代器（Odd Iterator）

为奇数编写一个迭代器类 odd_iterator。该类需要实现 ForwardIterator 概念，即需要提供以下成员：

- 默认和复制构造函数。
- 递增操作符 operator++，包括前缀和后缀形式，用于迭代到下一个奇数。
- 解引用操作符 operator* 返回一个（奇数）int。
- operator== 和 operator!=。
- operator=。

此外，该类还要一个接受 int 值的构造函数。如果不调用递增函数，那么解引用就会返回该值。如果把一个偶数传递给构造函数的参数，则函数应该抛出异常。默认构造函数使用 1 初始化内部值以保证初始状态的正确性。

3.11.6 奇数范围（Odd Range）

编写一个表示奇数范围的类。成员函数或自由函数 begin 和 end 需要返回练习 3.11.5 中实现的迭代器 odd_iterator。

下列代码将打印一串奇数 {7, 9, ..., 25}：

```
for (int i : odd_range(7, 27))
    std::cout << i << "\n";
```

3.11.7 bool 变量的栈（Stack of bool）

为练习 3.11.3 节中的栈实现提供 bool 类型的特化。同 3.6.1 节，特化使用一个 unsigned char 存储 8 个 bool 类型。

3.11.8 自定义大小的栈（Stack with Custom Size）

改进练习 3.11.3 节（以及练习 3.11.7 节）中的 stack 实现使之支持用户定义的大小。栈的大小将作为第二个模板参数。栈的默认大小为 4096。

3.11.9 非类型模板参数的推导（Deducing Non-type Template Arguments）

从之前的例子已经知道，模板参数的类型可以通过函数调用推导得出。一般来说，非类型的模板参数都是显式指定的，但它们也可作为参数类型的一部分被推导出来。例如，编写一个函数 array_size，它接受任意类型和大小的 C 数组作为引用，并返回数组大小。因为我们其实只关心参数的类型，所以函数的实参可以忽略。你可能还记得，我们在 1.8.7.1 节中提过，要在此处安排一个习题。题目中最棘手的部分我们已有所提示。

3.11.10 梯形公式（Trapezoid Rule）

梯形公式是一种计算函数积分的简便方法。如果在区间 $[a, b]$ 中对函数 f 进行积分，我们可以用分段线性函数，将区间分割成 n 个长度同为 $h=(b-a)/n$ 的小区间 $[x_i, x_{i+1}]$，并计算各个点的 f。最后将各个分段线性函数求和作为整个函数的积分。公式如下：

$$I = \frac{h}{2}f(a) + \frac{h}{2}f(b) + h\sum_{j=1}^{n-1}f(a+jh) \qquad (3.1)$$

本练习中我们将开发一个函数，以仿函数为参数计算梯度公式。作为比较，我们使用继承和泛型来实现它。我们将下例作为测试用例：

- f=exp($3x$), $x \in [0, 4]$。尝试将以下参数积分：
  ```
  double exp3f(double x) {
      return std::exp(3.0 * x);
  ```

```
}
struct exp3t {
  double operator() (double x) const {
    return std::exp(3.0 * x);
  }
};
```

- 当 $x<1$ 时 $f=\sin(x)$，当 $x \geq 1$ 时 $f=\cos(x)$；$x \in [0, 4]$。
- 尝试调用 `trapezoid( std::sin, 0.0, 2.0 )`。

接下来，请开发一个计算有限差分的仿函数。然后将这个有限差分仿函数进行积分来验证积分函数。

3.11.11 仿函数（Functor）

编写一个仿函数 $2\cos x + x^2$ 并使用 3.8.1 节中的实现计算它的一阶和二阶导数。

3.11.12 匿名函数（Lambda）

使用 lambda 表达式完成 3.11.11 节中的练习。

3.11.13 实现 make_unique（Implement make_unique）

实现 make_unique 函数。使用 `std::forward` 将参数包传递给 new 函数。

第4章 库

Libraries

> "上帝啊，请赐予我宁静，让我接受不可改变的事实；请赐予我勇气，让我改变能改变的一切；请赐予我智慧，以分辨二者的不同。"
>
> ——Reinhold Niebuhr[1]

作为程序员，我们的优点是相通的。我们对自己开发的软件有着伟大的愿景，我们也要有足够的勇气去达成这一目的，只可惜一天只有 24 个小时。况且，即便是最努力的极客，也需要吃饭和睡觉。我们无法独自实现所有的梦想，应该让梦想建立在成熟软件的基础上。我们要通过适当的前处理和后处理，接受软件通过接口提供给我们的一切。使用现有软件还是编写新的程序是一个选择题，要想得到一个完美的答案则需要我们的智慧。

实际上，要做正确的选择，除多年的经验之外甚至还需要一些"预言"的能力。有时一个软件包在开发初期很好用，但是当项目变大之后就会遇到一些难以解决的严重问题，这时我们才会意识到用另一个软件或者干脆从零开始才是更好的选择。

C++标准库可能不算完美，但它的设计和实现都非常用心，能有效避免问题发生。标准库组件采用了和语言核心特性相同的评估过程，因此它的质量是很有保证的。并且库的标准化还保证了它的类和函数在每个符合标准的编译器上的可用性。我们已经在书中介绍

---

[1] 这段文字是著名的"宁静祷文"。Reinhold Niebuhr，美国著名神学家，基督教新教教徒。——译注

了一些库的组件，例如 2.3.3 节中的初始化器列表和 1.7 节中的 I/O 流。本章我们会再介绍一些对科学家或工程师有用的其他组件。

Nicolai Josuttis 给我们提供了 C++11 标准库的综合教程和参考资料[26]。Bjarne Stroustrup 的书的第 4 版[43]也涵盖了所有的库组件，虽然讲得不太详细。

此外在一些其他领域，还有许多如线性代数或图算法这样的科学计算库。我们会在最后一节简单地介绍其中一些库。

4.1 标准模板库（Standard Template Library）

标准模板库（*Standard Template Library*，STL）是算法和容器的基础泛型库。每个程序员都应当了解它并适当地使用它，而不是重新"发明轮子"。标准模板库这个名字可能稍具迷惑性：由 Alex Stepanov 和 David Musser 创建的 STL 库大部分都已成为 C++标准库的一部分，而标准库的其他组件也用到了模板。更让人混乱的是，在 C++标准中，每一个和库相关的章节都和某个具体库的名字相关。在 2011 和 2014 年的标准中，"标准模板库"被包含在以下章节：第 23 章的容器库（Containers library），第 24 章的迭代器库（Iterators library）和第 25 章的算法库（Algorithms library，算法库还包括了一部分 C 语言库）。

标准库不仅提供了许多非常实用的功能，更为兼顾可复用性和性能这一编程哲学奠定了基础。STL 定义了泛型容器类、泛型算法和迭代器。sgi 官网上提供了在线文档。同时还有一些专门介绍 STL 的图书，因此本书中只对 STL 做简要介绍，更多的内容可参阅相关图书，例如 STL 的核心开发者 Matt Austern 就写过一本关于 STL 的专著[3]，Josuttis 的程序库指南也花了近 500 页的篇幅专门讲述 STL。

4.1.1 入门示例（Introductory Example）

容器（container）是一组用于盛放多个对象（包括容器和容器的容器）的类。vector 和 list 都是 STL 中容器的例子。在这些类模板中，元素[1]的类型是参数化的。例如以下语句创建了两个元素类型分别是 double 和 int 的向量：

```
std::vector<double> vec_d;
std::vector<int>    vec_i;
```

---

1 本书在"容器"这个语境下，如非特别说明，"元素"和"条目"是相同的含义。——译注

注意，STL 的向量和数学意义上的向量是不一样的，它们并没有提供算数运算。因此我们实现了自己的向量类以支持更多的操作。STL 还包括了大量算法用于操作容器中的数据，例如之前提到的累加（accumulate）算法，它可对 list 或 vector 数据执行任何归约操作，如求和、连积、最小值等：

```
std::vector<double> vec ; // 填充 vector ...
std::list<double>   lst ; // 填充 list ...

double vec_sum = std::accumulate(begin(vec), end(vec), 0.0);
double lst_sum = std::accumulate(begin(lst), end(lst), 0.0);
```

函数 begin() 和 end() 返回的一对迭代器可以代表左闭右开区间。例子中这两个自由函数是 C++11 才引入的，在 C++03 中要使用它们对应的成员函数形式。

4.1.2 迭代器（Iterators）

迭代器（*Iterator*）是 STL 的核心抽象。简单来说，迭代器是一种可以解引用、比较，以及改变引用位置的通用型指针。我们已经在 3.3.2.5 节中的自定义 list_iterator 见到了这些特性。不过这种略显简陋的介绍不足以说明它的重要性——**迭代器是解耦数据结构和算法的基础方法**。在 STL 中，每个数据结构都提供了遍历它的迭代器，而所有的算法都是依靠迭代器实现的，如图 4-1 所示。

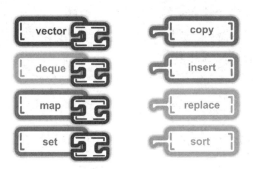

图 4-1　STL 容器和算法的互操作

在 n 种数据结构上实现 m 种算法，对于传统的 C 和 Fortran 而言，需要有

$$m \times n \text{ 个实现。}$$

而在引入了迭代器之后，这个数字减少到了

$$m + n \text{ 个实现！}$$

4.1.2.1 分类（Categories）

并不是所有算法都能在任意数据结构上执行。给定的数据结构能够执行哪些算法（如线性查找或二分搜索），取决于容器所提供的迭代器的分类。迭代器可以根据访问方式进行如下分类：

- `InputIterator`：该类迭代器可以读取指涉的容器元素（仅一次）。
- `OutputIterator`：该类迭代器可以写入指涉的容器元素（仅一次）。

注意，能写入并不意味着能读取，比如 STL 中的 `ostream_Iterator` 就只用于写入 cout 或输出文件的接口。根据遍历方式迭代器还有另一种分类方式：

- `ForwardIterator`：该类迭代器可以从指向的当前元素步进到指向下一个元素，即提供了 operator++。它是 `InputIterator` 和 `OutputIterator` 的细化（refinement）。[1] `ForwardIterator` 允许读取两次值并遍历若干次。
- `BidirectionalIterator`：该类迭代器可以向前或向后遍历，即提供 operator++ 或 operator--操作符。它是 `ForwardIterator` 的细化。
- `RandomAccessIterator`：该迭代器支持任意正偏移或负偏移的叠加操作，即支持 operator[]。它是 `BidirectionalIterator` 的细化。

如果算法仅用到较简单的迭代器接口，它就会支持更多的数据结构；如果容器提供了细节更丰富的迭代器接口（如 `RandomAccessIterator`），就可以使用更多的算法。

迭代器在设计上的精妙之处在于，它能使用的操作也是指针所支持的。因此指针也算是 `RandomAccessIterator`，从而让所有的 STL 算法都能通过指针支持老式的数组。

4.1.2.2 迭代器的使用（Working with Iterators） C++11

所有标准容器模板都提供了丰富且一致的迭代器类型。下面这个简单的例子展示了迭代器的典型用例：

```
using namespace std;
std::list<int> l= {3, 5, 9, 7};              // C++11
for (list<int>::iterator it= l.begin(); it != l.end(); ++it) {
    int i= *it;
    cout << i << endl;
}
```

---

1 见 3.5 节。

在这个例子中，除了列表初始化外只用到了 C++03 的特性，我们想以此说明迭代器并不是 C++11 中的新鲜玩意儿。在本节的其余部分更多会用到 C++11 的特性，不过它们的原理仍然是相同的。

如上面这段代码所示，迭代器通常是成对使用的，一个迭代器用于实际迭代，另一个迭代器则标记了容器结尾。迭代器可以由相应容器类的标准方法 begin() 和 end() 创建，前者返回指向容器首个元素的迭代器，后者返回指向容器结尾的迭代器。end 迭代器仅用于比较，因为绝大多数情况下，它的值都是不可访问的。STL 中所有的算法都通过操作左闭右开区间[b, e)中的元素来实现，以 b 为开始，当 b=e 时结束。因此，区间[x, x)代表一个空区间。

成员函数 begin() 和 end() 将保留容器的常量性：

- 当容器对象可变时，函数返回一个指向可变容器元素的 iterator 类型。

- 当容器对象是常量时，函数返回一个指向容器元素的常量引用的 const_iterator 类型。

通常，iterator 可以隐式转换成 const_iterator，但是不应该让程序依赖此行为。

在现代 C++ 中，我们可以对迭代器使用自动类型推导：

```
std::list<int> l= {3, 5, 9, 7};
for (auto it = begin(l), e= end(l); it != e; ++it) {
    int i= *it;
    std::cout << i << std::endl;
}
```

我们还使用了 C++11 引入的 begin 和 end 的自由函数。因为这些函数都是被内联的，所以这一修改不会影响性能。说到性能，我们还使用了临时变量来保存 end 迭代器，因为我们不能 100% 确定编译器优化可以消除对 end 函数的重复调用。

在第一段代码中我们使用了 const_iterator，这个迭代器允许我们修改它所引用的容器元素。这里我们有充分的理由认为数据不会在循环体内被修改，于是使用了 const auto——但其实这是个错误的做法：

```
for (const auto it = begin(l), e= end(l); ...)   // 错误
```

它推导出的类型是 const iterator 而不是 const_iterator。这两个类型有着微妙而

重要的差异：前者是一个指向常量数据的可变迭代器，而后者说明迭代器本身是一个不可步进的常量。如上所述，begin()和end()会在常量列表上返回 const_iterator。因此可以把列表声明成一个常量。但是这样做的缺点是列表的值只能在构造函数中设置。或者我们也可定义一个列表的常量引用：

```
const std::list<int>& lr= l;
for (auto it = begin(lr), e= end(lr); it != e; ++it) ...
```

又或者干脆将列表转换成常量引用：

```
for (auto it = begin(const_cast<const std::list<int>&>(l)),
         e= end(const_cast<const std::list<int>&>(l));
     it != e; ++it) ...
```

显然这两种做法一点都不漂亮。因此 C++11 增加了新的成员函数 cbegin 和 cend，这两个函数对常量容器和可变容器都会返回 const_iterator。它对应的自由函数在 C++14 中引入：

```
for (auto it = cbegin(l); it != cend(l); ++it) // C++14
```

这种基于 begin-end 的遍历实在太过常见，它也是引入基于范围的 for 循环的动机（参见 1.4.4.3 节）。不过当时我们只把它用在 C 数组上，现在我们很高兴可以在真正的容器上使用它：

```
std::list<int> l= {3, 5, 9, 7};
for (auto i : l)
    std::cout << i << std::endl;
```

循环变量 i 来自遍历整个容器的（隐藏的）迭代器的解引用。因此 i 会连续地指向容器中的每个条目。因为所有的 STL 容器都提供了 begin 和 end 函数，所以我们可以用这个简洁的 for 循环遍历这些容器。

一般情况下，只要类型有 begin 和 end 函数返回迭代器，就可以使用这个 for 循环：例如一个代表子容器的类型，或者是一个返回反向遍历迭代器的助手类型。这样的概念我们称之为范围（Range），所有的容器都被囊括在这个概念中。自然这也是基于范围的 for 循环这个名称的由来。尽管在本书中，这个特性我们只用在容器上，但是这里强调它是因为范围的概念在 C++ 中越来越重要。为了避免容器元素复制到 i 的开销，我们可以用一个引用式的类型推导：

```
for (auto& i : l)
    std::cout << i << std::endl;
```

此时引用 i 的常量性和 l 相同：如果 l 是一个可变容器（或范围），i 就可变；如果 l 是常量，那 i 就是常量。为了保证条目不可修改，我们可以声明一个常量引用：

```
for (const auto& i : l)
    std::cout << i << std::endl;
```

STL 中既有简单的算法也有复杂的算法，它们通常都会有和上面例子类似的循环（一般这样的循环都隐藏在实现中）。

4.1.2.3 操作（Operations）

<Iterator>库提供了两个基本操作，advance 和 distance。advance(it, n)将迭代器递增 n 次。它看起来类似于一个啰唆版的 it+n，但是后者与前者相比有两个根本的区别：后者不能改变迭代器（当然这不一定是一个缺点）且只能用于 RandomAccessIterator。而 advance 函数则可以用于任意种类的迭代器。也就是说 advance 像是一个+=操作符，而且它还能用于只能逐次步进的迭代器。

为了提高执行效率，这个函数会在内部根据不同的迭代器分类进行分派。它的实现也常用于介绍函数分派（*Function Dispatch*）。advance 的大致实现如下：

程序清单4-1：advance中的函数分派

```
template <typename Iterator, typename Distance>
inline void advance_aux(Iterator& i, Distance n, input_iterator_tag)
{
    assert(n >= 0);
    for (; n > 0; --n)
        ++i;
}

template <typename Iterator, typename Distance>
inline void advance_aux(Iterator& i, Distance n,
                        bidirectional_iterator_tag)
{
    if (n >= 0)
        for (; n > 0; --n) ++i;
    else
        for (; n < 0; ++n) --i;
}
```

```
template <typename Iterator, typename Distance>
inline void advance_aux(Iterator& i, Distance n,
                        random_access_iterator_tag)
{
    i+= n;
}

template <typename Iterator, typename Distance>
inline void advance(Iterator& i, Distance n)
{
    advance(i, n, typename iterator_category<Iterator>::type());
}
```

当以迭代器类型实例化 advance 函数时，会使用类型特征（type trait，参见 5.2.1 节）获得迭代器的分类。然后 *Tag Type* 的对象会决定调用助手函数 advance_aux 的哪个重载形式。也就是说对于随机访问迭代器而言，advance 的执行时间是一个常数，而对于其他类型的迭代器而言，advance 的执行时间是线性变化的。此外，双向迭代器和随机访问迭代器还允许负距离。

现代编译器非常聪明，它们知道所有的 advance_aux 重载形式的第三个参数都没有用到，并且这个参数的类型也是一个空类型，所以编译器会优化掉标签类型对象参数的传递和构造。这样，额外的函数层次和基于标签的分派都不会有任何的运行时开销。举个例子，在 vector 的迭代器上调用 advance 最终生成的代码和 i+=n 一样简单。

与 advance 相对的操作是 distance：

```
int i= distance(it1, it2);
```

它计算了两个迭代器之间的距离，即第一个迭代器需要步进多少次就能等于第二个迭代器。显然，它的实现也会通过 tag 来分派。对于随机访问迭代器来说，这个函数的时间复杂度是常数，而对其他迭代器来说则是线性变化的。

4.1.3 容器（Containers）

标准库中的容器类覆盖了许多重要的数据结构，它们高效且易于使用。在编写自己的容器之前，一定要先试一试标准容器。

4.1.3.1 向量（Vectors）

std::vector 是最简单的标准容器。它和 C 的数组类似，是存储连续数据最有效的工具。vector 和 C 数组不同，vector 仅存放在堆中，而一定大小以内的 C 数组都会存放在栈上。向量提供了下标操作符，因此它可以应用数组风格的算法：

```
std::vector<int> v= {3, 4, 7, 9};
for (int i= 0; i < v.size(); ++i)
    v[i]*= 2;
```

并且我们也能直接通过基于范围的 for 循环使用迭代器：

```
for (auto& x : v)
    x*= 2;
```

不同风格的遍历应当有相同的效率。通过在末尾追加新的元素可以扩充向量：

```
std::vector<int> v;
for (int i= 0; i < 100; ++i)
    v.push_back(my_random());
```

这里的 my_random()和 4.2.2 节中的生成器一样，会返回一个随机数。STL vector 通常会保留一些额外空间以加速 push_back 操作，如图 4-2 所示。

图 4-2　vector 的内存布局

因此，追加条目会：

- 在已经预留空间的情况下快速填充值。

- 或者需要较长的时间分配更多内存并复制数据。

vector 已经持有的可用空间可以通过 capacity 函数得到。当需要扩充 vector 数据时，额外的空间大小一般和向量大小成正比，这样 push_back 的渐进时间复杂度是一个常量。在通常的实现下，每两次内存重分配会让向量大小翻一番（即每次向量大小会从 s 增加到 $\sqrt{2}s$）。以图 4-3 为例，第一行图片是一个完全填充的向量；第二行图片在其中添加了一个新条目，因此需要新分配内存；我们可以增加新的条目直到填满额外的空间，如第三行图片所示；在重分配时，需要复制所有已有的条目，如第四行图片所示；随后才追加新条目到向量中。

方法 resize(n)可以收缩（shrink）或扩展（expand）向量到大小 n。新的条目会使用默认构造。利用 resize 收缩向量大小并不会释放内存。在 C++11 中，可以使用函数 shrink_to_fit 将容量缩减到实际的向量大小。

⇒ c++11/vector_usage.cpp

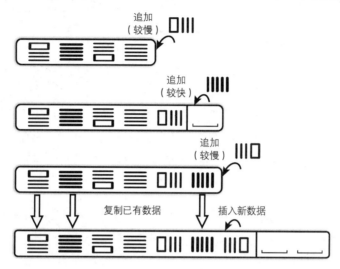

图 4-3　追加 vector 条目

下面这段简单的程序说明了在 C++11 下如何设置和修改一个 vector。

```cpp
#include <iostream>
#include <vector>
#include <algorithm>

int main ()
{
    using namespace std;
    vector<int> v= {3, 4, 7, 9};
    auto it= find(v.begin(), v.end(), 4);
    cout << "After " << *it << " comes " << *(it+1) << '\n';
    auto it2= v.insert(it+1, 5);    // 在位置 2 插入数值 5
    v.erase(v.begin());              // 删除位置 1 处的条目
    cout << "Size = " << v.size() << ", capacity = "
         << v.capacity() << '\n';
    v.shrink_to_fit();               // 清除额外的条目
    v.push_back(7);
    for (auto i : v)
        cout << i << ",";
    cout << '\n';
}
```

附录 A.7 节是相同功能在 C++03 下的实现。

添加或删除条目可以在向量的任意位置上进行，但是这些操作的代价很高，因为该位置之后的所有条目都要被移动。不过一般来说，它也没有我们想象的那么昂贵。

| C++11 |

vector 中还有函数 emplace 和 emplace_back：

```
vector<matrix> v;
v.push_back(matrix(3, 7));    // 添加一个 3×7 大小的矩阵，在外部构造
v.emplace_back(7, 9);         // 添加一个 7×9 大小的矩阵，就地构造
```

使用 push_back 需要先构造一个对象（上例中的 3×7 矩阵），然后复制或移动到向量的新条目中，而 emplace_back 则直接在向量新条目的空间中创建一个新对象（上例中的 7×9 矩阵）。这样做可以节省复制或移动操作，也可能会减少内存的分配和释放动作。其他容器也有类似的方法。

如果向量的大小在编译期已知且以后不再更改，那么我们可以使用 C++ 中的容器数组

| C++11 |

来替代向量。容器数组在栈上分配，因此性能更好（除了一些浅复制的操作，如 move 和 swap）。

4.1.3.2 双端队列（Double-Ended Queue）

可以从多个方面来理解 deque（双端队列 **D**ouble-**E**nded **QUE**ue 的首字母缩写）：

- 它是一个先入先出（FIFO，First-In First-Out）的队列。
- 它是一个后入先出（LIFO，Last-In First-Out）的栈。
- 它是一个可在头部快速插入的 vector。

这个容器有这么多有趣的特点主要得益于它的内存布局。它由多个子容器组成，如图 4-4 所示。当追加新条目时会将其插入到最后一个子容器的末尾。如果子容器已满，则会分配一个新的子容器。以同样的方式也可以在头部追加新条目。

这个设计的优点是，数据在内存中是连续存放的，因此它的访问速度和 vector 一样快 [41]。同时，deque 中的条目永远不会被重新分配空间。这样不仅可以节省复制和移动的成本，还可以用来存储既不能复制也不能移动的类型，下面会进行详细展示。

$\Rightarrow$ c++11/deque_emplace.cpp

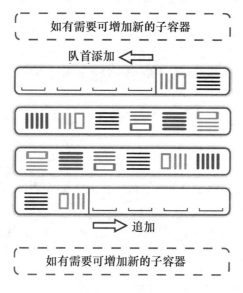

图 4-4 deque

进阶阅读：通过 emplace 方法，我们可以创建不可复制、不可移动对象的容器。假设我们有一个求解器（solver）类，它既没有复制构造也没有移动构造（例如有成员是 atomic 类型，参见 4.6 节）：

```
struct parameters {};
struct solver
{
    solver(const mat& ref, const parameters& para)
      : ref(ref), para(para) {}
    solver(const solver&) = delete;
    solver(solver&&) = delete;

    const mat&          ref;
    const parameters&   para;
};
```

在 deque 中存储这个对象的若干实例。然后迭代所有的求解器：

```
void solve_x(const solver& s) { ... }

int main ()
{
    parameters    p1, p2, p3;
    mat           A, B, C;
    deque<solver> solvers;
```

```
// solvers.push_back(solver(A, p1));  // 无法通过编译
solvers.emplace_back(B, p1);
solvers.emplace_back(C, p2);
solvers.emplace_front(A, p1);

for (auto& s : solvers)
    solve_x(s);
}
```

注意，solver 类只能被用在那些不需要移动或复制数据的容器的成员函数中。例如，vector::emplace_back 可能会复制或移动数据，但是因为这些构造函数都已被标记为 deleted，所以编译会失败。即便是 deque，也不是每个成员函数都可以使用的，如 insert 和 erase 需要移动数据。同时，用于循环的变量也必须是引用以避免复制。

4.1.3.3 列表（Lists）

列表（list）容器（在头文件<list>中）是一个双向链表，如图 4-5 所示。因此它可以向前或向后遍历（即它的迭代器是一个 BidirectionalIterator）。和前面几个容器不同，我们无法直接访问第 *n* 个项目。和 vector 和 deque 相比，它的优点在于在中间插入和删除条目的成本较低。

图 4-5 理论上的双向链表

当插入和删除其他条目时，剩下的条目不会被移动。因此，只有被删除的引用和迭代器会失效，其他的条目仍然是有效的。

```
int main ()
{
    list<int> l= {3, 4, 7, 9};
    auto it= find(begin(l), end(l), 4), it2= find(begin(l), end(l), 7);
    l.erase(it);
    cout << "it2 still points to " << *it2 << '\n';
}
```

因为每个条目的内存都是动态分配的，所以各个条目分散在内存中，如图 4-6 所示。所以，糟糕的缓存行为使得它的性能比 vector 和 deque 要差。list 在某些操作上有较好的效率，但是其他操作就差一些，这也导致列表的整体性能和其他容器相比并无优势，见

[28]和[52]。不过幸运的是，在使用了泛型编程的应用中，很容易通过改变容器类型解决性能瓶颈。

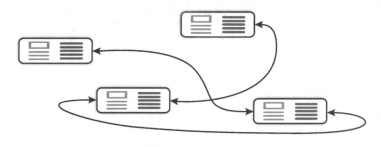

图 4-6　实际的双向链表

在 64 位平台上，List<int>的每个条目通常会占用 20 字节：两个 8 字节存放两个 64 位指针和一个 4 字节的 int。如果不需要反向迭代，使用 C++11 中的 forward_list（在 <forward_list>中）可以节省一个指针的空间。

C++11

4.1.3.4　集合和多重集合（Sets and Multisets）

容器 set 将值存储为集合。容器中的条目以排序树的形式存储，以实现对数级复杂度的访问。使用成员函数 find 和 count 可以检测值是否在 set 之中。find 函数返回一个指涉该值的迭代器，若在集合中未找到该值则返回 end 迭代器。如果我们不需要迭代器，那么使用 count 会更加方便一些：

```
set<int> s= {1, 3, 4, 7, 9};
s.insert(5);
for (int i= 0; i < 6; ++i)
    cout << i << " appears " << s.count(i) << " times.\n";
```

将输出：

```
0 appears 0 time(s).
1 appears 1 time(s).
2 appears 0 time(s).
3 appears 1 time(s).
4 appears 1 time(s).
5 appears 1 time(s).
```

多次插入同样的值不会对 set 容器有影响，也就是说，count 只会返回 0 或者 1。

容器 multiset 则会对相同值的插入次数进行计数：

```
multiset<int> s= {1, 3, 4, 7, 9, 1, 1, 4};
s.insert(4);
for (int i= 0; i < 6; ++i)
    cout << i << " appears " << s.count(i) << " time(s).\n";
```

将输出:

```
0 appears 0 time(s).
1 appears 3 time(s).
2 appears 0 time(s).
3 appears 1 time(s).
4 appears 3 time(s).
5 appears 0 time(s).
```

如果在 multiset 中检查指定值是否存在, find 的性能会更好, 因为它不需要去遍历重复的值。

注意没有名为 multiset 的头文件, multiset 类定义在 <set> 中。

4.1.3.5　映射和多重映射 (Maps and Multimaps)

⇒ c++11/map_test.cpp

map 是一个关联式容器, 也就是说每个值会与一个键 (*Key*) 相关联。键是任意可排序的类型: 可以提供 operator< (通过 less 仿函数) 或者通过仿函数建立严格弱序 (strict weak ordering) 关系。为方便使用, map 提供了下标操作符。下面这个例子演示了如何使用 map:

```
map<string, double> constants=
    {{"e", 2.7}, {"pi", 3.14}, {"h", 6.6e-34}};
cout << "The Planck constant is " << constants["h"] << '\n';
constants["c"]= 299792458;
cout << "The Coulomb constant is "
     << constants["k"] << '\n';          // 访问不存在的条目!
cout << "The circle's circumference pi is "
     << constants.find("pi")->second << '\n';
auto it_phi= constants.find("phi");
if (it_phi != constants.end())
    cout << "Golden ratio is " << it_phi->second << '\n';
cout << "The Euler constant is "
     << constants.at("e") << "\n\n";
for (auto& c : constants)
    cout << "The value of " << c.first << " is "
         << c.second << '\n';
```

程序输出:

```
The Planck constant is 6.6e-34
The Coulomb constant is 0
The circle's circumference pi is 3.14
The Euler constant is 2.7

The value of c is 2.99792e+08
The value of e is 2.7
The value of h is 6.6e-34
The value of k is 0
The circle's circumference pi is 3.14
```

这里的 `map` 由一个键-值对（key-value pairs）列表初始化。注意这里的 `value_type` 并不是 `double`，而是 `pair<const string,double>`。初始化之后的两行代码使用下标操作符找到键 h 对应的值，并为键 c 关联一个值。下标操作符会返回键所对应的值的引用。如果 `map` 中没有该键，则会使用默认构造创建一个新条目并插入到 `map` 中，然后返回值的引用。以 c 为例，我们给该引用赋值并创建了一个键值对。之后我们查找一个 `map` 中不存在的库伦常数（Coulomb constant），这时 `map` 会创建一个值为 0 的条目。

在可变和常量容器中，`operator[]`有不同的重载形式，它们的行为也不一致。为了避免这个问题，STL 的创建者干脆就没有提供 `operator[]` 的 `const` 重载形式（我们对这个设计持保留意见）。可以使用传统的 `find` 方法在常量 `map` 中搜索键，或者用 C++11 引入的新方法 `at`。`find` 是不如`[]`好看，但是它可以避免意外插入条目。`find` 返回一个指向键值对的 `const_iterator`。如果没有找到相应的键会返回 `end` 迭代器，因而我们需要比较返回值和 `end` 迭代器来确定键是否存在。

如果我们确定一个键存在于 `map` 中，就可以使用 `at` 方法。它和`[]`一样会返回值的引用。和`[]`方法不同是，如果键不存在会抛出一个 `out_of_range` 异常——即便 `map` 是可变的。因此，它不能用于插入新条目，但是提供了一个紧凑的接口用于查找。

通过迭代整个容器，我们可以获得所有的键-值对（因为只有值是没有意义的）。

⇒ c++11/multimap_test.cpp

当一个键需要关联多个值时，我们需要使用 `multimap`。同键的值会存储在相邻位置，因此我们可以遍历它们。方法 `lower_bound` 和 `upper_bound` 提供了迭代器的范围。下面这个例子我们遍历了所有键为 3 的条目：

```
multimap<int, double> mm=
    {{3, 1.3}, {2, 4.1}, {3, 1.8}, {4, 9.2}, {3, 1.5}};
```

```
for (auto it= mm.lower_bound(3),
         end= mm.upper_bound(3); it != end; ++it)
    cout << "The value is " << it->second << '\n';
```

输出：

```
The value is 1.3
The value is 1.8
The value is 1.5
```

这四个容器——set、multiset、map、multimap——都是以排序树的形式实现且具有对数级访问复杂度。在接下来的章节中，我们将介绍一些访问操作的平均复杂度更低的容器。

4.1.3.6 散列表（Hash Tables）

⇒ c++11/unordered_map_test.cpp

散列表（hash table）是一种搜索效率非常高的容器。与之前介绍的容器不同，散列映射（hash map）单次访问的时间复杂度是常数（如果散列函数良好的话）。为了避免和现有软件的名称冲突，标准委员避开了"hash（散列）"这个术语，而选择在有序容器前加上"unordered"（无序）前缀来给散列容器命名。

无序容器（unordered container）的用法和它们的有序版本相同：

```
unordered_map<string, double> constants=
    {{"e", 2.7}, {"pi", 3.14}, {"h", 6.6e-34}};
cout << "The Planck constant is " << constants["h"] << '\n';
constants["c"]= 299792458;
cout << "The Euler constant is " << constants.at("e") << "\n\n";
```

这个例子的输出结果和 map 相同。如果需要的话还可以提供用户自定义的散列函数。

延伸阅读：所有容器都提供了定制分配器（allocator），以便我们实现自己的内存管理，或者使用平台相关的内存。关于分配器的接口可参见[26]和[43]。

4.1.4 算法（Algorithms）

STL 中的通用算法都定义在头文件<algorithm>中，和数值有关的处理定义在头文件<numeric>中。

4.1.4.1 非修改性序列操作（Non-modifying Sequence Operations）

find 函数接受三个参数：两个迭代器参数代表一个左闭、右开区间，以及一个要在范围内搜索的值。将每个 first 指向的值和 value 参数做比较，如果二者匹配，那么将会返回该迭代器，否则就会递增迭代器。如果值不在序列内，那么返回的迭代器和 last 相同。因此，调用方可以将返回的迭代器和 last 比较以确认是否搜索成功。

这个操作并不难，我们也可以自己实现：

```cpp
template <typename InputIterator, typename T>
InputIterator find(InputIterator first, InputIterator last,
                   const T& value)
{
    while (first != last && *first != value)
        ++first;
    return first;
}
```

这段代码是 find 的标准做法，不过特定的迭代器可能有专门的重载实现。

⇒ c++11/find_test.cpp

然后我们考虑下面这个序列，数字 7 在其中出现了两次。我们想得到从第一个 7 到第二个 7 的子序列。换句话说，我们需要 find 到两个 7 的位置，并且打印一个闭区间——注意 STL 总是使用左闭、右开区间。那么我们需要多写一点代码：

```cpp
vector<int> seq= {3, 4, 7, 9, 2, 5, 7, 8};
auto it= find(seq.begin(), seq.end(), 7);        // 第一个 7
auto end= find(it+1, seq.end(), 7);              // 第二个 7
for (auto past= end+1; it != past; ++it)
    cout << *it << ' ';
cout << '\n';
```

在我们查找到第一个 7 之后，需要在这个位置之后再次搜索（以确保不会搜索到同一个 7）。在 for 循环中，我们把 end 加 1，以便把第二个 7 也找出来。在上例中，我们已经知道 7 在序列中出现了两次。为了程序的健壮性，如果 7 没有出现或者只出现了一次，我们可以抛出一个用户自定义异常。

在下面这个实现中检查搜索结果：

```cpp
if (it == seq.end())
    throw no_seven{};
    ...
if (end == seq.end())
    throw one_seven{};
```

⇒ c++11/find_test2.cpp

不过上面的实现不能用于 list，因为我们使用了表达式 it+1 和 end+1，而这两个表达式只能用于随机访问迭代器。此时，我们可以通过复制和递增操作绕过这个限制：

```
list<int> seq= {3, 4, 7, 9, 2, 5, 7, 8};
auto it= find(seq.begin(), seq.end(), 7), it2= it;   // 第一个 7
++it2;
auto end= find(it2, seq.end(), 7);                   // 第二个 7
++end;
for (; it != end; ++it)
    std::cout << *it << ' ';
```

这两个例子中迭代器的使用并无不同，只不过后者避免了随机访问，所以更加通用，这样可以将实现应用到 list 上。或者更准确地说，第二个实现只要求 it 和 end 满足 ForwardIterator，而第一个实现需要 RandomAccessIterator。

⇒ c++11/find_test3.cpp

以此类推，我们还可以编写一个泛型函数用于打印一个区间，它可以应用于所有 STL 容器。我们还希望它能支持传统数组，不过可惜的是数组没有 begin 和 end 成员函数（其实，它们没有任何成员函数）。C++11 为数组提供了和容器相同的 begin、end 自由函数，这样我们可以编写更泛化的代码：

程序清单4-2：一个打印闭区间的泛型函数

```
struct value_not_found {};
struct value_not_found_twice {};

template <typename Range, typename Value>
void print_interval(const Range& r, const Value& v,
                    std::ostream& os= std::cout)
{
    using std::begin; using std::end;
    auto it= std::find(begin(r), end(r), v), it2= it;
    if (it == end(r))
        throw value_not_found();
    ++it2;
    auto past= std::find(it2, end(r), v);
    if (past == end(r))
        throw value_not_found_twice();
    ++past;
    for (; it != past; ++it)
        os << *it << ' ';
    os << '\n';
}
```

```
int main ()
{
    std::list<int> seq= {3, 4, 7, 9, 2, 5, 7, 8};
    print_interval(seq, 7);

    int array[]= {3, 4, 7, 9, 2, 5, 7, 8};
    std::stringstream ss;
    print_interval(array, 7, ss);
    std::cout << ss.str();
}
```

同时我们还可参数化输出流使之不会仅限于 `std::out`。注意这里的静多态（static polymorphic）和动多态（dynamic polymorphic）在参数中可以和谐相处：范围 r 和值 v 的类型在编译期确定，而 `os` 的 `operator<<` 则在运行时根据 `os` 实际引用的对象类型确定。

这里还要提醒大家，注意我们对命名空间的处理方式。在大量使用标准容器和算法时，我们会直接声明：

`using namespace std;`

从而不再需要在每一处都写 `std::` 前缀。这种做法对于小程序来说是可行的，但在大项目中迟早会遇到名称冲突。当然多花点功夫还是能修正这个问题，但我们更应该防患于未然。我们应当尽可能少地导入名称，尤其是在头文件中。这里我们的 `print_interval` 的实现并不依赖于前面导入的名称，所以可以安全地放在头文件中。即便在函数体内也不应该导入整个 `std` 命名空间，而应该只导入我们用到的函数。

还有一点需要注意，对于某些函数，如 `std::begin(r)`，我们没有使用命名空间限定。当然在本例中加上命名空间限定也没问题，但对于用户自定义类型来说，我们不希望覆盖那些类的命名空间所定义的函数。`std::begin` 对 `std::begin` 和 `begin(r)` 都是可见的，但对于用户自定义类型来说，使用后者可通过 ADL（参见 3.2.2 节）发现比 `std::begin` 更好的匹配。`end` 函数也是如此。`find` 函数是一个反例，因为我们不想调用可能存在的用户重载，所以直接使用了 `std` 中的 `find` 函数。

`find_if` 是 `find` 的泛化形式，可以根据特定条件搜索条目。和 `find` 直接搜索相同的值不同，它会计算一个谓词（*Predicate*）——一个返回 `bool` 的函数。考虑一下在 `list` 中搜索大于 4 小于 7 的数字：

```
bool check(int i) { return i > 4 && i < 7; }
int main ()
{
    list<int> seq= {3, 4, 7, 9, 2, 5, 7, 8};
    auto it= find_if(begin(seq), end(seq), check);
    cout << "The first value in range is " << *it << '\n';
}
```

C++11

也可以就地创建谓词：

```
auto it= find_if(begin(seq), end(seq),
                 [](int i){ return i > 4 && i < 7; } );
```

搜索和计数算法的用法也与之类似，在线手册提供了很好的文档。

for_each 这个 STL 函数的用途对我们来说一直是个谜。它可将函数应用到序列中的每个元素上。在 C++03 中，使用它必须要先定义一个函数对象，或者将它和仿函数或伪匿名函数合在一起使用。此时用一个 for 循环会更加简单易读。如今我们已经可以使用匿名函数快速创建函数对象，但是我们同样也有更简洁易读的基于范围的 for 循环。不过如果某些情况下你觉得 for_each 更好用，我们也不反对你使用它。尽管根据标准，for_each 可以修改序列中的元素，但因为一些历史原因它仍然被认为是不可变的（non-mutable）。

4.1.4.2 修改性序列操作（Modifying Sequence Operations）

copy：所有修改序列的操作在使用时都应该格外谨慎，因为被修改的序列通常只用一个起始迭代器作为参数，故而程序员必须保证有足够的空间容纳输出。例如，我们可以在复制容器之前使用 resize 函数将目标容器调整到和源容器一样大小。

```
vector<int> seq= {3, 4, 7, 9, 2, 5, 7, 8}, v;
v.resize(seq.size());
copy(seq.begin(), seq.end(), v.begin());
```

下面是一个 copy 的例子，它很好地演示了迭代器的灵活性：

```
copy(seq.begin(), seq.end(), ostream_iterator<int>(cout, ", "));
```

ostream_iterator 为输出流创建了一个极简化的迭代器接口。在这个接口中，++和*都是无效操作，比较运算在此处也用不到。只有将值赋予迭代器时，它才会将输入的值和指定的分隔符一起送到绑定的输出流中。

unique 函数在数值处理软件中非常有用,它可以删除序列中重复的条目。当然,它的前提是这个序列必须是有序的。此时 unique 会调整序列的中条目的位置,把唯一值放在序列的前面,把其他重复的值移到序列的尾部。这个函数的返回值是一个迭代器,指向第一条重复的值。可以使用这个返回值删除重复的条目:

```
std::vector<int> seq= {3, 4, 7, 9, 2, 5, 7, 8, 3, 4, 3, 9};
sort(seq.begin(), seq.end());
auto it= unique(seq.begin(), seq.end());
seq.resize(distance(seq.begin(), it));
```

如果经常用到上面这段代码,我们可以把它们封装成一个泛型函数,并用序列(或范围)作为参数:

```
template <typename Seq>
void make_unique_sequence(Seq& seq)
{
    using std::begin; using std::end; using std::distance;
    std::sort(begin(seq), end(seq));
    auto it= std::unique(begin(seq), end(seq));
    seq.resize(distance(begin(seq), it));
}
```

还有很多其他的修改序列函数也遵循同样的原理。

4.1.4.3 排序操作(Sorting Operations)

标准库中的排序函数非常强大和灵活,它几乎适用于任何排序操作。在早期的实现中,它的平均复杂度为 $O(n \log n)$,但最坏情况下的时间复杂度是平方级。[1] 在当前版本中排序使用 intro-sort 算法实现,它的平均和最坏时间复杂度都是 $O(n \log n)$。简单来说,没事就不要自己去实现排序。

sort 函数默认用 operator< 比较元素进行排序,但我们也能够自定义比较函数,例如使用以下代码实现降序排列:

```
vector<int> seq= {3, 4, 7, 9, 2, 5, 7, 8, 3, 4, 3, 9};
sort(seq.begin(), seq.end(), [](int x, int y){return x > y;});
```

在这个例子中匿名函数再次派上了用场。复数(complex)的实例本来是不能排序的,

---

[1] 此时 stable_sort 和 partial_sort 的最坏时间复杂度都要更低一些。

除非我们给它指定一个比较符,例如按照复数的模排序:

```
using cf= complex<float>;
vector<cf> v= {{3, 4}, {7, 9}, {2, 5}, {7, 8}};
sort(v.begin(), v.end(), [](cf x, cf y){return abs(x)<abs(y);});
```

我们也可以按照字典序对复数排序,虽然在这里这么做并没有什么意义:

```
auto lex= [](cf x, cf y){return real(x)<real(y)
                        || real(x)==real(y)&&imag(x)<imag(y);};
sort(v.begin(), v.end(), lex);
```

有很多算法都要求输入的序列是有序的,比如之前看到的 unique。此外在有序序列上也可以进行集合操作,而不需要特别的 set 类型。

4.1.4.4 数值操作(Numeric Operation)

STL 所支持的数值运算都在头文件<numeric>中。iota[1] 可以从指定值开始生成一个以 1 为间隔的递增序列;accumulate 可以对一个序列求和,用户还可以传入一个二元函数以执行任意的归纳(reduce)操作;inner_product 提供了一个计算点积的通用形式,用户可以指定加法和乘法运算;partial_sum 和 adjacent_difference 的功能正如其名。下面这段代码演示了上面提到的所有函数的用法:

```
vector<float> v= {3.1, 4.2, 7, 9.3, 2, 5, 7, 8, 3, 4},
              w(10), x(10), y(10);
iota(w.begin(), w.end(), 12.1);
partial_sum(v.begin(), v.end(), x.begin());
adjacent_difference(v.begin(), v.end(), y.begin());

float alpha= inner_product(w.begin(), w.end(), v.begin(), 0.0f);
float sum_w= accumulate(w.begin(), w.end(), 0.0f),
      product_w= accumulate(w.begin(), w.end(), 1.0f,
                     [](float x, float y){return x * y;});
```

注意 C++03 中没有 iota 函数,它是从 C++11 开始才加入的。

4.1.4.5 复杂度(Complexity)

Bjarne Stroustrup 总结过所有 STL 算法的时间复杂度,如表 4-1 所示。

---

[1] 译者这里几次看成了 itoa,itoa 是整数到字符串的转换函数。——译注

表4-1　STL算法的时间复杂度

算法时间复杂度	
$O(1)$	Swap、iter_swap
$O(\log n)$	lower_bound、upper_bound、equal_range、binary_search、push_heap、pop_heap
$O(n \log n)$	inplace_merge、stable_partition，以及所有的排序算法
$O(n^2)$	find_end、find_first_of、search、search_n
$O(n)$	其他算法

参见[43，931页]

4.1.5　超越迭代器（Beyond Iterators）

毫无疑问迭代器是现代 C++编程的重要组成部分。然而它们也是非常危险的，并且会让接口变得不那么优雅。

先来讨论迭代器的危险性。通常迭代器都是成对出现的，而且只有程序员才能保证两个迭代器相关且表示了一个封闭的范围。这样会让我们常犯以下错误：

- 把终止迭代器写在了前面。
- 两个迭代器来自不同的容器。
- 迭代的时候步长过大导致错过了终止迭代器。

在这些情况下，迭代器可能会指向任意内存，并且只有在离开了可访问的地址空间之后才有可能停止。此时迭代器可能已经破坏了大量数据，程序也许会崩溃，也许会以为自己已经正确地完成了任务。

与之类似，STL 也有函数会用到多个容器。这类函数会使用其中一个容器的开始迭代器和终止迭代器[1]，以及其他容器的开始迭代器作为参数。例如：

copy(v.begin(), v.end(), w.begin());

在这种情况下我们无法检查复制的目标是否有足够的空间，或者是否写到了一块随机的内存中。

---

[1] 这一对迭代器并不需要包括整个容器，也可以指向容量的一部分。这里使用整个容器范围为例是因为它足以证明，即使是看起来微不足道的迭代器错误也会导致灾难性的后果。

最后，基于迭代器的函数接口并不总是优雅的。比如下面这个例子：

```
x= inner_product(v.begin(), v.end(), w.begin());
```

对比

```
x= dot(v, w);
```

代码本身说明了一切。在这个例子中，使用第二种表示法还能够检查 v 和 w 是否匹配。

C++17 可能会引入 range。[1] 它囊括了所有提供了返回迭代器的 begin 和 end 函数的类型。range 包括但不限于容器，它可以表示一个容器的局部、容器的反向遍历，也可以表示容器元素经过变换后的视图。range 可以让接口更加简洁，并且也允许函数检查 range 的大小。

同时我们可以在函数迭代器版本的基础上添加我们自己的函数。在底层或中层使用基于迭代器的函数并不存在任何问题，因为它们提供了极佳的普适性。但是大多时候我们并不需要这样的普适性，通常我们都是在操作整个容器，在基于容器的接口上检查大小会更加方便，形式上更为优雅，用起来更加可靠。另一方面，我们仍然可以在内部使用现有的基于迭代器的函数，如程序清单 4-2 中的 print_interval。这样我们可以通过 inner_product 实现一个更加简洁的 dot 函数。因此：

> **基于迭代器的函数**
> 如果你编写了基于迭代器的函数，也请提供其他对用户更加友好的接口。

提示：本节所讲述的是 STL 中最表面的部分，你可以把它当作正餐前的开胃小菜。

4.2 数值（Numerics）

本节我们会展示 C++中的复数和随机数发生器。头文件 `<cmath>` 所包含的数值函数都非常简单，故在此不做进一步的说明。

---

[1] 已经引入了。——译注

4.2.1 复数（Complex Numbers）

在第 2 章中我们演示了如何实现非模板化的复数类，并且在第 3 章中介绍了它的模板版本，此处不再赘述。这一节我们将演示几个图形化的例子。

4.2.1.1 曼德博集合（Mandelbrot Set）

曼德博集合（Mandelbrot Set）得名于它的发现者 Benoît B. Mandelbrot。所有在这个集合中的复数经过任意次的"平方并叠加原始值"的操作都不会趋向于正无穷，即：

$$M = \{c \in \mathbb{C} : \lim_{n \to \infty} z_n(c) \neq \infty\}$$

其中

$$z_0(c) = c$$
$$z_{n+1}(c) = z_n^2 + c$$

可以看出，所有 $|Z_n(c)| > 2$ 的点一定不在集合中。整个程序中开销最大的部分是计算模所用到的平方根运算。C++ 提供了一个范数函数，它是绝对值的平方，即最终没有求平方根。所以这里我们可以使用 `norm(z) <= 4` 代替 `abs(z) <= 2`。

⇒ c++11/mandelbrot.cpp

根据抵达极限所需要的迭代次数进行着色可以将曼德博集合可视化。为了绘制这个分形图形，我们使用了一个跨平台的库 Simple DirectMedia Layer（SDL 1.2）。数值部分在类 `mandel_pixel` 中，它会计算屏幕上每个像素需要迭代多少次才可以满足 `norm(z) > 4` 的条件，并计算这个像素的颜色：

```
class mandel_pixel
{
  public:
    mandel_pixel(SDL_Surface* screen, int x, int y,
                 int xdim, int ydim, int max_iter)
      : screen(screen), max_iter(max_iter), iter(0), c(x, y)
    {
        // 缩放 y 到[- 1.2 ,1.2], 平移-0.5+0i 至中心
        c*= 2.4f / static_cast<float>(ydim);
        c-= complex<float>(1.2 * xdim / ydim + 0.5, 1.2);
```

```
            iterate();
    }
    int iterations() const { return iter; }
    uint32_t color() const { ... }

private:
    void iterate()
    {
        complex<float> z= c;
        for (; iter < max_iter && norm(z) <= 4.0f; iter++)
            z= z * z + c;
    };
    // ...
    int iter;
    complex<float> c;
};
```

这里我们对复数进行缩放使它的虚部在-1.2 和 1.2 之间，并向左移动 0.5。我们省略了图形部分的代码，因为它超出了本书的范围。完整的程序可以在 GitHub 上找到。程序的运行结果如图 4-7 所示。

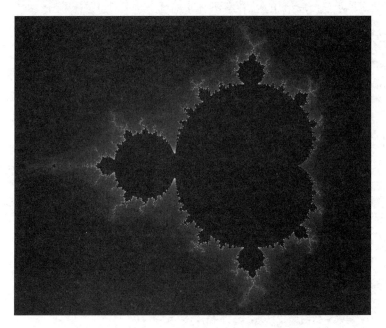

图 4-7　曼德博集合

最终，尽管选择的图形库已经很简单，我们仍然用了大概 50 行代码来绘制只要 3 行代码就能计算出结果的美丽图像。而且这种情况并不罕见：许多实际的应用程序包含的文件 I/O、数据库访问、图形和 Web 界面部分的代码远远多于核心科学计算功能所需要的代码。

4.2.1.2 混有复数的运算（Mixed Complex Calculations）

前面曾提到，可以使用绝大多数的数字类型来构造复数。在这一点上，库是有通用性的，但是它的操作并不会那么通用：complex<T>类型的值只能加上或者减去 complex<T>或 T 类型的值。

因此这段简单的代码：

```
complex<double> z(3, 5), c= 2 * z;
```

无法通过编译，因为没有定义 int 和 complex<double>的操作。解决这个问题很简单，只要把 2 改成 2.0 即可。然而这个问题在泛型函数中会更加麻烦，例如：

```
template <typename T>
inline T twice(const T& z)
{    return 2 * z; }

int main ()
{
    complex<double> z(3, 5), c;
    c= twice(z);
}
```

和前例相同，twice 这个函数也无法通过编译。如果我们改成 2.0*z，它可以和 complex<double>编译，但是却不能适用于 complex<float>或 complex<long double>。

函数

```
template <typename T>
complex<T> twice(const complex<T>& z)
{    return T{2} * z; }
```

可以用于所有的 complex 类型——但是却只能局限于 complex 类型。作为对比，下面这个函数：

```
template <typename T>
inline T twice(const T& z)
{    return T{2} * z; }
```

可以同时用于 complex 和非 complex 类型。但当 T 是一个 complex 类型时，2 会被转换成复数，并执行四次乘法两次加法。而在这些操作中，转换成复数是不必要的，乘法和加法也只用得到一半。一种可能的解决方法是重载最后两个实现，或者使用类型特征来处理它。

当涉及不同类型的多个参数，甚至其中有部分是复数时，编写程序会变得更有挑战性。Matrix Template Library（MTL4，参见 4.7.3 节）提供了一些混合的算术运算以支持复数运算。我们正致力于把这些特性加入未来的标准中。

4.2.2　随机数发生器（Random Number Generators）

C++11

计算机模拟、游戏程序、密码学等诸多领域中都会用到随机数。因此，每个严肃的程序语言都会提供发生器以产生随机出现的数字序列。随机数发生器可以依赖于某个特定的物理过程——例如量子现象，但是大多数的随机数发生器都基于伪随机计算。它们会持有一个内部状态——通常称之为"种子"（Seed），在每次请求伪随机数时，都会通过一个确定的计算进行变换。因此如果使用相同的种子启动伪随机数发生器（pseudo-random number generator，PRNG），就会生成一个相同的序列。

在 C++11 之前只有来自 C 函数库的 rand 和 srand 函数可以提供有限的功能。更严重的问题是，这些函数并不能保证生成的随机数的质量，而且它们在某些平台上的表现也确实非常差。因此 C++11 添加了一个高质量的 <random> 库。我们可以考虑在 C++ 中完全放弃 rand 和 srand 函数。尽管这两个函数仍然在库中，但是当随机数的质量比较重要时一定要避免使用它们。

4.2.2.1　保持简洁（Keep It Simple）

C++11 中的随机数发生器高度灵活，对于高手来说非常有用，但是对初学者而言，却难以上手。Walter Brown 提出了一组对新手友好的函数[6]。经过简单的适配[1]，可以得到：

```
#include <random>

std::default_random_engine& global_urng()
{
    static std::default_random_engine u{};
    return u;
}
```

---

1 Walter 使用了非匿名函数的返回值类型推导，这一特性仅在 C++14 及以上版本中可用。另外我们把 pick_a_number 函数名称缩短为 pick。

```cpp
void randomize()
{
    static std::random_device rd{};
    global_urng().seed(rd());
}

int pick(int from, int thru)
{
    static std::uniform_int_distribution<> d{};
    using parm_t= decltype(d)::param_type;
    return d(global_urng(), parm_t{from, thru});
}

double pick(double from, double upto)
{
    static std::uniform_real_distribution<> d{};
    using parm_t= decltype(d)::param_type;
    return d(global_urng(), parm_t{from, upto});
}
```

可以先将这三个函数复制到自己的项目中，具体细节以后再看。Walter 的函数非常简单，但已经能满足代码测试等许多实践需求。我们只要记住以下三个函数：

- `randomize`：通过重设发生器的种子使得接下来的数字真正地随机化。

- `pick(int a, int b)`：返回一个区间[a, b]之内的 `int` 数值。

- `pick(double a, double b)`：返回一个区间[a, b)之内的 `double` 数值。

如果不调用 `randomize`，每次都会生成相同的数字序列。它适用于某些情况：比如错误查找会因行为可重现而更加容易。另外要注意，针对 `int` 的 `pick` 实现是包含上界的，而 `double` 的 `pick` 实现则不包含上界，这都与标准函数的行为相一致。在这里我们可以把 `global_urng` 只作为实现细节来处理。

通过以上函数，我们可以很轻松地写一个扔骰子的程序：

```cpp
randomize();
cout << "Now, we roll dice:\n";
for (int i= 0; i < 15; ++i)
    cout << pick(1, 6) << endl;

cout << "\nLet's roll continuous dice now: ;-)\n";
for (int i= 0; i < 15; ++i)
    cout << pick(1.0, 6.0) << endl;
```

这样的实现实际上比旧的 C 接口要更加简单。尽管对 C++14 来说为时已晚，但是我们仍然希望看到这些函数能出现在未来的标准中。在下一节中，我们将使用这组接口编写测试程序。

4.2.2.2 　随机化测试（Randomized Testing）

$\Rightarrow$ c++11/random_testing.cpp

假设我们想测试一下第 2 章中所介绍的 complex 的实现是否服从分配律：

$$a(b+c) = ab + ac \qquad \forall a, b, c. \tag{4.1}$$

其中乘法遵照定义实现为：

```
inline complex operator*(const complex& c1, const complex& c2)
{
    return complex(real(c1) * real(c2) - imag(c1) * imag(c2),
                   real(c1) * imag(c2) + imag(c1) * real(c2));
}
```

同时为了处理舍入误差，我们引入函数 similar 检查两个值的相对差：

```
#include <limits>

const double eps= 10 * numeric_limits<double>::epsilon();

inline bool similar(complex x, complex y)
{
    double sum= abs(x) + abs(y);
    if (sum < 1000 * numeric_limits<double>::min())
        return true;
    return abs(x - y) / sum <= eps;
}
```

为了避免除以 0 的问题，如果两个复数的模都非常接近于 0，我们认为它们是相同的（两个复数的模之和小于 double 所能表示的最小值的 1000 倍）。否则我们会使用两个复数的模之和来计算相对差。通常这个值不应当大于 double 类型中以 1 为基数的 epsilon 的 10 倍。具体的信息可以参见我们在 4.3.1 节中介绍的 <limits> 库。

接下来我们的测试将取一个 complex 的三元组作为公式 4.1 中的变量，并检查等式两边值是否相同：

```
struct distributivity_violated {};

inline void test(complex a, complex b, complex c)
{
    if (!similar(a * (b + c), a * b + a * c)) {
    cerr << "Test detected that " << a << ...
    throw distributivity_violated();
    }
}
```

如果检查到有不满足等价性的，就会在错误流上报告这组值，并抛出一个用户自定义的异常。最后我们实现了复数的随机生成，并在测试集上循环：

```
const double from= -10.0, upto= 10.0;
inline complex mypick()
{    return complex(pick(from, upto), pick(from, upto)); }
int main ()
{
    const int max_test= 20;
    randomize();
    for (int i= 0; i < max_test; ++i) {
        complex a= mypick();
        for (int j= 0; j < max_test; j++) {
            complex b= mypick();
            for (int k= 0; k < max_test; k++) {
                complex c= mypick();
                test(a, b, c);
            }
        }
    }
}
```

此处我们测试用例的实部和虚部都在[-10, 10)区间内。当然这个测试在证明程序的正确性上是否有足够的可信度确实是一个问题，我们先把它放在一边。在大型项目中，构建一个可重用的测试框架肯定会带来回报。在许多情况下我们都可以套用这个范例，即编写一个多层嵌套的随机数生成循环，并把被测试的函数置于最内层。该实现也可被封装到一个变参类中，以处理不同数量的变量。随机数的生成也可以通过特殊的构造函数来实现（例如用特定的 tag），或者使用一个预生成的序列。你还可以思考其他可能的方法。我们在本例中选用多重循环是因为这样做较为简单。

通过把 eps 设置为 0，我们可以观察到这个交换律并不十分精确。此时我们可以看到类似以下的错误信息：

```
Test detected that (-6.21,7.09) * ((2.52,-3.58) + (-4.51,3.91))
    != (-6.21,7.09) * (2.52,-3.58) + (-6.21,7.09) * (-4.51,3.91)
terminate called after throwing 'distributivity_violated'
```

接下来我们会深入到随机数发生过程的具体细节中。

4.2.2.3　引擎（Engines）

库<random>包含两大类函数对象：发生器和分布器。前者可以生成一个无符号整数的序列（具体的类型在每个类中由 typedef 指定）。每个值被生成出来的概率大致相等。分布器类型则将值重新映射，以满足指定的分布所需要的概率。

除非有特殊需求，通常都可以使用 default_random_engine。记住，随机数序列明确依赖于它的种子，并且每个随机数发生引擎的对象在创建时都使用相同的种子进行初始化。因此新创建的相同类型的随机数发生引擎总是会返回同样的序列，例如：

```
void random_numbers()
{
    default_random_engine re;
    cout << "Random numbers: ";
    for (int i= 0; i < 4; i++)
        cout << re << (i < 3 ? ", " : "");
    cout << '\n';
}

int main ()
{
    random_numbers();
    random_numbers();
}
```

在作者的机器上会显示：

```
Random numbers: 16807, 282475249, 1622650073, 984943658
Random numbers: 16807, 282475249, 1622650073, 984943658
```

如果要求每次调用 random_numbers 都获得一个不同的序列，我们就需要将它的随机数发生引擎声明为 static：

```
void random_numbers()
{
    static default_random_engine re;
```

```
    ...
}
```

尽管如此，我们在每个程序运行的时候仍然会获得相同的顺序。为了解决这个问题，我们需要将种子设置为一个几乎是真随机的值。random_device 可以提供这样的值：

```
void random_numbers()
{
    static random_device rd;
    static default_random_engine re(rd());
    ...
}
```

random_device 的返回值取决于对硬件和操作系统的事件测量，一般我们可以把它当作是随机的（也就是说它的熵（*Entropy*）很高）。实际上 random_device 只是不能设置种子，它的接口与随机数发生引擎是相同的。因此，在不考虑性能的时候，它也可以用于生成随机值。在我们的机器上使用 default_random_engine 生成 100 万个随机数只需要 4 ~ 13ms，而 random_device 则需要 810 ~ 820ms。在非常依赖高质量随机数的应用程序中，例如密码学程序，这样的性能损失还是可以被接受的。不过在大多数情况下，只用 random_device 生成初始种子即可。

整个生成器部分包括引擎、参数化的适配器和预适配的引擎等内容：

- **基本引擎**用于生成随机值。

    - linear_congruential_engine
    - mersenne_twister_engine
    - subtract_with_carry_engine

- **引擎适配器**可以使用已有的引擎创造新的引擎。

    - discard_block_engine：利用其他引擎生成随机数并忽略掉其中的 n 项。
    - independent_bits_engine：将随机数映射到 w 位元中。
    - shuffle_order_engine：通过在内部缓存保留最近生成的值以改变随机数顺序。

- **预适配的引擎**以实例化或适配的方式在基本引擎的基础上构建。

    - knuth_b

- minstd_rand
- minstd_rand0
- mt19937
- mt19937_64
- ranlux24
- ranlux24_base
- ranlux48
- ranlux48_base

预适配的引擎都是一些类型的重定义，例如：

```
typedef shuffle_order_engine <minstd_rand0,256> knuth_b;
```

4.2.2.4 分布器概览（Distribution Overview）

我们之前提到分布器类会将无符号整数以指定的分布重新映射。表 4-2 总结了 C++11 中的分布器。篇幅所限，我们这里使用简化后的记号：用模板参数的形式来表示返回值的类型，其中 I 表示整数，R 表示实数类型。如果构造函数中使用的符号（例如 m）和公式不同（例如 μ），我们会在前置条件中用等价符号指出（例如 $m \equiv \mu$）。为了保持一致性，我们在对数正态和正态分布中使用了相同的记号，这点不同于其他的图书、在线参考和标准。

表4-2 分布器概览

分布	名称		
	前置条件	默认值	结果
uniform_int_distribution<I>(a,b)	$a \leq b$ $p(x\|a,b) = \dfrac{1}{b-a+1}$	(0,max)	$[a,b] \subseteq \mathbb{N}$
uniform_real_distribution<I>(a,b)	$a \leq b$ $p(x\|a,b) = \dfrac{1}{b-a}$	(0.0,1.0)	$[a,b] \subseteq \mathbb{R}$
bernoulli_distribution(p)	$0 \leq p < 1$ $P(b\|p) = \begin{cases} p & \text{若 } b = \text{true} \\ 1-p & \text{若 } b = \text{false} \end{cases}$	0.5	{true,false}

表4-2 分布器概览（续表）

分布	名称 前置条件	默认值	结果
binomial_distribution<I>(t,p)	$0 \leq p \leq 1$ 且 $0 \leq t$ $P(i\|t,p) = \binom{t}{i} p^i (1-p)^{t-i}$	(1,0.5)	$\mathbb{N}$
geometric_distribution<I>(p)	$0 < p < 1$ $P(i\|p) = p(1-\|p)^i$	0.5	$\mathbb{N}$
negative_binomial_distribution<I>(k,p)	$0 < p < 1$ 且 $0 < k$ $P(i\|k,p) = \binom{k+i-1}{i} p^k (1-p)^i$	(1,0.5)	$\mathbb{N}$
poisson_distribution<I>(m)	$0 < m \equiv \mu$ $p(i\|\mu) = \dfrac{e^{-\mu} \mu^i}{i!}$	1.0	$\mathbb{N}$
exponential_distribution<R>(l)	$1 < l \equiv \lambda$ $p(x\|\lambda) = \lambda e^{-\lambda x}$	1.0	$x \geq 0 \subset \mathbb{R}$
gamma_distribution<R,R>(a,b)	$0 < a \equiv \alpha$ 且 $0 < b \equiv \beta$ $p(x\|\alpha,\beta) = \dfrac{e^{-x/\beta}}{\beta^\alpha \Gamma(\alpha)} x^{\alpha-1}$	(1.0,1.0)	$x \geq 0 \subset \mathbb{R}$
weibull_distribution<R>(a,b)	$0 < a$ 且 $0 < b$ $p(x\|a,b) = \dfrac{a}{b} \left(\dfrac{x}{b}\right)^{a-1} \exp-\left(\dfrac{x}{b}\right)^a$	(1.0,1.0)	$x \geq 0 \subset \mathbb{R}$
extreme_value_distribution<R>(a,b)	$0 < b$ $p(x\|a,b) = \dfrac{1}{b} \exp\left(\dfrac{a-x}{b} - \exp\left(\dfrac{a-x}{b}\right)\right)$	(0.0,1.0)	$\mathbb{R}$
normal_distribution<R>(m,s)	$0 < s \equiv \sigma, m \equiv \mu$ $p(x\|\mu,\sigma) = \dfrac{1}{\sigma\sqrt{2\pi}} \exp-\dfrac{(x-\mu)^2}{2\sigma^2}$	(0.0,1.0)	$\mathbb{R}$
lognormal_distribution<R>(m,s)	$0 < s \equiv \sigma, m \equiv \mu$ $p(x\|\mu,\sigma) = \dfrac{1}{x\sigma\sqrt{2\pi}} \exp-\dfrac{(\ln x-\mu)^2}{2\sigma^2}$	(0.0,1.0)	$x > 0 \subset \mathbb{R}$
chi_squared_distribution<R>(n)	$0 < n$ $p(x\|n) = \dfrac{x^{(n/2)-1} e^{-x/2}}{\Gamma(n/2) 2^{n/2}}$	1	$x > 0 \subset \mathbb{R}$

表4-2 分布器概览（续表）

分布	前置条件	默认值	结果
cauchy_distribution<R>(a,b)	$0 < b$ $$p(x\mid a,b) = \left(\pi b\left(1+\left(\frac{x-a}{b}\right)^2\right)\right)^{-1}$$	(0.0,1.0)	$\mathbb{R}$
fisher_f_distribution<R>(m,n)	$0 < m$ 且 $0 < n$ $$p(x\mid m,n) = \frac{\Gamma((m+n)/2)}{\Gamma(m/2)\Gamma(n/2)}\left(\frac{m}{n}\right)^{\frac{m}{2}} x^{\frac{m}{2}-1}\left(1+m\frac{x}{n}\right)^{-\frac{m+n}{2}}$$	(1,1)	$x \geqslant 0 \subset \mathbb{R}$
student_t_distribution<R>(n)	$0 < n$ $$p(x\mid n) = \frac{1}{\sqrt{n\pi}}\frac{\Gamma((n+1)/2)}{\Gamma(n/2)}\left(1+\frac{x^2}{n}\right)^{\frac{n+1}{2}}$$	1	$\mathbb{R}$
discrete_distribution<I>(b,e)	$0 \leqslant b[i]$ $$P(i\mid w_0,\cdots,w_{n-1}) = \frac{w_i}{s}, 0 \leqslant i < n, s = \sum_{k=0}^{n-1}w_k$$	无	$[0, e-b] \subset \mathbb{N}$
piece_constant_distribution<R> (b,e,b2,e2)	$b[i] < b[i+1]$ $$p(x\mid b,w) = \frac{w_i}{s}, b_i \leqslant x < b_{i+1}, s = \sum_k w_k(b_{k+1}-b_k)$$	无	$[*b, *(e-1)) \subseteq \mathbb{R}$
piece_linear_distribution<R> (b,e,b2,e2)	$b[i] < b[i+1]$ $$P(x\mid b,w) = \frac{w_i(b_{i+1}-x)+w_{i+1}(x-b_i)}{s(b_{i+1}-b_i)}, b_i \leqslant x < b_{i+1}$$ 同时 $s = \sum_{k=0}^{n-1}\frac{w_k+w_{k+1}}{2}(b_{k+1}-b_k)$	无	$[*b, *(e-1)) \subseteq \mathbb{R}$

4.2.2.5 使用分布器（Using a Distribution）

分布器是由随机数发生器参数化的，例如：

```
default_random_engine re(random_device{}());
normal_distribution<> normal;

for (int i= 0; i < 6; ++i)
    cout << normal(re) << endl;
```

在这里，我们创建了一个随机数引擎，并在构造函数中进行了随机化，然后用默认参数 $\mu=0.0$ 和 $\sigma=1.0$ 建立了一个正态分布发生器。每次调用分布器我们都需要将随机数引擎作为参数传递进去。下面是程序输出的一个例子：

```
-0.339502
0.766392
```

```
-0.891504
0.218919
2.12442
-1.56393
```

当然,我们每次调用它时都会获得不同的序列。

或者我们可以用<functional>头文件中的 bind 函数(参见 4.4.2 节)将分布器和随机数引擎绑定到一起:

```
auto normal= bind(normal_distribution<>{},
                default_random_engine(random_device{}()));

for (int i= 0; i < 6; ++i)
    cout << normal() << endl;
```

这时调用函数对象 normal 就不需要额外的参数了。在这里 bind 写起来要比匿名函数更加紧凑,即便我们算上初始化捕获(init capture)也是如此(参见 3.9.4 节):

C++14

```
auto normal= [re= default_random_engine(random_device{}()),
              n= normal_distribution<>{}]() mutable
             { return n(re); };
```

绝大多数场合下,匿名函数都比 bind 更具有可读性,但是在将随机数发生引擎和分布器绑定到一起时,后者似乎更好一点。

4.2.2.6 股价演化的随机模拟(Stochastic Simulation of Share Price Evolution)

通过正态分布器,我们可以模拟 Fischer Black 和 Myron Scholes 所建立的 Black-Scholes 模型中可能的股价趋势。这个模型的数学背景在 Jan Rudl 的讲义[36,94~95 页](注意这是德语文献)或其他的计量金融学出版物中均有讨论[54]。其中初始价格 $s_0 \equiv S_0^1$,预期收益率 μ,方差 σ,一个服从正态分布的随机值 Z_i,时间步长 Δ,则 $t=i \cdot \Delta$ 时刻的股价用前一时刻股价来表示:

$$S_{i \cdot \Delta}^1 \sim S_{(i-1) \cdot \Delta}^1 \cdot e^{\sigma \cdot \sqrt{\Delta} \cdot Z_i + \Delta(\mu - \sigma^2/2)}$$

若 $a = \sigma \cdot \sqrt{\Delta}$ 且 $b = \Delta \cdot (\mu - \sigma^2/2)$,该公式可以简化为:

$$S_{i \cdot \Delta}^1 \sim S_{(i-1) \cdot \Delta}^1 \cdot e^{a \cdot Z_i + b} \tag{4.2}$$

⇒ c++11/black_scholes.cpp

根据公式 4.2,我们用几行代码就能以参数 μ=0.05、σ=0.3、Δ=1.0、t=20 计算 S^1 的值:

```
default_random_engine re(random_device{}());
normal_distribution<> normal;

const double mu= 0.05, sigma= 0.3, delta= 0.5, years= 20.01,
             a= sigma * sqrt(delta),
             b= delta * (mu - 0.5 * sigma * sigma);
vector<double>  s= {345.2};        // 从初始价格开始

for (double t= 0.0; t < years; t+= delta)
    s.push_back( s.back() * exp(a * normal(re) + b) );
```

图 4-8 描述了上面这段代码所模拟出的五种可能的股价趋势。

希望这里对随机数的介绍为你接下来对这个强大的库的探索之路开了个好头。

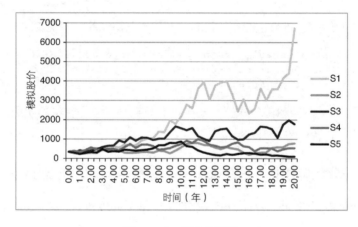

图 4-8　20 年股价模拟

4.3　元编程(Meta-programming)

本节我们将对元编程做一个前瞻性的介绍。这里我们主要关注库本身,更多的背景知识会在第 5 章中讲述。

4.3.1　极限(Limits)

<limits>是一个非常有用的泛型编程库,它提供了关于类型的重要信息。当跨平台编译程序且某些类型的实现存在差异时,它可以防止一些预期之外的行为。标准头文件

<limits>包含类模板 numeric_limits，它提供了内建类型的类型特定信息。这些信息对于处理数值类型参数尤为重要。

在 1.7.5 节中，我们演示了如何输出浮点值的某几位。特别当这些值被写入文件中时，我们希望能读取正确的值。numeric_limits 以编译器常数的方式给出了类型所需的十进制数字的数目。下面这个程序以多一位的方式，用不同的浮点格式打印值 1/3：

```cpp
#include <iostream>
#include <limits>

using namespace std;

template <typename T>
inline void test(const T& x)
{
    cout << "x = " << x << " (";
    int oldp= cout.precision(numeric_limits<T>::digits10 + 1);
    cout << x << ")" << endl;
    cout.precision(oldp);
}

int main ()
{
    test(1.f/3.f);
    test(1./3.0);
    test(1./3.0l);
}
```

输出：

```
x = 0.333333 (0.3333333)
x = 0.333333 (0.3333333333333333)
x = 0.333333 (0.333333333333333333)
```

另一个例子是计算容器中的最小值。当容器为空时，我们希望它能返回类型所能表示的最大值。

```cpp
template <typename Container>
typename Container::value_type
inline minimum(const Container& c)
{
    using vt= typename Container::value_type;
    vt min_value= numeric_limits<vt>::max();
```

```
    for (const vt& x : c)
        if (x < min_value)
            min_value= x;
    return min_value;
}
```

max 是一个 static 方法，它可以直接由类型调用而不需要创建对象。类似的还有 static 方法 min 返回最小值——更准确地说，是 int 类型的最小可表示值，而且浮点的最小可表示值大于 0。所以 C++11 引入了 lowest 函数以返回所有基本类型的最小值。

"定点计算"中的终止条件和类型相关。阈值过大会导致结果达不到预期精度，而阈值过小（例如需要连续两次结果完全相同才结束程序）时算法则可能无法终止。就浮点而言，static 方法 epsilon 会返回一个比 1 大的最小可能值。换句话说，它是从 1 开始的最小步进，这里也称作最小精度单位（*Unit of Least Precision*, ULP）。在 4.2.2.2 节中我们已经用它来判断两个值是否相似。

下面这个例子，我们用迭代来计算平方根。终止条件是 $\sqrt{x}$ 必须在 x 附近的 ε 范围内。为了让这一区间够大，我们会用 x 来缩放该值并进行翻倍。

```
template <typename T>
T square_root(const T& x)
{
    const T my_eps= T{2} * x * numeric_limits<T>::epsilon();
    T r= x;

    while (std::abs((r * r) - x) > my_eps)
        r= (r + x/r) / T{2};
    return r;
}
```

numeric_limits 的全集可以在在线参考中找到：如 cppreference.com 或者 cplusplus.com。

4.3.2 类型特征（Type Traits）

⇒ c++11/type_traits_example.cpp

许多程序员已经使用好几年了 Boost 库中的类型特征。C++11 中它们进入了标准，由 <type_traits> 提供。本书并不会一一列举，可以在之前提到的在线手册中查询它们。某些类型特征——例如 is_const（参见 5.2.3.3 节）——只要偏特化就可以很容易实现它们。为领域特定的类型编写类型特征（例如 is_matrix）很简单，而且也很有用。其他一些类型特征揭示了功能或属性是否存在——例如 is_nothrow_assignable——这些类型特征实现非常棘手。实现这些类型特征需要相当多的专业知识（除非有黑魔法）。

⇒ c++11/is_pod_test.cpp

C++11 既加入了许多新特性，也没有忘本。有很多的类型特征允许我们检查和 C 的兼容性。is_pod 告诉我们不管类型是否是旧有纯数据类型（Plain Old Data type，POD），都是内建类型，并且都是 C 程序中可以使用的"简单"类。如果我们让一个类同时在 C 和 C++中使用，那么我们最好以 C 兼容的方式定义它：它是一个没有函数的 struct（或者有函数但需要条件编译）。它不能包括虚函数和静态成员。总而言之，类的内存布局必须与 C 兼容，并且只能拥有平凡的默认和复制构造——它们被声明为 default 或者由编译器默认生成。例如下面这个类就是一个 POD 的类型：

```
struct simple_point
{
# ifdef __cplusplus
    simple_point(double x, double y) : x(x), y(y) {}
    simple_point() = default;
    simple_point(initializer_list<double> il)
    {
        auto it= begin(il);
        x= *it;
        y= *next(it);
    }
# endif

    double x, y;
};
```

我们可以用下面代码进行检查：

```
cout << "simple_point is pod = " << boolalpha
     << is_pod<simple_point>::value << endl;
```

所有的 C++部分代码都在条件编译中：所有 C++编译器中都预定义了宏__cplusplus，它揭示了在当前的编译中编译器支持怎样的标准。上面这里类还可以使用初始化列表进行初始化：

```
simple_point p1= {3.0, 7.0};
```

并且仍然能够做到和 C 编译器兼容（除非有缺心眼的在 C 代码中定义了__cplusplus 宏）。CUDA 也以这种方式实现了某些类。但是要注意，只有当真正需要的时候才可以使用这样的混合结构，以避免多余的维护工作和一致性风险。

⇒ c++11/memcpy_test.cpp

POD 类型的数据在内存中是连续存储的，所以它可以以原始形式进行复制，而无须使用复制构造函数。它可以相容于一些传统函数如 `memcpy` 和 `memmove`。但是作为一名负责任的程序员，应该在复制之前使用 `is_trivially_copyable` 检查我们是否真的能够调用这些底层复制函数：

```
simple_point p1{3.0, 7.1}, p2;

static_assert(std::is_trivially_copyable<simple_point>::value,
              "simple_point is not as simple as you think "
              "and cannot be memcpyd!");
std::memcpy(&p2, &p1, sizeof(p1));
```

不幸的是，在一些编译器中这个类型特征很晚才得以实现。例如 g++4.9 和 clang 3.4 就不支持，而要到 g++ 5.1 和 clang 3.5 才支持它。

这些旧的复制函数仅可在和 C 交互时使用。在纯的 C++ 程序中应该使用 STL 的 `copy`：

```
copy(&x, &x + 1, &y);
```

这样不管是怎样的内存布局，这个操作都是有效的。并且只要类型允许，`copy` 就会在内部实现中调用 `memmove`。

C++14 还添加了一些模板别名，如：

```
conditional_t<B, T, F>
```

是

```
typename conditional<B, T, F>::type
```

的简化形式。与之类似，`enable_if_t` 是 `enable_if` 的简写。

4.4 支持库（Utilities）

C++11 增加了一些新的库使得现代编程风格更加简洁和优雅。例如，我们可以很容易地返回多个结果，更加灵活地引用函数和仿函数，以及创建以引用为元素的容器。

4.4.1 元组（Tuple）

在过去，当函数计算出多个结果时，我们使用可变引用参数来进行传递。假设我们对矩阵 A 进行 LU 分解，并得到分解后的矩阵 LU 和置换向量 p：

```
void lu(const matrix& A, matrix& LU, vector& p) { ... }
```

当然我们也可以返回 LU 或者 p 中的一个，并把另一个作为引用参数传递，但是这样只会让人更加迷惑。

⇒ c++11/tuple_move_test.cpp

我们可以把这两个值都捆绑在一个元组（*Tuple*）中，这样就可以在不实现新类型的条件下返回多个结果。tuple（来自头文件<tuple>）和容器的区别在于，它允许元素有不同的类型。和大多数容器不同，tuple 必须在编译期就知道对象的数量。通过使用 tuple 我们可以一次返回 LU 分解的两个结果：

```
tuple<matrix, vector> lu(const matrix& A)
{
    matrix LU(A);
    vector p(n);

    // ……一些计算
    return tuple<matrix, vector>(LU, p);
}
```

使用辅助函数 make_tuple 可以推导出返回值的类型以简化 return 语句：

```
tuple<matrix, vector> lu(const matrix& A)
{
    ...
    return make_tuple(LU, p);
}
```

make_tuple 和 auto 变量一起使用时会更加方便：

```
auto t= make_tuple(LU, p, 7.3, 9, LU*p, 2.0+9.0i);
```

函数 lu 的调用方可以使用 get 方法从 tuple 中提取矩阵和向量：

```
tuple<matrix, vector> t= lu(A);
matrix LU= get<0>(t);
vector p= get<1>(t);
```

在这里所有的类型都可以自动推导：

```
auto t= lu(A);
auto LU= get<0>(t);
auto p= get<1>(t);
```

函数 get 接受两个参数：元组和位置。后者应为编译期参数，否则编译器将无法得知返回值的类型。如果位置索引过大，还会在编译期间检测到错误：

```
auto t= lu(A);
auto am_i_stupid= get<2>(t);  // 编译期错误
```

> C++14

在 C++14 中如果不存在二义性的话，还可以使用类型为索引访问其中的条目：

```
auto t= lu(A);
auto LU= get<matrix>(t);
auto p= get<vector>(t);
```

此时我们就不需要再记住元组中元素的内部顺序了。或者我们也可以用函数 tie 将元组中的条目拆开，这种写法往往更加优雅。此时我们必须要先定义两个类型兼容的变量：

```
matrix LU;
vector p;
tie(LU, p)= lu(A);
```

tie 看起来很神秘，但实际上它的实现非常简单：它用函数参数的引用创建了一个对象，当 tuple 赋值到这个对象时，就会将 tuple 中的成员赋值到对应的引用中。

和 get 相比，tie 在性能上更有优势。当我们将函数 lu 的结果直接传递给 tie 时它仍然是一个右值（没有名字），这样我们可以直接 move 条目。而如果使用中间变量，那么它是一个左值（因为它有名字），所以必须要复制条目。当然为了避免副本，我们也可以使用 move 来显式地移动 tuple 中的条目：

```
auto t=  lu(A);
auto LU= get<0>(move(t));
auto p=  get<1>(move(t));
```

不过这个操作会令人如履薄冰。原则上，对象施加 move 之后，对象就应当被认为已经过期。只要析构函数不崩溃，它处于任何状态都是允许的。而在我们的例子中，在使用 move 之后再次读取了 t。在这个特定的例子中它并没有什么问题。创建 LU 时我们只获取了 tuple 中的条目 0 而不去碰条目 1，反之创建 p 时则只从 t 的条目 1 中搬运了数据而没有去访问已经失效的条目 0。这两个 move 操作的对象是互相独立的。尽管如此，对同一个对象进行两次 move 是非常危险的行为，必须像示例中这般仔细分析方能行事。

在讨论完调用侧如何有效处理数据之后，我们再来看一下函数 lu。当函数返回时，返回的 matrix 和 vector 会复制到元组中。在 return 语句中使用 move 是安全的[1]，因为它马上就要被销毁了。下面是修订后的代码：

```
tuple<matrix, vector> lu(const matrix& A)
{
    ...
    return make_tuple(move(LU), move(p));
}
```

现在我们已经避开了所有的复制，至少在直接使用返回值初始化变量的场合下，返回元组的实现已经和使用引用的版本一样高效。不过当赋值给既有变量时，仍然会有分配和释放内存的开销。

C++中另一个异构类型是 pair，它在 C++03 中就已经有了。pair 可看作是两个参数的元组。这两者之间的转换操作已经存在，所以 pair 和两个元素的 tuple 是可以互换的，甚至还可以混在一起使用。本节中的例子也可以用 pair 实现。我们可以用 t.first 来代替 get<0>.t（t.second 代替 get<1>(t)也是一样的）。

⇒ c++11/boost_fusion_example.cpp

拓展阅读：Boost::Fusion 库是专门为了将元编程和运行时编程相结合而设计的。使用这个库我们可以编写在元组中迭代的算法。比如下面这个程序实现了泛化仿函数 printer，它会为元组 t 中的每个条目所调用：

```
struct printer
{
    template <typename T>
    void operator()(const T& x) const
    {    std::cout << "Entry is " << x << std::endl;    }
};

int main ()
{
```

---

[1] 除非一个对象在元组中出现了两次。

```
    auto t= std::make_tuple(3, 7u, "Hallo", std::string("Hi"),
                       std::complex<float>(3, 7));
    boost::fusion::for_each(t, printer{});
}
```

该库还提供了更强大的功能用于遍历和变换异构类型的组合（我们认为 boost::fusion::for_each 比 std::for_each 更有用）。特别是当编译期和运行期的功能纠缠在一起时，boost::fusion 就真的是不可或缺了。

Boost 元编程库（Meta-Programming Library，MPL）提供了最广泛的元编程功能[22]。[1] 该库在编译期实现了大多数的 STL 算法（参见 4.1 节），并提供了类似的数据类型：例如实现了编译期的 vector 和 map 容器。特别是当编译期和运行期的功能混搭使用时，MPL 和 Boost Fusion 的组合就会异常强大。在撰写本书时，出现了一个新的库 Hana[11]，它使用了更加函数式的方法完成运行时和编译期的计算。Hana 会让程序变得更加紧凑，同时它也重度依赖 C++14 的特性。

4.4.2 函数（function）

⇒ c++11/function_example.cpp

<functional> 中的 function 类模板可看作是泛型版的函数指针。可以将函数类型声明作为模板参数传递，如：

```
double add(double x, double y)
{   return x + y;  }

int main ()
{
    using bin_fun= function<double(double, double)>;

    bin_fun f= &add;
    cout << "f(6, 3) = " << f(6, 3) << endl;
}
```

函数的包装器可以持有不同种类的函数对象，只要它们的参数和返回值类型相同。[2] 我们甚至可以构造一个函数对象的容器：

---

[1] Boost 从 1.66 开始提供了一个功能相仿的、需要 C++11 支持的元编程库 Mp11。——译注
[2] 它们也可能会有不同的签名，因为并不需要函数名称。相反，相同的签名并不意味着它们有相同的返回值。

```
vector<bin_fun> functions;
functions.push_back(&add);
```

当把函数传递给参数时,会自动获取函数地址。与数组隐式退化为指针相同,函数也会退化为函数指针。因此我们可以省略取地址操作符"&"。

```
functions.push_back(add);
```

当函数声明为 inline 时,它的代码会被插入到调用的上下文中。但是如果需要,它仍然会获得一个唯一的地址,所以它也可以存储为一个函数对象:

```
inline double sub(double x, double y)
{   return x - y;  }

functions.push_back(sub);
```

重申一遍,地址是隐式获得的。仿函数(Functor)还可以被存储起来:

```
struct mult {
    double operator()(double x, double y) const { return x * y; }
};

functions.push_back(mult{});
```

这里我们用默认构造函数构造了一个匿名对象。类模板本身不是类型,所以我们不能创建它的对象:

```
template <typename Value>
struct power {
    Value operator()(Value x, Value y) const { return pow(x, y); }
};

functions.push_back(power()); // 错误
```

我们只能创建模板实例化后的对象:

```
functions.push_back(power<double>{});
```

另一方面,我们可以创建包含有模板函数的类的对象,比如:

```
struct greater_t {
    template <typename Value>
    Value operator()(Value x, Value y) const { return x > y; }
} greater_than;

functions.push_back(greater_than);
```

在这里,模板调用操作符必须要可以被实例化为 function 类型。作为一个反例,下面这个语句不能编译,我们无法将其实例化到 function,因为它们的参数类型不同:

```
function<double(float, double)> ff= greater_than; // 错误
```

最后,我们也可以存储匿名函数到 function 对象中,只要参数类型和返回值类型匹配:

```
functions.push_back([](double x, double y){ return x / y; });
```

容器中的每一项都可以像函数一样被调用:

```
for (auto& f : functions)
    cout << "f(6, 3) = " << f(6, 3) << endl;
```

可以得到:

```
f(6, 3) = 9
f(6, 3) = 3
f(6, 3) = 18
f(6, 3) = 216
f(6, 3) = 1
f(6, 3) = 2
```

毫无疑问,函数的包装器在灵活性和清晰度上都优于函数指针(不过需要一些额外的开销)。

| C++11 | ### 4.4.3 引用包装器(Reference Wrapper)

⇒ c++11/ref_example.cpp

假设我们要创建一个向量或矩阵的列表——这个列表有可能很大,另外我们还假定其中一些项会多次出现,因此我们并不希望存储实际的向量或者矩阵。我们可以创建一个指针容器,但是我们又希望能够避开所有指针容器的风险(参见 1.8.2 节)。

不幸的是,我们并不能直接创建一个引用的容器:

```
vector<vector<int>&> vv; // 错误
```

为此 C++11 特别提供了一个名为 reference_wrapper 的类似引用的类型,它包含在头文件<functional>中:

```
vector<reference_wrapper<vector<int> > > vv;
```

这时可以插入向量:

```
vector<int> v1= {2, 3, 4}, v2= {5, 6}, v3= {7, 8};

vv.push_back(v1);
vv.push_back(v2);
vv.push_back(v3);
vv.push_back(v2);
vv.push_back(v1);
```

它们会被隐式地转换成 reference_wrapper（reference_wrapper<T>包括一个使用 T& 的构造函数，而且它并没有被声明为 explicit）。

这个类包含了一个 get 方法，用于获取实际对象的引用，例如：

```
for (const auto& vr : vv) {
    copy(begin(vr.get()), end(vr.get()),
        ostream_iterator<int>(cout, ", "));
    cout << endl;
}
```

此时 vr 的类型是 const reference_wrapper <vector <int>>&。为了方便使用，包装器还提供到底层引用类型 T&的隐式转换：

```
for (const vector<int>& vr : vv) {
    copy(begin(vr), end(vr), ostream_iterator<int>(cout, ", "));
    cout << endl;
}
```

包装器还有两个帮助函数：ref 和 cref，可以放置在同一个头文件中。ref 返回一个 reference_wrapper<T>指向类型 T 的左值，如果 ref 的参数已经是一个 reference_wrapper<T>，那就简单地返回一个副本。同样，cref 产生一个类型为 reference_wrapper <const T>的对象。这些函数在标准库中多处被用到。

我们可以用它来创建一个引用的 std::map：

```
map<int, reference_wrapper<vector<int> > > mv;
```

因为包装器的类型名称很长，所以可以使用类型推导让它短一点：

```
map<int, decltype(ref(v1))> mv;
```

map 中常用到操作符[]：

```
mv[4]= ref(v1); // 错误
```

在这里不适用是因为包装器没有默认的构造函数。而它会在赋值之前，在表达式 mv[4] 内部被调用。我们应该使用 insert 或 emplace 来代替操作符[]。

```
mv.emplace(make_pair(4, ref(v1)));
mv.emplace(make_pair(7, ref(v2)));
mv.insert(make_pair(8, ref(v3)));
mv.insert(make_pair(9, ref(v2)));
```

我们迭代其中的所有项，使用类型推导会更加容易些：

```
for (const auto& vr : mv) {
    cout << vr.first << ": ";
    for (int i : vr.second.get())
        cout << i << ", ";
    cout << endl;
}
```

因为操作符[]无法通过编译，所以我们要用 find 来完成搜索：

```
auto& e7= mv.find(7)->second;
```

它会返回键 7 所对应的向量的引用。

4.5 就是现在（The Time Is Now）[1]

⇒ c++11/chrono_example.cpp

\<chrono\>库提供了类型安全的时钟和定时器。最主要的两类包括：

- time_point：表示时钟上的时间点。
- duration：如同字面意思，表示一段时间。

它们之间可以相加、相减或缩放（在有意义的地方）。例如我们可以将一个 duration 加到一个 time_point 上，发送一条信息，告诉老婆两个小时后可以到家：

```
time_point<system_clock> now= system_clock::now(),
                         then= now + hours(2);
time_t then_time= system_clock::to_time_t(then);
cout << "Darling, I'll be with you at " << ctime(&then_time);
```

---

[1] 此处双关。——译注

这里我们计算了两个小时之后的 time_point。C++复用了 C 库的 `<ctime>` 来输出字符串。Time_point 可以将 to_time_t 转换成 time_t。ctime 根据本地时间创建了一个字符串（准确地说是 char[]）：

```
Darling, I'll be with you at Wed Feb 11 22:31:31 2015
```

字符串由换行符结尾，这里为了保持输出在同一行我们去掉了它。

我们经常想知道精心优化的实现使用了多少计算时间，比如下面这个用 Babylonian 方法计算平方根的例子：

```
inline double my_root(double x, double eps= 1e-12)
{
    double sq= 1.0, sqo;
    do {
        sqo= sq;
        sq= 0.5 * (sqo + x / sqo);
    } while (abs(sq - sqo) > eps);
    return sq;
}
```

一方面它有一个昂贵的除法操作（需要刷新浮点流水线）；另一方面它又有二次收敛性。这时我们就需要精确地测量开销：

```
time_point<steady_clock> start= steady_clock::now();
for (int i= 0; i < rep; ++i)
    r3= my_root(3.0);
auto end= steady_clock::now();
```

为了不让时钟的开销污染我们的基准测试，我们需要多次计算并除以执行次数来得到单次的执行时间：

```
cout << "my_root(3.0) = " << r3 << ", the calculation took "
     << ((end - start) / rep).count() << " ticks\n";
```

在测试机器上它显示：

```
my_root(3.0) = 1.73205, the calculation took 54 ticks
```

这里我们需要知道一个 tick 是多长时间，稍后我们来搞清楚它。我们先将持续时间转换成容易理解的单位，比如微秒：

```
duration_cast<microseconds>((end - start) / rep).count()
```

这样我们的输出就变成了：

```
my_root(3.0) = 1.73205, the calculation took 0 μs
```

count 返回一个整数值，显然我们的计算不到一微秒。想要把持续时间打印成三位小数格式，首先要将它转换到纳秒并除以一个 double 类型的 1000.0：

```
duration_cast<nanoseconds>((end - start) / rep).count() / 1000.
```

注意我们在表达式的最后加了一个点，否则除以一个 int 会导致小数部分丢失：

```
my_root(3.0) = 1.73205, the calculation took 0.054 micros
```

时钟的分辨率由 ratio 给出，它在时钟的内部 typedef period 中：

```
using P= steady_clock::period;            // 时间单位类型
cout << "Resolution is " << double{P::num} / P::den << "s.\n";
```

在测试机器上输出：

```
Resolution is 1e-09s.
```

因此时钟的分辨率是一纳秒。库中一共有三类时钟：

- **system_clock** 是系统中内建的普通时钟。它和第一个例子中提到的 <ctime> 相兼容。

- **high_resolution_clock** 是整个系统内分辨率最高的时钟。

- **steady_clock** 保证了时间点是递增的。在某些平台上，其他两个时钟可能会被调整（如在午夜），此时后一个时间点的值可能较小。这会导致负的持续时间以及其他错误。因此对于计时器而言，**steady_clock** 是最合适的（如果分辨率足够的话）。

如果你用过<ctime>，可能会觉得<chrono>在开始时有些复杂。但是这样我们就不需要在不同的接口中处理秒、毫秒、微秒和纳秒。C++标准库提供了统一的接口，它可以在类型级别检测到许多错误，这使得我们的程序更加安全。

4.6 并发（Concurrency） `C++11`

如今的通用处理器都会包含多个内核。然而，挖掘多核平台的计算能力对许多程序员来说仍然是一个挑战。多线程除了能够保持多内核的繁忙，也可以更加有效地利用单核处理器，比如一边从 Web 上读取数据一边处理已接收的数据。找到正确的抽象，以保证程序既清晰直观亦性能最佳，一直以来都是 C++ 发展过程中最重要的挑战之一。

C++11 首次引入了并发特性。现在已有以下基础组件用于并发编程。

- `thread`：一个用于创建新的执行路径的类。

- `async`：异步调用函数。

- `atomic`：实现非交错访问的类型模板。

- `mutex`：一个用于实现互斥执行的设施类。

- `future`：用于接收线程执行结果的类模板。

- `promise`：为 future 存储值的模板。

我们以实现一个异步可中断的迭代求解器作为用例。这个求解器可以为科学家或工程师提供更好的生产力。

- 异步：我们可以在求解器运行时处理下一个模型。

- 可中断：如果我们确信新的模型更好，可以终止旧模型的解决方案。

不幸的是我们没有办法杀掉一个线程。如果非要做的话也是可以的，但是它会终止整个应用程序。要正确停止线程，就必须要提供明确定义的中断点以便协作。最自然的迭代器停止的位置是，在每个迭代结束时的终止测试。不过这样的话我们便不能立刻停止求解器。对于典型的实际程序来说，如果它执行了很多次短迭代，那么这个方法只需要很小的工作量就能获益。

因此，实现一个可中断的求解器的第一步，就是实现一个可中断的迭代控制类。为了简洁起见，我们在 MTL4[17] 的 `basic_iteration` 上构造了这个控制类。我们对没能公开此示例的完整代码感到抱歉。我们使用一个绝对 epsilon、相对 epsilon，以及最大迭代次数，或者是它们的子集来初始化迭代对象。迭代求解器在每次迭代结束都会估算误差——通常是残差的范数——并且与迭代控制对象一起检查计算过程是否已经完成。我们的工作是在此处检查是否有已经提交的中断：

```cpp
class interruptible_iteration
{
  public:
    interruptible_iteration(basic_iteration<double>& iter)
      : iter(iter), interrupted(false) {}
    bool finished(double r)
    { return iter.finished(r) || interrupted.load(); }
    void interrupt() { interrupted= true; }
    bool is_interrupted() const { return interrupted.load(); }
  private:
    basic_iteration<double>&  iter;
    std::atomic<bool>         interrupted;
};
```

interruptible_iteration 包含了一个 bool 来指示它是否 interrupted。这个 bool 变量是 atomic 的，以避免被其他的线程干扰。调用方法 interrupt 会使求解器终止在迭代结束的地方。

在完全的单线程程序中，我们无法使用 interruptible_iteration：一旦启动了求解器，下一个命令就只会在求解器完成后执行。所以这里我们需要异步执行求解器。为了避免重新实现整个顺序求解器，我们实现了一个 async_executor，它在另外一个线程中运行求解器，并在求解器启动后交还对执行的控制：

```cpp
template <typename Solver>
class async_executor
{
  public:
    async_executor(const Solver& solver)
      : my_solver(solver), my_iter{}, my_thread{} {}

    template <typename VectorB, typename VectorX,
              typename Iteration>
    void start_solve(const VectorB& b, VectorX& x,
                     Iteration& iter) const
    {
        my_iter.set_iter(iter);
        my_thread= std::thread(
            [this, &b, &x](){
                return my_solver.solve(b, x, my_iter);}
        );
    }
    int wait() {
        my_thread.join();
        return my_iter.error_code();
    }
```

```
    int interrupt() {
        my_iter.interrupt();
        return wait();
    }

    bool finished() const { return my_iter.iter->finished(); }
  private:
    Solver                              my_solver;
    mutable interruptible_iteration     my_iter;
    mutable std::thread                 my_thread;
};
```

在 async_executor 启动求解器之后我们就可以处理其他事情,并时不时地检查求解器是否 finished()。如果我们觉得这个结果无关紧要,可以使用 interrupt() 终止执行。无论是求解全部完成,还是被中断,都需要调用 wait() 等待 thread 的正确结束。

下面这段伪代码说明了科学家是如何使用异步执行的:

```
while ( !happy(science_foundation) ) {
    discretize_model();
    auto my_solver= itl::make_cg_solver(A, PC);
    itl::async_executor<decltype(my_solver)> async_exec(my_solver);
    async_exec.start_solve(x, b, iter);

    play_with_model();
    if ( found_better_model )
        async_exec.interrupt();
    else
        async_exec.wait();
}
```

对于工程版本,我们需要将 science_foundation 替换成 client。

我们也可将异步求解器应用于数值上存在挑战性的系统,并且我们并不知道哪个求解器会收敛。此时我们会并行启动所有有望成功的求解器,并等到其中一个求解器完成后,中止其他的求解器。为了让程序清晰,我们需要将所有的执行器都放在一个容器中。特别是当这些执行器既不能复制也不能移动时,我们可以使用 4.1.3.2 节中的容器。

本节还算不上是对 C++ 并发编程的全面介绍,它只用于为我们开发新功能提供灵感。我们强烈建议你在编写严肃的并发应用程序之前阅读该主题的专业出版物,而且这些出版物还会讨论并发的背景理论。我们特别推荐 Antony Williams 的 *C++ Concurrency in Action* 一书[53],他也是 C++11 并发部分的主要贡献者。

4.7 标准之外的科学计算程序库（Scientific Libraries Beyond the Standard）

除标准库外，还有大量用于科学应用的第三方库。本节我们会简单介绍一些开源库。这段内容完全是本书编写时作者纯主观的选择，故某个库是否在这个清单中并不重要——毕竟等你阅读此书时这些库也许已经发生了很多变化。此外由于开源库比语言的基础库变化得更快，许多库都在快速添加新的功能，所以我们并不会做过多的详细介绍，只会建议你阅读对应的参考手册。

4.7.1 其他算术运算库（Other Arithmetics）

大多数计算都是在实数、复数和整数上执行的。在数学课上我们也会学到有理数。标准 C++ 并不支持有理数[1]，但是有开源库可用。比如：

Boost::Rational 是一个模板库，它使用自然运算符号来表达常用的算术运算。它的有理数总是归一化的(分母为正且与分子互质)。结合无限精度的整数库可以克服精度损失、溢出和下溢的问题。

GMP 提供了任意且不限精度的整数。它同时也提供了基于自己的整数和任意类型浮点数的有理数。它的 C++ 接口使用了类和操作符来表示这些操作。

ARPREC 是另一个提供任意精度（ARbitrary PRECision）的程序库。它提供了可自定义十进制位数的整数、实数和复数。

4.7.2 区间算术（Interval Arithmetic）

这类运算的出发点是，在实际中输入的数据项目并不是精确值，而是被模型化的实体的近似值。为了考虑这种不准确性，每个数据项由包含正确值的间隔表示。算法通过适当的舍入规则实现，使其区间能够包含精确的结果。即利用完全正确的输入和精确的计算过程来获得最终值。但是当输入数据区间很大，或算法在数值上不稳定时，其结果区间可能很大——在最坏的情况下会是[-∞, ∞]。这样的结果肯定不能令人满意，但是我们也可以由此发现问

---

[1] 它们已经被多次提出，也可能会出现在未来的标准中。

题所在，而浮点计算结果的质量是完全未知的，需要做额外的分析。

`Boost::Interval` 提供了一个模板类来表示区间及常见的算术和三角运算。这个类可以用满足要求的任意数据类型实例化，例如之前章节中涉及的那些。

4.7.3 线性代数（Linear Algebra）

在这个领域中有许多开源或商业的软件包，这里我们只展示其中的一小部分：

Blitz++ 是第一个使用表达式模板的科学计算库（参见 5.3 节），它由 Todd Veldhuizen 创建。他是该技术的两位发明者之一。它允许使用自定义的标量类型来定义向量、矩阵和高阶张量。

uBLAS 是一个较新的 C++模板库，由 Jörg Walter 和 Mathias Koch 开发。它是 Boost 库的一部分，并由社区维护。

MTL4 是本书作者开发的向量和矩阵模板库。除标准的线性代数运算外，它还提供了最新的线性迭代求解器。它的基本版本是开源的。GPU 支持的部分由 CUDA 提供。超算版可以运行在上千个处理器上，更多的版本正在开发中。

4.7.4 常微分方程（Ordinary Differential Equations）

odeint 由 Karsten Ahnert 和 Mario Mulansky 开发，用于求解常微分方程（ODE）。因为它的泛型设计，所以它不仅可以与各种标准库容器配合使用，还能够和其他外部程序库合用。因此它的底层线性代数部分可以使用 MKL、CUDA 的 Thrust、MTL4、VexCL 和 ViennaCL。Mario Mulansky 在 7.1 节中详细解释了这个库中所用到的高级技术。

4.7.5 偏微分方程（Partial Differential Equations）

有大量软件包可以解算偏微分方程（简称 PDE）。这里我们只提在我们看来适用性广泛且充分利用现代编程技术的库。

FEniCS 是一个通过有限元（Finite Element Method，FEM）解决 PDE 的软件集合。它的 Python 和 C++版的 API 提供了 PDE 的一个弱形式（weak form）符号。它可以从这个公式中生成一个解决 PDE 问题的 C++应用程序。

FEEL++是由 Christophe Prud'homme 开发的 FEM 库，它同样允许弱形式的符号。与 **FEniCS** 相比，**FEEL++**不使用外部代码生成器，而是直接使用 C++编译器的强大功能生成代码。

4.7.6 图论算法（Graph Algorithms）

Boost Graph Library（BGL）主要由 Jeremy Siek 编写。它提供了一种高度泛用的方法，可应用于各种数据格式[37]。它包含了大量图论算法，同时它的并行扩展也可以让算法在数百个处理器上高效运行。

4.8 练习（Exercises）

4.8.1 按模排序（Sorting by Magnitude）

创建一个元素类型是 `double` 的 `vector`，并且以下列值初始化：-9.3、-7.4、-3.8、-0.4、1.3、3.9、5.4、8.2。你可以使用初始化列表。然后按照大小进行排序。编写一个仿函数和一个 lambda 表达式用于比较操作。

试着分别用这两个方法解决问题。

4.8.2 STL 容器（STL Container）

为手机号码创建一个 `std::map`，即从一个字符串映射到 `unsigned long` 上。至少为这个 `map` 填入四个条目。使用存在于 `map` 中的名称和不存在于 `map` 中的名称进行搜索，同时还要搜索一个存在的号码和一个不存在的号码。

4.8.3 复数（Complex Numbers）

像 Mandelbrot 集一样创建一个 Julia 集（二次多项式）的可视化结果。与前者唯一的区别是，加到平方上的常数与像素位置无关。简单来说，就是需要引入常量 k 并对 `iterate` 稍作修改。

- 以 k=-0.6+0.6i 为起点（参见图 4-9），即一个康托尔尘，也叫法图尘。

- 尝试其他的 k 值，例如 $0.353 + 0.288i$。最终可能希望更改配色以获得更酷炫的可视化效果。

- 这是一个软件设计的挑战：为 Mandelbrot 集和 Julia 集编写一个实现并使代码冗余最小（算法上的挑战是找到适合所有 k 的色彩方案，但是这超出了本书范围）。

- 进阶：两种分型可以交互地组合到一起。这里需要提供两个窗口，第一个像之前一样绘制 Mandelbrot 集。此外，它还可以接受鼠标输入，使得鼠标光标下的复数值作为第二个窗口中 Julia 集的 k。

- 更进一步：如果觉得 Julia 集计算得太慢，可以使用线程并行甚至使用 CUDA 或 OpenGL 进行加速。

图 4-9　Julia 集中 $k = -0.6 + 0.6i$，得到一个复杂的康托尔尘

第 5 章
元编程
Meta-Programming

所谓元编程（*Meta-Program*）就是程序中的程序。大部分程序语言都是以文本文件的形式进行读取，并执行相应的转换。而在 C++ 中我们甚至可以编写可在编译期计算或者可自我变换的程序。Todd Veldhuizen 曾表明 C++ 的模板类型系统是图灵完备（Turing-Complete）的[49]。这意味着任何东西都可以在 C++ 的编译期被计算。

本章中我们将详细地讨论 C++ 中这个奇妙而有趣的特性。我们会详细分析它的三个应用：

- 编译期计算（参见 5.1 节）。

- 提取类型信息或者转换类型（参见 5.2 节）。

- 代码生成（参见 5.3 节 ~ 5.4 节）。

运用这些技术可以令前面几章中展示的例子变得更可靠、更高效，也有更广泛的适用性。

|C++11| 5.1 让编译器进行计算（Let the Compiler Compute）

元编程的发现恐怕还要归功一个 bug。在 20 世纪 90 年代早期，Erwin Unruh 曾经写过一个程序，可以在出错信息（*Error Message*）中打印质数。这个代码证明了 C++ 的编译器是可以进行计算的。它也成了无数不能编译的代码段中最出名的一个。感兴趣的读者可以在附录 A9.1 节中找到它的实现。不过我们只能把它当作是一个有趣的玩具，并不能作为未来程序的参考。

C++ 中的编译期计算有两种实现方式：一是模板元函数（*Meta-Function*），它可以向下兼容老版本的编译期；还有一种是更易使用的 constexpr。后者由 C++11 引入并在 C++14 中得到扩展。

5.1.1 编译期函数（Compile-Time Functions）

C++11

⇒ c++11/fibonacci.cpp

素数测试即便是在现代 C++ 的编译期中也不是一件简单的事情。所以我们从更加简单的 Fibonacci 数开始。它可以通过递归计算得到：

```
constexpr long fibonacci(long n)
{
    return n <= 2 ? 1 : fibonacci(n - 1) + fibonacci(n - 2);
}
```

在大多数情况下，C++11 中的 constexpr 就是一条 return 语句。不过我们还可以加上其他没有计算的语句，例如空语句、某些 static_assert、类型定义，以及 using 声明和指示字（directive）。和一般函数相比，constexpr 多了很多限制：

- 它不能读取或写入任何函数之外的内容。也就是说，不能有副作用！
- 它不能包含变量。[1]
- 不能包含控制结构如 if 和 for。[1]
- 它只能有一条执行计算的语句。[1]
- 它只能调用其他 constexpr 函数。

当然它还是比模板元函数（参见 5.2.5 节）灵活多了：

- 可以传入浮点数。
- 甚至可以处理用户自定义类型（如果它们能够在编译期内被处理的话）。

---

[1] 这些限制都是 C++11 中的，C++14 中被取消或放宽了。参见 5.1.2 节。

- 可以使用类型侦测（type detection）。

- 可以定义为成员函数。

- 可以使用条件（比特化总是简单一些）。

- 可以用运行时变量作为参数调用它。

关于浮点这里有个简单的例子 square：

```
constexpr double square(double x)
{
    return x * x;
}
```

浮点类型不能用作模板参数，所以 C++11 以前在编译期对浮点类型进行计算是完全不可能的。这里我们还是使用模板参数将这个函数推广到所有合适的数值类型上：

```
template <typename T>
constexpr T square(T x)
{
    return x * x;
}
```

这个泛化的函数甚至还能接受特定条件下的用户类型。具体这个类型是否适用于 constexpr 取决于实现的细节。简单来说，就是要求在类型定义中不包括无法在编译期创建的对象，如 volatile 成员或在运行时确定的数组大小。

C++标准曾试图定义类型在 constexpr 函数中的适用条件。不过事实证明它并不能作为类型的属性来定义，因为它能否使用还取决于类型的使用方式——更准确地说，要考虑 constexpr 函数中到底调用了哪个构造函数。这也决定了相应的类型特征 is_literal_type 是毫无作用[1]的，所以它在 C++14 中已经被废弃。[2] 我们希望在 C++17 中能有一个新的定义来解决这个问题。[3]

constexpr 函数有个非常好的特性，就是它既可以在编译期使用，也可以在运行时使用。例如：

---

[1] 注意，这里哪些类型特征"毫无作用"是有定义的。
[2] 实际上是在 C++17 时被废弃的。——译注
[3] C++17 并没有加入相关定义。——译注

```
long n= atoi(argv[1]);
cout << "fibonacci(" << n << ") = " << fibonacci(n) << '\n';
```

这里的函数参数来自命令行的第一个参数（所以在编译期肯定是不知道的）。只要函数有一个参数来自运行时，编译器就无法在编译期间计算它。只有保证所有参数都在编译期已知，才能在编译期完成计算。

constexpr 函数在编译期/运行时的可用性要求我们，如果要转发它的参数，那么只能将它的参数传递给其他的 constexpr 函数。如果把 constexpr 函数的参数传递给常规函数，就会丧失编译期计算的能力；反之，如果把 constexpr 函数的参数用于只能进行编译期求值的地方，如 static_assert，则会导致这个 constexpr 函数无法被运行时的代码调用。所以，我们不能在 constexpr 函数中使用断言（assertion）。不过一些最新的编译器在 C++14 模式下提供了 constexpr 模式的 assert，此时我们就可以将 constexpr 函数的参数用于 assert 之中。

语言标准规定了标准库中的哪些函数必须实现为 constexpr。也有一些库实现了额外的 constexpr 函数，例如下面这段代码：

```
constexpr long floor_sqrt(long n)
{
    return floor(sqrt(n));
}
```

可以在 g++4.7 到 g++4.9 中通过编译。而在其他版本的 g++ 或者其他编译器中，floor 和 sqrt 都不是 constexpr 函数，会导致编译失败。

5.1.2　扩展的编译期函数（Extended Compile-Time Functions） `C++14`

C++14 已经尽可能放宽了对编译期函数的限制。因此现在可以使用：

- void 函数，比如：

    ```
    constexpr void square(int &x) { x *= x; }
    ```

- 局部变量，只要它们满足：

    - 被初始化过。
    - 不是 static 或者线程存储。
    - 是一个字面量类型。

- 控制结构

- 不能是 goto（当然其他地方也最好别用）。
- 不能是汇编（asm 块）。
- 不能是 try 代码块。

因为上述这些原因，下面这个例子不能用于 C++11，但是可用于 C++14：

```
template <typename T>
constexpr T power(const T& x, int n)
{
    T r(1);
    while (--n > 0)
        r *= x;
    return r;
}
```

⇒ c++14/popcount.cpp

有了这些扩展，编译期函数在表达能力上几乎和常规函数一样。再看下面这个例子，我们实现了函数 popcount（population count，人头数），这个函数用于统计一段二进制数据中有多少个值为 1 的位元：

```
constexpr size_t popcount(size_t x)
{
    int count= 0;
    for (; x != 0; ++count)
        x&= x - 1;
    return count;
}
```

通过分析该算法，我们也能更好地理解二进制计算。这里的关键在于，x&= x - 1 会将最低有效位元设置为 0，其他位元保持不变。

⇒ c++11/popcount.cpp

| C++11 | 该函数也可以用 C++11 来实现，并且它的递归公式要更短：

```
constexpr size_t popcount(size_t x)
{
    return x == 0 ? 0 : popcount(x & x-1) + 1;
}
```

这段代码是无状态的递归计算。对一部分读者来说它可能难以理解，而对另外一部分读者来说可能会觉得这样的代码更加清晰。据说对程序员来说，迭代法和递归法哪个更好

5.1.3 质数（Primeness） C++14

之前我们提到了，质数程序是第一个严格意义上的元编程程序——即便这个程序不能通过编译。现在我们想证明可以在现代 C++ 中（可编译地）计算它们。更准确地说，我们将实现一个函数，它会在编译时告诉我们给定的数字是否为质数。你可能会问，为什么我们要在编译期知道这些信息？这是一个很好的问题。实际上，作者在他的研究中使用这个编译期函数，是为了对具有语义概念的循环群进行分类（参见 3.5 节）。当群的大小是质数时，它是一个域，否则它就是一个环。一个实验性的编译器（ConceptGCC [21]）在 C++ 中用到了这些代数学概念，它的模型声明中（在 constexpr 出现之前）就包含了编译期的质数性检查。

$\Rightarrow$ c++14/is_prime.cpp

我们的算法是：首先，1 不是质数；其次，偶数除了 2 都不是质数；其他数字需要确认它们不能被大于 1 且小于它自身的任何奇数整除：

```
constexpr bool is_prime(int i)
{
    if (i == 1)
        return false;
    if (i % 2 == 0)
        return i == 2;
    for (int j= 3; j < i; j+= 2)
        if (i % j == 0)
            return false;
    return true;
}
```

不过实际上只需要用小于 i 平方根的奇数来测试整除性即可：

```
constexpr bool is_prime(int i)
{
    if (i == 1)
        return false;
    if (i % 2 == 0)
        return i == 2;
    int max_check= static_cast<int>(sqrt(i)) + 1;
    for (int j= 3; j < max_check; j+= 2)
        if (i % j == 0)
            return false;
    return true;
}
```

不过很不巧这个版本需要库中存在 constexpr sqrt（只有 g++ 4.7～4.9 版本符合），否则就要提供自己的 constexpr 实现。比如可以使用 4.3.1 节中的不动点算法：

```
constexpr int square_root(int x)
{
    double r= x, dx= x;
    while (const_abs((r * r) - dx) > 0.1) {
        r= (r + dx/r) / 2;
    }
    return static_cast<int>(r);
}
```

如你所见，我们用 double 执行迭代算法并将其转化为 int 后返回。这个实现具有可移植性并且（足够）高效。

```
constexpr bool is_prime(int i)
{
    if (i == 1)
        return false;
    if (i % 2 == 0)
        return i == 2;
    int max_check= square_root(i) + 1;
    for (int j= 3; j < max_check; j+= 2)
        if (i % j == 0)
            return false;
    return true;
}
```

⇒ c++11/is_prime.cpp

最后，我们要挑战一下自己，使用 C++11 中受限的 constexpr 来实现这个算法（第一个版本）：

```
constexpr bool is_prime_aux(int i, int div)
{
    return div >= i ? true :
        (i % div == 0 ? false : is_prime_aux(i, div + 2));
}

constexpr bool is_prime(int i)
{
    return i == 1 ? false :
        (i % 2 == 0 ? i == 2 : is_prime_aux(i, 3));
}
```

这里需要两个函数，一个用于处理特例，另一个用于测试从 3 开始的奇数的可整除性。

理论上可以使用 C++11 constexpr 实现任意计算。它提供了 μ 递归函数的所有功能：常量（constant）、后继函数（successor function）、投影（projection）和递归（recursion）。在可计算性理论中进一步证明了 μ 递归函数与图灵机等价。因此每个可计算的函数都可以用 μ 递归函数实现，进而用 C++11 constexpr 实现。不过这太理论化了，实际中用受限表达来实现真正复杂的计算所花费的努力，和理论相比完全是两码事。

向下兼容性：在引入 constexpr 之前，编译期计算由模板元函数（*meta function*）实现。它的实用性欠佳（不支持浮点和用户自定义类型），实现起来也更加困难。如果出于某种原因不能使用 C++11 的功能，或仅仅对这段历史感兴趣，欢迎阅读附录 A.9.2 节中的元函数部分。

5.1.4　此常数？彼常数？（How Constant Are Our Constants?） `C++11`

我们可以用 const 来声明一个（非成员）变量：

```
const int i= something;
```

由此可建立两个级别的恒常性：

1. 对象不会在程序执行期间被修改（所有的 const 都是如此）。
2. 值在编译期确定（只有部分情况是如此）。

i 的值能否在编译期确定，取决于赋值给它的表达式。如果这个表达式是字面量：

```
const long i= 7, j= 8;
```

就能在编译期使用它，例如用于模板参数：

```
template <long N>
struct static_long
{
    static const long value= N;
};

static_long<i>    si;
```

由编译期常量组成的简单表达式通常也能用于编译期：

```
const long k= i + j;
static_long<k>    sk;
```

而如果将一个变量赋值给一个 const 对象，那它肯定不能在编译期使用：

```
long ll;
cin >> ll;

const long cl= ll;
static_long<cl>   scl;      // 错误
```

cl 在程序运行中不会发生变化，但是它也不能用于编译期，因为它依赖于一个运行时的值。

有些时候我们并不能判断代码是哪种常量，例如：

```
const long          ri= floor(sqrt(i));
static_long<ri>  sri;                        // 在 g++ 4.7~4.9 版本中编译
```

这里当标准库中的 sqrt 和 floor 都是 constexpr 时，ri 就是编译期已知的（例如 g++ 4.7~4.9 版本），否则把 ri 用作模板参数就会出错。

为了确保一个常量有编译期的值，我们必须将其声明为 constexpr：

```
constexpr long ri= floor(sqrt(i));  // 在 g++ 4.7~4.9 版本中编译
```

这样保证了只要通过编译 ri 就一定在编译期已知，否则这行无法通过编译。

注意，针对变量的 constexpr 限定比对函数更严格。constexpr 的变量只接受编译期的值，而 constexpr 的函数则可以接受编译期和运行期的参数。

5.2 提供和使用类型信息（Providing and Using Type Information）

第 3 章中我们见识了函数和类模板的表达能力。不过那时我们的函数和类对所有可能的参数类型都使用完全相同的代码。为了提高模板的表达能力，我们需要根据参数类型选择不同的代码，所以首先需要根据类型信息进行分派。一些类型信息是 C++技术层面上的——例如 is_const 和 is_reference，还有一些是领域或语义相关的——例如 is_matrix 和 is_pressure。对于大多数技术性的类型信息，可以在头文件 <type_traits> 和 <limits> 中找到支持，如 4.3 节所示。特定领域的类型属性则需要我们自己来实现。

5.2.1 类型特征（Type Traits）

⇒ c++11/magnitude_example.cpp

目前为止所编写的函数模板里的临时值和返回值的类型都来自某个参数，但总有例外的时候。假设我们实现了一个从两个参数中返回一个模（magnitude）较小的参数的函数：

```
template <typename T>
T inline min_magnitude(const T& x, const T& y)
{
    using std::abs;
    T ax= abs(x), ay= abs(y);
    return ax < ay ? x : y;
}
```

可以用 int、unsigned 或者 double 类型的参数调用这个函数：

```
double             d1= 3., d2= 4.;
cout << "min |d1, d2| = " << min_magnitude(d1, d2) << '\n';
```

当用两个 complex 参数调用时：

```
std::complex<double> c1(3.), c2(4.);
cout << "min |c1, c2| = " << min_magnitude(c1, c2) << '\n';
```

会看到以下错误：

```
no match for >>operator< << in >>ax < ay<<
```

问题在于，这里的 abs 函数返回值是 double 类型，它提供了比较操作符。而存储这个中间结果的类型却是 complex。

有一些办法可以解决这个问题，例如可以直接比较两个参数的模，而不去存储它们，从而避免临时变量。在 C++11 或更高的版本中，还可以使用编译器推断出临时变量的类型。 | C++11 |

```
template <typename T>
T inline min_magnitude(const T& x, const T& y)
{
    using std::abs;
    auto ax= abs(x), ay= abs(y);
    return ax < ay ? x : y;
}
```

作为示例，本节选择了一种更加显式的方法：对可能的参数类型，它们模的类型由用户指定。显式的类型信息在新的标准中已经不太重要，但并不意味着它彻底没用了。此外，了解基础原理可以帮助我们理解那些更有技巧的实现。

C++中用类型特征（*type trait*）提供类型的属性。本质上来说这就是以类型为参数的元函数。在我们的例子中，编写一个类型特征来提供模的类型（C++03 中需用 `typedef` 代替 `using`）。它们可由模板特化实现：

```
template <typename T>
struct Magnitude {};

template <>
struct Magnitude<int>
{
    using type= int;
};

template <>
struct Magnitude<float>
{
    using type= float;
};

template <>
struct Magnitude<double>
{
    using type= double;
};

template <>
struct Magnitude<std::complex<float> >
{
    using type= float;
};

template <>
struct Magnitude<std::complex<double> >
{
    using type= double;
};
```

不可否认，这段代码看起来特别笨拙。可以假设："如果没有更合适的类型可选，那类型 T 的模的类型就是 T 自身。"

```
template <typename T>
struct Magnitude
{
    using type= T;
};
```

该规则适用于所有内建类型，可以用一条定义就解决掉它们。只是还有个瑕疵：它会错误地适用于所有类型而没有例外。比如在上面的例子中，我们知道在这个模板上 complex 的所有实例都是错误的，因此需要对它进行特化：

```
template <>
struct Magnitude<std::complex<double> >
{
    using type= double;
};
```

我们可以对所有的 complex 类型实行部分特化，而不是单独定义 complex<float> 和 complex<double>：

```
template <typename T>
struct Magnitude<std::complex<T> >
{
    using type= T;
};
```

在有了类型特征的定义之后，就能用到我们的函数上：

```
template <typename T>
T inline min_magnitude(const T& x, const T& y)
{
    using std::abs;
    typename Magnitude<T>::type ax= abs(x), ay= abs(y);
    return ax < ay ? x : y;
}
```

还可以将这一定义拓展到（数学上的）向量和矩阵，例如定义它们的范数的返回类型。特化如下：

```
template <typename T>
struct Magnitude<vector<T> >
{
    using type= T;            // 这不是完美的做法
};
```

但是当 vector 的值是一个 complex 类型时，它的范数并不是一个 complex。因此，我们不能用值类型自身来作为返回值类型，而是应当用 Magnitude 再处理一下：

```
template <typename T>
struct Magnitude<vector<T> >
{
    using type= typename Magnitude<T>::type;
};
```

实现类型特征是需要一些工作量的。但是以后要编写具有强大能力的程序时，今天的努力就会获得回报。

5.2.2 条件异常处理（Conditional Exception Handling）

> ⇒ c++11/vector_noexcept.cpp

1.6.2.4 节中引入了限定符 noexcept，它明确禁止函数抛出异常（即不生成异常处理代码，如果有异常会直接杀死程序或导致未定义的行为）。对于函数模板来说是不是异常无关（exception-free）可能是由其类型参数决定的。

例如，如果参数类型具有异常无关的复制构造函数，clone 函数就不会抛出异常。为此标准库提供了一个类型特征：

```
std::is_nothrow_copy_constructible
```

这就允许 clone 函数声明它是否是异常无关的：

```cpp
#include <type_traits>

template <typename T>
inline T clone(const T& x)
    noexcept(std::is_nothrow_copy_constructible<T>::value)
{   return T{x}; }
```

你可能觉得这段代码头重脚轻：函数声明部分是函数体大小的数倍。老实说，这里特意提到它也是因为我们觉得如此冗长的声明，仅仅对于被重度使用的、需要最高代码质量的函数来说才是必要的。

另外一个关于条件 noexcept 的用例是向量加法。当 operator[] 不抛出异常时，这个函数就是异常无关的。

```cpp
template <typename T>
class my_vector
{
    const T& operator[](int i) const noexcept;
};

template <typename Vector>
inline Vector operator+(const Vector& x, const Vector& y)
                                    noexcept(noexcept(x[0]))
{   ... }
```

例子中的双 noexcept 你需要熟悉一下。外面一层 noexcept 是条件声明，里面一层 noexcept 是一个条件表达式：当最内层的表达式——在此为 x 的 operator[]——是 noexcept 声明时，noexcept 表达式为真。例如将两个 my_vector 类型的向量相加，那么这个加法就会被声明为 noexcept。

5.2.3 一个 const 整洁视图的用例（A const-Clean View Example）

⇒ c++11/trans_const.cpp

本节中使用类型特征来解决视图（View）这个技术问题。视图是一种小型对象，它可以将另一个对象转换到不同的视角（perspective）下。一个典型的例子是矩阵转置（transposition）。当然可以创建一个新的矩阵对象并转置每一个值以获得转置矩阵。但是这样做的代价非常昂贵：需要分配和释放内存，并且复制矩阵的所有数据。我们将看到，视图是一项更加高效的技术。

5.2.3.1 编写一个简单的视图类（Writing a Simple View Class）

相比于创建一个对象用于保存新的数据，视图仅引用现有对象并适配其接口。这对矩阵转置来说很有用，只需在接口中切换行和列的角色：

程序清单5-1：一个简单的视图的实现

```cpp
template <typename Matrix>
class transposed_view
{
  public:
    using value_type= typename Matrix::value_type;
    using size_type=  typename Matrix::size_type;

    explicit transposed_view(Matrix& A) : ref(A) {}

    value_type& operator()(size_type r, size_type c)
    { return ref(c, r); }
    const value_type& operator()(size_type r, size_type c) const
    { return ref(c, r); }

  private:
    Matrix& ref;
};
```

这里假设 Matrix 提供了 operator() 以接受行和列两个参数作为索引，并返回 a_{ij} 项。

还假设在类型特征中定义了 value_type 和 size_type。这是例子中所有我们会用到的矩阵的信息（理想情况下还会为这个简单矩阵指定一个概念（concept））。当然实际中的模板库（如 MTL4）会提供更为复杂的接口，但是这里的例子已经足够说明元编程在视图中的运用。

transposed_view 的对象可以和常规矩阵一样对待。比如能将它传递给所有需要矩阵的函数模板。转置由对换索引后调用被引用对象的 operator() 来实现。我们可以定义每个矩阵对象的转置视图，视图的行为和矩阵相同：

```
mtl::dense2D<float> A= {{2, 3, 4},
                       {5, 6, 7},
                       {8, 9, 10}};
transposed_view<mtl::dense2D<float> >  At(A);
```

当访问 At(i, j) 时，得到的是 A(j, i)。还定义了非 const 的访问，以便于修改条目：

```
At(2, 0)= 4.5;
```

这段代码将 A(0, 2) 设置为 4.5。

直接通过定义转置对象使用转置会让程序变得不那么简洁。因此为了方便，我们添加了一个返回转置视图的函数：

```
template <typename Matrix>
inline transposed_view<Matrix> trans(Matrix& A)
{
    return transposed_view<Matrix>(A);
}
```

这样就可以在科学计算程序中优雅地使用 trans 函数，例如下面这个矩阵-向量乘积的例子：

```
v= trans(A) * q;
```

此处一个临时的视图被创建并用于乘法中。因为大部分编译器都会内联视图的 operator() 函数，所以在 trans(A) 上的计算速度和在 A 上是相同的。

5.2.3.2 处理常量性（Dealing with const-ness）

到目前为止视图都符合我们的预期。但创建一个常量矩阵的转置视图时会出现一些问题：

```
const mtl::dense2D<float> B(A);
```

我们仍然能够创建转置视图,却不能访问它的元素:

cout << "trans(B)(2, 0) = " << trans(B)(2, 0) << '\n'; // 错误

编译器会告诉我们,它不能从一个 const float 创建一个 float&。如果我们查看这个错误的位置,会发现它发生在操作符的非常量版本的重载中。这就引出了一个问题,为什么没有使用常量版本的重载?这样做可以返回一个常量引用,并且完美满足我们的需求。

首先要检查 ref 成员是否是真的常量。我们从未在类定义或者函数 trans 中使用 const 声明符。这时运行时类型标识(*Run-Time Type Identification*,RTTI)会帮到我们。添加头文件 <typeinfo> 并打印类型信息:

```
#include <typeinfo>
...

cout << "trans(A) is " << typeid(tst::trans(A)).name() << '\n';
cout << "trans(B) is = " << typeid(tst::trans(B)).name() << '\n';
```

在 g++ 中它会输出:

```
typeid of trans(A) = N3tst15transposed_viewIN3mtl6matrix7dense2DIfNS2_10
    parametersINS1_3tag9row_majorENS1_5index7c_indexENS1_9non_fixed10
    dimensionsELb0EEEEEEE
typeid of trans(B) = N3tst15transposed_viewIKN3mtl6matrix7dense2DIfNS2_10
    parametersINS1_3tag9row_majorENS1_5index7c_indexENS1_9non_fixed10
    dimensionsELb0EEEEEEE
```

这个输出有点拗口,因为 RTTI 打印的类型名称是经过修饰的。仔细观察名称可以看到第二行中有一个额外的 K,它代表这个视图是用常量矩阵类型实例化的。尽管能分辨出来,但还是建议不要在修饰后的名称上浪费时间。我们需要一些技巧让出错信息看起来像下面这样:

```
int ta= trans(A);
int tb= trans(B);
```

一个办法是使用名称去修饰器(*Name Demangler*)。例如 GNU 编译器就提供了一个工具 c++filt。默认情况下它只处理函数名称,因此我们需要加一个参数 -t 在命令管道中,即 const_view_test|c++filt -t。此时会看到:

```
typeid of trans(A) = transposed_view<mtl::matrix::dense2D<float,
    mtl::matrix::parameters<mtl::tag::row_major, mtl::index::c_index,
        mtl::non_fixed::dimensions, false, unsigned long> > >
typeid of trans(B) = transposed_view<mtl::matrix::dense2D<float,
```

```
mtl::matrix::parameters<mtl::tag::row_major, mtl::index::c_index,
    mtl::non_fixed::dimensions, false, unsigned long> > const>
```

现在能清楚地了解到 trans(B) 返回了一个以 const dense2D<...>（而不是 dense2D<...>）为类型参数的 transposed_view。这样就知道了成员 ref 的类型是 const dense2D<...>&。

现在再回头看就清楚了：将一个 const dense2D<...> 的对象传递给函数 trans 时，接受它的类型参数是 Matrix&。此时 Matrix 被 const dense2D<...> 所替换，其返回类型是 transposed_view<const dense2D<...>>。在简单的推断之后，能够确认成员 ref 返回了一个常量引用。整理一下：

- 调用 trans(B) 时，函数的模板参数用 const dense2D<float> 实例化。
- 因此，返回值类型为 transposed_view<const dense2D<float>>。
- 此时构造函数参数的类型是 const dense2D<float>&。
- 与之类似，成员函数 ref 是一个 const dense2D<float>&。

那么剩下的问题是，为什么引用了一个常量矩阵，却调用了操作符的非常量版本？答案是，在本例中哪个操作符被调用和 ref 对象的常量性无关，而是由视图对象的常量性所决定的。为了确认视图也是常量，可以这样写：

```
const transposed_view<const mtl::dense2D<float> > Bt(B);
cout << "Bt(2, 0) = " << Bt(2, 0) << '\n';
```

这段代码虽然正确但看着特别笨。为了能支持常量矩阵，一种粗暴的解决方法是去除矩阵的常量性。不过这会导致一个预期之外的结果，即常量矩阵的可变视图会修改所谓不可变的矩阵。不用看代码也能想象得到，这严重违反了我们的原则。

> **准则**
> 移除 const 只能作为最后的手段。

接下来会提供一个强有力的方法来正确处理常量性。每个 const_cast 都意味着严重的设计错误。正如 Herb Sutter 和 Andrei Alexandrescu 所说："一旦变为常量就永远不要再变回去。"唯一需要 const_cast 的地方是用到了没有正确使用 const 的第三方软件时，需要将只读参数传递给可变指针或引用。这不是我们的问题，但我们别无选择。不幸的是，有很多软件包完全忽略了 const 限定符，其中一些软件包实在太大而无法重写它。

我们能做的，就是在它上面添加一层 API 以避免使用原始的 API。这样可以避免程序被 const_cast 弄糟，并将那些 const_cast 限制在接口层。*Boost::Bindings*[30]是一个很好的例子，它为 BLAS、LAPACK 和其他具有老式接口的库提供了一个正确使用 const 的高质量接口。相反，如果只使用自己的函数和类，只要稍加注意就能完全避免 const_cast。

为了正确处理常量矩阵，可以实现针对常量矩阵第二个视图类及 trans 函数的重载，以返回常量参数的视图：

```cpp
template <typename Matrix>
class const_transposed_view
{
  public:
    using value_type= typename Matrix::value_type;
    using size_type=  typename Matrix::size_type;

    explicit const_transposed_view(const Matrix& A) : ref(A) {}

    const value_type& operator()(size_type r, size_type c) const
    { return ref(c, r); }
  private:
    const Matrix& ref;
};

template <typename Matrix>
inline const_transposed_view<Matrix> trans(const Matrix& A)
{
    return const_transposed_view<Matrix>(A);
}
```

这个额外的类解决了我们的问题，只是我们为它新增了很多代码。比代码变多更麻烦的是冗余：新类型 const_transposed_view 几乎和 transposed_view 相同，只是不包含 const 的 operator()。现在要寻找更好、冗余更少的方案，为此将引入下面两个元函数。

5.2.3.3 常量性检查（Check for Constancy）

程序清单 5-1 视图的问题在于，当使用常量类型作为模板参数时，不是所有类中的方法都能正确地处理。要改变参数是常量时的行为，首先要判断参数是否是常量。元函数 is_const 可以提供该信息。它的实现也特别简单，通过模板的部分特化功能实现：

```cpp
template <typename T>
struct is_const
{
```

```
    static const bool value= false;
};

template <typename T>
struct is_const<const T>
{
    static const bool value= true;
};
```

两个定义都可以匹配常量类型，但是编译器会选择第二个定义，因为它的特异性更好，而非常量类型仅能匹配第一个。请注意，这里只查看最外层的类型：它并不考虑模板参数的常量性。例如 `view<const matrix>` 不会被当作常量，因为 `view` 本身并非 `const`。

5.2.3.4 编译期分支（Compile-Time Branching）

根据逻辑条件选择类型是实现视图所需的另一个工具。这个技术由 Krzysztof Czarnecki 和 Ulrich W. Eisenecker[8]引入。*Compile-Time If* 在标准库中名为 `conditional`。它的实现很简单：

程序清单5-2：conditional（也就是编译期if）

```
template <bool Condition, typename ThenType, typename ElseType>
struct conditional
{
    using type= ThenType;
};

template <typename ThenType, typename ElseType>
struct conditional<false, ThenType, ElseType>
{
    using type= ElseType;
};
```

当使用一条逻辑表达式和两个类型实例化此模板时，如果第一个参数为 `true`，那么会匹配到主模板上（程序清单 5-2 上方的定义），此时类型会定义为 `ThenType`。如果第一个参数为 `false`，那么会特化下方更具体的类模板，从而使用 `ElseType`。和许多巧妙的发明一样，一旦发现就觉得它很简单。在 C++11 中，这个元函数在头文件 `<type_traits>` 里。[1]

这个元函数可以允许我们定义许多有趣的东西，比如当最大迭代次数大于 100 时，临

---

[1] 在 C++03 中可以使用 Boost 元编程库（MPL）中的 `boost::mpl::if_c`。如果你的程序同时使用了 Boost 和标准类型特征，需要注意有时它们会有不同的命名约定。

时变量使用 double 类型，否则使用 float 类型：

```
using tmp_type=
    typename conditional<(max_iter > 100), double, float>::type;
cout << "typeid = " << typeid(tmp_type).name() << '\n';
```

当然这里必须在编译期知道 max_iter。这个例子看起来没什么用，并且 meta-if 在这段小程序中也不是那么重要。但是它的重要性会在大型通用软件包的开发中有所体现。

注意这里的比较操作符需要由括号括起来，否则大于号会被解释成模板参数的结尾。同样的，右移操作符>>在 C++11 以上的版本中也需要使用括号。

为了减少在引用结果类型时用到的 typename 和::type，C++14 还引入了模板别名：

```
template <bool b, class T, class F>
using conditional_t= typename conditional<b, T, F>::type;
```

如果你的编译器标准库没有提供这样的别名，你可以快速地添加它——当然可能需要使用不同的名称或放在另一个命名空间中，以免日后发生命名冲突。

5.2.3.5 最终版的 View（The Final View）

现在再来修改程序清单 5-1 中的视图。之前问题是，以可变引用的形式返回了常量矩阵中的元素。为了避免这种情况，当视图类引用一个常量矩阵时，可以让视图类中的可变访问操作符"消失"。这当然是可能的，但是实现会很复杂，在 5.2.6 节会详细介绍。

更简单的解决办法是同时保持可变访问操作符和常量的访问操作符，但是需要根据模板参数的类型选择可变访问操作符的返回值类型：

程序清单5-3：const安全的视图实现

```
1  template <typename Matrix>
2  class transposed_view
3  {
4    public:
5      using value_type= Collection<Matrix>::value_type;
6      using size_type=  Collection<Matrix>::size_type;
7    private:
8      using vref_type= conditional_t<is_const<Matrix>::type,
9                                     const value_type&,
10                                     value_type&>;
11   public:
12     transposed_view(Matrix& A) : ref(A) {}
```

```
13
14      vref_type operator()(size_type r, size_type c)
15      { return ref(c, r); }
16
17      const value_type& operator()(size_type r, size_type c) const
18      { return ref(c, r); }
19
20    private:
21      Matrix& ref;
22  };
```

该实现区分了可变视图中常量和可变矩阵的返回类型。下面将进一步分析这个案例以证明我们确实实现了所需要的行为。

当引用可变矩阵时，`opertor()`的返回值类型取决于视图对象的常量性。

- 如果视图对象是可变的，那么 14 行的 `operator()` 返回一个可变引用（第 10 行）。

- 如果视图对象是一个常量，那么 17 行的 `operator()` 返回一个常量引用。

这和程序清单 5-1 中的行为一致。

如果矩阵引用是个常量，那么始终会返回一个常量引用：

- 如果视图对象是可变的，那么 14 行的 `operator()` 返回一个常量引用（第 9 行）。

- 如果视图对象是一个常量，那么 17 行的 `operator()` 返回一个常量引用。

总之，我们实现的视图类做到了当且仅当视图对象和矩阵都是可变时才提供写访问。

C++11 | 5.2.4 标准类型特征（Standard Type Traits）

注意：标准中的类型特征源自 Boost 库。如果从 Boost 的类型特征迁移到标准库，请注意某些组件的名称是不同的。此外它们的行为也略有不同，Boost 中的元函数参数接受一个类型，会隐式地读取它的 `bool` 值；而标准中具有相同名称的元函数则需要一个 `bool` 类型的值作为参数。请尽可能地使用 4.3 节中介绍的标准类型特征。

5.2.5 领域特定的类型属性（Domain-Specific Type Properties）

现在已经了解到标准库中的类型特征如何实现，可以运用这些知识实现特定领域的类型属性。这里以线性代数为领域,实现属性 is_matrix。出于安全起见,只有存在明确的声明,类型才会被视为矩阵。默认情况下,一般类型都当作非矩阵:

```
template <typename T>
struct is_matrix
{
    static const bool value= false;
};
```

标准库提供了一个仅包含静态常量的类型 false_type。[1] 可以通过继承 false_type 的方式派生这个元函数以节省代码:

C++11

```
template <typename T>
struct is_matrix
  : std::false_type
{};
```

现在特化所有已知矩阵类的元谓词(meta-predicate)。

```
template <typename Value, typename Para>
struct is_matrix<mtl::dense2D<Value, Para> >
  : std::true_type
{};
// 更多的矩阵
```

这个谓词可以是与模板参数相关的。比如可以有一个适用于矩阵和向量(实现起来需要一些技巧,不过这是另外一个问题了)的 transposed_view 类。当然,向量转置后并不是矩阵,而矩阵转置后当然还是一个矩阵:

```
template <typename Matrix>
struct is_matrix<transposed_view<Matrix> >
  : is_matrix<Matrix>
{};
// 更多的视图
```

或者转置矩阵和转置向量使用了不同的视图来实现,那么:

```
template <typename Matrix>
struct is_matrix<matrix::transposed_view<Matrix> >
  : std::true_type
{};
```

为了确定视图的使用是否正确,可以用 static_assert 检查模板参数是否是一个(已

---

[1] C++03 中可以使用 boost::mpl::false_ 来代替。

> C++11 知的）矩阵：

```
template <typename Matrix>
class transposed_view
{
    static_assert(is_matrix<Matrix>::value,
                  "Argument of this view must be a matrix!");
    // ...
};
```

如果视图使用非矩阵（或者未声明为矩阵）的类型实例化，则编译会终止并打印用户自定义的错误消息。static_assert 不会有任何运行时开销，因此应该在类型级别或编译期常量上可以检测到错误时使用它。未来的 C++ 版本可能会允许在消息中使用类型信息。

当我们尝试使用静态断言编译测试程序时，会看到被编译的是 trans(A) 而不是 trans(B)。这是因为 const dense2D<> 和 dense2D<> 不同，它不会被视为矩阵。我们不需要分开处理类型的可变和常量形式，这样会导致特化的代码加倍，但仍然要编写处理任意常量类型的部分特化代码。

```
template <typename T>
struct is_matrix<const T>
  : is_matrix<T> {};
```

因此，只要 T 是矩阵类型，那么 const T 也是。

> C++11 ## 5.2.6 enable_if

enable_if 是元编程中的一个非常重要的机制，由 Jaakko Järvi 和 Jeremiah Wilcock 发现。它基于一个称为替换失败非错误（*Substitution Failure Is Not An Error*, SFINAE）的编译器约定。这个约定意味着，当函数模板的声明不能被参数类型所替代时，并不会导致编译错误，而只是会忽略它。

当函数的返回值类型是模板参数的元函数时可能会发生替换错误，例如：

```
template <typename T>
typename Magnitude<T>::type
inline min_abs(const T& x, const T& y)
{
    using std::abs;
    auto ax= abs(x), ay= abs(y);
    return ax < ay ? ax : ay;
}
```

这里返回的是 T 的 Magnitude。如果使用 x 和 y 的类型 T 实例化 Magnitude<T> 后得到的类型没有包含 type，替换就会失败并忽略该函数模板。这种方法的好处是，当有多个重载时，只要有一个被成功替换，函数的调用就可以被正确编译。或者当替换了多个函数模板时，会选择特化程度最高的那个。这个机制也是实现 enable_if 的基础。

这里将使用 enable_if 根据领域特定的属性选择函数模板。以 L_1 范数为例，它被向量空间和线性算子（矩阵）所定义。虽然这些定义之间有相关性，但是有限维的矢量和矩阵在实践中的实现会有较大差异，存在多个实现是合理的。这里可以为每个矩阵和向量类型都实现一个 L_1 范数，这样就可以在调用 one_norm(x) 时根据类型选择适当的实现。

⇒ c++03/enable_if_test.cpp

为了提高开发效率，考虑为所有的矩阵（和其视图）类型提供一个实现，而为所有向量类型提供另一个实现。此时要用到原函数 is_matrix 并相应地实现 is_vector。此外，还要用到元函数 Magnitude 来处理复数和向量的模。方便起见，我们提供了模板别名 Magnitude_t 来获得内层的类型信息。

接下来实现元函数 enable_if，它允许仅在指定条件成立时才定义对应的函数重载：

```
template <bool Cond, typename T= void>
struct enable_if {
    typedef T type;
};

template <typename T>
struct enable_if<false, T> {};
```

只有当条件成立时，它才会在其中定义类型。我们的实现和 C++11 标准中的 <type_traits> 是兼容的。当然这里的代码片段仅作演示用，在实际的程序开发中应使用标准中的元函数。

在 C++14 中，为了让符号更简洁，我们也添加了模板别名：

```
template <bool Cond, typename T= void>
using enable_if_t= typename enable_if<Cond, T>::type;
```

和之前相同，它让我们不用再写 typename 和 ::type。现在我们已经有了实现泛型风格的 L_1 范数程序的全部技术：

```
1  template <typename T>
2  enable_if_t<is_matrix<T>::value, Magnitude_t<T> >
3  inline one_norm(const T& A)
4  {
5      using std::abs;
```

```
 6      Magnitude_t<T> max{0};
 7      for (unsigned c= 0; c < num_cols(A); c++) {
 8          Magnitude_t<T> sum{0};
 9          for (unsigned r= 0; r < num_cols(A); r++)
10              sum+= abs(A[r][c]);
11          max= max < sum ? sum : max;
12      }
13      return max;
14  }
15
16  template <typename T>
17  enable_if_t<is_vector<T>::value, Magnitude_t<T> >
18  inline one_norm(const T& v)
19  {
20      using std::abs;
21      Magnitude_t<T> sum{0};
22      for (unsigned r= 0; r < size(v); r++)
23          sum+= abs(v[r]);
24      return sum;
25  }
```

函数选择由第 2 行和第 17 行中的 enable_if 实现。来看看第 2 行中的细节，当参数是矩阵类型时：

1. is_matrix<T>的计算结果为 true_type。

2. enable_if_c<>变成 Magnitude<T>。

3. 这也是函数重载的返回值类型。

当参数不是矩阵类型的时候：

1. is_matrix<T>的计算结果为 false_type。

2. enable_if_c<>不能被替换，因为此时 enable_if<>::type 不存在。

3. 函数重载没有返回值类型，因此也是一个错误的函数。

4. 它会被忽略。

简而言之，只有当参数是矩阵类型时才会启用重载——正如原函数名称所说的那样。同理，第二条重载仅适用于向量。下面的测试可以证明这一点：

```
matrix A= {{2, 3, 4},
           {5, 6, 7},
           {8, 9, 10}};

dense_vector<float> v= {3, 4, 5}; // 来自 MTL4

cout << "one_norm(A) is " << one_norm(A) << "\n";
cout << "one_norm(v) is " << one_norm(v) << "\n";
```

对于既非矩阵亦非向量的类型，one_norm 没有也不应该有可用的重载。而同时被认为是矩阵和向量的类型则会导致二义性，也暗示我们的设计存在缺陷。

限制：enable_if 很强大，但会使调试更麻烦。特别是对于旧的编译器来说，enable_if 导致的错误信息相当冗长，也没什么意义。当给定类型缺少函数匹配时，很难确定其原因，因为编译器没有向程序员提供有用信息，而只是简单地告知没有找到匹配。较新的编译器（clang++≥3.3 或者 gcc≥4.9）则会通知程序员发现了一个被 enable_if 禁用的重载。

此外，这一机制不能根据条件的特化程度来选择，例如根据 is_sparse_matrix 选择特化。可以通过在条件中避免二义性来实现：

```
template <typename T>
enable_if<is_matrix<T>::value && !is_sparse_matrix<T>::value,
          Magnitude_t<T> >
inline one_norm(const T& A);

template <typename T>
enable_if<is_sparse_matrix<T>::value, Magnitude_t<T> >
inline one_norm(const T& A);
```

显然当层次变多时，就变得容易出错。

SFINAE 仅适用于函数自身的模板参数。而成员函数不能在类的模板参数上使用 enable_if。例如在程序清单 5-1 第 9 行，常量矩阵上的视图中的可变访问操作符不能用 enable_if 来隐藏，因为操作符本身并不是一个模板函数。

前面的示例中使用 SFINAE 使返回值类型无效。这对没有返回值类型的函数（如构造函数）不起作用。此时可以引入一个带默认值的隐参数，这样当条件不成立时，可以用这个参数使函数无效化。真正的问题会出现在既不能有可选参数，也不能自定义返回值类型的函数上，例如类型转换操作符。

使用匿名类型参数（*Anonymous Type Parameter*）可以解决一部分问题。因为这个功能并不常用，所以将其放入附录 A 9.4 节中。

5.2.7 新版变参模板（Variadic Templates Revised） `C++11`

在 3.10 节中，我们实现了一个可变参数的求和，它可以接受任意数量、不同类型的参数。这个实现的问题是，我们并不知道正确的返回值类型，于是使用了第一个参数的类型——然后就出了问题。

现在我们已经学到了更多的特性，并希望重新解决这一问题。首先，我们使用 decltype 来确定结果类型：

```cpp
template <typename T>
inline T sum(T t) { return t; }

template <typename T, typename ...P>
auto sum(T t, P ...p) -> decltype( t + sum(p...) ) // 错误
{
    return t + sum(p...);
}
```

不幸的是，当参数多于两个时，这个实现无法通过编译。要确定 n 个参数的返回值类型，就需要后 n-1 个参数的返回值类型，而该类型只有在函数完全定义后才可用，尾随返回类型时并不可用。上面这个函数是递归调用的，但不能递归地实例化。

5.2.7.1 可变参类模板（Variadic Class Template） `C++11`

因此需要先确定结果的类型。这可以由一个可变类型特征递归地实现：

```cpp
// 前向声明
template <typename ...P> struct sum_type;

template <typename T>
struct sum_type<T>
{
    using type= T;
};

template <typename T, typename ...P>
struct sum_type<T, P...>
{
    using type= decltype(T() + typename sum_type<P...>::type());
};

template <typename ...P>
using sum_type_t= typename sum_type<P...>::type;
```

可变参类模板也是递归声明的。为了可见性，在定义之前需要先声明它的一般形式。定义由两部分构成：

- 组合部分：如何根据 n-1 个参数定义 n 个参数的类。

- 0 个或 1 个参数的基本类。

上面的例子中出现了一个在可变函数模板中没有用到的形式 P...，它用于展开类型包。

注意，递归函数和递归类的编译行为是不同的，后者可递归实例化，而前者不能。这就是为什么可以在可变参数类中递归使用 decltype，但不能在可变参数函数中使用 decltype。

5.2.7.2 为返回值推导和可变参计算解耦合（Decoupling Return Type Deduction and Variadic Computation） C++11

通过前面的类型特征，可以得到一个可变参数函数正确的返回值类型。

```
template <typename T>
inline T sum(T t) { return t; }

template <typename T, typename ...P>
inline sum_type_t<T, P...> sum(T t, P ...p)
{
    return t + sum(p...);
}
```

这个函数会正确地返回之前例子中的结果：

```
auto s= sum(-7, 3.7f, 9u, -2.6);
cout <<"s is " <<s<<" and its type is "
    <<typeid(s).name() <<'\n';

auto s2= sum(-7, 3.7f, 9u, -42.6);
cout <<"s2 is " << s2<<" and its type is "
    <<typeid(s2).name() <<'\n';
```

结果是：

```
s is 3.1 and its type is d
s2 is -36.9 and its type is d
```

5.2.7.3 共用类型（Common Type） C++11

标准库在头文件<type_traits>中提供了类似于 sum_type 行为的类型特征 std::

common_type（以及 C++14 中的别名 common_type_t）。这个类型特征的目的在于，C++ 的类型具有隐式转换规则，表达式的结果类型不是由操作符而是由参数类型决定的。因此当变量是内建类型时，x+y+z、x-y-z、x*y*z 和 x*y+z 都具有相同的类型。也就是说，对于内建类型，下面这个元谓词恒为真：

```
is_same<decltype(x + y + z),
        common_type<decltype(x), decltype(y), decltype(z)>
```

其他的表达式也一样。

用户定义的类型则不能保证所有运算的结果类型都相同。因此提供依赖于操作的类型特征是很有意义的。

标准库中有一个计算较小值的函数 min，它要求两个参数的类型必须相同。使用 common_type 和可变参数模板，可以很容易地写出它的泛型版：

```
template <typename T>
inline T minimum(const T& t) { return t; }

template <typename T, typename ...P>
typename std::common_type<T, P...>::type
minimum(const T& t, const P& ...p)
{
    typedef typename std::common_type<T, P...>::type res_type;
    return std::min(res_type(t), res_type(minimum(p...)));
}
```

为避免混淆，称这个函数为 minimum。它可以使用任意类型的参数，只要为它定义了 std::common_type 和比较操作符。例如下面这个表达式：

```
minimum(-7, 3.7f, 9u, -2.6)
```

会返回一个类型为 double 的值 -7。在 C++14 中，借助模板别名和返回值类型推导，可将它简化为：

```
template <typename T, typename ...P>
inline auto minimum(const T& t, const P& ...p)
{
    using res_type= std::common_type_t<T, P...>;
    return std::min(res_type(t), res_type(minimum(p...)));
}
```

5.2.7.4 可变参函数的结合性（Associativity of Variadic Functions）

我们通过将首个参数和剩余参数的总和相加来实现 sum 可变参数版本，也就是说最先求和的是最右边的+。但是 C++中的 operator +是左结合的，或者说是最左边的+首先求和。不幸的是，对应的左结合实现并不能通过编译：

```
template <typename T>
inline T sum(T t) { return t; }

template <typename ...P, typename T>
typename std::common_type<P..., T>::type
sum(P ...p, T t)
{
    return sum(p...) + t;
}
```

这是因为语言并不支持将尾部参数进行分割。整数计算是符合结合律的（也就是不关心计算顺序），但是浮点数不行，因为存在舍入误差。所以，必须注意使用可变参数模板而导致的计算顺序的变化，并确保它不会导致数值不稳定。

5.3 表达式模板（Expression Templates）

科学软件对性能有着苛刻的要求——尤其是对 C++程序。许多物理、化学或生物过程的大规模模拟都会运行数周或者数月，在如此漫长的执行过程中如果能省下一些时间总是令人高兴的。工程方面，比如对大型建筑的静力学或动力学分析也是如此。节省执行时间通常是以牺牲源程序的可读性和可维护性为代价的。5.3.1 节中会展示一个简单的操作符示例，来解释它低效的原因，并在 5.3 节的其余部分中演示如何在不牺牲符号自然表达的条件下提高性能。

5.3.1 一个简单的操作符实现（Simple Operator Implementation）

假设我们有一个执行向量加法的应用程序。我们希望以如下方式编写向量表达式：

```
w = x + y + z;
```

考虑我们有一个类似于 3.3 节中的 vector 类：

```
template <typename T>
class vector
```

```
{
public:
    explicit vector(int size) : my_size(size), data(new T[my_size])    {}

    const T& operator[](int i) const { check_index(i); return data[i]; }
    T& operator[](int i) { check_index(i); return data[i];   }
    // ...
};
```

以此为基础提供一个操作符实现加法运算：

程序清单5-4：朴素的加法操作符

```
1   template <typename T>
2   inline vector<T> operator+(const vector<T>& x, const vector<T>& y)
3   {
4       x.check_size(size(y));
5       vector<T> sum(size(x));
6       for (int i= 0; i < size(x); ++i)
7           sum[i] = x[i] + y[i];
8       return sum;
9   }
```

以下测试代码可以检查我们的实现是否正常：

```
vector<float> x= {1.0, 1.0, 2.0, -3.0},
              y= {1.7, 1.7, 4.0, -6.0},
              z= {4.1, 4.1, 2.6, 11.0},
              w(4);

cout << "x = " << x << std::endl;
cout << "y = " << y << std::endl;
cout << "z = " << z << std::endl;

w= x + y + z;
cout << "w= x + y + z = " << w << endl;
```

如果它能如预期一样工作是不是就没问题了？从软件工程的角度上来说是这样的，但是从性能的角度来说还存在很多问题：

下面列举了运行 operator+ 时会执行的操作：

1. 为 x+y 创建一个临时变量 sum（第 5 行）。

2. 循环读取 x 和 y，然后逐元素相加，并写入到 sum 中（第 6 行、第 7 行）。

3. 在 return 语句中复制 sum 到一个临时变量中，称为 t_xy（第 8 行）。

4. sum 出了作用域，所以删除 sum 并执行析构语句（第 9 行）。

5. 为 t_xy+z 创建临时变量 sum（第 5 行）。

6. 循环读取 t_xy 和 z，然后逐元素相加，并写入到 sum 中（第 6 行、第 7 行）。

7. 在 return 语句中复制 sum 到一个临时变量中，称为 t_xyz（第 8 行）。

8. 删除 sum（第 9 行）。

9. 删除 t_xy（在第二次加法之后）。

10. 循环读取 t_xyz 并写入到 w 中（在赋值函数中）。

11. 删除 t_xyz（在赋值以后）。

这当然是指最坏的情况，但是在以前的编译器上确实会发生。现代编译器会分析静态代码以执行更多的优化，并通过返回值优化（参见 2.3.5.3 节）避免将副本复制到临时变量 t_xy 和 t_xyz。

优化过的版本执行了以下操作：

1. 为 x+y 创建一个临时变量 sum（为了区分我们称之为 sum_xy）（第 5 行）。

2. 循环读取 x 和 y，然后逐元素相加，并写入到 sum 中（第 6 行、第 7 行）。

3. 为 sum_xy+z 创建了一个临时变量 sum（为了区分我们称之为 sum_xyz）（第 5 行）。

4. 循环读取 sum_xy 和 z，然后逐元素相加，并写入到 sum 中（第 6 行、第 7 行）。

5. 删除 sum_xy（在第二次加法之后）。

6. 循环读取 sum_xyz 并写入到 w 中（在赋值函数中）。

7. 删除 sum_xyz（在赋值以后）。

来统计一下一共执行了多少个操作。假设向量的维度是 n，那么我们有：

- $2n$ 个加法
- $3n$ 次赋值

- $5n$ 次读
- $3n$ 次写
- 2 次内存分配
- 2 次内存释放

作为比较，如果写的是单次循环，或者使用一个内联函数：

```
template <typename T>
void inline add3(const vector<T>& x, const vector<T>& y,
                 const vector<T>& z, vector<T>& sum)
{
    x.check_size(size(y));
    x.check_size(size(z));
    x.check_size(size(sum));
    for (int i= 0; i < size(x); ++i)
        sum[i] = x[i] + y[i] + z[i];
}
```

那这个函数只需要执行：

- $2n$ 次加法
- n 次赋值
- $3n$ 次读
- n 次写

当然，使用函数

```
add3(x, y, z, w);
```

要比它的操作符版本难看一些。而且它也更容易出错——我们需要查看文档来确定结果是否由第一个或最后一个参数返回。但是如果是操作符，语义就很明确了。

在高性能软件中，程序员都倾向于使用硬编码的实现来执行重要操作，而不是使用简单表达式的组合。原因很明显，操作符版的实现要多执行许多操作：

- $2n$ 次赋值
- $2n$ 次读

- 2n 次写
- 2 次内存分配
- 2 次内存释放

好消息是，我们并没有执行额外的加法操作；坏消息是，上面所列举的这些操作比加法更昂贵。在现代计算机上，从内存中读取或向内存中写入大量数据要远比定点和浮点运算耗费更多的时间。

很不幸的是，科学计算应用程序中的向量往往特别长，要大于缓存，而且这些数据必须要从主存中读取。图 5-1 中描述了存储的层次结构。顶部的芯片代表处理器，下一层的芯片是 L1 缓存，磁盘是 L2 缓存，软盘是主存，磁带盒是虚拟内存。这个层次结构由靠近处理器的较小容量的快速存储和较大容量的慢速存储构成。每次从慢速存储中读取数据（被标记的第二个磁带盒），都会在每一级更快的存储器（第二个软盘、第一个磁盘，以及第一个 L1 缓存）中保存副本。

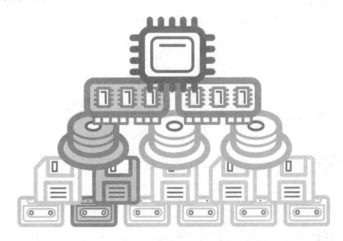

图 5-1　存储的层次结构

当向量较短时数据可以驻留在 L1 或 L2 高速缓存中，此时数据的传输就不是那么关键了。但这时数据的分配和释放会成为拖慢系统的关键因素。

5.3.2　一个表达式模板类（An Expression Template Class）

设计表达式模板（*Expression Template*，ET）的目的是为了保留原始的运算符号，同时又不引入临时值以避免开销。这个技术是由 Todd Veldhuizen 和 Daveed Vandevoorde 各自独立发现的。

⇒ c++11/expression_template_example.cpp

同时满足优雅和性能的办法是为中间对象引入一个类,他们可以持有向量的引用,并在稍后一次性执行所有计算。此时,加法不再返回一个向量而会返回一个引用了其参数的对象。

```
template <typename T>
class vector_sum
{
  public:
    vector_sum(const vector<T>& v1, const vector<T>& v2)
      : v1(v1), v2(v2) {}
  private:
    const vector<T> &v1, &v2;
};

template <typename T>
vector_sum<T> operator+(const vector<T>& x, const vector<T>& y)
{
    return {x, y};
}
```

此时可以编写 x+y,但是还不能编写 w=x+y。这不仅是因为没有定义赋值操作,同时也是因为我们为 vector_sum 提供的功能还不足以执行赋值。我们扩展一下 vector_sum,使它看起来像一个向量:

```
template <typename T>
class vector_sum
{
  public:
    // ...
    friend int size(const vector_sum& x) { return size(x.v1); }
    T operator[](int i) const { return v1[i] + v2[i]; }
  private:
    const vector<T> &v1, &v2;
};
```

这个类中最有趣的部分是括号操作符:当访问第 *i* 个条目时,才会计算所有操作数的第 *i* 项之和。

在括号操作符中对元素求和有一个缺点,就是会导致多次访问条目时有重复计算。例如计算 A*(x+y)的乘法时就会出现这一情况。因此，某些操作可能需要预先计算向量和，而不是在访问操作符中计算。

为了计算 w=x+y，还需要为 vector_sum 实现赋值操作符：

```
template <typename T> class vector_sum; // 前向声明

template <typename T>
class vector
{   // ...
    vector& operator=(const vector_sum<T>& that)
    {
        check_size(size(that));
        for (int i= 0; i < my_size; ++i)
            data[i]= that[i];
        return *this;
    }
};
```

赋值操作符会对所有 data 和 that 进行迭代。由于后者是 vector_sum，所以 that[i]会计算逐元素的和——在这里是 x[i]+y[i]。和程序清单 5-4 中的代码相比，这里的 w=x+y：

- 只有一次循环。

- 没有临时向量。

- 没有额外的内存分配和释放。

- 没有额外的数据读写。

事实上它和下面这个循环是等价的：

```
for (int i= 0; i < size(w); ++i)
    w[i] = x[i] + y[i];
```

创建 vector_sum 对象的成本可以忽略不计。这是一个栈上的对象，不需要为之动态分配内存。而且即便是创建对象这样微不足道的开销，也会被大多数具有较好静态代码分析功能的编译器优化掉。

那么把三个向量加到一起时会发生什么呢？在程序清单 5-4 的实现中，它返回了一个向量并将其加到另一个向量上。而这里的方法会返回一个 vector_sum，此时还不能把 vector_sum 和 vector 相加。因此，需要另外一个表达式模板类执行相应的操作：

```cpp
template <typename T>
class vector_sum3
{
  public:
    vector_sum3(const vector<T>& v1, const vector<T>& v2,
                const vector<T>& v3)
      : v1(v1), v2(v2), v3(v3)
    { ... }

    T operator[](int i) const { return v1[i] + v2[i] + v3[i]; }
  private:
    const vector<T> &v1, &v2, &v3;
};

template <typename T>
vector_sum3<T> inline operator+(const vector_sum<T>& x,
                                const vector<T>& y)
{
    return {x.v1, x.v2, y};
}
```

其次，vector_sum 必须将新加入的加法操作符声明为友元（**friend**）以访问私有数据，并且 vector 还需要为 vector_sum3 做一个赋值函数。真是越来越麻烦了。再次，如果先执行后面那个加法（w= x + (y + z)）会发生什么？此时又需要一个新的加法操作符。还有，如果其中一些向量是数乘得来的，比如 w= x + dot(x, y) * y + 4.3 * z，是不是也需要为数乘实现一个 ET？我们的实现遇到了组合爆炸的问题，因此需要一个解决方案。这个方案会在下一节进行介绍。

5.3.3 泛化的表达式模板（Generic Expression Templates）

⇒ c++11/expression_template_example2.cpp

到这里我们已经从一个特定的类（vector）开始逐渐泛化实现。虽然这个步骤可以帮助我们更好地理解其机理，不过现在要直接写出一个可在任意向量类型和视图上工作的通用版本。

```cpp
template <typename V1, typename V2>
inline vector_sum<V1, V2> operator+(const V1& x, const V2& y)
{
    return {x, y};
}
```

现在要一个表达式类，以支持任意参数：

```cpp
template <typename V1, typename V2>
class vector_sum
{
  public:
    vector_sum(const V1& v1, const V2& v2) : v1(v1), v2(v2) {}

    ???? operator[](int i) const { return v1[i] + v2[i]; }

  private:
    const V1& v1;
    const V2& v2;
};
```

实现本身非常直截了当。唯一的问题是 operator[] 要返回什么类型。此处需要在每个类中定义 value_type（虽然外部的类型特征要更加灵活，但是这里只用最简单的实现）。在 vector_sum 中，可以获取第一个参数的 value_type，它本身可以从另一个类中获得。如果整个应用程序都使用相同的标量类型，那这个方案就是可以接受的。然而在 3.10 节中我们已经看到，如果不注意结果的类型，就可能在遇到其他参数类型后获得荒谬的结果。为了支持不同类型间的运算，要使用实参值类型的 common_type_t：

```cpp
template <typename V1, typename V2>
class vector_sum
{
    // ...
    using value_type= std::common_type_t<typename V1::value_type,
                                         typename V2::value_type>;

    value_type operator[](int i) const { return v1[i] + v2[i]; }
};
```

如果类 vector_sum 不需要显式的 value_type 声明，那么在 C++14 中可以直接使用 decltype(auto) 作为结果类型让编译器来推导它。相反，如果用 vector_sum 类实例化模板，那么这时尾随返回类型是无效的，因为它会创建一个对自身的依赖。

为了给 vector 类赋以不同种类的表达式，我们还应当泛化赋值操作符：

```cpp
template <typename T>
class vector
{
  public:
    template <typename Src>
    vector& operator=(const Src& that)
    {
```

```
            check_size(size(that));
            for (int i= 0; i < my_size; ++i)
                data[i]= that[i];
            return *this;
        }
    };
```

这个赋值操作符接受所有的类型，除了 vector<T>，因为我们需要给它一个专用的复制赋值操作符。为了避免代码重复，我们可以实现一个方法完成实际的复制工作，并让一般的赋值函数和复制赋值函数都能调用它。

表达式模板的优点：尽管 C++中的操作符重载可以让我们编写更好的代码，但是科学计算仍然会使用 Fortran 编程，或者在 C++中直接用循环实现。这是因为传统的操作符过于昂贵。由于创建临时变量以及复制向量和矩阵的开销庞大，导致 C++程序无法在性能上与 Fortran 相抗衡。通过引入泛型和表达式模板，我们解决了这个问题。现在我们就能以符号化的方式，方便地编写极为高效的科学计算程序。

5.4 元优化：编写你自己的编译器优化（Meta-Tuning: Write Your Own Compiler Optimization）

日新月异的编译器发展提供了越来越多的优化技术。在理想情况下，我们只要以最简单、最易读的方式编写软件，编译器就会生成最优的可执行文件。这样，我们只需要一个更新更好的编译器，就会让程序越来越快。不过很不巧，这样的好事不是什么时候都有的。

除了像复制消除（copy elision，参见 2.3.5.3 节）之类的通用优化技术，编译器还提供了类似循环展开（loop unrolling）这样的数值优化技术：转换循环以便在一个循环中执行多次迭代。这样减少了循环控制的开销，并增加了并发执行的可能性。许多编译器只在最内层循环上使用该技术，而展开多层循环通常会获得更好的性能。引入额外的中间变量会让某些迭代计算获益，这反过来也会要求语义信息，而这些信息可能是用户类型或操作符所不具备的。

有一些编译器会针对特定操作——特别是基准测试中所用到的操作，更具体地说是 LINPACK 基准测试中所用到的那些操作——进行优化。LINPACK 是用于评估世界上最快的 500 台计算机的基准测试。例如，它们可以用模式匹配来识别规范密集矩阵乘法中一个典型的三重循环，并用高度优化过的汇编程序替换此代码，这个优化后的实现可以快一个甚至多个数量级。这些程序还能使用各种优化操作，如使用七个或九个循环按平台相关的块大小操作数据去榨干每一级缓存、转置子矩阵、启用多线程、执行更加精细的寄存器编排，等等。[1]

将一个简单的循环实现替换为一个几乎有着峰值运行时性能的代码肯定是一个伟大的成就，这使许多程序员认为他们的计算也会被如此优化。但通常很小的变动就足以导致模式匹配失败而令性能远低于预期。无论模式定义得多么具有普适性，它的适用范围终归是有限的。一些并不会影响到分块和循环展开优化的算法改变（例如用三角矩阵乘法代替矩形矩阵乘法）也有可能导致编译器的特别优化失效。

一句话：编译器多能但并不万能。无论编译器针对多少特殊情况进行了调优，仍然需要针对特定领域进行优化。除了编译器中的技术，还有像 ROSE[35] 这样的工具，允许用户在抽象语法树（abstract syntax tree，AST，编译器内部表达程序的一种方法）上使用用户自定义的转换来变换源代码（包括 C++）。

特定转换下对语义知识的需求是编译器优化的主要障碍。优化仅适用于编译器实现者对类型和操作都已知的情况。感兴趣的读者可以在[19]中见到对该话题更深入的讨论。关于如何使用基于概念的优化，提供用户自定义的转换也一直在研究中[47]。不过这些研究想成为主流仍需时日。甚至 C++17 规划中的 *Concepts Lite* 扩展[2]也只能算是用户语义驱动优化的一小步，因为它目前只能处理语法层面的内容。

本章的其余部分我们将演示：在线性代数领域中，如何使用元编程完成用户自定义的代码转换。它的目的是，让用户尽可能清晰地完成运算，且通过使用函数和类模板使之达到最高的性能。我们将会看到，鉴于模板的图灵完备性，我们可以提供任何期望的用户接口，并且可以让它的行为和最高效的实现相同。编写充分优化的模板本身需要不少的编码、测试和性能评测工作。为了充分体现这些工作的价值，这些模板应该被包含在维护良好的库中，以供广大用户社区使用（或者起码在研究团队或公司内部使用）。

---

[1] 有时候人们会得到这样的印象：高性能计算（High-Performance Computing，HPC）社区认为只要将密集矩阵的计算性能调优至接近峰值就等于解决了世界上所有的性能问题——或者至少说明只要做一次艰难的尝试就足够让所有程序的性能都接近峰值。不过幸运的是，越来越多的超级计算机中心的工作人员意识到他们的机器不仅仅会运行密集矩阵的操作，实际的应用程序大多会受限于内存带宽与延迟。

[2] 并没有进入 C++17。——译注

5.4.1 经典的固定大小的循环展开（Classical Fixed-Size Unrolling）

⇒ c++11/fsize_unroll_test.cpp

固定大小的数据类型，可以有最简单的编译器优化形式，例如 3.7 节中的数学向量。与默认赋值类似，我们可以编写通用版本的向量赋值：

```cpp
template <typename T, int Size>
class fsize_vector
{
  public:
    const static int     my_size= Size;

    template <typename Vector>
    self& operator=(const self& that)
    {
        for (int i= 0; i < my_size; ++i)
            data[i]= that[i];
    }
};
```

足够先进的编译器可以发现所有的迭代都是独立的，例如 data[2]= that[2]; 独立于 data[1]= that[1];。编译器还可以在编译期间确定循环的大小。因此，当 fsize_vector 的大小为 3 时生成的二进制代码等价于：

```cpp
template <typename T, int Size>
class fsize_vector
{
    template <typename Vector>
    self& operator=(const self& that)
    {
        data[0]= that[0];
        data[1]= that[1];
        data[2]= that[2];
    }
};
```

右侧的向量 that 也可能会是个表达式模板（参见 5.3 节），例如，alpha* x + y 的计算会被内联成下面的样子：

```cpp
template <typename T, int Size>
class fsize_vector
{
    template <typename Vector>
```

```cpp
    self& operator=(const self& that)
    {
        data[0]= alpha * x[0] + y[0];
        data[1]= alpha * x[1] + y[1];
        data[2]= alpha * x[2] + y[2];
    }
};
```

为了让循环展开更加明确，并逐步引入元调优，我们开发了一个执行赋值的仿函数：

```cpp
template <typename Target, typename Source, int N>
struct fsize_assign
{
    void operator()(Target& tar, const Source& src)
    {
        fsize_assign<Target, Source, N-1>()(tar, src);
        std::cout << "assign entry " << N << '\n';
        tar[N]= src[N];
    }
};
template <typename Target, typename Source>
struct fsize_assign<Target, Source, 0>
{
    void operator()(Target& tar, const Source& src)
    {
        std::cout << "assign entry " << 0 << '\n';
        tar[0]= src[0];
    }
};
```

输出会显示它是怎么执行的。为了避免显式实例化参数类型，我们选择参数化 operator()而不是参数化类：

```cpp
template <int N>
struct fsize_assign
{
    template <typename Target, typename Source>
    void operator()(Target& tar, const Source& src)
    {
        fsize_assign<N-1>()(tar, src);
        std::cout << "assign entry " << N << '\n';
        tar[N]= src[N];
    }
};

template <>
struct fsize_assign<0>
{
```

```cpp
    template <typename Target, typename Source>
    void operator()(Target& tar, const Source& src)
    {
        std::cout << "assign entry " << 0 << '\n';
        tar[0]= src[0];
    }
};
```

然后在调用操作符时，编译器会推导出向量类型。这里我们在操作符中递归调用赋值仿函数以取代循环：

```cpp
template <typename T, int Size>
class fsize_vector
{
    static_assert(my_size > 0, "Vector must be larger than 0.");

    self& operator=(const self& that)
    {
        fsize_assign<my_size-1>{}(*this, that);
        return *this;
    }
    template <typename Vector>
    self& operator=(const Vector& that)
    {
        fsize_assign<my_size-1>{}(*this, that);
        return *this;
    }
};
```

用下面的代码来执行这个例子：

```cpp
fsize_vector<float, 4> v, w;
v[0]= v[1]= 1.0; v[2]= 2.0; v[3]= -3.0;
w= v;
```

输出与我们的预期相符：

```
assign entry 0
assign entry 1
assign entry 2
assign entry 3
```

在这个实现中，我们用递归代替了循环——这里编译器需要将运算和循环控制内联，否则递归会比循环更慢。

这个技术只对小的、可以完全置于 L1 缓存中的循环有用。而较大的循环只能从内存读取数据，并且循环上的开销是无关紧要的。如果要对非常大的向量展开所有的操作反而会导致性能下降。由于大量指令需要加载，从而导致数据的传输需要等待。如前所述，编译器可以自行展开这些运算，并且我们期望它有一个启发式的方法来决定何时不这样做。我们也观察到，单层循环自动展开的速度有时比上面的显式实现要更快。

有些人认为在 C++14 中，可以使用 constexpr 以简化实现。很可惜，它做不到这一点，因为此处混合了编译期参数 size 和运行期参数向量的引用。所以，constexpr 会降级成为一个普通函数。

5.4.2 嵌套展开（Nested Unrolling）

经验上大多数编译器都会展开非嵌套的循环。即便是那些能够处理嵌套循环的优秀编译器，也做不到优化每一个程序内核——特别是那些使用用户自定义类型实例化的、具有大量模板参数的内核。在这里我们以矩阵-向量乘积为例，演示如何在编译时展开内层循环。

⇒ c++11/fsize_unroll_test.cpp

为此我们引入了一个简单的固定大小的矩阵类型：

```cpp
template <typename T, int Rows, int Cols>
class fsize_matrix
{
    static_assert(Rows > 0, "Rows must be larger than 0.");
    static_assert(Cols > 0, "Cols must be larger than 0.");

    using self= fsize_matrix;
  public:
    using value_type= T;
    const static int    my_rows= Rows, my_cols= Cols;

    fsize_matrix(const self& that) { ... }

    // 此处不能检查列索引！
    const T* operator[](int r) const { return data[r]; }
    T* operator[](int r) { return data[r]; }

    mat_vec_et<self, fsize_vector<T, Cols> >
    operator*(const fsize_vector<T, Cols>& v) const
    {
        return {*this, v};
    }
```

```
    private:
    T        data[Rows][Cols];
};
```

为了简单起见，operator[] 返回一个指针。一个更好的实现是返回一个允许检查索引的代理（参见附录 A.4.3.3 节），接着使用表达式模板实现向量乘法以避免结果向量的复制，然后为我们的表达式模板类型重载向量的赋值：

```
template <typename T, int Size>
class fsize_vector
{
    template <typename Matrix, typename Vector>
    self& operator=(const mat_vec_et<Matrix, Vector>& that)
    {
        using et= mat_vec_et<Matrix, Vector>;
        using mv= fsize_mat_vec_mult<et::my_rows-1, et::my_cols-1>;
        mv{}(that.A, that.v, *this);
        return *this;
    }
};
```

仿函数 fsize_mat_vec_mult 根据三个参数计算矩阵-向量的乘积。这个仿函数的泛化实现如下：

```
template <int Rows, int Cols>
struct fsize_mat_vec_mult
{
    template <typename Matrix, typename VecIn, typename VecOut>
    void operator()(const Matrix& A, const VecIn& v_in, VecOut& v_out)
    {
        fsize_mat_vec_mult<Rows, Cols-1>()(A, v_in, v_out);
        v_out[Rows]+= A[Rows][Cols] * v_in[Cols];
    }
};
```

同样，仿函数只使用 size 作为显式参数，容器类型可以通过推导得出。操作符假设所有较小的列索引已经过处理，这样就可以将 A[Rows][Cols] * v_in[Cols] 累加到 v_out[Rows] 上。特别是我们假设 v_out[Rows] 的第一个操作会初始化这个值。这样就需要为 Col=0 提供一个（部分）特化的版本：

```
template <int Rows>
struct fsize_mat_vec_mult<Rows, 0>
{
    template <typename Matrix, typename VecIn, typename VecOut>
```

```
    void operator()(const Matrix& A, const VecIn& v_in, VecOut& v_out)
    {
        fsize_mat_vec_mult<Rows-1, Matrix::my_cols-1>()(A, v_in, v_out);
        v_out[Rows]= A[Rows][0] * v_in[0];
    }
};
```

细心的读者可能会发现我们用=代替了+=。我们还需要调用前一行中所有列的计算，并以此类推。简单起见，矩阵列的数量来自矩阵类型内部的定义。[1] 我们还需要一个（完全）特化的版本来终止递归：

```
template <>
struct fsize_mat_vec_mult<0, 0>
{
    template <typename Matrix, typename VecIn, typename VecOut>
    void operator()(const Matrix& A, const VecIn& v_in, VecOut& v_out)
    {
        v_out[0]= A[0][0] * v_in[0];
    }
};
```

使用内联以后，当向量大小为 4 时，我们的程序计算 w= A * v 就如同：

```
w[0]=  A[0][0] * v[0];
w[0]+= A[0][1] * v[1];
w[0]+= A[0][2] * v[2];
w[0]+= A[0][3] * v[3];
w[1]=  A[1][0] * v[0];
w[1]+= A[1][1] * v[1];
w[1]+= A[1][2] * v[2];
            ⋮
```

我们的测试表明，这个实现比经过编译器优化的循环要更快。

5.4.2.1 提升并发（Increasing Concurrency）

前面这个实现有一个缺点，那就是每趟只完成目标向量中某一项的全部计算。这样第 2 条运算要等待第 1 条运算，第 3 条运算要等待第 2 条运算，以此类推。第 5 条运算可以和第 4 条并行，第 9 条运算可以和第 8 条并行，等等。但是这个并发性非常有限。我们希望程序能够有更好的并行性，这样可以利用超标量处理器中的并行流水线甚至是 SSE。这

---

[1] 将列作为额外的模板参数传递，或者采用类型特征会得到更通用的代码，因为此时我们不再依赖类中 my_cols 的定义。

里我们也可以袖手旁观，希望编译器可以将语句重排为我们所期望或者它能掌控的顺序。当我们遍历结果向量和内层循环中的矩阵行时，就能提供更高的并发性：

```
w[0]=  A[0][0] * v[0];
w[1]=  A[1][0] * v[0];
w[2]=  A[2][0] * v[0];
w[3]=  A[3][0] * v[0];
w[0]+= A[0][1] * v[1];
w[1]+= A[1][1] * v[1];
          ⋮
```

此时我们只需要重构仿函数。一个通用的模板如下：

```
template <int Rows, int Cols>
struct fsize_mat_vec_mult_cm
{
    template <typename Matrix, typename VecIn, typename VecOut>
    void operator()(const Matrix& A, const VecIn& v_in, VecOut& v_out)
    {
        fsize_mat_vec_mult_cm<Rows-1, Cols>()(A, v_in, v_out);
        v_out[Rows]+= A[Rows][Cols] * v_in[Cols];
    }
};
```

此时我们需要对第 0 行做部分特化以使它转向下一列：

```
template <int Cols>
struct fsize_mat_vec_mult_cm<0, Cols>
{
    template <typename Matrix, typename VecIn, typename VecOut>
    void operator()(const Matrix& A, const VecIn& v_in, VecOut& v_out)
    {
        fsize_mat_vec_mult_cm<Matrix::my_rows-1,
            Cols-1>()(A, v_in, v_out);
        v_out[0]+= A[0][Cols] * v_in[Cols];
    }
};
```

第 0 列的部分特化代码还需要初始化输出向量的元素：

```
template <int Rows>
struct fsize_mat_vec_mult_cm<Rows, 0>
{
    template <typename Matrix, typename VecIn, typename VecOut>
    void operator()(const Matrix& A, const VecIn& v_in, VecOut& v_out)
    {
        fsize_mat_vec_mult_cm<Rows-1, 0>()(A, v_in, v_out);
```

```
            v_out[Rows]= A[Rows][0] * v_in[0];
        }
};
```

最后，我们仍然需要一个行列都是 0 的特化来终止递归。可以直接使用之前的仿函数：

```
template <>
struct fsize_mat_vec_mult_cm<0, 0>
    : fsize_mat_vec_mult<0, 0> {};
```

注意，当对不同数据执行相同操作时，我们可以从 *SIMD* 架构中收益。SIMD 的意思是单指令多数据（*Single Instruction, Multiple Data*）。现代处理器包含的 *SSE* 单元可以在多个浮点数上同时执行运算。要使用这些 SSE 命令，被处理的数据需要对齐且在内存中连续，并且要将这一事实告知编译器。我们的例子里没有解决对齐问题，但是展开后的代码清楚地表明了我们是在连续的内存上执行了相同的操作。

5.4.2.2 使用寄存器（Using Registers）

我们还应该记住现代处理器的另一个特性是高速缓存的一致性。如今的处理器在设计上是可以共享内存的，所以在它们的高速缓存之间要维持一致性。因此每次我们向内存中写入一个数据结构时（例如向量 w）都会将高速缓存失效的信号发送给其他核心或处理器。这将会明显地拖慢计算速度。

好在很多情况下我们都可以避开缓存失效的瓶颈，在函数中引入的临时变量只要类型允许就会驻留在寄存器中。我们可以相信编译器会对临时对象的位置做出很好的决策。在 C++03 中，还有 register 关键词。只不过这个词仅仅是一个提示，编译器并不是必须要把它装入寄存器中。特别是如果开发时并没有确定针对某个特定平台，那么强行使用 register 将会弊大于利。C++11 废弃了这个关键字，因为编译器可以在没有程序员的帮助下根据平台情况很好地确定变量的位置。

要引入临时量需要两个类型，一个用于外侧循环一个用于内侧循环。我们从外侧循环开始：

```
1   template <int Rows, int Cols>
2   struct fsize_mat_vec_mult_reg
3   {
4       template <typename Matrix, typename VecIn, typename VecOut>
5       void operator()(const Matrix& A, const VecIn& v_in, VecOut& v_out)
6       {
```

```
 7          fsize_mat_vec_mult_reg<Rows-1, Cols>()(A, v_in, v_out);
 8
 9          typename VecOut::value_type tmp;
10          fsize_mat_vec_mult_aux<Rows, Cols>()(A, v_in, tmp);
11          v_out[Rows]= tmp;
12      }
13 };
```

我们假设在这个类之前已经声明了 fsize_mat_vec_mult_aux。第 7 行的首句计算了之前行的值。第 9 行定义了一个临时量，假设它会被一个合格的编译器放置到寄存器中。然后我们开始计算这一行。临时值以引用形式传递给内联函数，这样求和操作就可以在寄存器内完成。在第 10 行中，我们将结果写回给 v_out。这仍然会导致总线上的无效信号，但是每个项只会出现一次。函数仍然需要专门处理第 0 行以避免无限循环：

```
template <int Cols>
struct fsize_mat_vec_mult_reg<0, Cols>
{
    template <typename Matrix, typename VecIn, typename VecOut>
    void operator()(const Matrix& A, const VecIn& v_in, VecOut& v_out)
    {
        typename VecOut::value_type tmp;
        fsize_mat_vec_mult_aux<0, Cols>()(A, v_in, tmp);
        v_out[0]= tmp;
    }
};
```

对每一行我们都会遍历所有的列并累加到临时变量（希望它还在寄存器中）上：

```
template <int Rows, int Cols>
struct fsize_mat_vec_mult_aux
{
    template <typename Matrix, typename VecIn, typename ScalOut>
    void operator()(const Matrix& A, const VecIn& v_in, ScalOut& tmp)
    {
        fsize_mat_vec_mult_aux<Rows, Cols-1>()(A, v_in, tmp);
        tmp+= A[Rows][Cols] * v_in[Cols];
    }
};
```

最后通过一个特化终止矩阵的计算：

```
template <int Rows>
struct fsize_mat_vec_mult_aux<Rows, 0>
{
    template <typename Matrix, typename VecIn, typename ScalOut>
```

```
        void operator()(const Matrix& A, const VecIn& v_in, ScalOut& tmp)
        {
            tmp= A[Rows][0] * v_in[0];
        }
    };
```

本节我们展示了多种方法用于优化固定大小的二维循环。肯定还有更多的优化方法，比如我们可以尝试实现一个同时具有好的并发性并充分利用寄存器的程序。另一个优化方法是将写回操作聚合在一起以尽可能减少缓存失效信号。

5.4.3　动态循环展开——热身（Dynamic Unrolling—Warm-up）

⇒ c++11/vector_unroll_example.cpp

对固定大小的容器进行优化很重要，而加速动态大小的容器要更重要一些。我们先从一个简单的例子和简单的观察开始。我们重用一下程序清单 3-1 中的 vector 类。为了让实现更清晰，我们不使用操作符和表达式模板。我们的测试用例是计算：

$$u = 3v + w$$

这三个向量的长度都是 1000。计时工具来自 <chrono>。向量 v 和 w 已经初始化过，并且为了确认数据已经在缓存中，我们计时前提前运行了一些加法操作。简洁起见，我们将性能评测代码移到了附录 A.9.5 中。

我们将直接循环与每次迭代执行四次计算的循环相比较：

```
for (unsigned j= 0; j < rep; j++)
    for (unsigned i= 0; i < s; i+= 4) {
        u[i]=   3.0f * v[i]   + w[i];
        u[i+1]= 3.0f * v[i+1] + w[i+1];
        u[i+2]= 3.0f * v[i+2] + w[i+2];
        u[i+3]= 3.0f * v[i+3] + w[i+3];
    }
```

显然这段代码只能在大小是 4 的倍数的向量上工作。为了避免错误我们可以添加一个向量大小的断言，不过这并不是一个令人满意的方案。我们将这个实现泛化为支持任意向量大小。

程序清单5-5：循环展开计算 $u = 3v + w$。

```
for (unsigned j= 0; j < rep; j++) {
    unsigned sb= s / 4 * 4;
    for (unsigned i= 0; i < sb; i+= 4) {
        u[i]=   3.0f * v[i]   + w[i];
        u[i+1]= 3.0f * v[i+1] + w[i+1];
        u[i+2]= 3.0f * v[i+2] + w[i+2];
        u[i+3]= 3.0f * v[i+3] + w[i+3];
    }
    for (unsigned i= sb; i < s; ++i)
        u[i]= 3.0f * v[i] + w[i];
}
```

遗憾的是，我们所获得的最大的优势是在最古老的编译器上。使用 gcc 4.4 和参数 -O3 -ffast-math -DNDEBUG，并且运行在 Intel i7-3820 3.6 GHz 的 CPU 上，结果如下：

```
Compute time native loop is 0.801699 µs.
Compute time unrolled loop is 0.600912 µs.
```

本章中测量的时间取的是至少 1000 次的平均值，因此累计执行时间超过 10s，时钟可以提供足够的分辨率。

作为手动展开的补充，我们还可以使用编译器选项 -funroll-loops。在测试机器上，执行时间如下：

```
Compute time native loop is 0.610174 µs.
Compute time unrolled loop is 0.586364 µs.
```

可见，编译器选项可以为我们提供类似的性能增益。

当向量大小已知时，编译器还能进行更多优化，例如：

```
const unsigned s= 1000;
```

此时对循环的转换会更加容易，也更加能够证明这一转换的好处：

```
Compute time native loop is 0.474725 µs.
Compute time unrolled loop is 0.471488 µs.
```

在 g++4.8 中，我们得到的运行时间是 $0.42\mu s$，而在 clang 3.4 中甚至只有 $0.16\mu s$。分析生成的汇编可以知道，主要的区别在于数据是如何从主存储器移动到浮点寄存器并移回的。

这也证明了，一维循环现代编译器已经优化得非常好了，甚至比手动调优更好。尽管如此，我们仍然会在一维上演示元调优技术，作为更高维度的优化的准备。此时它仍然可以为程序提供显著的加速。

假设循环展开对于平台上给定的计算是有益的，那么接下来的问题就是：最优的展开块大小是多少？

- 它是否和表达式有关？
- 它是否和参数类型有关？
- 它是否和计算机架构有关？

答案是肯定的。主要（但不唯一）的原因是，不同处理器有不同数量的寄存器。一次迭代需要多少个寄存器取决于表达式和类型（例如 complex 就比 float 需要更多的寄存器）。

在接下来的一节中，我们会解决以下两个问题：如何封装转换过程使得它不会影响应用程序，以及如何在不重写循环的情况下更改块的大小。

5.4.4 展开向量表达式（Unrolling Vector Expressions）

为了便于理解，我们一步步讨论元调优中的抽象。我们从前面的循环示例 $u=3v+w$ 开始，并逐步将其实现为一个可调优函数。这个函数名称为 my_axpy。它有一个模板参数代表块的大小，因此我们可以这样用：

```
for (unsigned j= 0; j < rep; j++)
    my_axpy<2>(u, v, w);
```

这个函数包含了一个被展开的、可定制块大小的主循环，以及在循环结束后的一段清理代码：

```
template <unsigned BSize, typename U, typename V, typename W >
void my_axpy(U& u, const V& v, const W & w)
{
    assert(u.size() == v.size() && v.size() == w.size());
    unsigned s= u.size(), sb= s / BSize * BSize;
    
    for (unsigned i= 0; i < sb; i+= BSize)
        my_axpy_ftor<0, BSize>()(u, v, w, i);
```

```
    for (unsigned i= sb; i < s; ++i)
        u[i]= 3.0f * v[i] + w[i];
}
```

前面的章节提到过，需要推导的模板类型，例如我们这里的向量类型，必须要定义在参数列表的结尾；而需要显式指定的模板实参，这里是块的大小，必须要传递给第一个模板形参。第一个循环中的块语句的实现和 5.4.1 节中的仿函数类似。这里的实现略有变化，它有两个模板参数，需要递增第一个直到它和第二个参数相同。我们观察到使用这种方法在 gcc 上生成二进制代码比仅使用一个参数并将其减到 0 的速度要更快。此外，双参数的版本也和 5.4.7 节中的多维实现更加一致。为了以固定大小展开循环，我们需要一个递归模板定义。对每一个操作符都执行一条运算，并且调用它的后续操作：

```
template <unsigned Offset, unsigned Max>
struct my_axpy_ftor
{
    template <typename U, typename V, typename W >
    void operator()(U& u, const V& v, const W & w, unsigned i)
    {
        u[i+Offset]= 3.0f * v[i+Offset] + w[i+Offset];
        my_axpy_ftor<Offset+1, Max>()(u, v, w, i);
    }
};
```

和固定大小展开的唯一区别是，这里的索引是相对于索引 i 的。第一次调用 operator() 时，offset 设置为 0，然后是 1、2，以此类推。由于每个调用都是内联的，因此这些函数调用等价于展开了循环并移除了调用的代码块。所以，调用 my_axpy_ftor<0, 4>()(u, v, w, i) 所执行的内容与程序清单 5-5 中的第一个循环的一次迭代是一样的。

当然，这里如果没有特化 Max 就会导致编译无限循环：

```
template <unsigned Max>
struct my_axpy_ftor<Max, Max>
{
    template <typename U, typename V, typename W>
    void operator()(U& u, const V& v, const W& w, unsigned i) {}
};
```

使用不同的展开参数会显示：

```
Compute time unrolled<2> loop is 0.667546 µs.
Compute time unrolled<4> loop is 0.601179 µs.
Compute time unrolled<6> loop is 0.565536 µs.
```

```
Compute time unrolled<8> loop is 0.570061 µs.
```

现在我们可以用任何想要的块大小调用这个操作。另一方面，为每个向量表达式提供这样的仿函数是不现实的。因此这里我们需要将这种技术与表达式模板相结合。

5.4.5　调优表达式模板（Tuning an Expression Template）

⇒ c++03/vector_unroll_example2.cpp

5.3.3 节中我们实现了向量和的表达式模板（无代码展开）。以同样的方式，我们可以实现标量−向量的积，在 5.4.4 节中作为练习留给有动力的读者，这里仅考虑加法表达式：

$$u = v + v + w$$

此时性能基准是：

```
Compute time is 1.72 µs.
```

我们只需要修改实际的赋值操作，就可以将元调优整合到表达式模板中，因为只有在那里才是执行所有基于循环的向量运算的地方。其他操作（加法、减法、数乘……）都只是返回包含引用的小型对象。我们可以把 `operator=` 中的循环拆分为开始的展开部分和结尾处的完成部分：

```
template <typename T>
class vector
{
    template <typename Src>
    vector& operator=(const Src& that)
    {
    check_size(size(that));
    unsigned s= my_size, sb= s / 4 * 4;

    for (unsigned i= 0; i < sb; i+= 4)
        assign<0, 4>()(*this, that, i);

    for (unsigned i= sb; i < s; ++i)
        data[i]= that[i];
    return *this;
    }
};
```

赋值仿函数的实现与 `my_axpy_ftor` 类似：

```
template <unsigned Offset, unsigned Max>
struct assign
{
    template <typename U, typename V>
    void operator()(U& u, const V& v, unsigned i)
    {
        u[i+Offset]= v[i+Offset];
        assign<Offset+1, Max>()(u, v, i);
    }
};

template <unsigned Max>
struct assign<Max, Max>
{
    template <typename U, typename V>
    void operator()(U& u, const V& v, unsigned i) {}
};
```

计算上面的表达式可以输出：

Compute time is 1.37 μs.

如此简单的修改就可以加速所有的向量表达式模板，然而与之前的实现相比，我们损失了定制循环展开的灵活性。仿函数 assign 有两个参数，因此我们可以自定义它。问题在于赋值操作符。原则上我们可以定义一个显式的模板参数：

```
template <unsigned BSize, typename Src>
vector& operator=(const Src& that)
{
    check_size(size(that));
    unsigned s= my_size, sb= s / BSize * BSize;

    for (unsigned i= 0; i < sb; i+= BSize)
        assign<0, BSize>()(*this, that, i);

    for (unsigned i= sb; i < s; ++i)
        data[i]= that[i];
    return *this;
}
```

但它有一个缺点，我们不能将=当作一个自然的中缀操作符来使用，而是必须写作：

u.operator=<4>(v + v + w);

这看起来真的太奇怪了。当然也可以争辩说为了性能写起来再难看人们都愿意。但不管怎么说，它都不符合我们对程序直觉性和可读性的预期。

替代的方案是：

```
unroll<4>(u= v + v + w);
```

或者

```
unroll<4>(u)= v + v + w;
```

这两个版本都可以实现，但我们觉得后者更具可读性。前者正确地表达了我们正在做的事，而后者实现起来更容易，并且表达式的结构保留了更好的可见性（visibility）。因此我们这里将演示第二种实现。

函数 unroll 的实现很简单，它只返回一个类型为 unroll_vector 的对象（见下文），其中包含对向量的引用和展开大小的类型信息：

```cpp
template <unsigned BSize, typename Vector>
unroll_vector<BSize, Vector> inline unroll(Vector& v)
{
    return unroll_vector<BSize, Vector>(v);
}
```

类 unroll_vector 也很简单。它只需要引用目标向量并提供赋值操作符：

```cpp
template <unsigned BSize, typename V>
class unroll_vector
{
  public:
    unroll_vector(V& ref) : ref(ref) {}

    template <typename Src>
    V& operator=(const Src& that)
    {
        assert(size(ref) == size(that));
        unsigned s= size(ref), sb= s / BSize * BSize;

        for (unsigned i= 0; i < sb; i+= BSize)
            assign<0, BSize>()(ref, that, i);

        for (unsigned i= sb; i < s; ++i)
            ref[i]= that[i];
        return ref;
    }
  private:
    V&    ref;
};
```

使用不同的块大小计算我们的向量表达式得到以下结果:

```
Compute time unroll<1>(u)= v + v + w is 1.72 μs.
Compute time unroll<2>(u)= v + v + w is 1.52 μs.
Compute time unroll<4>(u)= v + v + w is 1.36 μs.
Compute time unroll<6>(u)= v + v + w is 1.37 μs.
Compute time unroll<8>(u)= v + v + w is 1.4 μs.
```

这几个性能测试的结果与之前一致,即 unroll<1>和标准实现相同,unroll<4>和我们硬编码的性能一致。

5.4.6 调优缩减运算(Tuning Reduction Operations)

本节中的技术适用于各种向量和矩阵的范数计算,也可以用于点积和张量缩减。

5.4.6.1 在单一变量上缩减(Reducing on a Single Variable)

⇒ c++03/reduction_unroll_example.cpp

在前面的向量运算中,每个向量中的第 i 项在处理的时候都独立于其他任意项。而对于缩减操作,它们则会因为一个或多个临时变量而关联到一起。这些临时变量可能会成为严重的瓶颈。

首先我们来测试 5.4.4 节中的技术能否加速缩减操作,比如离散的 L_1 范数(也称之为曼哈顿范数,Manhattan norm)。我们根据迭代块的仿函数来实现 one_norm 函数:

```
template <unsigned BSize, typename Vector>
typename Vector::value_type
inline one_norm(const Vector& v)
{
    using std::abs;
    typename Vector::value_type sum(0);
    unsigned s= size(v), sb= s / BSize * BSize;

    for (unsigned i= 0; i < sb; i+= BSize)
        one_norm_ftor<0, BSize>()(sum, v, i);
    for (unsigned i= sb; i < s; ++i)
        sum+= abs(v[i]);
    return sum;
}
```

仿函数也和之前的实现类似:

```
template <unsigned Offset, unsigned Max>
struct one_norm_ftor
{
    template <typename S, typename V>
    void operator()(S& sum, const V& v, unsigned i)
    {
        using std::abs;
        sum+= abs(v[i+Offset]);
        one_norm_ftor<Offset+1, Max>()(sum, v, i);
    }
};

template <unsigned Max>
struct one_norm_ftor<Max, Max>
{
    template <typename S, typename V>
    void operator()(S& sum, const V& v, unsigned i) {}
};
```

对于缩减操作我们在较新的编译器如 gcc 4.8 上可见到明显的好处：

```
Compute time one_norm<1>(v) is 0.788445 µs.
Compute time one_norm<2>(v) is 0.43087 µs.
Compute time one_norm<4>(v) is 0.436625 µs.
Compute time one_norm<6>(v) is 0.43035 µs.
Compute time one_norm<8>(v) is 0.461095 µs.
```

这里的相对加速比达到了 1.8。我们再尝试一些其他的实现。

5.4.6.2 在数组上缩减（Reducing on an Array）

⇒ c++03/reduction_unroll_array_example.cpp

回顾先前的计算，我们会发现每次迭代都使用了 v 中不同的项。但是每个计算都访问了相同的临时变量 sum，这限制了并发性。为了提供更多的并发，我们可以在数组中使用多个临时变量。[1] 以下是修改后的函数：

```
template <unsigned BSize, typename Vector>
typename Vector::value_type
```

---

[1] 严格地说，它并不总能适用于我们所知道的所有的标量类型。因为我们改变了求值顺序，这要求用于求和的 sum 类型必须是一个交换幺半群（commutative monoid）。这个要求适用于所有的内建数值类型，当然也适用于所有用户自定义的算术类型。然而我们有定义不可交换或不满足幺半群加法的类型自由，但此时所做的变换是错误的。为了处理这些异常，我们需要语义概念，它们有望成为 C++ 的一部分（特别是作者已经为之花了很多的时间）。

```
inline one_norm(const Vector& v)
{
    using std::abs;
    typename Vector::value_type sum[BSize];
    for (unsigned i= 0; i < BSize; ++i)
        sum[i]= 0;

    unsigned s= size(v), sb= s / BSize * BSize;
    for (unsigned i= 0; i < sb; i+= BSize)
        one_norm_ftor<0, BSize>()(sum, v, i);

    for (unsigned i= 1; i < BSize; ++i)
        sum[0]+= sum[i];
    for (unsigned i= sb; i < s; ++i)
        sum[0]+= abs(v[i]);

    return sum[0];
}
```

此时，one_norm_ftor 的每个实例都会操作 sum 数组中的不同项：

```
template <unsigned Offset, unsigned Max>
struct one_norm_ftor
{
    template <typename S, typename V>
    void operator()(S* sum, const V& v, unsigned i)
    {
        using std::abs;
        sum[Offset]+= abs(v[i+Offset]);
        one_norm_ftor<Offset+1, Max>()(sum, v, i);
    }
};

template <unsigned Max>
struct one_norm_ftor<Max, Max>
{
    template <typename S, typename V>
    void operator()(S* sum, const V& v, unsigned i) {}
};
```

在测试机上运行该实现可以得到：

```
Compute time one_norm<1>(v) is 0.797224 µs.
Compute time one_norm<2>(v) is 0.45923 µs.
Compute time one_norm<4>(v) is 0.538913 µs.
Compute time one_norm<6>(v) is 0.467529 µs.
Compute time one_norm<8>(v) is 0.506729 µs.
```

它甚至比单一变量还要慢一些。传递数组太过昂贵，即便它可以被内联。我们再试试别的方法。

5.4.6.3　在内嵌类对象上缩减（Reducing on a Nested Class Object）

⇒ c++03/reduction_unroll_nesting_example.cpp

为了避免引入数组，我们可以定义一个有 n 个临时变量的类，其中 n 是一个模板参数。类的设计更加符合仿函数的递归结构：

```
template <unsigned BSize, typename Value>
struct multi_tmp
{
    typedef multi_tmp<BSize-1, Value> sub_type;

    multi_tmp(const Value& v) : value(v), sub(v) {}

    Value      value;
    sub_type   sub;
};

template <typename Value>
struct multi_tmp<0, Value>
{
    multi_tmp(const Value& v) {}
};
```

该类型对象的初始化可以递归地完成，这样就不用像数组一样循环。仿函数可以对 **value** 成员进行操作，并将它对子成员的引用传递给后继者。于是仿函数的实现如下：

```
template <unsigned Offset, unsigned Max>
struct one_norm_ftor
{
    template <typename S, typename V>
    void operator()(S& sum, const V& v, unsigned i)
    {
        using std::abs;
        sum.value+= abs(v[i+Offset]);
        one_norm_ftor<Offset+1, Max>()(sum.sub, v, i);
    }
};

template <unsigned Max>
struct one_norm_ftor<Max, Max>
```

```
{
    template <typename S, typename V>
    void operator()(S& sum, const V& v, unsigned i) {}
};
```

展开函数使用仿函数读取：

```
template <unsigned BSize, typename Vector>
typename Vector::value_type
inline one_norm(const Vector& v)
{
    using std::abs;
    typedef typename Vector::value_type value_type;
    multi_tmp<BSize, value_type> multi_sum(0);

    unsigned s= size(v), sb= s / BSize * BSize;
    for (unsigned i= 0; i < sb; i+= BSize)
        one_norm_ftor<0, BSize>()(multi_sum, v, i);

    value_type sum= multi_sum.sum();
    for (unsigned i= sb; i < s; ++i)
        sum+= abs(v[i]);

    return sum;
}
```

这里还缺了一条：必须在 `multi_sum` 的最后缩减局部和。

可惜我们不能在 `multi_sum` 的成员上执行循环。因此需要有一个递归函数来处理 `multi_sum`。这个函数最简单的实现是成为具有相应特化的类的成员函数：

```
template <unsigned BSize, typename Value>
struct multi_tmp
{
    Value sum() const { return value + sub.sum(); }
};

template <typename Value>
struct multi_tmp<0, Value>
{
    Value sum() const { return 0; }
};
```

注意，要从一个空的 `multi_tmp` 开始求和，而不是从最内层的 `value` 成员求和。否则就需要多一个特化 `multi_tmp<1, Value>`。同样也可以在 `accumulate` 中实现一个泛化的缩减，但此时需要一个初始元素：

```
template <unsigned BSize, typename Value>
struct multi_tmp
{
    template <typename Op>
    Value reduce(Op op, const Value& init) const
    { return op(value, sub.reduce(op, init)); }
};

template <typename Value>
struct multi_tmp<0, Value>
{
    template <typename Op>
    Value reduce(Op, const Value& init) const { return init; }
};
```

这个版本的计算时间是：

```
Compute time one_norm<1>(v) is 0.786668 µs.
Compute time one_norm<2>(v) is 0.442476 µs.
Compute time one_norm<4>(v) is 0.441455 µs.
Compute time one_norm<6>(v) is 0.410978 µs.
Compute time one_norm<8>(v) is 0.426368 µs.
```

在我们的测试环境中，不同实现之间的性能相近。

5.4.6.4　处理抽象惩罚（Dealing with Abstraction Penalty）

⇒ c++03/reduction_unroll_registers_example.cpp

在前一节中，我们引入了临时变量以提高计算的独立性。但是这些临时变量只有保存在寄存器中才会有好处。否则，由于多了额外的内存流量和缓存无效信号，甚至会导致执行速度减慢。对于某些旧的编译器，数组和嵌套类只能位于主存中，展开版本的代码甚至比顺序执行的代码的运行时间还要长。

这是一个典型的抽象惩罚（*Abstraction Penalty*）的例子：语义上等效的程序因为更高的抽象层次而变得缓慢。为了量化抽象惩罚，Alex Stepanov 在 20 世纪 90 年代早期设立了一个性能基准，用于衡量包装类对 accumulate 性能的影响[40]。其思想是，可以以相同速度运行的所有测试编译器，都能够无额外开销地执行 STL 算法。

在那时人们可以观察到，更抽象的代码有着显著的额外开销。而现代编译器已经能轻松处理该基准中的抽象。这并不意味着它们能够处理每个抽象级别，并且我们总是要检查性能关键的内核是否可以通过较少的抽象达到更快的速度。例如，在 MTL4 中，对于所有矩阵类型和视图，矩阵-向量乘积通常以类似迭代器的方式实现。对于重要的矩阵类型会有专门的版本，并对这些数据结构进行了调优，部分还使用了原始指针。通用高性能软件需要在泛用复用性和有针对性的调优之间达到良好的平衡：一方面要避免可察觉的额外开销，另一方面也要避免代码的组合爆炸。

在使用寄存器的那个特殊例子中，我们还可以尝试将复杂性从数据结构中转移出来，从而优化编译器。临时变量被存储在寄存器中的最佳时机就是将它们声明为一个函数中的局部变量：

```
inline one_norm(const Vector& v)
{
    typename Vector::value_type s0(0), s1(0), s2(0), ...
}
```

现在的问题是，我们需要声明多少个变量。该数字不能取决于模板参数，且对于所有块大小来说必须是固定的。此外，临时变量的数量也限制了我们展开循环的能力。

迭代块中实际使用了多少个临时变量取决于模板参数 BSize。可惜我们不能根据模板参数改变函数调用中的参数数量，即为较小的 BSize 传递较少的参数。因此我们必须将所有变量都传递给迭代块的仿函数：

```
for (unsigned i= 0; i < sb; i+= BSize)
    one_norm_ftor<0, BSize>()(s0, s1, s2, s3, s4, s5, s6, s7, v, i);
```

每个块的第一个计算加到 s0 上，第二个计算加到 s1 上，以此类推。只是我们无法选择依赖于哪些临时参数（除非我们为每一个值都做一个特化）。

一个替代方案是，计算只在第一个参数上执行，然后用除第一个参数之外的其他参数调用后续的仿函数：

```
one_norm_ftor<1, BSize>()(s1, s2, s3, s4, s5, s6, s7, v, i);
one_norm_ftor<2, BSize>()(s2, s3, s4, s5, s6, s7, v, i);
one_norm_ftor<3, BSize>()(s3, s4, s5, s6, s7, v, i);
```

这也无法通过模板实现。

最终的方案是对引用做一个旋转：

```
one_norm_ftor<1, BSize>()(s1, s2, s3, s4, s5, s6, s7, s0, v, i);
one_norm_ftor<2, BSize>()(s2, s3, s4, s5, s6, s7, s0, s1, v, i);
```

第 5 章 元编程 Meta-Programming

```
one_norm_ftor<3, BSize>()(s3, s4, s5, s6, s7, s0, s1, s2, v, i);
```

这个旋转通过以下仿函数实现:

```cpp
template <unsigned Offset, unsigned Max>
struct one_norm_ftor
{
    template <typename S, typename V>
    void operator()(S& s0, S& s1, S& s2, S& s3, S& s4, S& s5, S& s6,
                    S& s7, const V& v, unsigned i)
    {
        using std::abs;
        s0+= abs(v[i+Offset]);
        one_norm_ftor<Offset+1, Max>()(s1, s2, s3, s4, s5, s6, s7,
                                       s0, v, i);
    }
};

template <unsigned Max>
struct one_norm_ftor<Max, Max>
{
    template <typename S, typename V>
    void operator()(S& s0, S& s1, S& s2, S& s3, S& s4, S& s5, S& s6,
                    S& s7, const V& v, unsigned i) {}
};
```

与此仿函数相对应的 one_norm 的实现则非常简单:

```cpp
template <unsigned BSize, typename Vector>
typename Vector::value_type
inline one_norm(const Vector& v)
{
  using std::abs;
  typename Vector::value_type s0(0), s1(0), s2(0), s3(0), s4(0),
    s5(0), s6(0), s7(0);
  unsigned s= size(v), sb= s / BSize * BSize;
  for (unsigned i= 0; i < sb; i+= BSize)
      one_norm_ftor<0, BSize>()(s0, s1, s2, s3, s4, s5, s6, s7, v, i);
  s0+= s1 + s2 + s3 + s4 + s5 + s6 + s7;

  for (unsigned i= sb; i < s; ++i)
      s0+= abs(v[i]);

  return s0;
}
```

对于特别小的向量, 这个实现有一个缺点: 所有寄存器都必须在块迭代完成之后进行累加，即便它们没有值。但另一方面它有一个很大的优点，就是旋转允许块大小大于临时变量的数量，它们可以被重复使用而不会破坏结果。不过此时实际的并发数并不会变得更大。

在测试机上，这个实现的执行结果如下：

```
Compute time one_norm<1>(v) is 0.793497 µs.
Compute time one_norm<2>(v) is 0.500242 µs.
Compute time one_norm<4>(v) is 0.443954 µs.
Compute time one_norm<6>(v) is 0.441819 µs.
Compute time one_norm<8>(v) is 0.430749 µs.
```

这个性能与正确处理内嵌类的编译器（即把数据成员放到寄存器中）得到的性能相当，否则使用旋转的代码要更快一些。

5.4.7 调优嵌套循环（Tuning Nested Loops）

⇒ c++11/matrix_unroll_example.cpp

在讨论性能问题时最常用也最容易滥用的例子就是密集矩阵乘法。我们并不会宣称自己要与手动调优的汇编代码竞争，但是这里我们展示了元编程的强大功能：它可以由单个实现生成多个程序的变体。我们使用附录 A.4.3 节中矩阵类的模板实现作为起点。下面是我们用到的一个简单的例子：

```
const unsigned s= 128;         // 功能测试时令 s = 4，性能测试时令 s = 128
matrix<float> A(s, s), B(s, s), C(s, s);

for (unsigned i= 0; i < s; ++i)
    for (unsigned j= 0; j < s; j++) {
        A(i, j)= 100.0 * i + j;
        B(i, j)= 200.0 * i + j;
    }
mult(A, B, C);
```

使用三层嵌套的循环可以轻松实现矩阵乘法。处理内嵌循环有六种方法，其中之一便是使用点积计算 C 中的每一项：

$$c_{ik} = A_i \cdot B^k$$

这里 A_i 是矩阵 A 的第 i 行，B^k 是矩阵 B 的第 k 列。这里我们对最内层循环使用临时变量，以减少在每个操作中都写入 C 而导致的缓存失效的开销。

```
template <typename Matrix>
inline void mult(const Matrix& A, const Matrix& B, Matrix& C)
{
    assert(A.num_rows() == B.num_rows()); // ...

    typedef typename Matrix::value_type  value_type;
    unsigned s= A.num_rows();

    for (unsigned i= 0; i < s; ++i)
        for (unsigned k= 0; k < s; k++) {
            value_type tmp(0);
            for (unsigned j= 0; j < s; j++)
                tmp+= A(i, j) * B(j, k);
            C(i, k)= tmp;
        }
}
```

在这个实现中,我们在附录 A.9.6 节中提供了一个向下兼容的性能基准。作为标准实现的性能如下（128×128 的矩阵）：

```
Compute time mult(A, B, C) is 1980 μs. These are 2109 MFlops.
```

我们使用这个实现作为性能和结果的参考。为了开发代码展开版的实现,我们先回到 4×4 的矩阵上。与 5.4.6 节相比,我们不会展开单个缩减,而是并行执行多个缩减。这是一个三重循环,意味着我们会展开两个外部循环,并在内部循环中执行块操作,即在一次迭代中处理多个 i 和 j。这个块可以由一个大小参数化的仿函数实现。

和标准实现一样,缩减操作并不直接作用于 C 的元素,而会在临时变量上完成。为此,我们使用 5.4.6.3 节中的类 multi_tmp。为了简单起见,我们限制矩阵大小是展开参数的若干倍（支持任意大小矩阵的完整版本参见 MTL4）。展开后的矩阵乘法如下所示：

```
template <unsigned Size0, unsigned Size1, typename Matrix>
inline void mult(const Matrix& A, const Matrix& B, Matrix& C)
{
    using value_type= typename Matrix::value_type;
    unsigned s= A.num_rows();
    mult_block<0, Size0-1, 0, Size1-1> block;
    for (unsigned i= 0; i < s; i+= Size0)
        for (unsigned k= 0; k < s; k+= Size1) {
            multi_tmp<Size0 * Size1, value_type> tmp(value_type(0));
            for (unsigned j= 0; j < s; j++)
                block(tmp, A, B, i, j, k);
            block.update(tmp, C, i, k);
```

        }
    }

我们还需要实现一个仿函数 mult_block。这里的技术与向量的操作基本相同,只是我们必须要处理更多的索引以及对它们的限制:

```
template <unsigned Index0, unsigned Max0, unsigned Index1,
          unsigned Max1>
struct mult_block
{
    typedef mult_block<Index0, Max0, Index1+1, Max1>  next;

    template <typename Tmp, typename Matrix>
    void operator()(Tmp & tmp, const Matrix& A, const Matrix& B,
                    unsigned i, unsigned j, unsigned k)
    {
        tmp.value+= A(i + Index0, j) * B(j, k + Index1);
        next()(tmp.sub, A, B, i, j, k);
    }

    template <typename Tmp, typename Matrix>
    void update(const Tmp & tmp, Matrix& C, unsigned i, unsigned k)
    {
        C(i + Index0, k + Index1)= tmp.value;
        next().update(tmp.sub, C, i, k);
    }
};

template <unsigned Index0, unsigned Max0, unsigned Max1>
struct mult_block<Index0, Max0, Max1, Max1>
{
    typedef mult_block<Index0+1, Max0, 0, Max1>  next;

    template <typename Tmp, typename Matrix>
    void operator()(Tmp & tmp, const Matrix& A, const Matrix& B,
                    unsigned i, unsigned j, unsigned k)
    {
        tmp.value+= A(i + Index0, j) * B(j, k + Max1);
        next()(tmp.sub, A, B, i, j, k);
    }

    template <typename Tmp, typename Matrix>
    void update(const Tmp & tmp, Matrix& C, unsigned i, unsigned k)
    {
        C(i + Index0, k + Max1)= tmp.value;
        next().update(tmp.sub, C, i, k);
    }
```

```
};

template <unsigned Max0, unsigned Max1>
struct mult_block<Max0, Max0, Max1, Max1>
{
    template <typename Tmp, typename Matrix>
    void operator()(Tmp & tmp, const Matrix& A, const Matrix& B,
                    unsigned i, unsigned j, unsigned k)
    {
        tmp.value+= A(i + Max0, j) * B(j, k + Max1);
    }

    template <typename Tmp, typename Matrix>
    void update(const Tmp & tmp, Matrix& C, unsigned i, unsigned k)
    {
        C(i + Max0, k + Max1)= tmp.value;
    }
};
```

通过适当的日志记录可以知道，对于 C 中的每个条目都执行了相同的操作，这点和标准实现中一样。我们还可以看到对应项的计算是交错的。在下面的记录中，我们将 4×4 的矩阵相乘，并展开为 2×2 的块。我们观察四个临时变量中的两个：

```
tmp.4+= A[1][0] * B[0][0]
tmp.3+= A[1][0] * B[0][1]
tmp.4+= A[1][1] * B[1][0]
tmp.3+= A[1][1] * B[1][1]
tmp.4+= A[1][2] * B[2][0]
tmp.3+= A[1][2] * B[2][1]
tmp.4+= A[1][3] * B[3][0]
tmp.3+= A[1][3] * B[3][1]
C[1][0]= tmp.4
C[1][1]= tmp.3
tmp.4+= A[3][0] * B[0][0]
tmp.3+= A[3][0] * B[0][1]
tmp.4+= A[3][1] * B[1][0]
tmp.3+= A[3][1] * B[1][1]
tmp.4+= A[3][2] * B[2][0]
tmp.3+= A[3][2] * B[2][1]
tmp.4+= A[3][3] * B[3][0]
tmp.3+= A[3][3] * B[3][1]
C[3][0]= tmp.4
C[3][1]= tmp.3
```

在临时变量 4 中，我们累加了 $A_1 \cdot B^0$，并将结果存储到了 $c_{1,0}$。它和临时变量 3 中的 $A_1 \cdot B^1$ 的累加是交错的。这样会允许超标量处理器使用多条管线。我们还可以见到：

$$c_{ik} = \sum_{j=0}^{3} a_{ij}b_{jk} \ \forall i,k$$

上面的实现还可以做进一步简化。第一个仿函数的特化与其通常版本的差别仅在于索引是加过的。我们可使用额外的 loop2 类来解决这个问题：

```
template <unsigned Index0, unsigned Max0, unsigned Index1,
          unsigned Max1>
struct loop2
{
    static const unsigned next_index0= Index0,
        next_index1= Index1 + 1;
};

template <unsigned Index0, unsigned Max0, unsigned Max1>
struct loop2<Index0, Max0, Max1, Max1>
{
    static const unsigned next_index0= Index0 + 1, next_index1= 0;
};
```

这个通用类就具有很好的复用潜力了。通过这个类，我们可以融合仿函数模板和第一个特化形式：

```
template <unsigned Index0, unsigned Max0, unsigned Index1,
          unsigned Max1>
struct mult_block
{
    typedef loop2<Index0, Max0, Index1, Max1> l;
    typedef mult_block<l::next_index0, Max0,
                       l::next_index1, Max1>  next;

    template <typename Tmp, typename Matrix>
    void operator()(Tmp& tmp, const Matrix& A, const Matrix& B,
                    unsigned i, unsigned j, unsigned k)
    {
        tmp.value+= A(i + Index0, j) * B(j, k + Index1);
        next()(tmp.sub, A, B, i, j, k);
    }

    template <typename Tmp, typename Matrix>
    void update(const Tmp& tmp, Matrix& C, unsigned i, unsigned k)
    {
        C(i + Index0, k + Index1)= tmp.value;
        next().update(tmp.sub, C, i, k);
    }
};
```

其他的特化保持不变。

最后但是同样重要的是，我们希望看到这个不太简单的矩阵相乘实现体现出的作用。在我们的机器上基准测试输出：

```
Time mult<1, 1> is 1968 μs. These are 2122 MFlops.
Time mult<1, 2> is 1356 μs. These are 3079 MFlops.
Time mult<1, 4> is 1038 μs. These are 4022 MFlops.
Time mult<1, 8> is 871 μs. These are 4794 MFlops.
Time mult<1, 16> is 2039 μs. These are 2048 MFlops.
Time mult<2, 1> is 1394 μs. These are 2996 MFlops.
Time mult<4, 1> is 1142 μs. These are 3658 MFlops.
Time mult<8, 1> is 1127 μs. These are 3705 MFlops.
Time mult<16, 1> is 2307 μs. These are 1810 MFlops.
Time mult<2, 2> is 1428 μs. These are 2923 MFlops.
Time mult<2, 4> is 1012 μs. These are 4126 MFlops.
Time mult<2, 8> is 2081 μs. These are 2007 MFlops.
Time mult<4, 4> is 1988 μs. These are 2100 MFlops.
```

可以看到，mult<1, 1>有着和原始实现相同的性能。实际上它们执行操作的顺序是完全相同的（到目前为止，编译器优化都不会在内部更改顺序）。我们还看到，大多数展开的版本都更快，最高可以到达 2.3 倍。

对于 double 矩阵，这个性能要低一些：

```
Time mult is 1996 μs. These are 2092 MFlops.
Time mult<1, 1> is 1989 μs. These are 2099 MFlops.
Time mult<1, 2> is 1463 μs. These are 2855 MFlops.
Time mult<1, 4> is 1251 μs. These are 3337 MFlops.
Time mult<1, 8> is 1068 μs. These are 3908 MFlops.
Time mult<1, 16> is 2078 μs. These are 2009 MFlops.
Time mult<2, 1> is 1450 μs. These are 2880 MFlops.
Time mult<4, 1> is 1188 μs. These are 3514 MFlops.
Time mult<8, 1> is 1143 μs. These are 3652 MFlops.
Time mult<16, 1> is 2332 μs. These are 1791 MFlops.
Time mult<2, 2> is 1218 μs. These are 3430 MFlops.
Time mult<2, 4> is 1040 μs. These are 4014 MFlops.
Time mult<2, 8> is 2101 μs. These are 1987 MFlops.
Time mult<4, 4> is 2001 μs. These are 2086 MFlops.
```

这表明其他的参数会有更多的加速，并且性能上可能会翻倍。

哪种配置最好，为什么最好，这个问题并不是本书主题，我们这里只展示这些技术。读者可以在自己的计算机上试一下这个程序。本节中涉及的技术旨在最好地利用 L1 缓存。

当级别较大时，我们应该使用多级的分块。利用 L2、L3、主存、磁盘局部性的通用方法是递归。这样就不用对每个高速缓存大小都重新实现一遍，并且它在虚拟内存中也表现得很好，例如[20]。

5.4.8　调优一览（Tuning Résumé）

在高级编译器的优化下，包括性能基准在内的软件调优成为一门艺术。对源码最微小的修改，都可能会导致经过检查的计算发生运行时行为的改变。在我们的例子中，大小是否编译期已知虽然不重要，但它实际上是会有影响的，特别是当我们不使用-DNDEBUG 选项进行编译时，编译器会在某些情况下执行索引检查，而在另外一些情况下忽略它。打印计算结果也很重要，因为当我们明确不需要结果时，编译器很可能会省略掉整个计算过程。

此外，我们必须验证重复执行——为了获得更好的时钟分辨率并平摊测量本身带来的开销——是真的被反复执行了。当结果与重复次数无关时，聪明的编译器很可能只会执行一遍（我们在使用 clang 3.4 和设置块大小为 8 的条件下执行代码展开版本的缩减操作时观察到了这一点）。这种优化尤其发生在计算结果是内建类型时，而用户自定义类型的计算一般不会做这种省略（但是也不能指望它一定不会做）。特别是当 CUDA 编译器执行高强度的静态代码分析并丢弃所有没有影响的计算时——这会让做基准测试的程序员不知所措（他们经常早早地兴奋于一个执行得飞快的计算——然而这些计算从未被执行过，或者比预期的执行次数要少）。

本节的目的并不在于实现一个终极版本的矩阵或标量乘法。新的 GPU 和多核处理器拥有成百上千个核心和数以百万计的线程，在这样的条件下，我们对超标量流水线的探索看上去是微不足道的。但这样说并不妥当，因为调优后的实现可以与 4.6 节或 OpenMP 中的多线程技术结合使用。模板参数化的分块为 SSE 加速做出了极好的准备。

与精确的性能数字相比，更重要的是我们展现了 C++的表达能力和代码生成能力。我们可以从任何自己偏好的语法中，生成我们所期望的执行行为。高性能计算中最著名的代码生成项目是 ATLAS[51]。对于指定的密集线性代数函数，它从 C 和汇编语言片段中生成不同的时间，并比较它们在目标平台上的性能。在训练阶段完成之后，可以得到一个 BLAS 库[5]在目标平台上的高效实现。

在 C++中，我们可以使用任意编译器生成每个可能的实现，而不需要外部的代码生成器。我们只需要更改模板参数便可以对性能进行调优。调整参数可以在平台相关的配置文件中进行设置，不需要重新实现就可以使不同平台上的可执行文件有着显著不同。

然而，性能调优像是射击移动靶：今天产生巨大收益的方法，明天可能就无关紧要，甚至是有害的。因此很重要的一点是，性能改进的部分不应该在应用深处被硬编码，而是应当能让我们方便地配置调优参数。

本节中的示例表明了元调优的复杂性。令我们失望的是，这些变换的好处已经不像我们在 2006 年所做的探索中那么明显。我们在几个例子中也见识了编译器的强大，它可以应用通用的优化，并以更少的工作量获得更好的结果。从工作量上来说，我们建议不要同稠密线性代数等热门领域中高度优化的库进行竞争。MKL 或者 Goto-BLAS 这样的库非常高效，而我们即便付出大量的劳动，要超过它的机会也很渺茫。总的来说，我们应该把精力集中在最重要的目标上：对那些对应用程序运行时影响巨大的基础核心做特定领域的优化。

5.5 练习（Exercises）

5.5.1 类型特征（Type Traits）

编写一个添加和移除引用的类型特征。为元谓词 is_vector 添加一个领域特定的类型特征。这里假设目前已知的向量类型只有 my_vector<Value> 和 vector_sum<E1, E2>。

5.5.2 Fibonacci 数列（Fibonacci Sequence）

编写一个元模板在编译期生成 Fibonacci 数列。Fibonacci 数列的递归定义如下：

$$x_0 = 0$$
$$x_1 = 1$$
$$x_n = x_{n-1} + x_{n-2} \quad \text{其中} \quad n \geq 2.$$

5.5.3 元编程版的最大公约数（Meta-Program for Greatest Common Divisor）

编写一个元程序，计算两个整数的最大公约数（Greatest Common Divisor，GCD）。算法如下：编写一个泛型函数计算最大公约数，其中 I 是一个整数类型。

```
1  function gcd(a, b):
2      if b = 0 return a
3      else return gcd(b, a mod b)
```

```cpp
template <typename I>
I gcd( I a, I b ) { ... }
```

再编写一个整体的元函数，在编译期执行相同算法。元函数需要遵照以下形式：

```cpp
template <int A, int B>
struct gcd_meta {
  static int const value = ... ;
} ;
```

即，a 和 b 的最大公约数是 gcd_meta<a, b>::value。用 C++ 函数 gcd() 验证结果。

5.5.4　向量表达式模板（Vector Expression Template）

实现一个向量类（你可以在内部使用 std::vector<double>）至少要包含以下成员：

```cpp
class my_vector {
  public:
    typedef double value_type ;

    my_vector( int n );

    // 使用同类型对象的复制构造函数
    my_vector( my_vector& );

    // 构造自泛型 vector
    template <typename Vector>
    my_vector( Vector& );

    // 赋值运算符
    my_vector& operator=( my_vector const& v );

    // 赋值自泛型 vector
    template <typename Vector>
    my_vector& operator=( Vector const& v );

    value_type& operator() ( int i );

    int size() const;
    value_type operator() ( int i ) const;
};
```

创建一个数乘表达式计算标量和向量的乘法：

```
template <typename Scalar, typename Vector>
class scalar_times_vector_expression
{};

template <typename Scalar, typename Vector>
scalar_times_vector_expressions<Scalar, Vector>
operator*( Scalar const& s, Vector const& v )
{
    return scalar_times_vector_expressions<Scalar, Vector>( s, v );
}
```

将所有的类和函数都放在命名空间 math 中，再创建一个表达式模板用于执行两个向量的加法。

编写一个小程序，例如：

```
int main() {
  math::my_vector v( 5 );
  ... Fill in some values of v ...
  math::my_vector w( 5 );
  w = 5.0 * v;

  w = 5.0 * (7.0 * v );
  w = v + 7.0*v; //（如果已经添加了operator+）
}
```

使用调试器观察运行时发生了什么。

5.5.5 元列表（Meta-List）

创建一个类型的列表。实现元函数 insert、append、erase 和 size。

第 6 章
面向对象编程
Object-Oriented Programming

C++是一种多范式的语言。与 C++关系最密切的编程范式是面向对象编程（*Object-Oriented Programming，OOP*）。因此，我们才会在各种图书和教程中找到各种各样的面向对象用例。然而，经验表明，和那些图书文章所"忽悠"的不同，通常在现实的软件包中，类的层级都不会像书中展示的那般复杂。

按照我们的经验，泛型编程范式在科学和工程软件中更加适用。这是因为

- 它更加灵活：它的多态不仅限于子类。
- 性能更高：函数调用没有额外开销。

这两点我们会在本章中具体解释。

另一方面，当多个类共享数据和功能时，继承可以帮助我们提高开发效率。访问继承而来的数据是没有额外开销的，甚至调用继承而来的方法也不会产生额外的成本，只要这些方法不是虚（virtual）方法。

面向对象编程有个巨大的优点是运行时多态：可以在运行时决定调用方法的哪一个实现。我们甚至可以在执行期间选择类型。之前我们提到的虚函数的调用成本的问题，只会出现在非常细粒度的方法上（例如存取元素），而将大粒度的方法（例如线性求解器）声明为 virtual 所带来的额外执行成本可以忽略不计。

OOP 和泛型编程相结合所提供的复用性远超过单独使用任意一种范式（参见 6.2 ~ 6.6 节）。

6.1 基本原则（Basic Principles）

C++中的 OOP 有以下基本原则：

- 抽象（*Abstraction*）：类（第 2 章）定义了对象的属性和方法。类还可以指定属性之间的不变式（*invariant*）。比如，在有理数中分子和分母必须是互质的。所有的方法都必须要维持这个不变式。

- 封装（*Encapsulation*）：代表了对细节的隐藏。内部属性不能被直接访问，只能通过类的方法被访问，否则可能会破坏其中的不变式。相应地，`public` 数据成员就不能看作是类的内部属性，而应当看作是接口的一部分。

- 继承（*Inheritance*）：意味着派生类包含了基类所有的数据和函数成员。

- 多态（*Polymorphism*）：是一种可以根据上下文或参数对标识符进行相应解释的能力。我们已经在函数重载和模板实例化上接触到了多态性。在本章中，我们将看到多态的另一种与继承有关的形式。

    - 在运行时选择实际调用的函数，我们称之为晚绑定（*late binding*）

我们已经讨论过抽象、封装和某些形式的多态。本章中，我们将介绍继承和与之相关的多态。

为了演示 OOP 的经典用法，我们会先讲一个例子，它和科学与工程计算关系不大却更加易懂，能帮助我们学习这个特性。之后会介绍一个科学计算的例子并介绍更为复杂的类层次结构。

6.1.1 基类和派生类（Base and Derived Classes）

我们用一个不同类型人员的数据库作为例子，以演示全部的 OOP 原则。我们先来设计一个类 `person`，它会成为本节中所有其他类的基础：

```
class person
{
  public:
    person() {}
    explicit person(const string& name) : name(name) {}

    void set_name(const string& n) { name= n; }
    string get_name() const { return name; }
    void all_info() const
    { cout << "[person]  My name is " << name << endl; }

  private:
    string name;
};
```

为了简便起见,我们只使用一个成员变量作为人名,而没有把名字拆分为姓氏、名和中间名。

典型的 OOP 类会包含成员变量的 getter 和 setter 方法(有一些 IDE 会在添加新变量时向类中自动插入这些方法)。不过在这里不加分析就给每个成员引入 getter、setter 并不是一种好的做法,因为它和封装的思路是矛盾的。许多人甚至认为这是一种反模式(Anti-Pattern),因为我们直接读写了对象的内部状态以执行任务。相反地,对象只应提供执行任务的方法而不应该暴露其内部状态。

方法 all_info 算得上是一种多态(Polymorphic),因为我们得到什么样的信息,取决于这个人的具体类的类型。

person 的第一种类型是 student。

```
class student
  : public person
{
  public:
    student(const string& name, const string& passed)
      : person(name), passed(passed) {}
    void all_info() const {
    cout << "[student]  My name is " << get_name() << endl;
    cout << "I passed the following grades: " << passed << endl;
    }
  private:
    string passed;
};
```

类 student 派生自(derive from)person。因此它包含了 person 中的所有成员。换句

话说，student 从它的基类 person 中继承（*inherit*）了这些成员。图 6-1 展示了 public 和 private 成员（分别用+/-标记）。student 可以访问它自己的全部成员，以及它所持有的 person 的成员。因此，如果我们向 person 中添加一个成员，比如 get_birthday()函数，这个函数也会被加到 student 中。

换句话说，一个 student 是一个（*Is-A*）person。因此需要 person 的地方，如作为参数或赋值时，都可以使用 student 来替代。这个在现实生活中也类似，如果我们允许一个人开设账户，那么学生当然也应该被允许。稍后我们将看它在 C++中的表达。

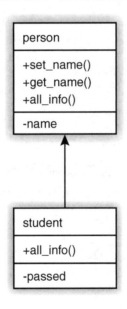

图 6-1 派生类

在名称的可见性方面，继承类和内嵌作用域相同：除了类的成员，还能看到它的基类（以及基类的基类）。当派生类包含有相同名称的变量或函数时，基类的变量或函数会被隐藏，这也和作用域类似。不过不同的是，我们可以通过名称限定来访问基类的隐藏成员，例如 person::all_info。签名不同的同名函数（重载）也会被派生类所隐藏——因为 C++ 隐藏的是函数名称而不是函数签名。这些被隐藏的内容，可以使用 using 使得它在派生类中可见，例如 using base::fun。这时就可以不加名称限定地访问和派生类中同名函数的签名不同的所有重载。

当我们按以下方式使用这两个类时：

```
person mark("Mark Markson");
mark.all_info();

student tom("Tom Tomson", "Algebra, Analysis");
tom.all_info();

person   p(tom);
person&  pr= tom;         // 或 pr(tom) 或 pr{tom}
person*  pp= &tom;        // 或 pp(&tom) 或 pp{&tom}

p.all_info();
pr.all_info();
pp->all_info();
```

可能会觉得结果和预想的不同：

```
[person]    My name is Mark Markson
[student]   My name is Tom Tomson
      I passed the following grades: Algebra, Analysis
[person]    My name is Tom Tomson
[person]    My name is Tom Tomson
[person]    My name is Tom Tomson
```

只有当变量类型是 student 时才能获得成绩。如果尝试将 student 作为 person 来对待，程序仍然可以编译和运行，只是我们看到不到和 student 有关的信息了。

即便如此，我们还是可以：

- 将一个 student 赋值给一个 person。

- 让一个 person 引用一个 student。

- 把 student 当作 person 参数传递给函数。

用更加正式的术语来说，我们称派生类是它的基类的一个子类型（Sub-type），需要基类的地方都可以接受它的派生类。

把子类型和超类型当作子集和超集更容易让人理解。如果我们用一个类建模一个集合，那么就可以用子类来建模这个集合的子集，子类的不变式是对超类的不变式加以约束的结果。我们的 person 模拟了所有类型的人，并且将不同类型的人群用 person 的子类来建模。

当然，这个描述的矛盾之处在于派生类可能会包含其他变量，并且可能的对象数量会大于它的超类。构造适当的不变式以正确地为子集建模可以解决这个矛盾。例如，令 student 类的不变式为：不存在名字相同而年级不同的两个对象。这可以确保 student 集合的基数

(cardinality)不大于 person 集合的基数。只不过前面所提到的不变式很难验证（即便是可以自动检查不变式的语言），所以要由精心设计的程序隐式地建立。

当我们从基类派生出一个类时，可以指定派生类对继承自基类的成员的访问限制。在前面的例子中我们使用了公有派生，此时所有继承而来的成员在派生类中具有和基类相同的可访问性。如果以 protected 派生出新类，则基类中的 public 成员在派生类中的访问性是 protected，其他成员仍然保留其访问性。private 继承而来的成员都是 private 的（这种继承形式只会在一些高级 OOP 应用中使用到）。如果我们没有指定如何派生基类，那么若派生类是一个 class，就默认是 private 派生；如果是 struct，则默认是 public 派生。

6.1.2 继承构造（Inheriting Constructors） C++11

⇒ c++11/inherit_constructor.cpp

派生类不会从基类继承构造函数。因此下面这段程序无法编译：

```
class person
{
  public:
    explicit person(const string& name) : name(name) {}
    // ...
};
class student
  : public person
{};                    // 没有定义接受 string 的构造函数

int main ()
{
    student tom("Tom Tomson");  // 错误：没有对应 string 的构造函数
}
```

student 类从 person 继承了除构造函数以外的其他所有函数。在 C++11 中，允许我们使用 using 声明从基类继承所有构造函数。

```
class student
  : public person
{
    using person::person;
};
```

当派生类和基类中有签名相同的构造函数时，会优先使用派生类中的构造函数。

到目前为止,我们已经介绍了四条原则中的三条:封装、继承、子类型。还有一些东西没有讨论到,这是我们下一节的内容。

6.1.3 虚函数和多态类(Virtual Functions and Polymorphic Classes)

⇒ c++03/oop_virtual.cpp

只有虚函数才能释放面向对象的全部潜能。它们从根本上改变了类的行为,并产生了:

定义 6-1(多态类型)。包含一个或多个虚函数的类称为多态类型。

在前面实现的基础上,我们为 all_info() 添加 virtual 关键字:

```cpp
class person
{
    virtual void all_info() const { cout << "My name is " << name << endl; }
    ...
};

class student
  : public person
{
    virtual void all_info() const {
        person::all_info();              // 从 person 中调用 all_info()
        cout << "I passed the following grades: " << passed << endl;
    }
    ...
};
```

双冒号(::)我们之前已经在命名空间限定中见过了(参见 3.2 节)。类似地,这里双冒号也是用来指定调用哪个类的方法。当然这需要方法本身是可访问的:我们无法调用另一个类的私有方法,即便我们要调用的这个类是当前类型的基类。

使用多态后打印对象的信息会获得完全不同的结果。

```
[person]    My name is Mark Markson
[student]   My name is Tom Tomson
    I passed the following grades: Algebra, Analysis
[person]    My name is Tom Tomson
[student]   My name is Tom Tomson
    I passed the following grades: Algebra, Analysis
[student]   My name is Tom Tomson
    I passed the following grades: Algebra, Analysis
```

打印对象信息的做法和之前一样，最大的区别在于我们从对象的引用和指针获取信息：pr.all_info()和 pp->all_info()。这时编译器会执行以下步骤：

1. 判断 pp 和 pr 的静态类型是什么？换句话说，pp 和 pr 是如何声明的？
2. 类中有没有函数叫 all_info？
3. 这个函数能否访问？或者它是否是私有的？
4. 它是个虚函数吗？如果不是就直接调用它。
5. pr 或 pp 的动态类型是什么？或者说 pr 和 pp 所引用的对象是什么类型？
6. 调用动态类型中的 all_info。

为了实现动态函数调用，编译器维护了一个虚函数表（*Virtual Function Table*，也叫 *Virtual Method Table*），或简称为虚表（*Vtable*）。它们包含了函数的指针，这些指针指向实际被调用的对象的虚方法。引用 pr 的类型是 person&并指向一个 student，通过 pr 的虚表可以将 all_info()的调用转向 student::all_info。由函数指针带来的间接性会给虚函数的调用带来一些额外的开销。对于很小的函数来说，这个开销比较重要；但是对于较大的函数来说，则可以忽略不计。

定义 6-2（晚绑定与动多态）。在运行时选择被执行方法的行为称为晚绑定（*Late Binding*）或动态绑定（*Dynamic Binding*），也被称为动多态——以区别于与模板的静多态。

类似于引用 pr，指针 pp 指向一个 student 对象，pp->all_info()以晚绑定的方式调用 student::all_info()。这里我们也可以引入一个自由函数 spy_on()：

```
void spy_on(const person& p)
{
    p.all_info();
}
```

正是由于晚绑定，当我们将基类引用传递给函数时，它仍然能提供 Tom 的完整信息。

动态选择的优点在于而无论 person 有多少个子类，函数代码都只会在可执行文件中持有一份。和函数模板相比它的另一个优点是，在调用函数时只需被调用的函数声明（签名）可见而不需要定义（实现）可见。这不仅可以节省大量编译时间，也可以对用户隐藏那些满是我们的小聪明（脏乱差）的实现。

唯一来自 Tom 却又调用了 person::all_info() 的对象是 p。p 是 person 类型的对象，我们可以复制自 student。但是当我们将派生类复制到基类时，会丢失派生类所有的额外数据，而仅仅复制了基类的数据成员。同样，虚函数也只调用基类的函数（这里是 person::all_info()）。也就是说，当基类从派生类复制构造时，它的行为与复制源相比发生了变化：所有的额外成员丢失了，虚表中也没有引用派生类的任何方法。

将参数以值传递给函数也有同样的问题：

```
void glueless(person p)
{
    p.all_info();
}
```

这会导致晚绑定的失效，并且不能再调用派生类中的虚函数。这个错误我们称为"切割"（slice）。它在 OOP 中频繁发生，不仅仅只有初学者易犯。因此我们必须遵守以下规则：

> **传递多态类型**
> 多态类型必须以引用或（智能）指针的方式传递！

6.1.3.1 显式重写（Explicit Overriding） `C++11`

高级程序员还容易犯的另一个错误是，重写和被重写的函数签名略有不同，例如：

```
class person
{
    virtual void all_info() const { ... }
};

class student
  : public person
{
    virtual void all_info() { ... }
};

int main ()
{
    student tom("Tom Tomson", "Algebra, Analysis");
    person& pr= tom;
    pr.all_info();
}
```

在这个例子中，pr.all_info()并不会被晚绑定到student::all_info()，因为它们的签名是不同的。这种差异很不显眼，首先我们得了解 const 限定和函数签名有什么关系。这里可以认为，成员函数隐藏了一个参数，指向自身对象：

```
void person::all_info_impl(const person& me= *this) { ... }
```

这样就清楚了，方法的 const 限定符，实际上限定了 person::all_info()中这个自身对象引用的参数。而在 student::all_info()中，这个被隐藏的参数并不是 const 限定的，由于签名不同，它们不会被视为是一种重写。当类的规模变大并存放在不同文件中时，这个错误肯定够你忙活一阵子的。

在 C++11 中我们可以使用新加入的属性 override 来避免此类问题：

```
class student
  : public person
{
    virtual void all_info() override { ... }
};
```

通过这个属性，程序员向编译器声明了我们要重写这个基类的虚函数（签名完全一致）。如果不存在这个函数，那么编译器就会报错：[1]

```
...: error: 'all_info' marked 'override' but doesn't override
         any member functions
   virtual void all_info() override {
                 ^
...: warning: 'student::all_info' hides overloaded virtual fct.
...: note: hidden overloaded virtual function 'person::all_info'
         declared here: different qualifiers (const vs none)
   virtual void all_info() const { ... }
                 ^
```

这里我们也得到了来自 clang 的提示，说函数的限定符有所不同。对非虚函数应用 override 也是一个错误：

```
...: error: only virtual member fct. can be marked 'override'
   void all_info() override {
        ^~~~~~~~~
```

override 并没有为我们的软件添加新功能，但是它可以让我们避免对代码一读再读。除了兼容旧编译器的需求，我们建议在任何可用的地方都使用 override。这个词拼写容易

---

[1] 为了适应版面，出错信息的格式有所变动。

（而且还可以自动完成），并且可以使我们的程序更加可靠。即便是多年之后，它也能向其他程序员甚至是我们自己准确地传达当时的意图。

C++ 还引入了一个新属性 final，这个属性指出虚成员函数已经不能再被重写了。这允许编译器用直接函数调用去替换间接的虚表调用。不过到目前为止，我们还没有用这个功能加速虚函数调用的经验。不过我们还可以用它来防止某些函数被错误地覆盖，进而导致预期之外的行为。甚至整个类都可以定义为 final，来阻止进一步的派生。

将两者进行比较，override 是和超类相关的声明，而 final 是和子类相关的声明。两者都是与上下文相关的关键字，或者说它们被保留在特定的上下文中作为成员函数的限定符。在其他场合，这两个单词都可以随便使用，例如作为变量名。但是为了程序清楚明白，我们不建议这样做。

6.1.3.2　抽象类（Abstract Classes）

目前为止我们只看到了在基类中定义虚函数并在派生类中扩展的例子。有时候我们会发现，我们有一个类的集合具有相同的函数，并需要一个共同的超类动态选择具体的类型。例如 6.4 节中，我们所介绍的求解器都有一个共同的接口：函数 solve。如果能在运行时进行选择，我们就需要一个共享的具有 solve 函数的超类。而这个超类本身并没有通用的 solve 算法，所以我们需要在具体的类型中重写它。为此，就需要这样一个新功能："这个类中有一个没有实现的虚函数，之后其他的子类会实现它。"

定义 6-3（**纯虚函数和抽象类**）。当虚函数声明为=0 时，我们称为纯虚函数（*Pure Virtual Function*）。一个包含了纯虚函数的类，称为抽象类（*Abstract Class*）。

⇒ c++11/oop_abstract.cpp

更具体地说，我们扩展一下 person 的例子，引入一个抽象的超类 creature：

```
class creature
{
    virtual void all_info() const= 0; // 纯虚
};

class person
  : public creature
{ ... };
```

```
int main ()
{
    creature some_beast;     // 错误：抽象类

    person mark("Mark Markson");
    mark.all_info();
}
```

创建 creature 对象会失败，出错信息如下：

```
...: error: variable type 'creature' is an abstract class
    creature some_biest;
             ^
...: note: unimplemented pure method 'all_info' in 'creature'
    virtual void all_info() const= 0;
                 ^
```

当我们在 person 中重写 all_info 之后，对象 mark 的行为和之前相同了，此时 person 不再包含任何纯虚函数。

可以将抽象类视作接口：我们可以声明它的指针和引用，但是无法构造出它的对象。注意，C++允许我们混用纯虚函数和常规的虚函数。但只有当子类重写所有的纯虚函数后，才能构建它的对象。[1]

Java 程序员要注意的是，在 Java 中所有的成员函数都是虚的（不存在非虚的方法[2]）。Java 还在语言层面提供了 interface，此时所有类中的方法都只有声明没有定义（除非属性为 default，它允许有实现），这符合所有方法都是纯虚的 C++ 类。

大型项目通常会有多个抽象级别：

- 接口：无实现。

- 抽象类：提供默认实现。

- 具体类。

这会帮助我们对一个精心设计的类系统有个清晰的印象。

---

1 这里我们没有用到实例化这个词是为了避免混淆。实例化在 Java 中表示从类中创建对象（一些作者甚至将对象称为特定的类）。在 C++中，实例化多指从类或函数模板创建特化类或函数的过程。我们偶尔会看到术语"类实例化"来代表从类中创建对象，但是这个术语并不常用，应当避免使用它。
2 不过把虚函数声明为 final 会让编译器消除晚绑定带来的开销。

6.1.4 基于继承的仿函数(Functors via Inheritance)

我们在 3.8 节中讨论了仿函数,并提到它们也可以用继承实现。现在我们来讨论这一点。首先要为所有需要实现的仿函数提供一个共同基类:

```
struct functor_base
{
    virtual double operator() (double x) const= 0;
};
```

这个基类可以是抽象类,因为我们只会用到它的接口部分——比如把这个仿函数传递给 finite_difference 进行计算:

```
double finite_difference(functor_base const& f,
                         double x, double h)
{
    return (f(x+h) - f(x)) / h;
}
```

显然,所有的差分仿函数都需要从 functor_base 继承,例如:

```
class para_sin_plus_cos
  : public functor_base
{
  public:
    para_sin_plus_cos(double p) : alpha(p) {}

    virtual double operator() (double x) const override
    {
        return sin(alpha * x) + cos(x);
    }

  private:
    double alpha;
};
```

需要实现 para_sin_plus_cos,从而使我们可以用有限差分逼近 $\sin(\alpha x) + \cos x$ 的导数:

```
para_sin_plus_cos sin_1(1.0);
cout << finite_difference( sin_1, 1., 0.001 ) << endl;
double df1= finite_difference(para_sin_plus_cos(2.), 1., 0.001),
       df0= finite_difference(para_sin_plus_cos(2.), 0., 0.001);
```

面向对象的方法允许我们实现一个有状态的函数。如有需要,可以将有限差分用 OOP 仿函数来实现,并且像泛型仿函数一样组合它们。

面向对象编程有以下缺点：

- 在性能上：operator() 始终是作为虚函数被调用的。

- 在适用性上：参数只接受继承自 functor_base 的类。而模板参数则允许传统函数和包括 3.8 节中的仿函数在内的任意类型的仿函数。

因此，仿函数应当尽可能地按照 3.8 节中的泛型方法来实现。只有需要在运行时选择函数时，才能体现出继承的好处。

6.2 消除冗余（Removing Redundancy）

通过使用继承和隐式的向上转型，我们可以避免成员和自由函数的冗余。类可以被隐式转换到它的超类这一事实，令我们可以在基类中实现共同的功能然后在派生类中复用它。假设我们有若干矩阵类（稠密阵、压缩阵、分带阵、三角阵，等等），它们会共享一些成员函数，例如 num_rows 和 num_cols。[1] 这些方法可以和相关的数据成员一起，被提到一个公共基类中：

```cpp
class base_matrix
{
  public:
    base_matrix(size_t nr, size_t nc) : nr(nr), nc(nc) {}
    size_t num_rows() const { return nr; }
    size_t num_cols() const { return nc; }
  private:
    size_t nr, nc;
};

class dense_matrix
  : public base_matrix
{ ... };

class compressed_matrix
  : public base_matrix
{ ... };

class banded_matrix
  : public base_matrix
```

---

[1] 这些术语用在 MTL4 中。

```
{ ... };
```

...

现在所有的矩阵类型都通过继承，从 base_matrix 中获得了成员函数。在同一处放置共同的实现不仅节省了代码量，还可以确保对它的修改可以应用到所有的相关类中。在一个玩具示例中它当然不是问题（特别是变化也不多的情况下），但是到了大型项目中，维护所有冗余代码片段的一致性就会变得相当吃力。

自由函数也能以相同的方式重用，例如：

```
inline size_t num_rows(const base_matrix& A)
{   return A.num_rows(); }

inline size_t num_cols(const base_matrix& A)
{   return A.num_cols(); }

inline size_t size(const base_matrix& A)
{   return A.num_rows() * A.num_cols(); }
```

因为隐式向上转型的存在，这些自由函数可以调用从 base_matrix 中派生出来的矩阵。而且这种共享公共基类功能的方式没有运行时开销。

还可以将存在于自由函数参数中的隐式向上转型看作是一个更普遍的概念的特例：*is-a* 关系。比如，因为 compressed_matrix *is-a* base_matrix，所以可将 compressed_matrix 的值传递给任何需要 base_matrix 的函数。

6.3 多重继承（Multiple Inheritance）

C++提供了多重继承，我们用一些例子来说明这个特性。

6.3.1 多个父类[1]（Multiple Parents）

⇒ c++11/oop_multi0.cpp

一个类可以从多个超类派生。为了更形象地描述，也为了减少在讨论基类的基类时语言上的麻烦，我们有时会使用更加直观的"父"和"祖父"这两个术语。当类有两个父

---

[1] 此处原意是（双）亲类。这里译作父类是遵照国内的翻译习惯。——译注

类时，类的层次结构看起来就是一个 V 形（如果有很多父类那看起来就像一捧花）。子类的成员是所有超类成员的并集。这会带来二义性的危险：

```cpp
class student
{
    virtual void all_info() const {
        cout << "[student]  My name is " << name << endl;
        cout << "    I passed the following grades: " << passed << endl;
    }
    ...
};

class mathematician
{
    virtual void all_info() const {
        cout << "[mathman]  My name is " << name << endl;
        cout << "    I proved: " << proved << endl;
    }
    ...
};

class math_student
  : public student, public mathematician
{
    // 未定义 all_info -> 因为继承存在二义性
};

int main ()
{
    math_student bob("Robert Robson", "Algebra", "Fermat's Last Theorem");
    bob.all_info();
}
```

math_student 同时从 student 和 mathematician 中继承了 all_info，并且这两个继承来的函数之间并没有优先级的区别。消除 math_student 的 all_info 二义性的唯一方法，是在 math_student 中重新定义它。

这里的二义性让我们有机会揭示一些 C++中需要注意的细节。public、protected 和 private 只修改了可访问性，而没有修改可见性。若函数以 private 或 protected 继承一个或多个超类，那么当我们试图消除它的二义性时，就变得一团混沌：

```cpp
class student { ... };
class mathematician { ... };
class math_student
```

```
    : public student, private mathematician
{ ... };
```

这时，来自 student 的方法是 public 的，而来自 mathematician 的方法是 private 的。当我们调用 math_student::all_Info 时，希望看到的是 student::all_info 的输出，但是实际上我们只能得到两个错误消息：math_student::all_info 存在二义性，以及 mathematician::all_info 不可访问。

6.3.2 公共祖父（Common Grandparents）

多个基类之间共享一个基类的基类也不是什么罕见的事情。在上面的例子中，mathematician 和 student 都没有超类。但是按照之前的章节，它们应该可以顺理成章地继承 person。如此继承会得到一个菱形的结构，如图 6-2 所示。我们会用两种略微不同的方式实现它。

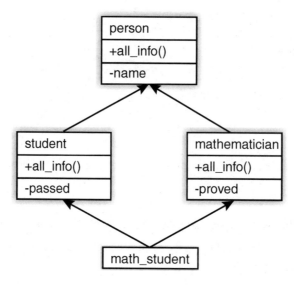

图 6-2 菱形类层次

6.3.2.1 冗余和二义性（Redundancy and Ambiguity）

⇒ c++11/oop_multi1.cpp

首先我们以最直接的方式实现这些类：

```
class person { ... }    // 如上
class student { ... }   // 如上
class mathematician
  : public person
{
  public:
    mathematician(const string& name, const string& proved)
      : person(name), proved(proved) {}
    virtual void all_info() const override {
    person::all_info();
    cout << "    I proved: " << proved << endl;
    }
  private:
    string proved;
};

class math_student
  : public student, public mathematician
{
  public:
    math_student(const string& name, const string& passed,
                 const string& proved)
      : student(name, passed), mathematician(name, proved) {}
    virtual void all_info() const override {
        student::all_info();
        mathematician::all_info();
    }
};

int main ()
{
    math_student bob("Robert Robson", "Algebra", "Fermat's Last Theorem");
    bob.all_info();
}
```

这个程序可以正常工作，但是它包含的名称存在冗余。

```
[student]  My name is Robert Robson
    I passed the following grades: Algebra
[person]   My name is Robert Robson
    I proved: Fermat's Last Theorem
```

现在作为读者，你有两个选择：要么接受这个次优的方法并继续阅读，要么跳到练习 6.7.1 尝试自己解决这个问题。

两次从 person 派生导致代码：

- 存在冗余：如图 6-3 所示，name 被存储了两次。

- 容易出错：两个 name 可能会有不一致的问题。

- 二义性：访问 math_student 中的 person::name 时存在二义性。

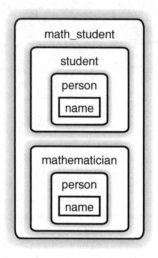

图 6-3　math_student 的内存布局

⇒ c++11/oop_multi2.cpp

为了演示前面提到的二义性，我们在 math_student 中调用 person::all_info：

```
class math_student : ...
{
    virtual void all_info() const override {
    person::all_info();
    }
};
```

在 clang 3.4 中，这会导致编译错误：

```
...: error: ambiguous conversion from derived class
        'const math_student' to base class 'person':
    class math_student -> class student -> class person
    class math_student -> class mathematician -> class person
        person::all_info();
                ^~~~~~~~~
```

对于有多重继承路径的超类，其中的每个函数和数据成员都会遇到相同的问题。

6.3.2.2 虚基类（Virtual Base Classes）

⇒ c++11/oop_multi3.cpp

虚基类仅允许公共超类中的成员存储一次，这样就能解决相应的问题。但是它需要对类的内部实现有一定的了解才不会引起新的问题。在下面的例子中，我们仅将 person 标记为虚基类：

```
class person { ... };
class student
  : public virtual person
{ ... };
class mathematician
  : public virtual person
{ ... };
class math_student
  : public student, public mathematician
{
  public:
    math_student(const string& name, const string& passed, const string&
        proved) : student(name, passed), mathematician(name, proved) {}
    ...
};
```

下面这个代码的输出可能会超出一些人的设想：

```
[student]  My name is
    I passed the following grades: Algebra
    I proved: Fermat's Last Theorem
```

尽管 student 和 mathematician 都在调用 person 的构造函数初始化 name，但是我们仍然把 name 的值弄丢了。要理解这个行为，首先要知道 C++ 是如何处理基类的。我们都知道派生类有调用基类构造函数的责任（否则编译器会调用默认构造函数），但是我们只有一个 person 基类的副本。图 6-4 展示了新的内存布局：mathematician 和 student 不再包含 person 的数据，而只是引用了一个属于最派生类 math_student 的公共 person 对象。

当我们创建 student 的对象时，它的构造函数必须调用 person 的构造函数，mathematician 也是如此。现在我们创建了一个 math_student 对象。math_student 的构造函数必须要同时调用 mathematician 和 student 的构造函数。但是我们知道这两个构造函数都会去调用 person 的构造函数，因此这个共享的 person 就有可能被初始化两次。

为了防止这一点，如果定义了虚基类，那么最派生类（*Most Derived Class*），也就是我们这里的 math_student 会负责调用共享基类的构造函数（也就是我们这里的 person）。作为交换，当调用 mathematician 和 student 的构造函数时，它们不再去调用 person 的构造函数。

⇒ c++11/oop_multi4.cpp

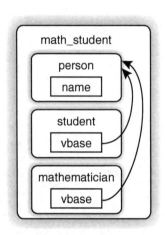

图 6-4 使用虚基类后 math_student 的内存

了解这一点后，我们修改一下构造函数：

```
class student
  : public virtual person
{
  protected:
    student(const string& passed) : passed(passed) {}
    ...
};

class mathematician
  : public virtual person
{
  protected:
    mathematician(const string& proved) : proved(proved) {}
    ...
};

class math_student
  : public student, public mathematician
```

```
{
  public:
    math_student(const string& name, const string& passed, const string&
        proved) : person(name), student(passed), mathematician(proved) {}
    virtual void all_info() const override {
        student::all_info();
        mathematician::my_infos();
    }
};
```

现在 `math_student` 显式初始化 `person` 以设置 `name`。两个中间类 `mathematician` 和 `student` 被重构，以区别对待包含而来的（inclusive）成员和类自身的（exclusive）成员：

- 处理包含的部分主要为了配合来自 `person` 的方法：双参数构造函数和 `all_info`，这些都是公开的（public），并主要用于 `student` 和 `mathematician` 的对象。

- 处理自身的部分主要为了处理类自身的成员：单参的构造函数和 `my_infos`，这些方法都是受保护（protected）的，因此它们只能用于子类。

这个例子也体现了三种访问修饰符的作用：

- `private`：用于只能在类的内部进行访问的数据成员。

- `protected`：用于只能被它的子类，而不能被持有它的对象访问的方法。

- `public`：用于类的对象需要的方法。

在讲完了 OOP 的基本技术之后，接下来我们要把这些技术运用到科学计算之中。

6.4 通过子类型进行动态选择（Dynamic Selection by Sub-typing）

⇒ c++11/solver_selection_example.cpp

求解器的动态选择可以用 `switch` 来实现：

```
#include <iostream>
#include <cstdlib>

class matrix {};
class vector {};
```

```
void cg(const matrix& A, const vector& b, vector& x);
void bicg(const matrix& A, const vector& b, vector& x);

int main (int argc, char* argv[])
{
    matrix A;
    vector b, x;

    int solver_choice= argc >= 2 ? std::atoi(argv[1]) : 0;
    switch (solver_choice) {
        case 0: cg(A, b, x); break;
        case 1: bicg(A, b, x); break;
        ...
    }
}
```

这样做在功能上是可行的，但就代码的复杂度而言，它却是难以扩展的。当我们以其他向量和矩阵调用求解器时，我们必须为每一个参数组合复制一次整个 switch-case 块。可以将代码块封装到函数中，并以不同的参数调用函数，从而避免代码复制的问题。

当多个参数需要动态选择时，情况会变得更加复杂。对于线性求解器，我们需要选择左、右预处理矩阵（preconditioner）（对角、ILU、IC，等等）。这时我们就需要嵌套使用 switch，参见 A.8。因此，尽管可以在没有 OOP 的情况下实现函数对象的动态选择，但代价是我们必须要接受参数空间的组合爆炸：它们来自求解器、左预处理矩阵和右预处理矩阵。一旦添加了一个新的求解器或预处理矩阵，就需要在多个地方扩展这个已经很可怕的选择块。

要处理我们的求解器和预处理矩阵，更好的实现是使用抽象类作为接口，并派生出特定的求解器：

```
struct solver
{
    virtual void operator()( ... )= 0;
    virtual ~solver() {}
};

// 可以考虑模板化
struct cg_solver : solver
{
    virtual void operator()( ... ) override { cg(A, b, x); }
};
```

```
struct bicg_solver : solver
{
    virtual void operator()( ... ) override { bicg(A, b, x); }
};
```

在我们的应用程序中,可以定义一个接口类型为 solver 的(智能)指针,并指向我们所需要的求解器: `C++11`

```
unique_ptr<solver> my_solver;
switch (solver_choice) {
  case 0: my_solver= unique_ptr<cg_solver>(new cg_solver);
          break;
  case 1: my_solver= unique_ptr<bicg_solver>(new bicg_solver);
          break;
  ...
}
```

在设计模式[14]中将这种技术称为工厂(factory)模式,并进行了详细讨论。这个工厂在 C++03 中也能用裸指针来实现。

这里 unique_ptr 的构造略微麻烦。在 C++14 中引入了辅助函数 make_unique,方便了 unique_ptr 的使用: `C++14`

```
unique_ptr<solver> my_solver;
switch (solver_choice) {
  case 0: my_solver= make_unique<cg_solver>(); break;
  case 1: my_solver= make_unique<bicg_solver>(); break;
}
```

在练习 3.11.13 中,建议你自己实现一遍 make_unique,这将是一个很好的锻炼。

初始化多态指针之后,就可以直接调用动态选择的求解器:

```
(*my_solver)(A, b, x);
```

这里的括号表示我们解引用了一个函数指针并调用它。如果没有这个括号,就会表示我们调用一个函数指针并对函数返回的结果进行解引用(这会导致错误)。

当有多个函数需要动态选择时更能凸显工厂方法的强大。这时就可以避免之前组合爆炸的问题。多态的函数指针允许我们解耦求解器和左右矩阵的选择,并且将任务分解成一系列的工厂和对指针的单次调用:

```
struct pc
{
```

```
    virtual void operator()( ... )= 0;
    virtual ~pc() {}
};

struct solver { ... };

// 求解器工厂
// 左预处理工厂
// 右预处理工厂

(*my_solver)(A, b, x, *left, *right);
```

此时工厂中的代码复杂度是线性的,函数调用也只有一条语句,而巨大的选择语句块却有着三次方的代码复杂度。

在我们的例子中,实现了一个公共的超类。还可以使用 `std::function` 来处理没有公共基类的求解器类和函数,这样就可以去实现更加通用的工厂。不过它们的技术是相同的,仍然是虚函数和指向多态类的指针。如果需要向下兼容 C++03,可以使用 `boost::function`。

C++禁用了模板虚函数(因为它们会使编译器的实现变得极为复杂,需要面对可能无穷大的虚表)然而类模板可以包含虚函数。这样我们就可以参数化整个类而不是单个方法,从而在泛型编程中也使用虚函数。

6.5　转换[1](Conversion)

(类型)转换并不局限于 OOP,但是在介绍基类和派生类之前我们无法全面讨论这个特性。了解相关类之间的转换会反过来加深我们对继承的理解。

C++是一门强类型语言,每个对象(变量或常量)的类型都在编译期定义,并且在执行期间不可更改。[2] 我们可以将对象视为:

- 内存中的位数据。

- 一个类型,赋予位数据实义。

---

1 此处主要指类型转换。——译注
2 作为比较,Python 的变量并没有固定类型,它只是一个名称,引用了某个对象而已。Python 的赋值仅仅是将变量指向另一个对象,并且会匹配新指向对象的类型。

其中一些转换只是让编译器换了一种方式来看待内存中的数据：或者是对位数据做另一种解释，或者改变其他代码对它的访问权限（例如 const 和 non-const）。另外一些转换则会创建一个新的对象。

在 C++ 中一共有四种类型转换操作符：

- static_cast

- dynamic_cast

- const_cast

- reinterpret_cast

作为 C++ 语言的源头，C 语言只有一种类型转换方式：(type) expr。这个单一的转换操作符的行为很难捉摸，因为它可能会做出层层变换来创建一个目标类型的对象，例如把一个指向 int 的 const 指针转换成一个指向 char 的 non-const 指针。

相比较而言，C++ 的强制转换每次只能改变类型的一个方面。C 风格的类型转换有一个缺陷，就是在代码中很难找到它们[45，第 95 章]。而在 C++ 中就很容易找到：搜索 _cast 即可。旧式转换在 C++ 中仍然是可用的，但是所有的 C++ 专家都不会建议你继续使用。

> C 强制转换
> 不要使用 C 风格的强制转换。

在本节中，我们将演示不同的类型转换操作符的用法，并讨论它们在不同场景下各自的优缺点。

6.5.1 在基类和派生类之间转换（Casting between Base and Derived Classes）

C++ 在类层级之间提供了静态和动态转换。

6.5.1.1 向上转型（Casting Up）

⇒ c++03/up_down_cast_example.cpp

向上转型或者说从派生类转换到基类都是可以的，只要不存在二义性。它还可以被隐式地执行，比如下面的 spy_on 函数：

```cpp
void spy_on(const person& p);

spy_on(tom);                    // 向上转型 student -> person
```

不需要显式转换，spy_on 就可接受所有 person 的子类。因此我们可以传递一个 student 的变量 tom 作为参数。我们引入一些类，来讨论菱形类层次中类之间的转换，为了方便，这些类名都是单字符的：

```cpp
struct A
{
    virtual void f(){}
    virtual ~A(){}
    int ma;
};
struct B : A { float mb; int fb() { return 3; } };
struct C : A {};
struct D : B, C {};
```

添加下面的一元函数：

```cpp
void f(A a)  { /* ... */ }  // 不是多态 -> 切割！
void g(A& a) { /* ... */ }
void h(A* a) { /* ... */ }
```

B 类型的对象可以传递给所有三个函数：

```cpp
B b;
f(b);       // 切割！
g(b);
h(&b);
```

在这三种情况下，对象 b 都被隐式转换成类型 A 的对象。注意，函数 f 不是多态的，因为按照 6.1.3 节中的讨论，此时对象 b 被切割了。只有当基类存在二义性时，向上转换才会失败。比如在这个例子中，我们无法将 D 转换到 A：

```cpp
D d;
A ad(d); // 错误：二义性
```

因为编译器并不知道基类 A 是从 B 还是 C 来的。为了澄清这个二义性，我们需要明确指定中间的转换步骤：

```
A ad(B(d));
```

或者我们可以让 A 作为 B 和 C 的虚基类：

```
struct B : virtual A { ... };
struct C : virtual A {};
```

此时，A 的成员在 D 中就只会出现一次。在多数情况下，这通常是多重继承的最佳解决方案，因为这个方法节省了内存，且避免了多份 A 副本之间不一致的风险。

6.5.1.2 向下转型（Casting Down）

向下转型是指将指针或者引用转换成子类型的指针或引用。如果实际引用的对象不是转换到子类型，就会导致未定义的行为。因此，只有在绝对必要的条件下才能极为谨慎地使用它。

回想一下，我们之前将类型 B 的对象传递给了引用 A&和指针 A*：

```
void g(A& a) { ... }
void h(A* a) { ... }

B b;
g(b);
h(&b);
```

在 g 和 h 中，尽管被引用的对象 b 是 B 类型，但并不能访问 B 的成员 mb 和 fb()。在确保函数参数 a 确实引用了 b 类型的对象后，可以将 a 分别向下转型为 B&或者 B*，然后再访问 mb 和 fb()。

在我们准备向程序中引入向下转型之前，必须要先问自己以下的问题：

- 我们如何确保传递给函数的参数确实是派生类的对象？例如，使用额外的参数还是运行时检查？
- 如果不能向下转型我们应该怎么办？
- 我们是否应该为派生类编写一个函数？
- 为什么不为基类和派生类提供重载函数？在设计上它一定会更干净，也更可行。

- 最后，我们是否可以重新设计类，用虚函数的晚绑定机制来完成任务？

如果回答完所有的问题之后，我们仍然认为需要进行向下转换，那么必须决定要使用哪种转换。有两种形式可供选择：

- `static_cast`：快速但不安全的转换。
- `dynamic_cast`：转换是安全的，但是需要一些额外的开销，并且只能用于多态类型。

顾名思义，`static_cast` 只能检查编译期的信息。这意味着它只能检查目标类型是否派生自源类型。例如，我们可以将 g 函数的参数 a 强制转换为类型 B&，并调用 B 类中的方法：

```
void g(A& a)
{
    B& bref= static_cast<B&>(a);
    std::cout << "fb returns " << bref.fb() << "\n";
}
```

编译器验证了 B 是 A 的子类，并接受了我们的实现。但是当参数 a 引用的不是 B 或者其子类的对象时，会导致程序有未定义的行为——最常见的就是程序崩溃。

在菱形继承的示例中，也可以将指针从 B 向下转换到 D。为此，我们声明了一个 B* 类型的指针，它允许我们指向 B 的子类 D 的对象：

```
B *bbp= new B, *bdp= new D;
```

编译器可以接受这两个指针向 D* 的转换：

```
dbp= static_cast<D*>(bbp);  // 错误的向下转换
ddp= static_cast<D*>(bdp);  // 正确（但是未经检查）的向下转换
```

因为没有执行运行时检查，所以程序员有责任确保对象不去引用不正确的类型。bbp 指向 B 类型的对象，因此当我们解引用时，会面临数据损毁和程序崩溃的风险。在这个例子中，一个聪明的编译器可能会通过静态分析来检查错误的向下转型，并给予警告。但是通常很难追踪指针引用的实际类型，尤其是在运行时选择类型时，比如下面这个例子：

```
B *bxp= (argc > 1) ? new B : new D;
```

6.6 节中，我们会看到一个很有趣的应用程序，它可以安全地向下转型，因为模板参数为它提供了正确的类型信息。

`dynamic_cast` 会在运行时检查被转换的对象是否真的是目标类型或目标类型的子类。

它只能用于多态类型（参见 6.1 节，多态类型是定义或继承了一个或多个虚函数的类）。

```
D* dbp= dynamic_cast<D*>(bbp);    // 错误：不能向下转型到 D
D* ddp= dynamic_cast<D*>(bdp);    // 正确：bdp 指向一个 D 类型的对象
```

如果类型转换失败，则会返回一个 null 指针，以便程序员能够处理失败的向下转型。引用的向下转型错误会引发异常 std::bad_cast，可以在 **try-catch** 中处理它。这一类型检查基于运行时类型信息（*Runtime-Type Information*，RTTI）实现，需要花费一点额外的开销。

进阶背景知识：dynamic_cast 和虚函数实现手段相同，因此只有当用户至少定义了一个虚函数，使类实现多态性后才可以使用。否则，对所有的类型都使用 dynamic_cast 会让它们都增加了虚表的成本。而多态函数本来就需要这些，所以此时 dynamic_cast 的成本仅仅是在虚表中多了一个指针。

6.5.1.3　交叉转换（Cross-Casting）

dynamic_cast 的另外一个有趣特性是，当对象的类型派生自 B 和 C 两个类时，可以实现从 B 到 C 的转换：

```
C* cdp= dynamic_cast<C*>(bdp);    // 正确：因为是 D 对象，所以可以从 B 转换到 C
```

同理，我们可以从 student 交叉转换到 mathematician。

如果是静态地从 B 向 C 交叉转换：

```
cdp= static_cast<C*>(bdp);        // 错误：不是子类或者超类
```

则是不被允许的，因为 C 既不是 B 的派生类也不是 B 的基类。我们可以通过 D 来间接转换：

```
cdp= static_cast<C*>(static_cast<D*>(bdp));  // B -> D -> C
```

这里再次强调，程序员有责任确保对象以指定方式正确地进行转换。

6.5.1.4　静态和动态类型转换的比较（Comparing Static and Dynamic Cast）

动态转换更加安全，但是需要在运行时检查被引用对象的类型，故而比静态类型转换要慢一些。静态类型转换可以向上转型，而向下转型时则需要程序员承担正确处理被引用对象的责任。

表 6-1 总结了二者的不同。

表6-1 静态和动态类型转换

	static_cast	dynamic_cast
哪些类	所有	多态
交叉转换	否	是
运行时检查	否	是
额外开销	无	运行时检查

6.5.2 const 转换（const-Cast）

const_cast 用于添加或删除属性 const 或 volatile。volatile 关键字告诉编译器这个变量可能会在别处被修改。例如某些内存项是硬件设置的，当我们为此硬件编写驱动时就必须要注意它。这些内存项不能被保存在缓存或者寄存器中，必须每次都从主存储器读取。因为在科学和高层工程软件中，外部修改变量比较少，所以本书不对 volatile 做进一步的讨论。

添加 const 和 volatile 可以隐式地进行，而移除一个真正需要 volatile 对象的 volatile 属性会导致未定义的行为，因为缓存和寄存器中可能会保存不一致的值。只有当一个 volatile 指针或引用指向一个非 volatile 的对象时，才能移除它们的 volatile 属性。

去除 const 属性会导致整个调用栈中相应的 const 属性失效，这样在发生预期以外的数据覆盖时，就会大大增加调试的工作量。只是处理一些老式的库时必须如此，因为这些库经常会缺少恰当的 const 限定符。

6.5.3 重解释转型（Reinterpretation Cast）

重解释转型是所有类型转换中最激进的形式，它在本书中并没有被用到。它接受对象在内存中的地址，并把这一地址中的位数据直接当作另外一个类型来解释。比如我们可以用它把浮点数转换成一串位元，并修改其中的某一位元。reinterpret_cast 在硬件驱动程序序中的重要性要远高于求解器这样高抽象层次的程序。毋庸置疑，这一特性也最容易破坏程序的可移植性。如果真的要使用它，应将其合并到与平台相关的条件编译中，并对代码进行足量的测试。

6.5.4 函数风格的转型（Function-Style Conversion）

构造函数也可以用于值的类型转换：如果类型 T 有一个构造函数的参数是类型 U，那么我们可以从类型 U 的对象构造类型 T 的对象：

```
U u;
T t(u);
```

或者使用更好的风格：

```
U u;
T t{u};     // C++11
```

这样就可以使用构造函数来转换值。现在我们用不同的矩阵类型来替代上面这个例子中的类型。假设我们有一个函数接受稠密矩阵，但是参数却是一个压缩的矩阵：

```
struct dense_matrix
{ ... };

struct compressed_matrix
{ ... };

void f(const dense_matrix&) {}

int main ()
{
    compressed_matrix A;
    f(dense_matrix(A));
}
```

在这里，我们用 compressed_matrix A 来创建出一个 dense_matrix。这要求：

- dense_matrix 有一个构造函数接受 compressed_matrix，或者
- compressed_matrix 有一个转换操作符到 dense_matrix。

这些函数类似于：

```
struct compressed_matrix;  // 构造函数所需要的前向声明

struct dense_matrix
{
    dense_matrix() = default;
    dense_matrix(const compressed_matrix& A) { ... }
};
```

```cpp
struct compressed_matrix
{
    operator dense_matrix() { dense_matrix A; ... return A; }
};
```

在两者并存时会优先使用构造函数。在这个类的实现中，我们还可以用隐式转换调用 f：

```cpp
int main ()
{
    compressed_matrix A;
    f(A);
}
```

此时，类型转换的优先级要高于构造函数的优先级。注意，隐式转换并不能用于声明为 `explicit` 的构造函数或转换操作符。显式转换操作符在 C++11 中被引入。

> C++11

这个用法的危险之处在于，它的行为和内建类型上 C 类型转换的行为相似，也就是说：

```cpp
long(x);      // 相当于
(long)x;
```

这使得我们可以写出非常糟糕的代码：

```cpp
double d= 3.0;
double const* const dp= &d;

long l= long(dp);      // 完蛋了！
```

这里把指向 `const double` 的 `const` 指针转换成了 `long`。此处可以看作是用 `const_cast` 和 `reinterpret_cast` 创建了一个新值。然而这个 l 毫无意义，但是其他的值却又都依赖它。

而下面这些初始化操作：

```cpp
long l(dp);      // 错误：不能从 pointer 初始化 long
```

则无法通过编译。大括号初始化或其他初始化也是如此：

```cpp
long l{dp};      // 一样的错误（需要 C++11）
```

这就引出了另一种用法：

```cpp
l= long{dp};     // 错误：初始化失败（C++11）
```

使用大括号会让我们始终是在初始化一个新值，它甚至还阻止了窄化。`static_cast` 允许类型窄化，但是也不会放任任何一个指针转到数值上。

```
l= static_cast<long>(dp); // 错误：pointer → long
```

出于这些原因，Bjarne Stroustrup 建议使用 T{u}或者 T(u)作为正确构造的例子，并使用具名的强制转换，如 static_cast 来完成其他的类型转换。

6.5.5 隐式转换（Implicit Conversions）

隐式转换的规则很复杂，不过好消息是大部分情况下我们都只需要了解最重要的规则而不用关心其优先级。我们可以在 C++ Reference[7]中找到完整的列表。表 6-2 则给出了一些重要转换的概览。

表6-2 隐式转换

源	目标
T	T 的超类
T	const T
T	volatile T
T[N]	T*
T	U（参见 6.5.4 节）
函数	函数指针
nullptr_t	T*
整型	更大的整型
数值类型	另一个数值类型

数值类型的转换可以有不同的实现。例如在提升整数类型时，可以用 0 或符号位进行扩展。[1] 此外，需要匹配函数参数类型时，任意的内建数值类型都可以转换到任何一个其他的数值类型上。C++11 中的新型初始化则只允许不丢精度的转换（即非窄化）。如果没有窄化规则，那么浮点甚至可以先转换成 int，从而再转换成 bool。只要可用的构造函数或转换操作符没有被标记为 explicit，就可以隐式地执行以函数风格（参见 6.5.4 节）来表示的用户类型之间的转换。当然，过多地使用隐式转换是不妥的。哪些转换应该是显式的，哪些地方又可以使用隐式转换是一个很重要的设计决策，并不存在一个普适性的规则。

6.6　CRTP

本节我们将介绍奇异递归模板模式（Curiously Recurring Template Pattern，CRTP）。它

---

1 类型提升并不是一个纯语言规则上的类型转换。

有效地结合了模板编程和继承。这个术语有时会和 *Barton-Nackman Trick* 项混淆，后者基于 CRTP 构造，由 John Barton 和 Lee Nackman 提出[4]。

6.6.1 一个简单的例子（A Simple Example）

⇒ c++03/crtp_simple_example.cpp

我先用一个简单的例子解释以下这个新技术。假设我们有一个 `point` 类，包含一个相等操作符：

```
class point
{
  public:
    point(int x, int y) : x(x), y(y) {}
    bool operator==(const point& that) const
    { return x == that.x && y == that.y; }
  private:
    int x, y;
};
```

我们可以运用德·摩根定律（de Morgan's law）或常识来编写"不等于"操作符：

```
bool operator!=(const point& that) const
{ return x != that.x || y != that.y; }
```

或者为了偷懒，我们只简单地对等于操作符的结果取否：

```
bool operator!=(const point& that) const
{ return !(*this == that); }
```

我们的编译器非常聪明，它们完全可以在内联之后完美地运用德·摩根定律。对于任何类型，通过对等于操作符取否以获得"不等于"的结果都应当是一个正确的实现。所以我们可以复制粘贴这段代码，只是每次都需要替换参数类型：

或者我们可以写一个类：

```
template <typename T>
struct inequality
{
    bool operator!=(const T& that) const
    { return !(static_cast<const T&>(*this) == that); }
};
```

并派生它：

```
class point : public inequality<point> { ... };
```

这个类定义建立起一种相互依赖的关系：

- point 继承了 inequality。

- inequality 使用 point 参数化。

尽管这些类之间互相依赖，但是仍然能够通过编译。这是因为模板类（如这里的 inequality）的成员函数在调用之前是不会被编译的。我们可以检查一下 operator!=是否正确：

```
point p1(3, 4), p2(3, 5);
cout << "p1 != p2 is " << boolalpha << (p1 != p2) << '\n';
```

所以当我们调用 p1!=p2 的时候到底发生了什么？

1. 编译器在 point 类中搜索 operator!=（没能成功）。

2. 在它的基类 inequality<point>中找到了 operator!=（成功了）。

3. this 指针指向的对象是 inequality<point>，它是 point 对象的一部分。

4. 现在这两个对象都完全已知，我们可以静态地将 this 向下转型为 point*。

5. 因为我们知道 inequality<point>的 this 指针是从 point*的 this 指针向上转型而来的，所以它也能被安全地向下转型到原来的类型上。

6. point 的等于操作符被实例化（如果之前没有被实例化）和调用。

每一个具有等于操作符的类 U 都可以自 inequality<U>中以相同方式派生。Jeremy Siek 和 David Abrahams 所开发的 Boost.Operators 中提供了一组操作符默认行为的 CRTP 模板。

6.6.2 一个可复用的访问操作符（A Reusable Access Operator）

⇒ c++11/matrix_crtp_example.cpp

CRTP 这一习惯用法可以解决前面提到的问题（参见 2.6.4 节）：如何使用 operator[] 实现可重用的多维数据结构的访问。当时我们还有一些必要的语言功能尚不知晓，特别是模板和继承。现在，我们运用这些知识来实现使用两个方括号操作符来调用一个二元调用操作符，即，用 A(i, j) 计算 A[i][j]。

现在假设我们有个矩阵类型，就叫 some_matrix 吧，它有一个 operator() 用于访问 a_{ij}。为了和向量统一，我们想使用 operator[]。这个操作符只接受一个参数，因此我们需要一个代理来访问矩阵中的一行。这个代理提供了一个 operator[] 来访问这一行中的一列，也就是说，返回这个矩阵的一个元素：

```cpp
class some_matrix; // 前向声明
class simple_bracket_proxy
{
  public:
    simple_bracket_proxy(matrix& A, size_t r) : A(A), r(r) {}

    double& operator[](size_t c){ return A(r, c); }    // 错误
  private:
    matrix&    A;
    size_t     r;
};

class some_matrix
{
    // ...
    double& operator()(size_t r, size_t c) { ... }

    simple_bracket_proxy operator[](size_t r)
    {
    return simple_bracket_proxy(*this, r);
    }
};
```

基本思路是，A[i] 返回一个引用了 A 的代理 p，并包含了 i。调用 A[i][j]，就会对应到 p[j]，后者会去调用 A(i, j)。不过很不幸上面这段代码无法通过编译。当我们在 simple_bracket_proxy::operator[] 中调用 some_matrix::operator() 时，类型 some_matrix 只有声明而没有定义，而交换两个类的定义又只会调转二者的依赖关系并导致更多无法编译的代码。所以这个代理实现存在的问题是，需要两个相互依赖的完全类型。

这是模板的一个有趣之处：它允许我们打破相互依赖的关系，因为它们具有延迟代码生成的机制。所以向代理中添加模板参数会移除依赖：

```cpp
template <typename Matrix, typename Result>
class bracket_proxy
{
```

```
public:
  bracket_proxy(Matrix& A, size_t r) : A(A), r(r) {}

  Result& operator[](size_t c){ return A(r, c); }
private:
  Matrix& A;
  size_t    r;
};

class some_matrix
{
    // ...
    bracket_proxy<some_matrix, double> operator[](size_t r)
    {
        return bracket_proxy<some_matrix, double>(*this, r);
    }
};
```

最终,我们可以编写 A[i][j] 并在内部执行两个参数的 operator()。现在,我们可以为许多矩阵类提供不同的 operator() 实现,而它们都可以以相同的方式安置 bracket_proxy。

我们多实现几个矩阵类之后就会意识到 operator[] 在所有矩阵类中看起来都是完全相同的——只是返回一个具有矩阵引用和行参数的代理。此时我们可以添加另外一个 CRTP 类,这样只要实现 operator[] 就可以了:

```
template <typename Matrix, typename Result>
class bracket_proxy { ... };

template <typename Matrix, typename Result>
class crtp_matrix
{
    using const_proxy= bracket_proxy<const Matrix, const Result>;
  public:
    bracket_proxy<Matrix, Result> operator[](size_t r)
    {
        return {static_cast<Matrix&>(*this), r};
    }

    const_proxy operator[](size_t r) const
    {
        return {static_cast<const Matrix&>(*this), r};
    }
};
```

```
class matrix
  : public crtp_matrix<matrix, double>
{
  // ...
};
```

注意，这里使用 C++11 的功能只是为了简化代码，事实上我们完全可以在 C++03 中实现它，只是要稍微啰唆一点。这个 CRTP 矩阵类可以为每个具有两个参数的调用操作符的矩阵类提供 `operator[]`。在一个功能完整的线性代数包中，我们还需要注意哪些矩阵是可变的，以及判断是否返回值或者引用。使用第 5 章中介绍的元编程技术，可以安全地处理这些细节差异。

虽然代理会额外创建一个对象，但是我们的性能基准显示，`operator[]` 和 `operator()` 性能相同。显然，现代编译器中复杂的引用转发技术可以有效地避免代理的实际创建。

6.7　练习（Exercises）

6.7.1　无冗余的菱形继承（Non-redundant Diamond Shape）

实现 6.3.2 节中的菱形继承，只打印一次名字。在派生类中区分 `all_info()` 和 `my_infos()`，并正确地调用两者。

6.7.2　继承向量类（Inheritance Vector Class）

修改第 2 章中的向量示例。通过引入基类 `vector_expression`，提供 `size` 和 `operator()`，让向量从该基类继承。然后创建一个 `ones` 类，这是一个所有元素都是 1 的向量，也是从 `vector_expression` 上继承而来的。

6.7.3　克隆函数（Clone Function）

编写一个 CRTP 类用于函数 `clone()`。这个函数创建当前对象的副本——和 Java 函数 `clone` 是类似的。请注意函数 `return` 的类型必须是被克隆的对象的类型。

第 7 章
科学计算项目
Scientific Projects

在前面的章节中，我们主要着眼于 C++ 的语言特性，以及这些特性在小型示例上的最佳实践。在最后一章会分享一些如何构建大型项目的思路。在 7.1 节中，作者的朋友 Mario Mulansky 将会和大家讨论程序库之间的互操作，并会讲解 odeint 幕后的故事：作为一个通用的库，它可与其他几个库之间无缝交互、紧密结合。随后我们会提供一些项目构建所必需的背景知识，例如如何从多个程序源码和库构建可执行文件（7.2.1 节），以及如何用工具实现这一过程（7.2.2 节）。最后我们将讨论如何正确分发多个文件组成的程序源代码（7.2.3 节）。

7.1 常微分方程解算器的实现（Implementation of ODE Solvers）

作者：Mario Mulansky

本节我们先对数值程序库设计的主要步骤做个概览。这一部分的重点并不是介绍如何实现完整的数值计算功能，而是讨论如何提供一个确保泛用性最大化的健壮的设计。我们将使用一个求解常微分方程的数值算法作为用例。本着第 3 章的理念，本章的目标是通过使用泛型编程让程序的适用面更广一些。我们会先介绍算法所需要的数学背景，然后再提供一个简单直接的实现。由此可以从实现中提取出独立的部分，并逐一使它们具备可交换性（exchangeable），最终获得整个泛型程序库。在研究完这个泛型库设计的详细示例后，读者应当可以具备将该技术运用到其他数值算法中的能力。

7.1.1 常微分方程（Ordinary Differential Equations）

常微分方程（Ordinary Differential Equation，ODE）是物理、生物、化学和社会学建模的基本数学工具，也是科学和工程计算中最重要的数学概念之一。除了少数的简单情况，大部分时候都无法找到ODE的解析解，此时我们必须依赖数值算法来获得一个近似解。在本章中，我们将开发一个四阶龙格-库塔法（Runge-Kutta-4，RK4）的泛型实现。这是一种通用的ODE求解器，因其简单性和健壮性而被广泛应用。

一般地，常微分方程是一个包含独立变量 t 的函数 $x(t)$ 及其导数 $x', x'', \cdots$ 的方程：

$$F(x, x', x'', \cdots, x^{(n)}) = 0 \tag{7.1}$$

这是最通用的形式，隐式常微分方程也可用这种方法表示。不过这里我们只考虑显式常微分方程，它的形式是：$x^{(n)} = f(x, x', x'', \cdots, x^{(n-1)})$。这个形式在数值上要更容易解决。出现在ODE中的最高阶导数 n 也称为ODE的阶数。不过，任意 n 阶的ODE都可以转化成一阶微分方程[23]，因此仅考虑 $n=1$ 的一阶微分方程的解法即可。随后介绍的几种方法都可用于解决初值问题（initial value problem，IVP），即求解以 $x(t=t_0)=x_0$ 为初值的、有关 x 的常微分方程问题。换句话说，我们要解决的数值问题可以由下面这个公式表示：

$$\frac{\mathrm{d}}{\mathrm{d}t}\vec{x}(t) = \vec{f}(\vec{x}(t)t),\ \vec{x}(t=t_0) = \vec{x}_0 \tag{7.2}$$

这里我们用向量符号 $\vec{x}$ 来表示变量 $\vec{x}$，它可能是一个多维向量。通常ODE中的 $\vec{x}$ 是一个实数向量，即 $\vec{x} \in \mathbb{R}^N$。这里也可以用于复数值的ODE，即 $\vec{x} \in \mathbb{C}^N$。函数 $f(\vec{x},t)$ 通常称为ODE的右部（right-hand side，RHS）。ODE在物理中最简单的例子应该是谐振子（*Harmonic Oscillator*），即一个和弹簧连接在一起的质点。以牛顿定律描述这个系统，如下：

$$\frac{\mathrm{d}^2}{\mathrm{d}t^2}q(t) = -\omega_0^2 q(t) \tag{7.3}$$

其中 $q(t)$ 是质点的位置，ω_0 是振荡频率。后者是质量 m 和弹簧刚度 k 的函数：

$\omega_0 = \sqrt{k/m}$。我们令 $p = \mathrm{d}q/\mathrm{d}t$，$\vec{x} = (q,p)^T$，并定义初始条件，如 $q(0)=q_0$，$p(0)=0$，就可以由公式 7.2 得到。我们简化公式 $\dot{\vec{x}} = \mathrm{d}\vec{x}/\mathrm{d}t$ 并且消除对时间的显式依赖，可以得到：

$$\dot{\vec{x}} = \vec{f}(\vec{x}) = \begin{pmatrix} p \\ -\omega_0^2 q \end{pmatrix}, \quad \vec{x}(0) = \begin{pmatrix} q_0 \\ 0 \end{pmatrix} \tag{7.4}$$

注意，公式 7.4 中的函数 $\vec{f}$ 不再依赖于变量 t，此时公式 7.4 就成为了一个自治常微分方程（*Autonomous* ODE）。此外，在本例中自变量 t 表示时间、$\vec{x}$ 表示相空间（phase space）的点，因此 $\vec{x}(t)$ 的解是谐振子的轨迹（*Trajectory*）。这是一个物理常微分方程中的典型情况，也是我们选择 t 和 $\vec{x}$ 作为变量名的原因。[1]

对于方程 7.4 中的谐振子和初值问题，我们是可以找到一个解析解的：$q(t) = q_0 \cos\omega_0 t$ 和 $p(t) = -q_0\omega_0 \sin(\omega_0 t)$。更复杂的非线性 ODE 通常无法以解析形式求解，我们必须要采用数值方法来寻找近似解。混沌动力学（*Chaotic Dynamic*）系统[34]就是这样一类特定的例子，我们无法用解析函数来描述它的轨迹。洛伦兹系统（Lorenz system）是这类系统中首批被深入研究的模型之一，它是一个三维的 ODE，由以下公式给出，其中 $\vec{x} = (x_1, x_2, x_3)^T \in \mathbb{R}^3$：

$$\begin{aligned} \dot{x}_1 &= \sigma(x_2 - x_1) \\ \dot{x}_2 &= Rx_1 - x_2 - x_1 x_3 \\ \dot{x}_3 &= x_1 x_2 - bx_3 \end{aligned} \tag{7.5}$$

这里的 $\sigma, R, b \in \mathbb{R}$ 是这个系统的参数。图 7-1 描绘了参数 $\sigma = 10$、$R = 28$、$b = 10/3$ 时这个系统的轨迹。在这组参数值上，洛伦兹系统绘制出了一个混沌吸引子（Chaotic Attractor），我们从图中很轻易就能辨认出它来。

虽然这类问题无法获得解析解，但是当右部 $\vec{f}$ 满足特定条件时，数学上可以证明解的存在性与唯一性。例如当 $\vec{f}$ 满足利普希茨连续（Lipschitz-continuous）时，可得到皮卡-林德勒夫定理（Picard-Lindelöf theorem）[2][48]。如果满足这一条件且唯一解存在——对于大多数实际问题来说都是成立的——我们就可以使用算法程序找到解的数值近似。

---

[1] 数学中通常用 x 表示自变量，用 $y(x)$ 表示解（因变量）。
[2] 又称柯西-利普希茨定理。——译注

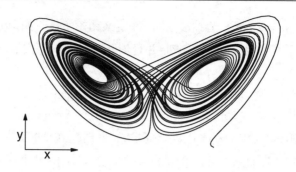

图 7-1 参数 $\sigma=10$、$R=28$、$b=10/3$ 时洛伦兹系统的混沌轨迹

7.1.2 龙格-库塔法（Runge-Kutta Algorithms）

龙格−库塔（Runge-Kutta，RK）是解决常微分方程初值问题最常见的通用方法[23]。在这里我们重点关注显式 RK 的解，因为它更容易实现并且非常适合 GPU。这一算法是单步迭代方法家族的一员，通过离散化时间来计算初值问题的近似解。时间离散化意味着我们要计算 t_n 时刻的近似值。我们用 $\vec{x}_n$ 作为解 $x(t_n)$ 在 t_n 时刻的近似值。最简单常用的办法就是使用固定等距的步长 Δt 对时间离散化，此时有数值解：

$$\vec{x}_n \approx \vec{x}(t_n), \quad t_n = t_0 + n \cdot \Delta t \tag{7.6}$$

我们通过下面这个最一般的书写形式按顺序求值即可获得近似点 $\vec{x}_n$：

$$\vec{x}_{n+1} = \vec{F}_{\Delta t}(\vec{x}_n) \tag{7.7}$$

这里的函数 $\vec{F}_{\Delta t}$ 表示数值算法——这里即龙格-库塔——它用时间步长 Δt 完成了从 $\vec{x}_n$ 到 $\vec{x}_{n+1}$ 的迭代。当解的误差不超过 $m+1$ 阶时，我们就称该方法是 m 阶的：

$$\vec{x}_1 = \vec{x}(t_1) + O(\Delta t^{m+1}) \tag{7.8}$$

其中，$\vec{x}(t_1)$ 是初始条件 $\vec{x}(t_0) = \vec{x}_0$ 下，t_1 时刻的精确解。因此，m 可以表示该方法单步迭代（single step）的精确程度。

计算离散轨迹 $x_1, x_2, \cdots$ 用到的最基本的数值算法是欧拉法（Euler Scheme）。其中 $F_{\Delta t}(\vec{x}_n) := \vec{x}_n + \Delta t \cdot \vec{f}(\vec{x}_n, t_n)$，也就是说，下一个近似值由当前值计算获得：

$$\vec{x}_{n+1} = \vec{x}_n + \Delta t \cdot \vec{f}(\vec{x}_n, t_n) \tag{7.9}$$

欧拉法的实际意义不大，因为它仅能提供一阶精度。通过引入中间点，并将单次步进分为多个阶段，就可以得到更高阶的精度。例如著名的四阶龙格-库塔法，有时也直接称为龙格-库塔法，它就将单次步进分为四段，具有四阶的精度。它的定义如下：

$$\begin{aligned}
\vec{x}_{n+1} &= \vec{x}_n + \frac{1}{6}\Delta t(\vec{k}_1 + 2\vec{k}_2 + 2\vec{k}_3 + \vec{k}_4), \quad \text{其中} \\
\vec{k}_1 &= \vec{f}(\vec{x}_n, t_n), \\
\vec{k}_2 &= \vec{f}\left(\vec{x}_n + \frac{\Delta t}{2}\vec{k}_1, t_n + \frac{\Delta t}{2}\right), \\
\vec{k}_3 &= \vec{f}\left(\vec{x}_n + \frac{\Delta t}{2}\vec{k}_2, t_n + \frac{\Delta t}{2}\right), \\
\vec{k}_4 &= \vec{f}(\vec{x}_n + \Delta t\, \vec{k}_3, t_n + \Delta t)
\end{aligned} \quad (7.10)$$

要注意的是这里的中间结果 $\vec{k}_i$ 是如何依赖于前面阶段的结果 $\vec{k}_{j<i}$ 的。

通常龙格-库塔法可以由阶段数 s 以及一组参数 $c_1 \cdots c_s$，a_{21}，a_{31}，a_{32}，$\cdots$，a_{ss-1} 和 $b_1 \cdots b_s$ 定义。此时计算下一个近似值 x_{n+1} 的算法是：

$$x_{n+1} = x_n + \Delta t \sum_{i=1}^{s} b_i k_i, \quad \text{其中} \quad k_i = f(x_n + \Delta t \sum_{j=1}^{i-1} a_{ij}k_j, \Delta t\, c_i) \quad (7.11)$$

这些参数 $a_{i,j}$、b_i 和 c_i 可以放在一个助记工具中，即 Butcher tableau（参见图 7-2），它能够完整描述一个特定阶数的龙格-库塔法。四阶龙格-库塔法的 Butcher tableau 参见图 7-2(b)。

（a）s 阶的通用 Butcher tableau

c_1				
c_2	$a_{2,1}$			
c_3	$a_{3,1}$	$a_{3,2}$		
$\vdots$	$\vdots$		$\ddots$	
c_s	$a_{s,1}$	$a_{s,2}$	$\ldots$	$a_{s,s-1}$
	b_1	b_2	$\ldots$	b_{s-1}	b_s

（b）四阶龙格-库塔法（RK4）的系数

0				
0.5	0.5			
0.5	0	0.5		
1.0	0	0	1.0	
	1/6	1/3	1/3	1/6

图 7-2 Butcher tableau

7.1.3 泛型实现（Generic Implementation）

在 C++ 中直接实现龙格-库塔法并没有什么困难。例如可以使用 std::vector<double> 表示状态 $\vec{x}$ 和导数 $\vec{k}_n$，并使用模板参数让右部函数 $\vec{f}(\vec{x},t)$ 得以泛化。程序清单 7-1 中的代码就是简易快捷的欧拉法实现。我们在示例中仅用到了欧拉法是为了让它能简单一些。例子中的内容也同样适用于更复杂的龙格-库塔法的实现。

程序清单7-1：欧拉法的基本实现

```cpp
typedef std::vector<double> state_type;

template<class System>
void euler_step(System system, state_type &x,
                const double t, const double dt)
{
    state_type k(x.size());
    system(x, k, t);
    for(int i=0; i<x.size(); ++i)
        x[i] += dt*k[i];
}
```

通过将右部函数（`system`）定义为模板参数，我们已经获得了一定的通用性：`euler_step`函数可以使用函数指针、仿函数和 C++ lambda 对象作为 `system` 的实际参数。唯一的要求是，`system` 对象可以以如下形式调用 `system(x, dxdt, t)`，并且它需要求解 `dxdt` 中的导数。

尽管这个实现在很多情况下已经堪称完美，但是一旦面临非标准情况时就会出现问题。比如下面这些情况：

- 不同的状态类型，例如固定大小的数组（`std::array`）可能具有更好的性能。
- 针对复数的 ODE。
- 非标准容器，例如复杂网络上的 ODE。
- 需要比 double 精度更高时。
- 通过 OpenMP 和 MPI 并行。
- 使用 GPGPU 设备。

接下来，将进一步泛化程序清单 7-1 中的实现，以处理上面提到的这些情况。因此，首先需要确定龙格-库塔法的计算要求，并且将这些要求进行分解。最终会获得这个算法高度模块化的实现，这允许我们替换计算的特定部分，以便为上面提到的这些问题提供解决方案。

7.1.3.1 计算上的需求（Computational Requirements）

为了得到欧拉法的通用实现（程序清单 7-1），需要将算法和实现上的细节分开。因此，要先确定欧拉法在计算上的需求。结合公式 7.9 或公式 7.10 和在程序清单 7-1 中给出的基本实现，就可以知道完成计算所需要的东西。

首先，必须在代码中体现数学实体（mathematical entity）有 ODE 的状态变量 $\bar{x}(t)$，独立变量 t，以及龙格-库塔法中的 a、b、c 这三个常数。在程序清单 7-1 中，分别使用 std::vector<double> 和 double 来表示这些值。但是在泛型实现中，这些类型都会变成模板参数。其次，还需要分配内存来保存中间结果 $\vec{k}$。此外，高维状态变量的计算需要通过迭代完成，状态变量中的元素 x_i 和独立变量 t，Δt，常量 a、b、c 都需要做标量计算。总而言之，对于之前介绍的龙格-库塔法，计算它需要以下组件：

1. 数学实体的表达
2. 内存管理
3. 迭代
4. 初等计算

在明确以上需求后，就可以设计一个泛型实现了。其中的每个需求都由一个具有可替换性的代码模块来完成。

7.1.3.2　模块化算法（Modularized Algorithm）

在我们的模块化设计中，我们会为前述的每一个组件分别引入独立的代码结构。我们先从用于表示数学对象的类型开始：状态 $\bar{x}$，自变量（时间）t，以及算法参数 a、b、c，参见图 7-2（a）。为了泛化算法以适应任意数据类型，标准的做法是引入模板参数。我们使用这种方法定义了三个模板参数：state_type、time_type 和 value_type。程序清单 7-2 展示了携带这些模板参数的实现四阶龙格-库塔法的类的声明。注意，因为使用了 double 作为 value_type 和 time_type 的默认参数，所以在大多数时候用户只要指定 state_type 即可。

程序清单7-2：带有模板化类型的龙格-库塔类

```
template<
    class state_type,
    class value_type = double,
    class time_type = value_type
    >
class runge_kutta4 {
    // ...
};
typedef runge_kutta4< std::vector<double> > rk_stepper;
```

接下来解决内存分配的问题。在程序清单 7-1 中，内存分配由 `std::vector` 的构造函数完成，向量的大小作为函数参数。同样的方法不能用在泛化的 `state_type` 上，因为用户可能会使用 `std::array` 这样的类型。不同类型的对象未必能以相同的签名构造出来。因此引入了一个模板化的辅助函数 `resize`，由它负责内存分配。对于给定的 `state_type`，这个模板化的函数可以由用户来特化。程序清单 7-3 显示了针对 `std::vector` 和 `std::array` 的实现以及它们在 `runge_kutta4` 中的用法。注意，`resize` 如何为状态 `out` 分配内存是取决于状态 `in` 的。这也是实现特定内存分配最常见的方法。它也适用于稀疏矩阵，只是可能无法直接得到所需要的内存大小。程序清单 7-3 中调整大小的方法和程序清单 7-1 中非泛型的版本是相同的，当时是由 `runge_kutta4` 类自行负责内存分配。程序清单 7-3 可以用于任意向量类型，只要它们提供了 `resize` 和 `size` 函数。其他类型则需要用户提供 `resize` 的重载，以告知 `runge_kutta4` 类如何分配内存。

接下来是调用方程计算 RHS 方程 $\vec{f}(\vec{x},t)$。这部分已经在程序清单 7-1 中以泛型的形式实现，我们仍然沿用此方案。

最后，我们还要对数值计算寻求抽象。正如上面所提到的，这涉及对 $\vec{x}$ 元素的迭代，以及对这些元素做一些基础的运算（求和、求积）。我们通过引入 Algebra 和 Operation 两个代码结构来分别解决这两个问题，其中前者负责迭代，后者负责计算。

先从代数（Algebra）开始。对于四阶龙格-库塔法，我们需要两个函数分别在三个和六个 `state_type` 的实例上进行迭代。注意这里的 `state_type` 通常是 `std::vector` 或 `std::array`，所以让 Algebra 能够处理 C++容器是个合理的需求。为了让代数部分尽可能通用，我们将使用 C++11 标准库中的 `std::begin` 和 `std::end` 函数。

程序清单7-3：内存分配

```
template<class state_type>
void resize(const state_type &in, state_type &out) {
  // 用于容器的标准实现
  using std::size;
  out.resize(size(in));
}

// 针对 std::array 的特化
template<class T, std::size_t N>
void resize(const std::array<T, N> &, std::array<T,N>& ) {
  /* 数组无法重设大小 */
```

```
}

template< ... >
class runge_kutta4 {
  // ...
  template<class Sys>
  void do_step(Sys sys, state_type &x,
               time_type t, time_type dt)
  {
    adjust_size(x);
    // ...
  }

  void adjust_size(const state_type &x) {
    resize(x, x_tmp);
    resize(x, k1);
    resize(x, k2);
    resize(x, k3);
    resize(x, k4);
  }
};
```

> **忠告**
> 正确使用泛型中的自由函数（如 std::begin）的做法是，使用 using 将它们局部提到当前命名空间，并在没有命名空间限定符的情况下使用它们，即 begin(x)，参见程序清单 7-4。这样编译器可以根据需要，通过使用参数依赖的名称查找（ADL）在类型 x 的命名空间中使用 begin 函数。

程序清单 7-4 展示了结构体 container_algebra。container_algebra 中的 for_each 用于执行迭代。该函数需要若干容器对象以及一个"运算"对象，然后对所有容器执行迭代并执行指定的运算。此处运算（Operation）通常是简单的乘法和加法，下面会进行详细描述。

程序清单7-4：容器代数

```
struct container_algebra
{
    template<class S1, class S2, class S3, class Op>
    void for_each3(S1 &s1, S2 &s2, S3 &s3, Op op) const
    {
        using std::begin;
        using std::end;

        auto first1 = begin(s1);
```

```
            auto last1 = end(s1);
            auto first2 = begin(s2);
            auto first3 = begin(s3);
            for( ; first1 != last1 ; )
                op(*first1++, *first2++, *first3++);
        }
    };
```

最后来处理初等运算。它们由一系列仿函数组成，并被归入到一个结构体（struct）中。程序清单 7-5 展示了这些运算仿函数的实现。为了简单起见，这里只提供了可以在 for_each3（程序清单 7-4）中使用的 scale_sum2 仿函数。不过扩展一套能协同工作的 scale_sum5 和 for_each6 也是很简单的。如程序清单 7-5 所示，仿函数由一组参数 alpha1，alpha2，…，以及一个函数调用操作符组成，用于计算必需的积和（product-sum）。

程序清单7-5：运算

```
struct default_operations {
    template<class F1=double, class F2=F1>
    struct scale_sum2 {
        typedef void result_type;

        const F1 alpha1;
        const F2 alpha2;

        scale_sum2(F1 a1, F2 a2)
            : alpha1(a1), alpha2(a2) { }

        template<class T0, class T1, class T2>
        void operator()(T0 &t0, const T1 &t1, const T2 &t2) const
        {
            t0 = alpha1 * t1 + alpha2 * t2;
        }
    };
};
```

现在集中所有的模块，就可以基于它们实现四阶龙格-库塔法。程序清单 7-6 是算法的完整实现。注意这里所提到的所有组件都是作为模板参数提供的，因为它们都是可配置的。

程序清单7-6：泛型的四阶龙格-库塔法

```
template<class state_type, class value_type = double,
         class time_type = value_type,
         class algebra = container_algebra,
         class operations = default_operations>
```

```cpp
class runge_kutta4 {
public:
    template<typename System>
    void do_step(System &system, state_type &x,
                 time_type t, time_type dt)
    {
        adjust_size( x );
        const value_type one = 1;
        const time_type dt2 = dt/2, dt3 = dt/3, dt6 = dt/6;

        typedef typename operations::template scale_sum2<
                value_type, time_type> scale_sum2;

        typedef typename operations::template scale_sum5<
                value_type, time_type, time_type,
                time_type, time_type> scale_sum5;

        system(x, k1, t);
        m_algebra.for_each3(x_tmp, x, k1, scale_sum2(one, dt2));

        system(x_tmp, k2, t + dt2);
        m_algebra.for_each3(x_tmp, x, k2, scale_sum2(one, dt2));

        system(x_tmp, k3, t + dt2);
        m_algebra.for_each3(x_tmp, x, k3, scale_sum2(one, dt));

        system(x_tmp, k4, t + dt);
        m_algebra.for_each6(x, x, k1, k2, k3, k4,
                            scale_sum5(one, dt6, dt3,
                                       dt3, dt6));
    }
private:
    state_type x_tmp, k1, k2, k3, k4;
    algebra m_algebra;

    void adjust_size(const state_type &x) {
        resize(x, x_tmp);
        resize(x, k1); resize(x, k2);
        resize(x, k3); resize(x, k4);
    }
};
```

下面的代码片段演示了如何实例化四阶龙格-库塔法的步进器：

```cpp
typedef runge_kutta4< vector<double>, double, double ,
                      container_algebra,
                      default_operations> rk4_type;
```

```
// 因为有默认参数的存在，可以有以下等同的简短实现：
// typedef runge_kutta4< vector<double> > rk4_type;

rk4_stype  rk4;
```

7.1.3.3　一个简单的例子

最后展示一个小例子，以说明如何使用上面的泛型四阶龙格-库塔法来对著名的洛伦兹系统轨迹进行积分求解。在这里，只需定义状态类型，实现洛伦兹系统的 RHS 方程，然后使用 runge_kutta4 类和标准的 container_algebra，以及 default_operations 即可。程序清单 7-7 提供了一个只用到 30 行 C++代码的实现。

7.1.4　展望（Outlook）

至此我们已经完成了四阶龙格-库塔法的泛型实现，以此为基础可以有多个发展方向。比如，可以加入更多其他的龙格-库塔法，可包括步长控制或者稠密输出（dense output）支持。尽管这些方法可能在实现上更有难度，也会需要更多后端（代数和操作上）的功能，但是在概念上这些方法仍然适合这里所说的泛型框架。此外，还可以将它扩展到其他显式的算法上，比如多步法（multi-step method）或预测-矫正法（predictor-corrector scheme），因为基本上所有的显式方案都只依赖于 RHS 解算和向量操作。但是隐式方法可能需要更加高阶的代数程序，如解算线性系统，此时这里的类将不再适用，需要引入新的代数类。

此外，除了 container_algebra，我们还可以提供其他的后端，比如由 omp_algebra 和 mpi_algebra 提供并行性，或使用 opencl_algebra 和对应的数据结构将计算放到 GPU 上。另外，还可以使用其他的线性代数程序库，它们会提供 vector 或者 matrix 类型，这些类型已经实现了我们所需的运算。这时不再需要自己迭代，只需提供一个空置的代数类，它就会简单地将计算转发到 default_operations。

正如读者所见，泛型实现提供了许多方法使算法得以适配各种非标准的情况，例如不同的数据结构或者 GPU 计算。这一做法的优势在于在适配时可以不更改算法本身。泛型可以替换实现中的某些部分以适应不同的情况，而算法本身的实现可以原封不动。

遵循这些原则而实现的泛型 ODE 算法可以参见 Boost.odeint。它包含了许多数值算法和若干后端，例如并行化和 GPU 计算的后端。该库维护良好，并经过了广泛的应用和测试。所以强烈建议尽可能地使用这个库而不是重新实现这些方法。如果非做不可，那么在实现一个新的、领域特定的泛型程序时，下面的这些思考和代码可以作为一个良好的起点。

程序清单7-7：洛伦兹系统中的轨迹

```cpp
typedef std::vector<double> state_type;
typedef runge_kutta4< state_type > rk4_type;

struct lorenz {
    const double sigma, R, b;
    lorenz(const double sigma, const double R, const double b)
        : sigma(sigma), R(R), b(b) { }

    void operator()(const state_type &x,state_type &dxdt,
                    double t)
    {
        dxdt[0] = sigma * ( x[1] - x[0] );
        dxdt[1] = R * x[0] - x[1] - x[0] * x[2];
        dxdt[2] = -b * x[2] + x[0] * x[1];
    }
};

int main() {
    const int steps = 5000;
    const double dt = 0.01;

    rk4_type stepper;
    lorenz system(10.0, 28.0, 8.0/3.0);
    state_type x(3, 1.0);
    x[0] = 10.0;   // 一些初始条件
    for( size_t n=0 ; n<steps ; ++n ) {
        stepper.do_step(system, x, n*dt, dt);
        std::cout << n*dt << ' ';
        std::cout << x[0] << ' ' << x[1] << ' ' << x[2]
                  << std::endl;
    }
}
```

7.2 创建工程（Creating Projects）

当代码非常简短时，如何规划程序可能并不是什么关键问题。但是对于大型的（比如超过十万行的）软件项目来说，源代码是否组织良好就会变得尤为重要。

首先，程序代码必须非常明确、清晰地分配到多个文件上。单个文件的大小因项目而异,这个问题超出了本书的讨论范围,此处我们只介绍一些最基本的原则。

7.2.1 构建过程(Build Process)

从源文件到可执行文件的构建过程一共包含四个步骤。不过很多文件很少的程序,有时运行一个编译器命令就能构建。所以这里的术语"编译(compilation)"既指一个实际的编译步骤(参见 7.2.1.2 节),也会指代可以由单个命令完成的整个构建过程。

图 7-3 描述了这四个步骤:预处理、编译、汇编和链接。接下来我们会分步骤进行讨论:

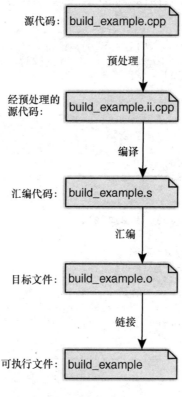

图 7-3 一个简单的构建过程

7.2.1.1 预处理(Preprocessing)

⇒ c++03/build_example.cpp

预处理的(直接)输入是含有函数和类的实现的源文件。对于 C++ 项目来说,它们通常可能是以下文件名之一：.cpp、.cxx、.C、.cc，或者.c++[1]，例如 build_example.cpp：

```cpp
#include <iostream>
#include <cmath>

int main (int argc, char* argv[])
{
    std::cout << "sqrt(17) is " << sqrt(17) << '\n';
}
```

⇒ c++03/build_example.ii.cpp

预处理器的间接输入是由#include 指令包含进来的文件。这些文件是包含了声明的头文件。文件包含是一个递归的过程，它会展开被包含的文件，以及被包含的文件所包含的文件，以此类推。这一阶段最终会产生一个单个文件，它包括了所有直接和间接包含进来的单个文件。当包含具有大量依赖性的大型第三方库（如 boost）时，最终生成的文件可能包含数十万行。之前那些只包含了<iostream>的玩具程序也会被扩展到约两万行：

```
# 1 "build_example.cpp"
# 1 "<command-line>"
// 跳过若干行
# 1 "/usr/include/c++/4.8/iostream" 1 3
# 36 "/usr/include/c++/4.8/iostream" 3
// 跳过若干行
# 184 "/usr/include/x86_64-linux-gnu/c++/4.8/bits/c++config.h" 3
namespace std
{
  typedef long unsigned int size_t;
// 跳过若干行
# 3 "build_example.cpp" 2

int main (int argc, char* argv[])
{
    std::cout << "sqrt(17) is " << sqrt(17) << '\n';
}
```

预处理后的 C++程序一般使用.ii 作为扩展名（经过 C 语言的预处理后文件会使用.i 作为扩展名）。可以通过编译器选项-E（Visual Studio 为/E）让编译器只做预处理。需要用-o 指定输出文件，否则就会打印到屏幕上。

预处理器除包含头文件之外，还会对宏（macro）进行展开，以及根据条件挑选代码。

---

1 文件扩展名只是一般约定，实际上并不会影响到编译器。比如完全可以用.bambi 作为扩展名，它们仍然可以被编译。这也适用于此处构建系统的其余讨论中所涉及的所有扩展名。

整个预处理步骤都是单纯的文本替换,大多数情况下都是语言独立(无关)的。因此,正如在 1.9.2.1 节中讨论过的,它高度灵活也极易出错。这些会被预处理器合并到一起的文件集合被称为编译单元(*Translation Unit*)。[1]

7.2.1.2 编译(Compilation)

编译(狭义上的)就是将预处理后的源文件转换为目标平台汇编代码的过程。[2] 汇编是平台上机器语言的符号表示,例如:

```
        .file   "build_example.cpp"
        .local  _ZStL8__ioinit
        .comm   _ZStL8__ioinit,1,1
        .section        .rodata
.LC0:
        .string "sqrt(17) is "
        .text
        .globl  main
        .type   main, @function
main:
.LFB1055:
        .cfi_startproc
        pushq   %rbp
        .cfi_def_cfa_offset 16
        .cfi_offset 6, -16
        movq    %rsp, %rbp
        .cfi_def_cfa_register 6
        subq    $32, %rsp
        movl    %edi, -4(%rbp)
        movq    %rsi, -16(%rbp)
        movl    $.LC0, %esi
        movl    $_ZSt4cout, %edi
        call    _ZStlsISt11char_traitsIcEERSt13basic_ostreamIcT_ES5_PKc
        movq    %rax, %rdx
;其他代码
```

令人惊奇的是,汇编代码比本例子中预处理后的 C++ 要短上许多(只有 92 行),因为它只包含真正执行到的操作。汇编程序文件的常见扩展名是 .s 和 .asm。

编译是整个构建过程中最复杂的部分,它需要处理 C++ 所有的语言规则。编译环节本身可以分为多个阶段,比如前端、中间端和后端。它们又可以拆分成多个更细致的阶段。

---
[1] 也叫翻译单元。——译注
[2] 标准对 C++ 编译器是否生成汇编代码并未做要求,但这是常见编译器的通行方案。

除了代码生成，C++程序中的名字还会根据它的类型和命名空间信息（3.2.1 节）进行修饰。这一修饰称之为"名字修饰"（*Name Mangling*）。

7.2.1.3　汇编（Assembly）

汇编是将汇编程序简单地一对一翻译成机器语言的过程。每一条汇编语言命令由一组十六进制代码进行替换，汇编语言中的标签则会由生成的真实（相对）地址进行替换。生成的文件称为目标代码（*Object Code*），它们的扩展名通常是 .o（Windows 系统上是 .obj）。目标文件中的实体——或者说代码片段和变量——称为符号（*Symbol*）。

目标文件可以打包成档案文件（.a、.so、.lib、.dll 等）[1]，这个过程对 C++程序员来说是完全透明的，即便在构建过程中遇到各种错误，也都不是这一步导致的。

7.2.1.4　链接（Linking）

编译过程的最后一步就是将目标文件和档案文件链接（*Link*）到一起。链接器（linker）主要有两个任务：

- 匹配不同目标文件中的符号。
- 将目标文件中的地址映射到程序的地址空间。

原则上讲，链接器没有类型的概念，它只会按照名称对符号进行匹配。不过由于名称在修饰（decorate）时会用到类型，因此在链接期间仍然会具有一定程度的类型安全性。名字修饰也会允许函数重载时将函数调用和正确的实现联系到一起。

档案文件——也称作链接库——通常会以两种方式被链接：

- **静态**：档案完全被包含到可执行文件中。这种链接方式会作用在 .a（UNIX 系统）或者 .lib（Windows 系统）库上。
- **动态**：链接器只检查所有符号是否存在，并保留对档案文件的引用。这种链接方式通常应用于 .so（UNIX 系统）和 .dll（Windows 系统）库上。

二者的区别也是显而易见的：链接到动态库的可执行文件体积更小，但取决于运行可

---

[1] 严格来说，.so 和 .dll 都不是档案文件。主要的区别在于 .a 和 .lib 不能被操作系统直接加载，而 .so 和 .dll 可以。——译注

执行文件的机器上是否存在被引用到的动态库。当在 UNIX/Linux 系统上找不到动态库时，可以将其目录添加到环境变量 LD_LIBRARY_PATH 中，作为动态库的搜索路径。在 Windows 系统上则需要做更多的工作。

7.2.1.5　完整的构建过程（The Complete Build）

图 7-4 展示了一个通量模拟器应用程序是如何生成的。首先对 fluxer.cpp 中的主应用程序进行处理，如包含 <iostream> 的标准库和用于网格划分和求解的领域特定的库。然后将展开后的源文件编译为目标文件 fluxer.o。最后，将应用程序的目标文件与标准库（如 libstdc++.so）和之前包含的领域特定的库链接到一起。这些库可以像 libsolver.a 一样被静态地链接，也可以像 libmesher.so 一样被动态地链接。通常用到的库（比如系统自带的程序库）会同时提供静态和动态两种形式。

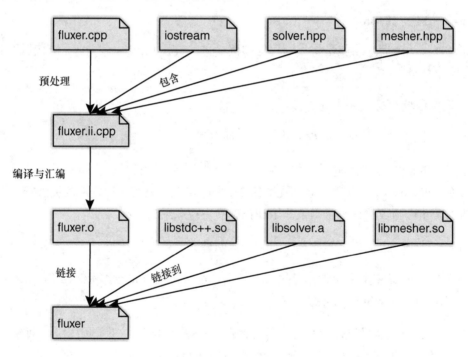

图 7-4　一个复杂的构建过程

7.2.2　构建工具（Build Tools）

当我们从源文件和预编译好的库构建应用程序和库时，可以反复地输入一堆命令，也可以选择一个合适的工具。针对后者，本节将介绍 make 和 CMake 两个工具。首先用图 7-4 作为我们的案例：一个由 mesher 和 solver 链接出的应用程序 fluxer，而这两者又分别由某些头文件和源文件编译所得。

7.2.2.1 make

⇒ buildtools/makefile

你可能听过 make 的一些传言，不过它并不一定有你听到的那么糟糕。[1] 实际上对小型项目来说它非常好用。它的基本思想是将目标文件和源文件之间的关系表达出来。当目标文件缺失或者比源文件更旧时，就使用指定的命令重新生成目标。这些依赖关系被写入 makefile 中，并由 make 命令解析和维护。在我们的示例中，需要将 fluxer.cpp 编译成 fluxer.o：

```
fluxer.o: fluxer.cpp mesher.hpp solver.hpp
    g++ fluxer.cpp -c -o fluxer.o
```

所有表示命令的行都必须以制表符开头。由于所有目标文件的规则都差不多，所以可以为所有来自 C++ 源文件的目标文件编写一个通用的规则：

```
.cpp.o:
    ${CXX} ${CXXFLAGS} $^ -c -o $@
```

变量 ${CXX} 被预设成默认 C++ 编译器，${CXXFLAGS} 则是编译器的默认标志。我们可以修改这些变量：

```
CXX= g++-5
CXXFLAGS= -O3 -DNDEBUG     # Release
# CXXFLAGS= -O0 -g          # Debug
```

在这里更改了编译器并应用了激进优化（为 release 版）。在注释中还演示了 debug 模式，它去除了优化并添加了调试工具所需要的符号表。这里还用到了一些自动变量，比如 $@ 代表规则的目标文件，$^ 则代表规则的源文件。接下来要编译 mesher 和 solver 库：

```
libmesher.a: mesher.o # more mesher sources
    ar cr $@ $^

libsolver.a: solver.o # more solver sources
    ar cr $@ $^
```

---

[1] 比如有传言说 make 只是它的作者在休假之前给同事们展示的小玩具，等作者休假回来想变更一些糟糕设计时为时已晚，它已经在被整个公司使用了。

为了简单起见，这里使用静态链接来构建程序（和图 7-4 略有差异）。最后把程序和库链接到一起：

```
fluxer: fluxer.o libmesher.a libsolver.a
    ${CXX} ${CXXFLAGS} $^ -o $@
```

如果这里是使用默认链接器而不是 C++编译器进行链接，就需要添加 C++标准库以及一些用于 C++链接的特定标志。现在用一条命令就可以构建我们的项目：

```
make fluxer
```

它会调用以下命令：

```
g++    fluxer.cpp -c -o fluxer.o
g++    mesher.cpp -c -o mesher.o
ar cr libmesher.a mesher.o
g++    solver.cpp -c -o solver.o
ar cr libsolver.a solver.o
g++    fluxer.o libmesher.a libsolver.a -o fluxer
```

如果我们更改了 `mesher.cpp`，那么下次构建就只会产生依赖于 `mesher.cpp` 的目标：

```
g++    mesher.cpp -c -o mesher.o
ar cr libmesher.a mesher.o
g++    fluxer.o libmesher.a libsolver.a -o fluxer
```

为了简单起见，第一个不以"."符号打头的目标是 `makefile` 的默认目标：

```
all: fluxer
```

此时我们只要执行 `make` 即可。

7.2.2.2　CMake

⇒ buildtools/CMakeLists.txt

CMake 是比 make 更高一层抽象的工具，会在本节进行演示。要构建的项目在一个名为 `CMakeLists.txt` 的文件中指定。它通常要先声明需要哪个版本，并为项目命名：

```
cmake_minimum_required (VERSION 2.6)
project (Fluxer)
```

只需要声明它用到的源代码就能轻松生成新库：

```
add_library(solver solver.cpp)
```

除非可以提供更加详细的信息，否则使用哪些命令以及提供哪些参数是由 CMake 决定的。同样还可以很容易地生成动态链接库：

```
add_library(mesher SHARED mesher.cpp)
```

最终的目标是创建链接这两个库的应用程序 fluxer：

```
add_executable(fluxer fluxer.cpp)
target_link_libraries(fluxer solver mesher)
```

最好在单独的目录下构建 CMake 项目，以便可以一次拖走所有生成的文件。通常的做法是在项目目录下创建一个 build 子目录，并在那里运行所有命令：

```
cd build
cmake ..
```

此时 CMake 会搜索编译器和其他工具，并且获得它们的标记：

```
-- The C compiler identification is GNU 4.9.2
-- The CXX compiler identification is GNU 4.9.2
-- Check for working C compiler: /usr/bin/cc
-- Check for working C compiler: /usr/bin/cc -- works
-- Detecting C compiler ABI info
-- Detecting C compiler ABI info - done
-- Check for working CXX compiler: /usr/bin/c++
```

最后执行 makefile：

```
-- Check for working CXX compiler: /usr/bin/c++ -- works
-- Detecting CXX compiler ABI info
-- Detecting CXX compiler ABI info - done
-- Configuring done
-- Generating done
-- Build files have been written to: ... /buildtools/build
```

这样就产生了 makefile，我们执行：

```
make
```

就会运行这个 makefile：

```
Scanning dependencies of target solver
[ 33%] Building CXX object CMakeFiles/solver.dir/solver.cpp.o
Linking CXX static library libsolver.a
[ 33%] Built target solver
Scanning dependencies of target mesher
[ 66%] Building CXX object CMakeFiles/mesher.dir/mesher.cpp.o
Linking CXX shared library libmesher.so
[ 66%] Built target mesher
Scanning dependencies of target fluxer
[100%] Building CXX object CMakeFiles/fluxer.dir/fluxer.cpp.o
```

```
Linking CXX executable fluxer
[100%] Built target fluxer
```

CMake 生成的 `makefile` 反映了依赖关系。当我们更改某些源代码时，下一次 `make` 只会重建受影响的内容。与 7.2.2.1 节中简陋的 `makefile` 相比，这里还考虑了引用到的头文件。比如，如果修改了 `solver.hpp`，那么 `libsolver.a` 和 `fluxer` 都会被重新构建。

使用 CMake 最大的好处在于可移植性。只要有和生成这个 `makefile` 相同的 `CMakeLists.txt` 文件，就可以通过另一个生成器创建 Visual Studio 项目。本书作者非常喜欢这个功能：迄今为止他所有的 Visual Studio 项目没有一个是手动创建的，全都是 CMake 生成的。他也不会将当前项目迁移到更新的 Visual Studio 版本，而会用更新版的生成器创建一个新项目。同样 CMake 还可以生成 Eclipse 和 XCode 项目。KDevelop 也可以从 CMake 上构建项目，甚至还能更新它们。简而言之，这是一个非常强大的构建工具，在编写本文时，它是许多项目的最佳选择。

7.2.3 分离编译（Separate Compilation）

在了解了如何从多个源代码构建可执行文件之后，现在讨论如何设计这些源代码以避免冲突。

7.2.3.1 头文件和源文件（Headers and Source Files）

通常每个源代码单元都可以分为：

- 含有声明的头文件（比如 .hpp）

- 和源文件（比如 .cpp）

源文件包含了所有算法的具体实现，并从它生成可执行文件。[1] 头文件则包含了函数和类的声明，它们可在其他文件中实现。某些仅在内部使用的函数不会出现在头文件中。例如，我们的朋友 Herbert 所编写的数学函数分成以下部分：

```
// 文件：herberts/math_functions.hpp
#ifndef HERBERTS_MATH_FUNCTIONS_INCLUDE
#define HERBERTS_MATH_FUNCTIONS_INCLUDE
```

---

[1] 这个说法并不严格：比如内联和模板函数就定义在头文件中。

```
typedef double hreal; // Herbert 的实数

hreal sine(hreal);
hreal cosine(hreal);
...
#endif

// 文件：herberts/math_functions.cpp
#include <herberts/math_functions.hpp>

hreal divide_by_square(hreal x, hreal y) { ... }

hreal sine(hreal) { ... }
hreal cosine(hreal) { ... }
...
```

至于 Herbert 为什么要引入自己的实数类型，这个问题随读者怎么想都行。

要想使用 Herbert 这些伟大的函数，我们还需要做两件事情：

- 获得声明：

  - 包含头文件 herberts/math_functions.hpp；

  - 或者我们自己声明所需要的函数。

- 编译代码：

  - 链接 math_functions.o（Windows 系统上是 .obj）；

  - 或者链接一个包含了 math_functions.o 的库。

声明是为了告诉编译器，具有给定签名的函数代码存在于某处，并且可以在当前编译单元中调用它。然后链接时会将函数调用与函数实现拼接到一起。将编译后的函数链接到应用程序最简单的做法是把目标文件或者档案文件作为参数传递给 C++ 编译器。或者也可以使用标准的链接器，此时需要提供一些和 C++ 有关的特定参数。

7.2.3.2 链接问题（Linkage Problems）

在链接期间函数和变量等实体均由符号表示。C++ 使用名字修饰（*Name Mangling*）将类型和命名空间（参见 3.2.1 节）修饰到符号名称上。

链接中可能会出现以下三个错误：

1. 找不到符号（函数或变量）。

2. 找到了两个符号。

3. 找不到 main 函数（或者找到了多个 main 函数）。

找不到符号的原因可能有：

- 声明用的符号和实现用的符号不匹配。

- 没有链接相应的目标文件或档案文件。

- 档案文件的连接顺序不对。

符号缺失（missing symbol）这一错误最常见的原因是拼写错误。由于符号名称包含了类型信息，所以也有可能是类型不匹配。还有一种可能是源代码由几个互相不兼容的编译器编译而成，这些编译器的名称修饰规则可能不同。

为了避免在链接或执行期间出现问题，程序员需要验证是否所有的源代码都使用了相兼容的编译器编译：换句话说，编译器的名称修饰应该完全相同，并且函数参数在堆栈上的顺序也应完全一致。这个要求不仅适用于自己的目标文件和第三方库，也适用于 C++ 标准库，因为我们总是会用到它。在 Linux 系统中应该使用默认编译器，这样才可以使用所有预编译的软件包。如果因为编译器版本过新或过旧而不能使用某个包，一般都意味着存在兼容性问题。这个包仍然能够使用，只是需要我们做更多的工作，比如手动安装或者仔细地配置构建过程等。如果遇到编译器提示"重定义符号"，最可能的原因是相同的符号在多个实现中被定义。其中最常见的情况是把变量和函数定义在了头文件中。这样，只要这个头文件被一个以上的编译单元所包含，链接就会失败。为了便于理解，我们再次回到 Herbert 那臭名昭著的数学函数上。在这些"伟大"的数学函数的旁边你可以找到一些要命的定义：

```
// 文件：herberts/math_functions.hpp
..
double square(double x) { return x*x; }
double pi= 3.1415926535897932384626433832795028841971 6939;
```

在多个编译单元包含了这份头文件后，编译器就会提示以下错误：

```
g++-4.8 -o multiref_example multiref1.cpp multiref2.cpp
/tmp/cc65d1qC.o:(.data+0x0): multiple definition of 'pi'
/tmp/cc1slHbY.o:(.data+0x0): first defined here
/tmp/cc65d1qC.o: In function 'square(double)':
multiref2.cpp:(.text+0x0): multiple definition of 'square(double)'
/tmp/cc1slHbY.o:multiref1.cpp:(.text+0x63): first defined here
collect2: error: ld returned 1 exit status
```

为了解决这个错误,我们先处理函数再处理变量。

如果只是为了应急,可以先将函数定义为 static:

`static double square(double x) { return x*x; }`

static 声明了这个函数仅用于编译单元内部。在 C++中,这被称为内部链接(这个名称与外部链接相对)。它的缺点在于代码被复制了多份:头文件被包含了几次,代码就在可执行文件中重复了几次。

或者我们也可以把这个函数声明为内联(inline)的:

`inline double square(double x) { return x*x; }`

它的效果与 static 类似,以 inline 声明的函数,无论它是否真的被编译器内联了,都始终具有内部链接的属性。[1] 相反地,如果函数不具有 inline 说明符,那它就是一个外部链接,即便程序员想内联它们,也会导致链接器错误。

或者也可以仅在一个编译单元中定义函数以避免重新定义:

```
// 文件 : herberts/math_functions.hpp
double square(double x);

// 文件 : herberts/math_functions.cpp
double square(double x) { return x*x; }
```

对于大函数来说这通常是更好的选择。

> **函数定义**
> 简短的函数最好在头文件中定义并声明为内联。大型函数则应当在头文件中声明,在源文件中定义。

---

[1] 更进一步地说,和静态函数相比,内联的代码未必在二进制中有多个副本。它可以以弱符号(weak symbol)的形式表示,这样的重定义并不会导致链接器错误。

对于数据也可以做类似的防范，比如定义一个 static 变量：

```
static double pi= 3.1415926535897932384626433832795028841971 6939;
```

这样它的副本会出现在所有编译单元中。这虽然解决了链接器问题，但是可能会导致其他问题，比如下面这个，虽然看起来有点蠢：

```
// 文件 : multiref.hpp
static double pi= 17.4;

// 文件 : multiref1.cpp
int main (int argc, char* argv[])
{
    fix_pi();
    std::cout << "pi = " << pi << std::endl;
}

// 文件 : multiref1.cpp
void fix_pi() { pi= 3.1415926535897932384626433832795028841971 6939; }
```

更好的做法是在源文件中定义一次，在头文件中使用 extern 来声明它：

```
// 文件 : herberts/math_functions.hpp
extern double pi;

// 文件 : herberts/math_functions.cpp
double pi= 3.1415926535897932384626433832795028841971 6939;
```

不过最终方案，也是最合理的方案是将 π 声明为常量。常量也具有内部链接[1]（除非之前被声明为 extern），并且可以安全地在头文件中定义[2]：

```
// 文件 : herberts/math_functions.hpp
const double pi= 3.1415926535897932384626433832795028841971 6939;
```

记住，头文件中不应该包含普通函数和变量。

7.2.3.3　链接到 C 代码（Linking to C Code）

许多科学计算的程序库都是用 C 语言编写的，比如 PETSc。要在 C++ 中使用它们，可以有两个选择：

---

[1] 它们可能会以弱引用的形式在可执行文件中只存储一次。
[2] 也可能会被编译器优化而不占用额外的存储。——译注

- 使用 C++编译器编译 C 代码；
- 或者链接编译好的代码。

C++最初是作为 C 的超集出现的，但是从 C99 开始，C 引入了一些不属于 C++中的特性。而且即使在旧的 C 程序中，也有一些不符合 C++语言规则的代码。不过大多数的 C 程序仍然可以用 C++编译器进行编译。

对于不兼容的 C 源程序或者仅以编译后的形式提供的软件，可以将 C 的二进制文件链接到 C++应用程序上。不过和 C++不同，C 并没有 C++这样的名称修饰机制。所以同样的函数名称在 C 和 C++中会映射成不同的符号。

比如说我们的好朋友 Herbert 用 C 语言开发出了全宇宙最好的立方根算法。因为他想以此获得菲尔兹奖，所以拒绝向我们提供源代码。作为一名伟大的科学家，他非常固执，认为用 C++编译器进行编译是对他的宝贝 C 函数的一种亵渎。不过他还是特别慷慨地向我们提供了编译后的代码。要链接它，需要用 C 命名规则来声明函数（也就是没有名称修饰）：

```
extern "C" double cubic_root(double);
extern "C" double fifth_root(double);
...
```

为了简短一点，可以改用块记号：

```
extern "C" {
    double cubic_root(double);
    double fifth_root(double);
    ...
}
```

后来，他做了一件更加大方的事情：他提供了他的头文件。有了它就可以将所有的函数都声明为 C 代码，并使用链接声明块：

```
extern "C" {
  #include <herberts/good_ole_math_functions.h>
}
```

`<cmath>`中也使用了同样的方法包含了`<math.h>`。

7.3　最终的话（Some Final Words）

我们由衷希望读者能喜欢这本书，并期待你将学到的新技术应用到自己的项目中。我并不打算涵盖 C++的方方面面，而只是要尽我所能地证明这门强大的语言可以以多种不同的形式被使用，并且可以同时保证表达能力和运行时性能。随着时间的推移，你将会找到自己独特的方式来充分地运用 C++。"最有用"是我的基本准则：我不想列举 C++中的无数特性和语言的细枝末节，而是要展现出那些可以帮助你实现目标的功能和技术。

在我自己的编程中，我花了很多时间在压榨性能，也把其中一些知识写到了书中。不可否认，这些细节上的调整并不总是有趣的，编写没有性能要求的 C++要简单得多。即便没有使用那些看起来非常恶心的技巧，C++也会在多数情况下明显快于其他语言编写的程序。

因此，在关注性能问题之前，首先要重视的是生产力。计算中最宝贵的资源并非处理器时间或者内存，而是你的开发时间。无论你工作起来多么专心，所花费的时间也总会比想象的要长。一个经验法则是，先估计一个开发时间，然后乘以 2，再换一个更大的时间单位。只要能让程序或计算结果变得更好，付出更多时间就是值得的。最后，衷心祝愿你一切顺利。

附录 A 杂谈
Clumsy Stuff

本附录将会介绍一些不是本书的主要写作目标,但是在 C++ 中又不容忽视的重要细节。在本书的前若干章节中我们讲解了基础知识和类,在正文部分我们不想让读者沉迷于有趣的高级主题而无法自拔——至少不应在其中耽误太多时间。如果你想了解更多的细节,且不在意附录中略显啰唆的内容,作者会感到非常高兴。某种意义上这个附录就像是被剪辑掉的电影镜头一样:它们没有进入成品,但是仍然对部分观众有一定的价值。

A.1 更多好的或者不好的软件(More Good and Bad Scientific Software)

本章会告诉你作者心目中好的软件和不好的软件分别是什么。如果你在阅读本书时不理解代码的功能是什么,请不要担心。与前言中的示例程序一样,这里的实现仅仅为了让你获得对不同编程风格及其优缺点的第一印象。细节在这里并不重要,你只需要粗略地了解它们的概念和行为即可。

我们想了一个迭代法求解线性方程组 $Ax=b$ 的例子作为讨论的基础。其中 A 是(稀疏的)对称正定矩阵(symmetric positive-definite,SPD),x 和 b 都是向量,并且 x 是要解的未知数。我们所使用的方法称为共轭梯度(*Conjugate Gradient*,CG),在 Magnus R. Hestenes

和 Edward Stiefel 的著作[24]中有详细的介绍。这里数学上的细节并不重要,重要的是不同的实现风格。可以用以下形式编写该算法:

算法A-1:共轭梯度算法

输入:SPD 矩阵 A、向量 b,以及左预调节器 L,终止条件 ε
输出:向量 x,使得 $Ax \approx b$

1   $r = b - Ax$
2   **while** $|r| \geqslant \varepsilon$ **do**
3     $z = L^{-1}r$
4     $\rho = \langle r, z \rangle$
5   **if** *First iteration* **then**
6       $p = z$
7   **else**
8       $p = z + \frac{\rho}{\rho'} p$
9     $q = Ap$
10    $\alpha = \rho / \langle p, q \rangle$
11    $x = x + \alpha p$
12    $r = r - \alpha q$
13    $\rho' = \rho$

程序员需要使用语言提供的运算(或操作),将上面这些符号转换成编译器可以理解的形式。[1] 这里仍然要介绍在第 1 章中出场的反派英雄 Herbert。他是一个天才的数学家,他认为编程只是一个为了证明他的算法有多伟大的、必要但令人生厌的工具。而实现其他数学家的算法会让他更加讨厌编程。于是他仓促地写了一个 CG 算法,看起来是这样的——读者意会一下就好:

程序清单A-1:较低层次抽象实现的CG

```
#include <iostream>
#include <cmath>

void diag_prec(int size, double *x, double* y)
{
    y[0] = x[0];

    for (int i= 1; i < size; i++)
        y[i] = 0.5 * x[i];
}
```

---

[1] 简单来说就是把数学公式翻译成代码。——译注

```c
double one_norm(int size, double *vp)
{
    double sum= 0;
    for (int i= 0; i < size; i++)
        sum+= fabs(vp[i]);
    return sum;
}

double dot(int size, double *vp, double *wp)
{
    double sum= 0;
    for (int i= 0; i < size; i++)
        sum+= vp[i] * wp[i];
    return sum;
}

int cg(int size, double *x, double *b,
       void (*prec)(int, double*, double*), double eps)
{
    int i, j, iter= 0;
    double rho, rho_1, alpha;
    double *p= new double[size];
    double *q= new double[size];
    double *r= new double[size];
    double *z= new double[size];

    // r= A*x;
    r[0] = 2.0 * x[0] - x[1] ;
    for (int i= 1; i < size-1; i++)
        r[i] = 2.0 * x[i] - x[i-1] - x[i+1];
    r[size-1] = 2.0 * x[size-1] - x[size-2];

    // r= b-A*x;
    for (i= 0; i < size; i++)
        r[i]= b[i] - r[i];

    while (one_norm(size, r) >= eps) {
        prec(size, r, z);
        rho= dot(size, r, z);
        if (!iter) {
            for (i= 0; i < size; i++)
                p[i]= z[i];
        } else {
            for (i= 0; i < size; i++)
                p[i]= z[i] + rho / rho_1 * p[i];
        }
```

```
        // q= A * p;
        q[0] = 2.0 * p[0] - p[1] ;
        for (int i= 1; i < size-1; i++)
                q[i] = 2.0 * p[i] - p[i-1] - p[i+1];
        q[size-1] = 2.0 * p[size-1] - p[size-2];

        alpha= rho / dot(size, p, q);
        // x+= alpa * p; r-= alpha * q;
        for (i= 0; i < size; i++) {
                x[i]+= alpha * p[i];
                r[i]-= alpha * q[i];
        }
        iter++;
    }
    delete [] q; delete [] p; delete [] r; delete [] z;

    return iter;
}

void ic_0(int size, double* out, double* in) { /* .. */ }

int main (int argc, char* argv[])
{
    int size=100;

    // 设置 nnz 和大小

    double *x=   new double[size];
    double *b=   new double[size];

    for (int i=0; i<size; i++)
        b[i] = 1.0 ;

    for (int i=0; i<size; i++)
        x[i] = 0.0 ;

    // 设置 A 和 b

    cg(size, x, b, diag_prec, 1e-9);

    return 0 ;
}
```

我们来简单地讨论一下这段代码。它的好处是，它是一个独立的代码段——这是一个所有烂代码共同的优点。可惜，这也是它唯一的优点。这个实现最主要的问题在于抽象层次太低。它会导致下面三个主要缺点：

- 可读性差

- 缺乏灵活性

- 容易出错

可读性差表现在几乎每个运算都是在一层或多层循环中实现的。如果没有注释的话，能找到矩阵乘法 $q=Ap$ 在代码的什么位置吗？也许可以吧，毕竟想要找到表示 q、A、p 的变量在哪里有用到还是不难的。但是要看明白矩阵-向量乘积则需要更加仔细的观察，而且还得理解矩阵是如何被存储的。

这就导致了第二个问题——实现中拥有太多的技术细节，并且只能工作在当前的环境中。算法 A-1 只要求矩阵 A 是对称正定的，但是它没有对存储方案提出要求，更不需要具体的矩阵实现。Herbert 实现的算法则只适用于一个表示离散一维泊松方程（discretized 1D Poisson equation）的矩阵。在如此低级别的抽象上编程意味着每次要处理其他数据或者其他格式时都要去修改程序。

矩阵和它的格式还不是这段代码暴露的唯一细节。如果要以更低精度（比如 `float`）或者更高精度（比如 `long double`）进行计算该怎么办？又或者要解算一个复数的线性系统又怎么办？每一个新的 CG 程序都需要一个新的实现。可想而知，如果要在并行计算机上运行或者探索 GPGPU（General-Purpose Graphic Processing Unit，通用图形处理单元）加速也一定需要重新实现。更糟糕的是，上述这些问题的每一种组合，也都需要一套新的实现。

一些读者可能会认为，这只是一个二三十行的小函数。重写这个小函数才需要多少工作？又不会每个月都引入新的矩阵格式或者体系结构。虽然这也不是全无道理，但是某种意义上就是本末倒置了。正是由于这种不考虑灵活性、耽于细节的编程风格，让许多科学计算应用程序膨胀为成千上万行的代码。一旦应用程序或库达到如此可怕的规模，修改软件的功能就变得非常困难，也很少会真的能完成修改。从更高的抽象层次开始开发软件才是可行之路，即使一开始看起来需要做更多的工作。

这段代码最后一个主要的缺点是容易出错。所有参数都以指针的形式表示，指针所指向的数组大小则写在另外的参数中。作为函数 `cg` 的作者，只能盼望调用方所做的一切都是正确的，因为我们无法验证这些参数的正确性。如果用户没有分配到足够的内存（或者根本没有分配内存），执行将在不确定的地方崩溃。更糟糕的是，它会产生一些荒谬的结果，因为数据乃至程序的机器代码都可能被随机地覆盖。好的程序员应该尽量避免这种不够健壮的接口，因为最轻微的错误也会带来灾难性的后果，而且这些错误还极难被找到。不过很不幸的是，即使是最近发布和广泛使用的软件，也会存在这些问题。它们或者是为了向下兼容 C 和 Fortran，或者是这些软件干脆就是用这两种语言之一编写的，又或者开发人员只是单纯地抵制新的软件开发技术。上面的实现事实上用的是 C 而不是 C++。如果你喜欢上面这种风格的代码，那可能就不会喜欢本书。

说了这么多我们不喜欢的软件。程序清单 A-2 展示了一个比较接近于理想的实现。

程序清单A-2：高度抽象的CG实现

```cpp
template < typename Matrix, typename Vector,
           typename Preconditioner >
int conjugate_gradient(const Matrix& A, Vector& x, const Vector& b,
                       const Preconditioner& L, const double& eps)
{
    typedef typename Collection<Vector>::value_type Scalar;
    Scalar rho= 0, rho_1= 0, alpha= 0;
    Vector p(resource(x)), q(resource(x)), r(resource(x)),
                                           z(resource(x));

    r= b - A * x;
    int iter = 0 ;
    while (one_norm(size, r) >= eps) {
        prec( r, z );
        rho = dot(r, z);

        if (iter.first())
            p = z;
        else
            p = z + (rho / rho_1) * p;
        q= A * p;
        alpha = rho / dot(p, q);

        x += alpha * p;
        r -= alpha * q;
        rho_1 = rho;
        ++iter;
    }
    return iter;
}

int main (int argc, char* argv[])
```

```
{
    // 初始化A、x 和 b
    conjugate_gradient(A, x, b, diag_prec, 1.e-5);
    return 0 ;
}
```

你最先察觉到的可能是：即使没有注释，这个 CG 实现也可以读得懂了。根据我们的经验，如果你的代码看起来像其他人的注释，那你一定是个优秀的程序员。如果将算法 A-1 中的数学符号与程序清单 A-2 进行比较，你会意识到它们是相同的（除了开头的类型和变量声明）。有的读者可能会认为它看起来更像 MATLAB 或者 Mathematica，而不是 C++。是的，如果对软件投入足够的精力，C++ 看起来就会是这个样子的。

显然在这个抽象级别上编写算法，比用底层运算来表示算法要容易得多。

> **科学计算软件的目标**
> 科学家研究科学，工程师创造新技术。
> 优秀的科学和工程类软件应该只以数学和特定领域的运算进行表达，而不暴露任何技术细节。
> 在这样的抽象层次上，科学家才可以专注于模型和算法，从而提高生产力，推进科学发现。

没有人知道每年有多少科学家把时间浪费在研究类似于程序清单 A-1 这样的垃圾软件的技术细节上。当然，技术细节必须在某处被实现，但是绝不应该被实现在上层的科学应用中。这里应用了双层方案：只使用足够直观的数学运算，并且如果这些数学运算不存在，就必须在别处实现它们。这些数学运算要非常仔细认真地实现，以保证它们绝对正确且性能最优。当然，怎样才算是"最优"，取决于你可以投入多少时间进行优化，以及额外的性能能带来多少好处。在这些基本运算中所投入的时间会在它们被频繁重用时获得回报。

> **忠告**
> 使用正确的抽象！
> 如果这样的抽象不存在，那就去实现它。

说到抽象，程序清单 A-2 中的 CG 实现并没有提供任何技术细节。函数中并没有说只能用双精度这样的类型。这个函数可以适用于单精度浮点、GNU 的多精度浮点、复数、区间、四元数，等等。

矩阵 A 可以以任何内部格式进行存储，只要求 A 能和向量相乘。事实上它甚至都不需要是矩阵，任意的线性操作符皆可。比如对矢量执行快速傅里叶变换（Fast Fourier Transformation, FFT）的对象也可以被当作 A 来使用，只要 FFT 是用 A 和向量的乘积来表示的就行。同样，向量也不需要是有限维数组，它可以是任意向量空间的元素，只要能完成算法中涉及的运算即可。

我们对其他体系结构也是开放的。如果矩阵和向量都分布在超级计算机的节点上，并且相对应的并行计算是可用的，那么函数不用修改就可以运行。（通用）GPU 加速也可以在不改变算法实现的情况下做到。一般对于任何已有平台或者新平台，只要能实现矩阵和向量类型，并且实现对应的运算，就能够使用泛型共轭梯度函数。

总之，在这些抽象的基础上，无须修改代码，就可以将数千行复杂的科学计算应用程序移植到新的平台上。

A.2　细节中的基础（Basics in Detail）

本节汇总了第 1 章中没有具体说明的相关细节。

A.2.1　关于字面量修饰的其他事项（More about Qualifying Literals）

这里针对 1.2.2 节中的字面量修饰再多举几个例子。

可用性（**Availability**）：标准库提供了（模板化的）复数类型。它的实数和虚数部分的类型可由用户参数化：

```
std::complex<float> z(1.3, 2.4), z2;
```

自然，这些复数类型也提供了加减法等常见运算。出于某些未知原因，这些运算仅能在同类型变量或者复数的基础类型[1]之间进行运算。因此当我们编写以下代码时：

```
z2= 2 * z;      // 错误：没有 int * complex<float>
z2= 2.0 * z;    // 错误：没有 double * complex<float>
```

我们会收到一条错误消息，指出这里的乘法是不可用的。更具体地说，编译器会告诉我们 int 和 std::complex<float> 之间没有可用的操作符 operator *()，double 和

---

[1] 比如对于 std::complex<float>，它的基础类型就是 float。——译注

std::complex<float> 也是如此。[1] 若要使上式通过编译，必须确保字面量 2 是 float 类型：

```
z2= 2.0f * z;
```

二义性（**Ambiguity**）：本书介绍了函数重载，即一组对不同参数类型（参见 1.5.4 节）具有不同实现的函数。编译器会选择最适合的函数重载，但是有时候编译器也分不清楚哪个是最佳匹配。这时考虑函数 f 接受一个 unsigned 或者一个指针，可以以如下方式调用：

```
f(0);
```

字面量 0 既可以被视作 int，也可以被隐式转换为 unsigned 或者任意指针类型。而其中没有哪种转换具有更高的优先级。这个问题可以与前例一样通过指定字面量的类型来解决：

```
f(0u);
```

精度（**Accuracy**）：使用 long double 会遇到精度问题。该格式在作者的计算机上可以处理至少 19 位数字[2]，现在用 20 位小数的数字定义这个字面量，并打印出其中的前 19 位：

```
long double third= 0.33333333333333333333;
cout.precision(19);
cout << "One third is " << third << ".\n";
```

输出结果：

```
One third is 0.3333333333333333148.
```

如果在数字的末尾加一个 l，那么程序行为才可以同预期一致。

```
long double third= 0.33333333333333333333l;
```

会输出我们期望的结果：

```
One third is 0.3333333333333333333.
```

A.2.2 静态变量（static Variables）

静态变量的生命周期持续到整个程序的末尾，这一点和在作用域末尾死亡的普通变量

---

1 因为乘法是以模板函数定义的，所以编译器无法隐式地将 int 或 double 转换为 float。
2 这里指十进制的数字。——译注

是不同的（参见 1.2.4 节）。因此，只有当一个 static 的局部变量被声明在一个多次执行的块中（比如循环或者函数）时才能见到它的效果。比如下面这个函数实现了一个计数器以记录函数被调用的次数。

```
void self_observing_function()
{
    static int counter= 0;        // 仅执行了一次
    ++counter;
    cout << "I was called " << counter << " times.\n";
    ...
}
```

为了让静态数据得以重用，它只会执行一次初始化。静态变量的主要使用场景是复用一些辅助数据，比如查找表或者缓存。但如果对管理这个辅助数据比较复杂，那么使用基于类的解决方案（第 2 章）可能会让设计更干净。

关键字 static 的作用取决于它的使用环境。不过有两点是确定的：

- 持久性：static 变量的数据会在程序运行期间一直保留在内存中。
- 文件作用域：static 变量和函数仅在当前文件的编译中可见。当多个程序链接在一起时不会发生冲突。7.2.3.2 节也演示了这一点。

所以，对全局变量使用 static 关键字仅仅会影响到它的可见性，因为不管有没有修饰，它都会存活到程序结束。与之相对，对局部变量使用 static 关键字仅会延长其生存期，而它的可见性本身就是受限的。第 2 章还讨论了和类相关的 static 关键字的含义。

A.2.3 关于 if 的其他事项（More about if）

if 的条件部分必须是 bool 类型的表达式（或是可以转换成 bool）。因此以下代码是可以执行的：

```
int i= ...
if (i)                        // 糟糕的风格
    do_something();
```

上面的实现用到了 int 到 bool 的隐式转换。换句话说，这里的逻辑等价于测试 i 是否不等于 0。我们可以让逻辑更清晰一点，比如：

```
if (i != 0)                   // 更好的写法
    do_something();
```

if 语句还可以嵌套其他的 if 语句：

```
if (weight > 100.0) {
    if (weight > 200.0) {
        cout << "This is extremely heavy.\n";
    } else {
        cout << "This is quite heavy.\n";
    }
} else {
    if (weight < 50.0) {
        cout << "A child can carry this.\n";
    } else {
        cout << "I can carry this.\n";
    }
}
```

在上面的例子中，即使省略大括号，行为也可以保持不变，但是有大括号可以让代码更清楚一些。我们可以重新组织嵌套关系以提高代码的可读性：

```
if (weight < 50.0) {
    cout << "A child can carry this.\n";
} else if (weight <= 100.0) {
    cout << "I can carry this.\n";
} else if (weight <= 200.0) {
    cout << "This is quite heavy.\n";
} else {
    cout << "This is extremely heavy.\n";
}
```

同样这里的大括号也可以省略。即使是省略后的代码之间相比，后者阅读起来也会比上一版容易一些。

在 if-then-else 的讨论结束之前，我们来举一个更复杂的例子。这里用上个例子中的 then 分支去掉大括号后的代码来举例：

```
if (weight > 100.0)
    if (weight > 200.0)
        cout << "This is extremely heavy.\n";
    else
        cout << "This is quite heavy.\n";
```

如果假设第一个 if 没有 else 这个分支，那么当 weight 在 100 到 200 之间时会执行最后一行；如果假设第二个 if 没有 else 分支，那么当 weight 小于或等于 100 时就会执行最后一行。幸运的是，C++的标准指定了 else 分支永远属于最内层的 if。因此，第一条解释是可靠且符合标准的。此时需要使用大括号迫使 `else` 分支属于第一个 `if`：

```
if (weight > 100.0) {
    if (weight > 200.0)
        cout << "This is extremely heavy.\n";
} else
    cout << "This is not so heavy.\n";
```

我们希望这些例子可以让你相信，使用大括号是一种更加有效的方法，比猜测分支属于哪个 `if` 更能节省时间。

A.2.4 达夫设备（Duff's Device）

`switch` 中的继续执行（continued excution）机制可以允许不使用迭代加终止测试的方法就可实现短循环。假设向量维度小于等于 5，然后在不使用循环的情况下实现加法：

```
assert(size(v) <= 5);
int i= 0;
switch (size(v)) {
  case 5: v[i]= w[i] + x[i]; ++i;    // 继续
  case 4: v[i]= w[i] + x[i]; ++i;    // 继续
  case 3: v[i]= w[i] + x[i]; ++i;    // 继续
  case 2: v[i]= w[i] + x[i]; ++i;    // 继续
  case 1: v[i]= w[i] + x[i];         // 继续
  case 0: ;
}
```

这一技术称为达夫设备。它通常不会像上面这样单独使用（不过可以用来做循环展开后的清理工作）。这类技术通常不会用于普通的开发场合，仅用来作为性能关键的核心部分的最终调优手段。

A.2.5 关于 `main` 的其他事项（More about `main`）

当参数包含空格时，必须用引号括起来。可以从函数的第一个参数看到程序调用时传入的路径信息：

```
../c++11/argc_argv_test first "second third" fourth
```

输出：

```
../c++11/argc_argv_test
first
second third
fourth
```

某些编译器还支持字符串向量作为 main 的参数。这样写起来更方便但是不具备可移植性。

为了对参数进行计算，首先要转换它们的类型：

```
cout << argv[1] << " times " << argv[2] << " is "
     << stof(argv[1]) * stof(argv[2]) << ".\n";
```

以上程序会告诉我们下面这个令人震惊的知识：

```
argc_argv_test 3.9 2.8
3.9 times 2.8 is 10.92.
```

不幸的是，这个字符串到数字的转换函数，并没有告诉我们是否整个字符串都转换成了数字。只要字符串以数字或者正负符号开头，当转换函数读到某个字符并发现它不是一个数字时，读取就会停止，并返回已被读取的部分所转换成的数字。

在类 UNIX 系统中，最后一个命令的退出代码会被存储在 shell 中，并通过 $? 访问。可以利用这个退出代码，在同一行中连续执行多个程序，只要前面的程序都执行成功。

```
do_this && do_that && finish_it
```

和 C/C++ 不同，shell 将退出码为 0 解释为真值，表示程序执行成功。对 && 的处理则与 C/C++ 类似，只有第一个子表达式为真才会去计算第二个子表达式。与之类似，在这里只有当前一个命令执行成功，才会执行下一个命令。举一反三，"||" 可以用作错误处理，因为后面一个命令仅仅在前一个命令执行失败时才会被执行。

A.2.6 异常还是断言？（Assertion or Exception?）

如果不具体说明，异常通常比断言在执行时的开销更大，因为 C++ 在抛出异常时会清理运行时环境。关闭异常处理可以明显加快应用程序的速度，而断言失败则会立即杀死程序而不执行任何清理操作。此外，断言在 release 模式下通常会失效。

我们之前也提到过，由于编程错误而产生的意外值或不一致的值应该使用断言处理，而异常状态则应该使用异常。不过在遇到实际问题的时候，两者的区别并不总是很明显。以无法打开文件为例，它的原因可能是用户键入的名称不正确，或者是配置文件中的名称有问题，这时应该使用异常；它的原因也可能是源代码中的字面量，或者是错误的字符串拼接，这些编程错误是无法处理的，应该使用断言中止程序运行。

这里的困惑之处主要来自"避免冗余"和"立即做合理性检查（immediate sanity check）"之间的矛盾。在输入或者生成文件名称时，我们还不知道是否存在程序错误或者输入错误。在这些点上实现错误处理，可能需要多次重复做文件打开的测试。这会导致程序为了反复实现这些检查而做了大量额外的工作，并且多处测试也可能会存在一致性问题。因此只做一次检查会让开发效率更高且更不容易出错，只是这样就不知道到底是什么原因导致了错误的发生。这种情况可以保守一点抛出一个异常，这样至少在某些情况下还有机会修复。

损毁的数据所导致的错误通常更适合使用异常来处理。我们假设，你公司的工资已经计算完毕，只是新员工的数据还没有设定好。如果甩出一个断言也就意味着整个公司包括你自己，在这个月都领不到薪水了，或者起码要等到问题数据修复好才能领到薪水。如果在数据计算的过程中抛出异常，应用程序就可以以某种方式报告这个异常并继续为其余的雇员服务。

谈到程序的健壮性问题，就要强调泛用库中的函数绝对不要去中止（abort）程序。比如我们使用了某个函数来实现自动导航功能，那么宁愿关闭自动导航也不能中止整个程序。换个说法，如果我们不知道库的所有应用领域，就无法正确判断出程序中止的后果。

有时候，问题的原因无法在理论上百分之百弄明白，但对实践来说已经足够清楚了。比如矢量和矩阵的访问操作符中检查索引的范围有效性。原则上超出范围的索引可能来自用户输入或者配置文件，但是实际上几乎所有的超界索引都源于程序错误。所以这里使用断言是合适的。不过考虑到健壮性，可能需要允许用户使用编译标志（1.9.2.3 节）选择断言或者异常。

A.2.7　二进制 I/O（Binary I/O）

字符串和值之间的相互转换可能非常昂贵。因此，将数据直接以二进制表示写入文件可能会更高效。不过在这之前最好先用工具分析一下 I/O 是否是应用程序的主要瓶颈。

当我们决定使用二进制数据的时候，我们应该设置标志 `std::ios::binary` 以阻止隐式转换，比如匹配换行符到 Windows、UNIX 或者 macOS 系统上。并不是说这个标志是文本和二进制之间的区别：不使用这个标志也能写入二进制数据，用了这个标志也能写入文本。但是为了防止"意外之喜"，最好还是把标志设置正确。

二进制输出可以用 `ostream` 的成员函数 `write` 完成，输入可以用 `istream::read`。这些函数都接受一个 `char` 指针和一个表示大小的参数。因此所有其他类型都需要被转换成 `char` 指针：

```cpp
int main (int argc, char* argv[])
{
    std::ofstream outfile;
    with_io_exceptions(outfile);
    outfile.open("fb.txt", ios::binary);

    double o1= 5.2, o2= 6.2;
    outfile.write(reinterpret_cast<const char *>(&o1), sizeof(o1));
    outfile.write(reinterpret_cast<const char *>(&o2), sizeof(o2));
    outfile.close();

    std::ifstream infile;
    with_io_exceptions(infile);
    infile.open("fb.txt", ios::binary);

    double i1, i2;
    infile.read(reinterpret_cast<char *>(&i1), sizeof(i1));
    infile.read(reinterpret_cast<char *>(&i2), sizeof(i2));
    std::cout << "i1 = " << i1 << ", i2 = " << i2 << "\n";
}
```

二进制 I/O 的一个优势在于我们完全不需要操心流是如何被解析的。但是与之相应的，如果读取和写入的类型不匹配，就只会获得完全不可用的数据。特别是当文件的创建和读取不在同一个平台上时，我们需格外小心：一个 `long` 类型的变量可能在一个机器上是 32 位元而在另一个机器上是 64 位元。为此库 `<cstdint>` 提供了平台间大小一致的类型。比如，`int32_t` 在每个平台上都一定是 32 位元的 `signed int`。`uint32_t` 则是相应的 `unsigned` 类型。

当类自包含（self-contained）时——即所有数据都直接存储在对象中，而不是通过指针或引用指向外部数据——二进制 I/O 也可以同样应用于类。将包含内存地址（比如图或者树）的结构写入到文件中需要特殊的表示形式，因为这些地址在新的程序运行中显然是无效的。在 A.6.4 节中将演示一个辅助函数，可以允许在一次调用中读写多个对象。

A.2.8　C 风格的 I/O（C-Style I/O）

旧的 C 风格的 I/O 仍然可用于 C++ 中：

```cpp
#include <cstdio>

int main ()
```

```
{
    double x= 3.6;
    printf("The square of %f is %f\n", x, x*x);
}
```

这里的 printf 表示格式化输出,并没有什么特别之处。对应的输入函数是 scanf。文件 I/O 使用 fprintf 和 fscanf。

这组函数的优点在于它们的格式化非常的紧凑。比如下例中,我们以 6 个字符宽度和 2 位小数打印第一个数字,以 14 个字符宽度和 9 位小数打印第二个数字:

```
printf("The square of %6.2f is %14.9f\n", x, x*x);
```

格式字符串的主要问题在于类型安全性。如果参数不能匹配它的格式,就会导致很奇怪的行为,例如:

```
int i= 7;
printf("i is %s\n", i);
```

这里的参数是一个 int,但是却以 C 字符串的格式打印。C 字符串需要的参数是一个指向第一个字母的指针。因此 7 会被解释为一个地址——通常它会导致程序崩溃。一些现代编译器会检查 printf 调用中以字面量形式提供的格式字符串。但是如果字符串是预先计算的:

```
int i= 7;
char s[]= "i is %s\n";
printf(s, i);
```

或者是其他字符串操作的结果,编译器就无法做出警告了。

另外一个问题是它无法扩展到用户类型上。C 风格的 I/O 可以很方便地用于基于日志记录的测试,但是流会更少出错,也更适合于高质量的产品软件。

A.2.9 垃圾收集(Garbage Collection)

垃圾收集(*Garbage Collection*,GC)可以理解成自动回收不再被使用的内存。在许多语言中(例如 Java)如果内存不再被程序使用,就会自动释放。C++中的内存管理被设计成显式的:程序员需要以某种方式释放内存。尽管如此,C++程序员仍然对 GC 充满兴趣,因为它能让程序更加可靠——特别是当使用的旧组件存在内存泄漏,且没人想或者不能修复这一问题时——又或者是程序员希望和其他可以托管内存的语言打交道。后者的例子包括.NET 中的 *Managed* C++。

考虑到这些问题，标准（自 C++11 起）定义了一套垃圾回收器的接口。然而，垃圾回收并不是一个强制的特性，到目前为止也不知道哪个编译器真正支持它。与之相反，依赖 GC 的程序并不能使用普通编译器进行编译。垃圾收集应该只能作为最后的手段。内存管理应当主要封装在类中，并且和它们的创建与析构紧密联系到一起，即 RAII（参见 2.4.2.1 节）。如果这样不可行，则应考虑 `unique_ptr`（参见 1.8.3.1 节）和 `shared_ptr`（参见 1.8.3.2 节），它们会自动释放未引用的内存。实际上，使用引用计数的 `shared_ptr` 已经是一种简单的 GC 形式（尽管可能不是每个人都同意这样的观点）。只有存在某种形式的、难以处理的循环引用，使得上面这些技术都不可行，且不存在可移植性的问题时，才需要用到垃圾收集。

A.2.10　宏的麻烦（Trouble with Macros）

比如下面这个函数存在签名：

```
double compute_something(double fnm1, double scr1, double scr2)
```

它可以在大多数编译器上编译，唯独在 Visual Studio 上会生成奇怪的错误信息。原因是 `scr1` 是一个宏，它定义了一个十六进制的数，这个数会被替换成为第二个函数的参数名。显然，这已经不是一个合法的 C++ 代码了，但是错误信息只包含替换发生之前的源代码。因此没有任何可疑之处。解决这类问题的唯一办法是运行预处理器来检查展开后的代码，比如：

```
g++ my_code.cpp -E -o my_code.ii.cpp
```

阅读它们颇为费力，因为展开后的源码包含了所有直接和间接包含的源文件。最后才能发现编译器拒绝的代码行发生了什么：

```
double compute_something(double fnm1, double 0x0490, double scr2)
```

一旦知道它在某个地方是一个宏，解决方法就简单了，只要换个参数名就能修复它。

计算中使用的常量一定不要定义成宏：

```
#define pi 3.141592653589793238462643383279502884l // 别这样！
```

而应该定义成真正的常量：

```
const long double pi= 3.141592653589793238462643383279502884lL;
```

否则就会自己给自己添类似的堵。在 C++11 中，还可以用 `constexpr` 来确保该值在编译过程中可用，同时 C++14 还提供了模板常量。

这种形似函数的宏还存在其他有意思的"坑"。最主要的问题是，只有在最简单的用例中，宏参数的行为才会和函数参数类似。比如下面这个 `max_square` 宏：

```
#define max_square(x, y) x*x >= y*y ? x*x : y*y
```

实现中的表达式看起来很简单，似乎并不会遇到什么麻烦。但是如果使用一个和或者差的表达式作为参数来调用这个宏时：

```
int max_result= max_square(a+b, a-b);
```

它会被解释成：

```
int max_result= a+b*a+b >= a-b*a-b ? a+b*a+b : a-b*a-b;
```

这样就返回了一个错误的结果。可以通过添加括号的方式来修正这个问题：

```
#define max_square(x, y) ((x)*(x) >= (y)*(y) ? (x)*(x) : (y)*(y))
```

为了挡住高优先级操作符，需要使用括号包围整个表达式。因此，宏表达式需要在每个参数的周围和整个表达式前后都加上括号。注意，这还仅仅是正确性的必要条件而非充分条件。

另一个严重的问题是当参数为表达式时所导致的表达式副本问题。如果用以下方式调用 `max_square`：

```
int max_result= max_square(++a, ++b);
```

会导致 a 和 b 各递增了 4 次。

宏是一个相当简单的语言功能，但是实现和使用时要比一眼看上去危险和复杂得多。它的危险之处在于它会和整个程序相互作用。因此，新的软件中根本不应该存在宏。但是很不幸，现有的软件仍然大量使用了它们，我们也必须要处理好它们。

遗憾的是，并没有一种普适的办法可以解决宏的问题。下面有一些提示，在大多数情况下有效：

- 避免使用流行的宏作为命名。最典型的例子是，`assert` 是一个标准库中的宏，用它来给函数起名字简直就是自找麻烦。

- 用#undef 取消宏定义。

- 先包含其他程序库，再包含大量使用宏的程序库。这样宏只会污染你的应用程序，但是不会污染其他的头文件。

- 有一些库针对其中的宏提供了保护措施：可以定义一个宏以禁用或重命名那些危险的简短宏名。[1]

A.3 现实世界的用例：矩阵求逆（Real-World Example: Matrix Inversion）

理论和实践的差距在实践中要比理论上更大。

——Tilmar König

为了对所有基本特性做一个全面总结，我们将演示如何用它们创建新功能。希望通过学习本节你能了解如何自然地将自己的想法转变成可靠高效的 C++程序。我们的程序应当在实现上结构良好，在接口上合乎直觉。

为了简化研究案例，我们使用了作者的库 *Matrix Template Library 4*。它已经包含了大量的线性代数功能，都是在这里要用到的。[2] 希望未来的 C++标准可以提供此类功能。也许本书的读者会为此做出贡献。

作为一种软件开发方法，我们将使用极限编程（*Extreme Programming*）中的一个原则：先编写测试，再实现功能——也称为测试驱动开发（*Test-Driven Development*，TDD）。它具有两个显著优点：

- 它保护我们作为程序员（在一定程度上）免受功能主义的影响——专注于添加越来越多的特性，而不是按部就班地完成它们。如果我们先写下想要实现的目标，就会更直接地朝着这个目标努力，通常也会更早地完成它。在编写函数调用的时候，已经指定了计划要实现的函数接口。然后为测试设置一些预期的值，或者说和函数语义有关的东西。因此，测试就是可以编译的文档。测试可能不会告诉我们关于将要

---

[1] 我们曾经见过有一个库定义了只有一个下划线的宏，它导致了大量的问题。
[2] 库中实际上已经有了求逆函数 inv，不过这里我们假装不知道。

实现的函数和类的全部,但是它只要说了就一定是准确的。而文本形式的文档可以比测试更详细、更容易理解,但是也要模糊得多(而且永远落后得多)。

- 如果我们在完成实现后才开始编写测试——比如周五下午快下班的时候——我们就不想看到它失败。这时我们会使用很"友善"的数据来编写测试(无论它们对程序意味着什么),并且试图将失败的风险降到最低。又或者我们干脆决定回家,并发誓一定会在周一进行测试。

出于这些原因,如果先写测试会更诚实一些。当然,如果我们意识到有些事情不像我们想象的那样,或者我们从获得的经验中进一步改善了接口设计,又或者只是想再做更多的测试,都可以在之后对测试进行修改。此外,如果要验证部分实现可能需要临时注释掉部分测试。

在开始实现求逆函数以及它的测试之前,要先选择一个算法。可以在不同的解算器中进行选择:子矩阵行列式、分块算法、高斯-约当消元法、有置换或无置换的 LU 分解法,等等。假设我们更喜欢带列置换的 LU 分解法,这样我们有:

$$LU = PA$$

其中 L 是单位下三角矩阵,U 是上三角矩阵,置换矩阵为 P。因此:

$$A = P^{-1}LU$$

且:

$$A^{-1} = U^{-1}L^{-1}P \qquad (A.1)$$

我们使用了 MTL4 中的 LU 分解,并且实现了下三角和上三角矩阵的求逆,然后把它们恰当地组合到一起。

⇒ c++11/inverse.cpp

现在可以编写测试了,先定义一个可逆矩阵并打印出来。

```
int main(int argc, char* argv[])
{
    const unsigned size= 3;
    using Matrix= mtl::dense2D<double>;   // 该类型来自 MTL4
    Matrix   A(size, size);
    A=  4, 1, 2,
        1, 5, 3,
```

```
        2, 6, 9;
    cout << "A is:\n" << A;
```

为了以后进行抽象，我们先定义了类型 `matrix` 和常量的大小。如果使用 C++11 可以用统一初始化来设置矩阵：

```
Matrix    A= {{4, 1, 2}, {1, 5, 3}, {2, 6, 9}};
```

不过这里的实现只用到 C++03。

MTL4 中的矩阵是就地分解的。所以为了不干扰原始的矩阵，需要先复制一份出来。

```
Matrix LU(A);
```

再定义一个向量用于保存分解计算出的置换。

```
mtl::dense_vector<unsigned> Pv(size);
```

这样就有了可以用于 LU 分解的两个参数：

```
lu(LU, Pv);
```

不过根据我们的目标，将置换数表示成矩阵会更方便一些：

```
Matrix P(permutation(Pv));
cout << "Permutation vector is " << Pv << "\nPermutation matrix is\n" << P;
```

这样可以允许我们使用矩阵乘法来表示行置换：[1]

```
cout << "Permuted A is \n" << Matrix(P * A);
```

现在我们以适当的大小定义一个单位矩阵，并且把 L 和 U 从就地分解的结果中提取出来：

```
Matrix I(matrix::identity(size, size)), L(I + strict_lower(LU)),
       U(upper(LU));
```

注意，我们没有存储单位对角矩阵 L，它需要在之后加入测试中。它也可以被隐式地处理，但是为了简单起见我们不这样做。现在全部准备工作已经完成，接下来进行我们的第一次测试。一旦我们获得了 U 的逆（`inverse`）`UI`，那么 U 和 `UI` 的积就会是一个（近似

---

[1] 你可能想知道为什么要从 `P*A` 的积中创建一个矩阵，尽管这个积已经是一个矩阵了。从技术上讲，它还不是一个真正的矩阵。出于效率原因，它是一个表达式模板（参见 5.3 节），在特定的表达式中会计算积。而输出并不是这些会导致实际求积的表达式中的一个——起码在公开版本中还不是。

的）单位矩阵。对 L 来说也是一样：

```
constexpr double eps= 0.1;

Matrix UI(inverse_upper(U));
cout << "inverse(U) [permuted] is:\n" << UI
     << "UI * U is:\n" << Matrix(UI * U);
assert(one_norm(Matrix(UI * U - I)) < eps);
```

只要数值计算稍微复杂一点，完全相等的判断就很难成立。因此使用矩阵差的范数作为测试对象，同样也使用类似的方法来测试矩阵 L 的逆。

```
Matrix LI(inverse_lower(L));
cout << "inverse(L) [permuted] is:\n" << LI
     << "LI * L is:\n" << Matrix(LI * L);
assert(one_norm(Matrix(LI * L - I)) < eps);
```

这样就能计算矩阵 A 的逆并检查它的正确性：

```
Matrix AI(UI * LI * P);
cout << "inverse(A) [UI * LI * P] is \n" << AI
     << "A * AI is \n" << Matrix(AI * A);
assert(one_norm(Matrix(AI * A - I)) < eps);
```

同时还能用相同条件检查函数 inverse：

```
Matrix A_inverse(inverse(A));
cout << "inverse(A) is \n" << A_inverse
     << "A * AI is \n" << Matrix(A_inverse * A);
assert(one_norm(Matrix(A_inverse * A - I)) < eps);
```

在为所有的组件建立测试后，就可以编写我们的实现了。

我们要写的第一个函数，是对上三角矩阵求逆。这个函数接受一个密集矩阵作为参数，并返回一个密集矩阵：

```
Matrix inverse_upper(const Matrix& A) {

}
```

因为不需要将输入的矩阵再复制一份，所以使用引用传参。因为它不能被改变，所以使用 const 为这个参数添加常量性。常量性有以下优势：

- 提高了程序的可靠性。所有使用 const 传递的参数都可以确保不会被修改，如果不小心修改了它，编译器会告诉我们并停止编译。当然要移除参数常量性也是有办法的，但是这只能作为最后的手段，比如为了适配一些别人写的已经过时的库。你自己写的每段代码都不应该出现"移除参数常量性"这样的情况。

- 如果对象能保证自己不被改变，编译器就能做更多的优化。
- 因为有引用的存在，函数才可能使用表达式作为参数。非 const 的引用则需要先将表达式的结果存储到某个变量中，然后再将变量传递给函数。

有时候人们还会这样告诉你，说返回一个容器太昂贵，使用引用会更加高效。原则上这种说法没有问题。在这里我们选择接受这个额外的开销，因为我们主要希望程序能够更加清晰并易于使用。在后面的章节中会介绍一项技术，可以最大限度地降低函数返回容器的成本。

函数的签名已定，现在把目光转向函数体。首先验证一下函数参数是否有效。显然，矩阵必须是个方阵：

```
const unsigned n= num_rows(A);
if (num_cols(A) != n)
    throw "Matrix must be square";
```

函数中多次要用到矩阵的行数，因此把它存到变量，或者最好是常量中。另一个前置条件是矩阵的对角线上不能有 0 元素。我们把这项测试留给三角解算器。

可以从 MTL4 中通过线性系统的三角解算器获得三角矩阵的求逆功能。更详细地说，U^{-1} 中的第 k 个向量可以通过求解以下方程获得：

$$Ux = e_k$$

其中 e_k 是第 k 个单位向量。首先来定义一个用于保存结果的临时变量：

```
Matrix Inv(n, n);
```

然后迭代求解 Inv 中的每一列：

```
for (unsigned k= 0; k < n; ++k) {

}
```

每次迭代都需要第 k 个元素为 1 的单位向量：

```cpp
dense_vector<double> e_k(n);
for (unsigned i= 0; i < n; ++i)
    if (i == k)
        e_k[i]= 1.0;
    else
        e_k[i]= 0.0;
```

三角解算器会返回一个列向量。这时只要把向量中的元素挨个赋值到目标矩阵中:

```cpp
for (unsigned i= 0; i < n; ++i)
    Inv[i][k]= upper_trisolve(A, e_k)[i];
```

这个实现很简短,但是需要计算 n 次 upper_trisolve!尽管我们说性能不是目前的首要目标,但是其整体复杂度从三次方升到了四次方,这实在是太浪费资源了。许多程序员都会犯过早优化的错误,但是这并不代表我们可以无条件地接受复杂度更高的实现。为了避免重复的计算,会保存三角解算器的结果,并从那里复制出其他项。

```cpp
dense_vector<double> res_k(n);
res_k= upper_trisolve(A, e_k);

for (unsigned i= 0; i < n; ++i)
    Inv[i][k]= res_k[i];
```

最终返回了一个临时矩阵。整个函数如下所示:

```cpp
Matrix inverse_upper(Matrix const& A)
{
    const unsigned n= num_rows(A);
    assert(num_cols(A) == n); // 矩阵必须为方阵

    Matrix Inv(n, n);

    for (unsigned k= 0; k < n; ++k) {
        dense_vector<double> e_k(n);
        for (unsigned i= 0; i < n; ++i)
            if (i == k)
                e_k[i]= 1.0;
            else
                e_k[i]= 0.0;
        dense_vector<double> res_k(n);
        res_k= upper_trisolve(A, e_k);

        for (unsigned i= 0; i < n; ++i)
            Inv[i][k]= res_k[i];
    }
    return Inv;
}
```

现在函数已经实现完毕,我们来运行首次测试。显然这里要注释掉测试中的一部分代码,因为我们只实现了一个函数。尽管没有实现全部函数,这里最好也先运行测试以尽早知道第一个函数是否有按照预期方式执行。嗯,它已经正确通过测试了,我们或许可以愉快地去做下一个任务了?还有很多任务等着我们呢——等等,先别着急。

不管怎么说,我们至少有一个可以正确工作的函数了。但是再多花一点时间来改进它也是很值得的。我们把这样的改进称为重构(*Refactor*)。经验表明,一段时间后发现错误或者移植到其他平台的时候再进行重构所花费的时间比实现后立即重构所花费的时间要少得多。立即简化软件实现、改善软件结构要更容易一些,因为相比于数周/数月/数年之后进行重构,此刻我们更清楚自己在做什么。

首先令我们感到不快的可能是,仅仅一个单位向量的初始化就花了五行,这实在是太啰唆了:

```
for (unsigned i= 0; i < n; ++i)
    if (i == k)
        e_k[i]= 1.0;
    else
        e_k[i]= 0.0;
```

我们可以用条件表达式让它变得更紧凑一些:

```
for (unsigned i= 0; i < n; ++i)
    e_k[i]= i == k ? 1.0 : 0.0;
```

通常要花费一些时间适应条件操作符?:,不过一旦接受了它就能写出更加简洁的代码。

尽管我们没有去修改程序的语义,而且结果不变这一点似乎也是一目了然的,但是再次运行测试并没有什么坏处。我想你通常会遇到这样的情况:你相信对程序的修改不会影响程序行为——但是它真的就影响了。越早发现预期之外的行为,修复它就会越容易。有了之前写好的测试,只要几秒钟就能让我们更有信心。

如果要更酷一点,可以再挖掘一些更深层的知识。表达式 i==k 返回 bool 值,我们知道 bool 可以隐式转换为 int,然后再转换为 double。根据标准,在这个转换中,false 会转换到 0,true 会转换到 1。而这正是我们要的 double:

```
e_k[i]= static_cast<double>(i == k);
```

从 int 到 double 的转换也是隐式的,因此也能被省略。于是有:

```
e_k[i]= i == k;
```

这个代码看起来可爱极了，但是细究起来，把逻辑值赋予一个浮点数是不是有点牵强？虽然整个 bool→int→double 的隐式转换链上的行为都是有定义的，但是它仍然会迷惑潜在的程序阅读者。最终你可能需要在邮件列表上向他们解释这段代码，或者向程序添加注释。这时，你为解释这段代码所写的文字可能比代码还要多。

另一个可能会有的想法是，这之后我们可能还需要单位向量，那么为什么不为它写一个函数呢？

```
dense_vector<double> unit_vector(unsigned k, unsigned n)
{
    dense_vector<double> e_k(n, 0.0);
    e_k[k]= 1;
    return e_k;
}
```

因为函数返回一个单位向量，所以可以直接把整个函数调用作为三角解算器的参数：

```
res_k= upper_trisolve(A, unit_vector(k, n));
```

对于密集矩阵，MTL4 允许像列向量（而不是子矩阵）一样访问矩阵中的列。因此可以在不需要循环的情况下，直接将结果向量赋值给列：

```
Inv[irange(0, n)][k]= res_k;
```

这里简单解释一下。括号操作符是这样实现的：如果行和列的索引都是整数，就返回矩阵项；如果行和列是一个范围，那就返回子矩阵。与之类似，如果行参数是一个范围而列参数是一个整数，则返回矩阵中的列或者列的局部；如果列参数是一个范围而行参数是一个整数，那就会返回矩阵的一行。

这个有趣的例子能够很好地说明，如何正确地对待 C++中的限制以及充分发掘它的可能性。其他语言可能已经将范围作为语言内建设施的一部分，比如 Python 就使用 ":" 来表示索引范围。C++没有提供这样的符号，但是可以通过引入新的类型——比如 MTL4 中的 irange，并且为 operator [] 定义适当的行为来实现这一点。这是一个非常强大的机制！

> **拓展操作符的功能**
> 因为在 C++中无法引入新的操作符，所以定义了新的类型，并且为这些新类型提供了操作符以实现我们所期望的行为。这个技术可以让我们在有限的操作符中提供各式各样的功能。

用户类型上自定义操作符的语义应当非常直观，且必须与操作符优先级保持一致（参见 1.3.10 节中的例子）。

再回到算法上，将解算的结果存储在向量中，然后赋值给矩阵的列。事实上可以直接给列赋上三角解算器的结果：

```
Inv[irange(0, n)][k]= upper_trisolve(A, unit_vector(k, n));
```

iall 是个预定义项，代表了全索引范围：

```
Inv[iall][k]= upper_trisolve(A, unit_vector(k, n));
```

接下来再讨论一些相关的数学知识。上三角矩阵的逆也是一个上三角矩阵。因此只需要计算结果中的上三角部分并将其余项设置为 0，或者在计算上三角部分之前将整个矩阵设置为 0。当然，这里只需要一个更小的单位向量以及 A 的子矩阵即可。这个可以用索引范围来表示：

```
Inv= 0;
for (unsigned k= 0; k < n; ++k)
    Inv[irange(0, k+1)][k]=
        upper_trisolve(A[irange(0, k+1)][irange(0, k+1)],
                       unit_vector(k, k+1));
```

诚然，irange 令这个表达式晦涩了一些。虽然它看起来像一个函数，但是 irange 实际上是一个类型，我们只是动态创建了它的一个对象并传递给 operator []。当我们三次都使用相同的范围时，为它创建一个变量（或常量）会让代码更加简短：

```
for (unsigned k= 0; k < n; ++k) {
    const irange r(0, k+1);
    Inv[r][k]= upper_trisolve(A[r][r], unit_vector(k, k+1));
}
```

这不仅让第二行变得更短了，也会让其他使用相同范围的地方变得更简洁。

还可以看到，在缩短了单位向量后，1 只存在于它们的最后一项中。因此我们只需要向量的大小，而 1 的位置可以是隐式的：

```
dense_vector<double> last_unit_vector(unsigned n)
{
    dense_vector<double> v(n, 0.0);
    v[n-1]= 1;
    return v;
}
```

这里我们选择了不同的命名来表示不同的含义。不过这里我们想知道，这是否真的是我们所需要的功能，再次用到它的概率是多少？编程语言 Forth 的创建者 Charles H. Moore 曾经说过，"函数的目的不是为了将程序分解成微小的部分，而是为了创建高度可复用的实体。"总的来说，我们更喜欢通用的函数，因为它在以后会更有用。

经过这些修改后，我们已经对现在的实现很满意了。现在转向下一个函数。这之后可能仍然会在某些时候再做一些修改，但是现在就让它有更好的结构和更清晰的实现，会让我们（或其他人）以后修改起来更容易。我们所拥有的经验越多，就能通过越少的步骤获得满意的实现。此外，我们在修改它的同时也反复测试了 inverse_upper。

既然知道了如何对三角矩阵求逆，就可以对下三角矩阵如法炮制了。或者也可以将输入和输出进行转置：

```
Matrix inverse_lower(Matrix const& A)
{
    Matrix T(trans(A));
    return Matrix(trans(inverse_upper(T)));
}
```

理想情况下，这个实现看起来如下所示：

```
Matrix inverse_lower(Matrix const& A)
{
    return trans(inverse_upper(trans(A)));
}
```

显式创建两个 Matrix 对象是一个技术上的瑕疵。[1] 在未来的 C++ 标准中，或者在新版本的 MTL4 中，希望能够消除这个瑕疵。

这里有人可能会提出异议，说转置和复制会导致更多的开销。此外，虽然我们知道这里的下三角矩阵有一个单位化的对角线，但尚未用到这个特性（例如可以用它来避免三角解算器中的除法操作）。这些都是事实。然而这里优先考虑的是实现简单、阅读清晰和重用已有实现，而不是性能。[2]

现在把所有东西放到一起以完成矩阵求逆。先从检查矩阵是否为方阵开始：

---

[1] 为了将惰性求值转为及早计算，参见 5.3 节。
[2] 真正关心性能的人压根就不会用到矩阵求逆。

```
Matrix inverse(Matrix const& A)
{
    const unsigned n= num_rows(A);
    assert(num_cols(A) == n); // 矩阵必须为方阵
```

然后执行 LU 分解。出于性能原因我们不用函数返回结果，而是使用可变引用参数将结果返回，并且执行就地分解。因此我们需要矩阵的副本，以及一个合适大小的置换向量：

```
Matrix                   PLU(A);
dense_vector<unsigned>   Pv(n);

lu(PLU, Pv);
```

置换后 A 的上三角因子 PU 被保存在上三角矩阵 PLU 中。下三角因子 PL 则被存储到严格下三角矩阵 PLU 中。由于对角线是单位化的，因此可以被省略并且由算法隐式处理。所以我们需要在反转前添加对角线元素（或者在求逆时隐式地处理单位对角线元素）。

```
Matrix   PU(upper(PLU)), PL(strict_lower(PLU) + matrix::identity(n, n));
```

根据公式 A.1，方阵的逆可以用一行代码解得：[1]

```
return Matrix(inverse_upper(PU) * inverse_lower(PL) * permutation(Pv));
```

在本节中可以看到，大多数情况下，有多种替代实现方案可以实现相同的行为——很可能你以前已经有过类似的经验了。本书可能给了大家这样一个印象：我们做出的每个选择都是合适的。但是实际上并不总是会有最好的解决方案。即使在替代方案中权衡了利弊，可能也会在没有最终结论的情况下就选择了其中的一个。这里还是要说明，选择什么方案取决于目标。如果性能是主要目标，那么实现也会有所不同。

本节还说明了一个稍微复杂的程序并不是在一个聪明的脑袋中一次成型的（当然也有例外），而是在开发中逐步改进的结果。经验会让这个旅程本身变得更短、更直接，但是仍然无法在第一时间就写出完美的程序。

A.4 类的一些细节（Class Details）

A.4.1 指向成员的指针（Pointer to Member）

指向成员的指针是一个类中局部的指针（class-local pointer）。它可以保存成员在类中

---

[1] 显式转换在之后的 MTL4 版本中也许可以被省去。

的相对地址：

```
double complex::* member_selector= &complex::i;
```

变量 `member_selector` 的类型是 `double complex::*`，这是一个指向类 `complex` 中的 `double` 类型成员的指针。它指向成员 `i`（在例子中是 `public` 的）。

通过操作符 ".*" 可以访问任意 `complex` 对象中的 `i`，类似的还有 "->*"，它可以访问 `complex` 对象的指针中的成员：

```
double complex::* member_selector= &complex::i;

complex c(7.0, 8.0), c2(9.0);
complex *p= &c;

cout << "c's selected member is " << c.*member_selector << '\n';
cout << "p's selected member is " << p->*member_selector << '\n';

member_selector = &complex::r;   // 指向另一个成员
p= &c2;                          // 指向另一个复数

cout << "c's selected member is " << c.*member_selector << '\n';
cout << "p's selected member is " << p->*member_selector << '\n';
```

类相关的指针也可以在对象的方法之外于用于运行期间选择函数。

A.4.2　更多的初始化例子（More Initialization Examples）

初始化列表可以以逗号（,）结尾，以将其和参数列表区分开。在上面的例子中，逗号没有更改参数列表的行为。这里还有一些其他包装（wrap）和列表（list）的组合示例：

```
vector_complex v1= {2};
vector_complex v1d= {{2}};

vector_complex v2= {2, 3};
vector_complex v2d= {{2, 3}};
vector_complex v2dc= {{2, 3}, };
vector_complex v2cd= {{2, 3, }};
vector_complex v2w= {{2}, {3}};
vector_complex v2c= {{2, 3, }};
vector_complex v2dw= {{{2}, {3}}};

vector_complex v3= {2, 3, 4};
vector_complex v3d= {{2, 3, 4}};
vector_complex v3dc= {{2, 3}, 4};
```

它们的结果分别是：

```
v1 is [(2,0)]
v1d is [(2,0)]

v2 is [(2,0), (3,0)]
v2d is [(2,3)]
v2dc is [(2,3)]
v2cd is [(2,3)]
v2w is [(2,0), (3,0)]
v2c is [(2,3)]
v2dw is [(2,3)]

v3 is [(2,0), (3,0), (4,0)]
v3d is [(2,0), (3,0), (4,0)]
v3dc is [(2,3), (4,0)]
```

这些例子说明，必须要关注嵌套数据的初始化是否符合预期。审阅这些看起来最容易理解的符号是值得的，特别是当我们要把源代码分享给其他人的时候。

统一初始化倾向于调用以 `initializer_list<>` 为参数的构造函数，同时其他的构造函数也可能会被大括号记号隐式调用。因此，并不是所有小括号都能替换成大括号并保持相同行为：

```
vector_complex v1(7);
vector_complex v2{7};
```

第一个向量有 7 个值为 0 的元素，而第二个向量只有 1 个值为 7 的元素。

A.4.3　多维数组的存取（Accessing Multi-dimensional Arrays）

假设我们有下面这个简单的类：

```
class matrix
{
  public:
    matrix(int nrows, int ncols)
      : nrows(nrows), ncols(ncols), data( new double[nrows * ncols] ) {}

    matrix(const matrix& that)
      : nrows(that.nrows), ncols(that.ncols),
        data(new double[nrows * ncols])
    {
        for (int i= 0, size= nrows*ncols; i < size; ++i)
            data[i]= that.data[i];
```

```
    }
    void operator=(const matrix& that)
    {
        assert(nrows == that.nrows && ncols == that.ncols);
        for (int i= 0, size= nrows*ncols; i < size; ++i)
            data[i]= that.data[i];
    }
    int num_rows() const { return nrows; }
    int num_cols() const { return ncols; }
private:
    int                    nrows, ncols;
    unique_ptr<double[]>   data;
};
```

这样这个实现就差不多完成了。和之前的相同：变量是私有的，构造函数为所有成员设置了一个定义好的值，复制构造函数和赋值运算保持一致，由常函数返回大小信息。

现在就缺对矩阵元素的访问了。

> **注意！**
> *方括号操作符只能接受一个参数*

也就是说我们无法定义：

```
double& operator[](int r, int c) { ... }
```

A.4.3.1 方法1：使用小括号（Approach 1: Parentheses）

处理多个索引最简单的办法是使用小括号来代替中括号操作符：

```
double& operator()(int r, int c)
{
    return data[r*ncols + c];
}
```

然后增加范围检查——这是一个独立的函数以便复用——这样可以节省大量的调试时间。仍然以常量函数来实现：

```
private:
    void check(int r, int c) const { assert(0 <= r && r < nrows &&
                                            0 <= c && c < ncols); }
```

```
public:
  double& operator()(int r, int c)
  {
      check(r, c);
      return data[r*ncols + c];
  }
  const double& operator()(int r, int c) const
  {
      check(r, c);
      return data[r*ncols + c];
  }
```

相应的，在存取矩阵元素的时候使用括号：

```
matrix        A(2, 3), B(3, 2);
// … 设置 B
// A= trans(B);
for (int r= 0; r < A.num_rows(); r++)
    for (int c= 0; c < A.num_cols(); c++)
        A(r, c)= B(c, r);
```

这很管用，但是括号看起来更像是函数调用而不是对矩阵元素的访问。如果我们再努力一点，可能可以找到另一种方法来使用中括号。

A.4.3.2 方法 2：返回指针（Approach 2: Returning Pointers）

之前提到过，不能在一个中括号中传递两个参数，但是可以使用两个中括号来传递它们，例如：

```
A[0][1];
```

这也是在 C++ 中访问二维内置数组的方式。对于密集矩阵来说，可以返回一个指向 r 行中第一个元素的指针，这样第二个携带了列参数的中括号就能应用到这个 C++ 指针上，从而执行地址计算：

```
double* operator[](int r) { return data + r*ncols; }
const double* operator[](int r) const { return data + r*ncols; }
```

这个实现有很多缺陷。首先，它只能在逐行存储的密集矩阵上工作；其次，无法验证列索引的范围合法性。

A.4.3.3 方法 3：返回代理（Approach 3: Returning Proxies）

我们可以构造一个特定类型，这个类型持有矩阵的引用和行索引，并且提供操作符

operator []来访问矩阵元素，以取代返回指针。这样的辅助类我们称之为代理（Proxy）。代理必须是矩阵类的友元函数，因为它需要存取私有数据。或者也可以保留小括号操作符，并在代理中调用它。不管是哪种实现，我们都搞出了一个循环引用。

如果有若干矩阵类型，那么每一个类型都得有一个自己的代理。常量或者可变访问也需要有不同的代理。在 6.6 节中演示了如何编写适用于所有矩阵的代理。相同的代理模板也可以用于处理常量性和可变性访问。而且更幸运的是，它甚至还解决了循环依赖的问题。这个方案唯一的缺陷是，一点小错误就可能会导致非常冗长的编译器出错信息。

A.4.3.4　方法间的比较（Comparing the Approaches）

前面的实现表明，C++允许为用户自定义的类型提供不同的符号，这样我们可以以最适合的方式实现它们。第一种做法是用小括号替代中括号，以接受多个参数。只要愿意接受这种语法，这就是最简单的替代方案，可以不用花费心思想一个更花哨的符号。返回指针在技术上也并不复杂，但是它过于依赖内部数据的表达形式。如果我们用内部块结构或者是其他特殊的内部存储方案，就得用一个完全不同的技术（即代理）了。代理总是有助于把技术细节封装起来，并为用户提供足够抽象的接口，这样应用就不会依赖于技术细节。返回指针的另一个缺陷是无法检查列向量索引的范围。

A.5　方法的生成（Method Generation）

C++一共有六种具有默认行为的方法（有四种来自 C++03）：

- 默认构造（default constructor）
- 复制构造（copy constructor）
- 移动构造（move constructor，C++11 或更高版本）
- 复制赋值（copy assignment）
- 移动赋值（move assignment，C++11 或更高版本）
- 析构函数（destructor）

这些函数的代码可以由编译器生成——这样可以将我们从枯燥的日常工作中解放出

来，并防止我们因为疏忽而漏掉它们。

捷径：如果你（暂时）不想知道这些技术细节，可以直接转到 A.5.3 节阅读设计指南，并看一眼 A.5.1。

假设我们的类声明了以下成员变量：

```
class my_class
{
    type1   var1;
    type2   var2;
    // ...
    typen   varn;
};
```

此时编译器会添加六个我们之前提到过的操作（只要成员变量的类型允许），此时类的行为类似以下代码：

```
class my_class
{
  public:
    my_class()
      : var1(),
        var2(),
        // ...
        varn()
    {}

    my_class(const my_class& that)
      : var1(that.var1),
        var2(that.var2),
        //...
        varn(that.varn)
    {}

    my_class(my_class&& that)                    // C++11
      : var1(std::move(that.var1)),
        var2(std::move(that.var2)),
        //...
        varn(std::move(that.varn))
    {}

    my_class& operator=(const my_class& that)
    {
        var1= that.var1;
        var2= that.var2;
```

```
            // ...
            varn= that.varn;
            return *this;
        }

        my_class& operator=(my_class&& that)      // C++11
        {
            var1= std::move(that.var1);
            var2= std::move(that.var2);
            // ...
            varn= std::move(that.varn);
            return *this;
        }

        ~my_class()
        {
            varn.~typen();                        // 成员析构函数
            // ...
            var2.~type2();
            var1.~type1();
        }

    private:
        type1   var1;
        type2   var2;
        // ...
        typen   varn;
};
```

这里的代码生成非常直接，这六个操作分别在每个成员变量上调用。细心的读者会意识到构造函数和赋值是按照变量声明的顺序执行的，而析构函数则按照相反的顺序调用，以便当靠后的成员依赖已经构造好的成员变量时能够正确处理。

A.5.1 控制生成的代码（Controlling the Generation）

C++11 提供了 `default` 和 `delete` 两种声明来控制这些特殊方法的生成。这两个声明的名字很好地解释了自己：`default` 会让函数以默认方式生成，而 `delete` 会阻止编译器生成被它所标记的方法。例如我们要编写一个只能移动不能复制的类：

```
class move_only
{
  public:
    move_only() = default;
    move_only(const move_only&) = delete;
```

```
    move_only(move_only&&) = default;
    move_only& operator=(const move_only&) = delete;
    move_only& operator=(move_only&&) = default;
    ~move_only() = default;
    // ...
};
```

unique_ptr 就是用这种方法阻止了两个对象指向同一片内存。

注记 A.1. 使用 default 显式地声明一个操作符被视作是一个用户声明的方法，delete 亦然，这样编译器就可以不再生成其他方法。这可能出乎我们的意料，因此为了防止类型有意外行为，最安全的办法是，要么显式声明全部的六个操作，要么一个都不声明。

定义 1-1：为了容易区分，我们将 default 和 delete 这样的声明称为用户纯声明的（*Purely User-Declared*），而将实际实现的（可能是空的或者非空的）声明称为用户实现的（*User-Implemented*）。在标准中，这两者都称为用户声明的（*User-Declared*）。

A.5.2 代码生成的规则（Generation Rules）

为了理解隐式代码生成，先要了解一些规则。让我们来挨个儿过一遍：

我们用一个叫 tray 的类来演示：

```
class tray
{
  public:
    tray(unsigned s= 0) : v(s) {}
    std::vector<float>  v;
    std::set<int>       s;
    // ..
};
```

然后会在后面的示例中进行修改。

A.5.2.1 规则 1：哪些成员和基类允许代码生成（Rule 1: Generate What the Members and Bases Allow）

之前说过，只要不声明任何特殊方法，C++就会替我们生成所有的特殊方法。如果其中的一个可生成的方法在下面某条中不存在：

- 成员类型中的某个

- 直接基类（6.1.1 节）中的某个

- 虚基类中（6.3.2.2 节）的某个

那么当前类对应的方法就不会被生成。换句话说，所有能被生成的方法，是基类和成员类型中可用方法的交集。

例如，如果在类 tray 中声明一个类型是 move_only 类的成员：

```
class tray
{
  public:
    tray(unsigned s= 0) : v(s) {}
    std::vector<float>  v;
    std::set<int>       s;
    move_only           mo;
};
```

那么，tray 的对象就不能再被复制和复制赋值。当然，我们并不是一定要依赖于编译器生成的复制构造和赋值，我们也可以自行实现它。

这条规则是递归使用的：在某个类型中 delete 一个方法，则所有包含了这个类的相应方法都会被删除，以此类推。例如，因为本例中没有用户定义的复制操作，于是一个包含了 tray 的 bucket 类也不能被复制，包含了 bucket 的 barrel 类、包含了 barrel 的 track 类也同样不能被复制，等等。

A.5.2.2　麻烦的成员类型（Difficult Member Types）

即使没有提供这六个可生成函数的类型，也会给以这些类型作为成员类型的类制造麻烦。最突出的例子有：

- 引用没有默认构造。因此每个有引用的类都没有默认构造函数，除非用户自己去实现一个。反过来也很麻烦，因为构造以后就不能去改写引用的地址了。最简单的办法是，在内部使用指针并在外部提供引用。不幸的是，默认构造函数经常会被用到，比如创建类型的容器。

- unique_ptr 既不能被复制构造也不能被复制赋值。如果类需要某一个复制操作，你就得使用其他的指针类型，比如有安全隐患的裸指针或者是有额外性能负担的 shared_pointer。

A.5.2.3 规则 2：除非用户自己实现，否则析构函数就会被自动生成（Rule 2: Destructors Are Generated Unless the User Does）

这个规则简单直接，要么用户写一个析构函数，要么编译器创建一个。因为无论什么类型都需要一个析构函数，这一点和规则 1 无关。

A.5.2.4 规则 3：默认构造函数是单独被创建的（Rule 3: Default Constructors Are Generated Alone）

当涉及隐式生成时，默认构造函数是最"害羞"的函数。只要提供了任意的构造函数，默认构造函数都不会再生成。例如：

```
struct no_default1
{
    no_default1(int) {}
};

struct no_default2
{
    no_default2(const no_default2&) = default;
};
```

这两个类都没有默认构造函数。结合规则 1，可以知道下面这个函数是无法通过编译的：

```
struct a
{
    a(int i) : i(i) {}    // 出错

    no_default1  x;
    int          i;
};
```

成员变量 x 没有出现在初始化列表中，此时会调用 no_default1 的默认构造函数。这很显然是不成功的。

如果用户已经定义了任意的构造函数，就不再隐式生成默认构造函数，这是因为：编译器假设其他构造函数会显式初始化成员数据，而很多默认构造函数（特别是内建类型）并不会去初始化成员数据。为了避免成员数据包含意料之外的随机垃圾数据，故而当存在其他构造函数时，要么需要定义一个默认构造函数，要么要将默认构造函数声明为 default。

A.5.2.5 规则 4：何时生成复制操作（Rule 4: When Copy Operations Are Generated）

为了简洁起见，我们会使用 C++11 中的 `default` 和 `delete` 声明。如果将默认实现写出来，那么例子中的行为也会是一样的。复制构造和复制赋值操作符具有以下性质：

- 当存在用户定义的移动操作时不会被隐式生成。
- 用户定义的其他操作不影响隐式生成。
- 用户定义的析构函数不影响隐式生成。

此外，对于复制赋值函数：

- 当有非静态的成员是引用时不会隐式生成。
- 当有非静态成员是 `const` 时不会隐式生成。

任意移动操作的定义都会立即禁止这两种复制操作的生成。

```
class tray
{
  public:
    // tray(const tray&) = delete;       // 隐式的
    tray(tray&&) = default;              // 被认为是用户定义的
    // tray& operator=(const tray&) = delete; // 隐式的
    // ...
};
```

如果其中一个复制操作出现，那么对另一个操作的隐式生成在 C++11 和 C++14 中就会被标记为"deprecated（被废弃）"。不过编译器仍然可以自行提供：

```
class tray
{
  public:
    tray(const tray&) = default; // 被认为是用户定义的
    // tray& operator=(const tray&) = default; // deprecated
    // ...
};
```

与之类似，当存在用户定义的析构函数时，默认的复制操作生成也被标记为不推荐使用，但是目前的编译器仍然支持它。

A.5.2.6 规则 5：如何生成复制操作（Rule 5: How Copy Operations Are Generated）

正常情况下复制操作使用常量引用作为参数。但是使用可变引用也是被允许的。在这里讨论这个问题主要是为了话题完整性，而不是让大家用在实际当中（或者说是一个反面例子，用于警告大家）。如果类的任何成员在复制操作中使用了可变引用，那么编译器生成的操作也会使用一个可变引用作为参数：

```
struct mutable_copy
{
    mutable_copy() = default;
    mutable_copy(mutable_copy& ) {}
    mutable_copy(mutable_copy&& ) = default;
    mutable_copy& operator=(const mutable_copy& ) = default;
    mutable_copy& operator=(mutable_copy&& ) = default;
};

class tray
{
  public:
    // tray(tray&) = default;
    // tray(tray&&) = default;
    // tray& operator=(const tray&) = default;
    // tray& operator=(tray&&) = default;
    mutable_copy      m;
    // ...
};
```

类 mutable_copy 的复制构造中只接受可变引用，故而 tray 也必须要一个可变引用。在这个例子中，编译器会生成非常量的构造操作。显式声明使用一个常量引用的复制构造函数：

```
class tray
{
    tray(const tray&) = default;
    mutable_copy      m;
    // ...
};
```

会被编译器拒绝。

和构造函数不同，例子中的复制赋值函数还是可以接受一个常量引用的。不过虽然它是一段合法的 C++代码，但它是一个非常糟糕的实践：对应的构造和赋值函数必须在参数类型和语义上保持一致——否则就会导致不必要的混乱，并很快会招来 bug。也许使用可变引用作为赋值操作是因为有什么苦衷（比如为了应付其他地方的糟糕设计），但是这样会让我们卷入到一些奇怪的行为中，并分散我们对主要任务的注意力。在使用这个特性前，应该花时间去寻找一个更好的方案。

A.5.2.7　规则 6：何时生成移动操作（Rule 6: When Move Operations Are Generated）

在以下条件下，移动构造和移动赋值不会被隐式生成：

- 存在用户定义的复制操作。
- 用户定义了其中一个移动操作。
- 定义了析构函数。

此外，以下情况下不会隐式生成移动赋值函数：

- 存在引用类型的非静态成员。
- 存在 const 类型的非静态成员。

注意这里的规则要比复制操作更严格一些：此处的操作只能被删除，而不仅仅是在某些条件下不推荐使用。这个在计算机科学史上很常见，当你发现两个东西不是完美匹配时，很有可能是历史原因导致的。复制操作的规则是 C++03 时的遗留问题，保留行为是为了向下兼容。而移动操作的规则要更晚一些，它遵循了下一节中要讲述的设计指南。

下面这个例子反映了上述规则，即定义了复制构造会删除隐式的移动操作：

```
class tray
{
  public:
    tray(const tray&) = default;
    // tray(tray&&) = delete; // 隐式的
    // tray& operator=(tray&&) = delete; // 隐式的
    // ...
};
```

因为有很多原因会禁止隐式生成，所以建议如果需要的话可将移动操作声明为 `default`。

A.5.3　陷阱和设计指南（Pitfalls and Design Guides）

在上一节中我们看到了标准中的很多规则是为了在保证正确行为和处理遗留问题之间达成妥协。当设计一个新类的时候，我们可以自由设计而不用考虑那些过时的危险实践。这些可以用以下的规则来概括。

A.5.3.1 "五"之法则（Rule of Five）

这条规则针对的是用户管理的资源。这也是用户实现复制和移动操作，以及析构操作的主要原因。例如当我们使用了传统指针时，自动生成的复制、移动操作并不会复制或移动数据，析构操作也不会释放内存。因此正确的行为是，要么实现以下全部操作，要么一个都不实现：

- 复制构造
- 移动构造
- 复制赋值
- 移动赋值
- 析构函数

对于 C 风格的文件句柄或者其他需要手动管理的资源也是一样的。

当我们需要实现这五个操作中的一个时，一般意味着需要手动管理资源，那么很可能也需要实现其他四个操作来保证行为的正确性。如果其中某个或某几个操作可以使用默认行为，或者不被需要，那么最好显式地将它声明为 `default` 和 `delete`，而不是依靠前面一节所介绍的那些规则。简而言之：

> "五"之法则
> 要么声明上述全部五个操作，要么一个都不声明。

A.5.3.2 "零"之法则（Rule of Zero）

上一节中提到，用户实现这些操作的最主要原因是资源管理。在 C++11 中可以用 `unique_ptr` 或者 `shared_ptr` 来替代传统指针，并且把资源管理的工作交给这些智能指针。同样，如果使用了文件流，也就不再需要像过时的文件句柄一样自行关闭文件。换句话说，只要所有的成员都依赖 RAII，那么编译器就会为我们生成正确的操作。

> "零"之法则
> 不要实现上面五个操作中的任何一个。

注意这条规则禁止的是"实现",而不是禁止将它们声明为 default 或者 delete。在某些情况下,对我们感兴趣的资源,标准库可能没有提供相应的类。如果像 2.4.2.4 节一样编写一组类,管理我们所需要的资源,并且所有高层的类都使用这些资源管理器时,就等于是帮了自己一个大忙。而且,此时所有高层类中这五个操作的默认行为也都是正确的。

A.5.3.3　显式与隐式删除(Explicit versus Implicit Deletion)

比较下面两种实现,它们实现的是同一个类:

```cpp
class tray
{
  public:
    tray(const tray&) = default;
    // tray(tray&&) = delete;                    // 隐式的
    tray& operator=(const tray&) = default;
    // tray& operator=(tray&&) = delete;         // 隐式的
    // ..
};
```

以及

```cpp
class tray
{
  public:
    tray(const tray&) = default;
    tray(tray&&) = delete;
    tray& operator=(const tray&) = default;
    tray& operator=(tray&&) = delete;
    // ..
};
```

对于这两种情况,复制操作都使用了默认行为,而移动操作都被删除了。因此两个类的行为看起来是等价的。但是在 C++ 中,给函数传递一个右值就能看出差异了:

```cpp
tray b(std::move(a));
c= std::move(b);
```

tray 的第一份实现能够通过编译。然而,这些值并没有被移动而是被复制了。出现这种差异的原因是,重载解析中考虑到了显式的删除操作,因为它们比赋值操作更匹配。但在接下来的编译阶段,显式的删除操作会触发错误,而隐式的删除操作并不会出现在重载决议中,所以重载决议会将复制操作作为最佳匹配项。

不过幸运的是 C++14 修正了这里的不一致性,因为重载决议不再考虑显式删除的移动操作。所以只能复制的类也就不复存在了,每个不能移动的类都会被隐式地复制。

同时,可以通过定义移动操作,让它显式地调用复制操作来解决这个问题:

程序清单A-3:通过显式复制实现移动

```
class tray
{
  public:
    tray(const tray&) = default;
    // 移动构造实际上是在复制
    tray(tray&& that) : tray(that) {}
    tray& operator=(const tray&) = default;
    // 移动赋值实际上也是在复制
    tray& operator=(tray&& that) { return *this= that; }
    // ...
};
```

移动构造函数和移动赋值函数所接受到的右值在方法中会变成左值(因为具备了名称)。将这一左值传递给构造函数或者赋值函数,会分别调用复制构造函数或者复制赋值函数。在注释中指出这里右值到左值的隐式转换并不能证明作者的 C++露怯,相反它还可以阻止其他人画蛇添足地加一个 `std::move`(这可能会导致崩溃)。

A.5.3.4 "六"之法则:请显式(Rule of Six: Be Explicit)

前面的例子证明了以下六个操作是可以被隐式生成的:

- 默认构造

- 复制构造

- 移动构造

- 复制赋值

- 移动赋值

- 析构函数

当然具体的生成取决于几条规则的相互作用。要找出这六个操作中哪一个是实际生成的,必须检查所有成员以及直接继承和虚拟继承的基类的源代码。当这些类来自第三方库时就变得格外讨厌了。虽然我们总能找到答案，但是会浪费很多时间。

因此，对于频繁使用的类（只要不是特别简单），我们建议：

> **"六"之法则**
> 对于以上六项操作，少实现多声明。任何没有实现的操作都要声明为 default 或者 delete。

要显式删除移动操作，可以使用声明，并将编译器限制到 C++14，或者使用程序清单 A-3 中的简短实现。与其他设计指南略有不同，这里的规则还包括了默认构造函数，因为它的隐式生成也依赖于成员和基类（A.5.2.1 中的规则 1）。

析构函数可以从这个表中删除。每个未实现的析构函数都会作为默认值生成，每个类都需要一个析构函数。但是要确定一个很大的类有没有用户自定义的析构函数需要阅读全部的代码。Scott Meyers 在他提出的与本文非常类似的"默认值五法则"中说到，这五个会默认生成的构造和赋值操作都不应该被省略，而应当在类定义中被声明为 default[31]。

A.6 模板相关的细节（Template Details）

A.6.1 统一初始化（Uniform Initialization）

我们在 2.3.4 节中介绍了统一初始化。它也可以被用于函数模板。然而，大括号的消除现在依赖于类型参数。也就是说，被清除的大括号的数量是因实现而异的。这简化了用户实现，但是在某些情况下也会导致意外的行为。Malte Skarupke 在他的博客[39]中证明了下面这样简单的复制函数也可能会失败：

```
template<typename T>
inline T copy(const T& to_copy)
{
    return T{ to_copy };
}
```

对于几乎所有的可复制构造类型，这个函数都是可用的。然而 boost::any 的容器，如 std::vector<boost::any>，就是一个例外。boost::any 是一个辅助类，通过类型擦除技术（type erasure），可以存储任意支持复制构造的类。因为它（几乎）能存储任何东西，故也能存储 std::vector<boost::any>。在这里执行复制函数会返回一个向量，这个向量会将原始的向量作为单个元素存储。

A.6.2 哪个函数被调用了？（Which Function Is Called?）

在多个不同的命名空间下，如果反复思考 C++ 各种重载函数的调用可能性，每个人迟早都会问自己："我怎么就知道最后哪个函数被调用了？"当然可以在调试器中运行程序，但是作为一名科学家，我们要搞清楚到底发生了什么。为此要考虑下面这几个 C++ 中的概念：

- 命名空间
- 名称隐藏
- 参数相关的查找
- 重载决议

先回到这个问题的开始。为了简单起见，我们使用比较短的名字——命名空间 c1 和 c2 包含了类，命名空间 f1 和 f2 包含了函数：

```
namespace c1 {
    namespace c2 {
        struct cc {};
        void f(const cc& o) {}
    } // 命名空间 c2
    void f(const c2::cc& o) {}
} // 命名空间 c1

void f(const c1::c2::cc& o) {}

namespace f1 {
    void f(const c1::c2::cc& o) {}
    namespace f2 {
        void f(const c1::c2::cc& o) {}
        void g()
        {
            c1::c2::cc o;
            f(o);
        }
    } // 命名空间 f2
} // 命名空间 f1
```

好了，现在可怕的问题来了，调用 f1::f2::g 时，哪个 f 被调用了？来先看一下重载：

- c1::c2::f：由 ADL 推举为重载候选。

- c1::f：不是候选，因为 ADL 不考虑更外层的命名空间。

- f：所在的命名空间的外层的 f 会被 f1::f2::f 所隐藏。

- f1::f：和上面的 f 情况相同。

- f1::f2::f 因为与 f1::f2::g 处于同一个命名空间，所以它也是候选。

我们考虑了全部五个重载，根据规则只有 c1::c2::f 和 f1::f2::f 留了下来。那么剩下的问题就是，到底哪个重载会优先？答案是：没有，程序是具有二义性的。

接下来看一下这五个重载的子集。首先移掉 c1::f，什么都没有发生。然后去掉 c1::c2::f，会发生什么？这个时候就很清楚了，f1::f2::f 会被调用。如果保留 c1::c2::f 而移掉 f1::f2::f 呢？此时又会出现二义性：c1::c2::f 和 c1::f 选哪个？

目前为止，所有的重载都有着相同的参数类型。现在我们考虑这个场景：添加一个全局的 f，它接受一个非 const 的引用作为参数：

```
void f(c1::c2::cc& o) {}

namespace f1 {
    void f(const c1::c2::cc& o) {}
    namespace f2 {
        void f(const c1::c2::cc& o) {}
        void g()
        {
            c1::c2::cc o;
            f(o);
        }
    } // 命名空间 f2
} // 命名空间 f1
```

考虑到重载决议，全局函数 f 是最佳匹配。但是它会被 f1::f2::f 所隐藏，尽管它们签名不同。事实上，所有叫 f 的实体（类、命名空间）都会隐藏掉函数 f。

> **名称隐藏**
> 当内层命名空间有同名项时，来自外层命名空间的任何项（函数、类、typedef）都是不可见的——即使这两者是完全不同的东西。

为了让全局函数 f 能被 g 看到，可以使用 using 声明：

```
void f(c1::c2::cc& o) {}

namespace f1 {
    void f(const c1::c2::cc& o) {}
    namespace f2 {
        void f(const c1::c2::cc& o) {}
        using ::f;
        void g()
        {
            c1::c2::cc o;
            f(o);
        }
    } // 命名空间 f2
} // 命名空间 f1
```

此时，c1::c2 中的函数和全局命名空间中的函数就可以同时被 g 看到。全局函数 f 更好匹配，因为它接受一个可变引用。

那么下面这种情况存在二义性吗？如果不存在的话会使用哪个重载？

```
namespace c1 {
    namespace c2 {
        struct cc {};
        void f(cc& o) {}                    // #1
    } // 命名空间 c2
} // 命名空间 c1

void f(c1::c2::cc& o) {}

namespace f1 {
    namespace f2 {
        void f(const c1::c2::cc& o) {} // #2
        void g()
        {
            c1::c2::cc o;
            const c1::c2::cc c(o);
            f(o);
            f(c);
        }
        void f(c1::c2::cc& o) {}           // #3
    } // 命名空间 f2
} // 命名空间 f1
```

对于 const 对象 c，只有 #2 重载可以被接受且可见。好了，结案。对于可变对象 o，我们还要再仔细分析一下。最后一个 f 的重载（#3）是在 g 之后定义的，因此对于 g 来说它不可见。全局函数 f 则被#2 隐藏。对于#1 和#2 来说，前者是更好的匹配（因为没有隐式转换为 const）。

总结一下，确定重载哪个函数一般包括三个步骤：

1. 在调用前先找到所有已经定义的重载：

    - 在调用方的命名空间中。

    - 在调用方的父空间中。

    - 在参数的命名空间中（ADL）。

    - 在导入的命名空间中（using 指示字）。

    - 被导入的名字（using 声明）。

    如果重载集合为空，那程序就无法通过编译。

2. 清除隐藏的重载。

3. 在所有可能的重载中选择最佳重载。如果出现二义性，则程序无法通过编译。

本节中的例子确实有些烦人，但正如 Monk 所说的："你以后会感谢我的。"不过好消息是，在你未来的程序员生活中，很少会遇到和这里编出来的例子一样糟糕的程序。[1]

A.6.3　针对特定硬件的特化（Specializing for Specific Hardware）

说到平台特定的汇编技巧，也许我们迫切希望能编写 SSE 相关的代码来并行完成两个计算，比如下面这样：

```
template <typename Base, typename Exponent>
Base inline power(const Base& x, const Exponent) { ... }

#ifdef SSE_FOR_TRYPTICHON_WQ_OMICRON_LXXXVI_SUPPORTED
std::pair<double> inline power(std::pair<double> x, double y)
{
```

---

[1] 也不是一定遇不到，比如 hash 函数就可能会面临差不多复杂的问题——译注

```
    asm ("
#       Yo, I'm the greatestest geek under the sun!
        movapd xmm6, x
        ...
        ")
    return whatever;
}
#endif

#ifdef ... more hacks ...
```

这段代码要讲些什么呢？首先如果你不喜欢写这样特化的代码（技术上它是个重载），不怪你。但是如果要这样做，就得把它们放到条件编译中。我们在构建系统时还要确保，只有在确定平台能支持这组汇编的时候，才启用这个宏。如果不能支持，那也要保证有一份通用实现，或其他重载可以处理一对 `double`。否则，就无法在可移植的应用程序中调用这个特化的实现。

C++标准是允许在程序中插入汇编代码的。它看起来像是用字符串字面量作为参数调用名为 `asm` 的函数。当然该字符串的内容，也就是汇编代码，是与平台相关的。

在科学计算程序中使用汇编时需要经过慎重的考虑。大多数情况下，它带来的好处并不足以弥补额外的工作量和带来的缺点。正确性测试，甚至兼容性测试都会变得更加费力也更容易出错。作者曾经有过这样的经验，作者的 C++库在 Linux 系统上工作得非常好，但是因为汇编上的调优过于激进，导致它几乎没有办法在 Visual Studio 系统上使用。所以说，使用汇编代码进行性能调优会大大增加开发和维护成本，而且在进入开源领域时，可能还会让用户失去对我们软件的信任。

A.6.4 变参二进制 I/O（Variadic Binary I/O）

A.2.7 节给出了一个二进制 I/O 的例子。它包含了重复的指针转换和 `sizeof` 操作符。通过使用一些语言特性，比如类型推导和变参函数，可以让接口变得更易用：

```cpp
inline void write_data(std::ostream&) {}

template <typename T, typename ...P>
inline void write_data(std::ostream& os, const T& t, const P& ...p)
{
    os.write(reinterpret_cast<const char *>(&t), sizeof t);
    write_data(os, p...);
}

inline void read_data(std::istream&) {}

template <typename T, typename ...P>
inline void read_data(std::istream& is, T& t, P& ...p)
{
    is.read(reinterpret_cast<char *>(&t), sizeof t);
    read_data(is, p...);
}

int main (int argc, char* argv[])
{
    std::ofstream outfile("fb.txt", ios::binary);
    double o1= 5.2, o2= 6.2;
    write_data(outfile, o1, o2);
    outfile.close();

    std::ifstream infile("fb.txt", ios::binary);
    double  i1, i2;
    read_data(infile, i1, i2);
    std::cout << "i1 = " << i1 << ", i2 = " << i2 << "\n";
}
```

这些变参函数可以让我们在每次函数调用时写入或读取多个独立对象。此外将元编程和变参模板结合起来后会释放后者的全部潜力（第 5 章）。

A.7　使用 C++03 中的 std::vector（Using std::vector in C++03）

下面这个例子展现了如何使用 C++03 中的 vector，实现 4.1.3.1 代码中的全部功能：

```cpp
#include <iostream>
#include <vector>
#include <algorithm>

int main ()
{
```

```
using namespace std;
vector<int> v;
v.push_back(3); v.push_back(4);
v.push_back(7); v.push_back(9);
vector<int>::iterator it= find(v.begin(), v.end(), 4);
cout << "After " << *it << " comes " << *(it+1) << '\n';
v.insert(it+1, 5);           // 在位置 2 处插入 5
v.erase(v.begin());          // 删除第一个元素
cout << "Size = " << v.size() << ", capacity = "
     << v.capacity() << '\n';
// 模拟了 C++11 中的 shrink_to_fit()
{
    vector<int> tmp(v);
    swap(v, tmp);
}
v.push_back(7);
for (vector<int>::iterator it= v.begin(), end= v.end();
     it != end; ++it)
    cout << *it << ",";
cout << '\n';
}
```

和 C++11 相比，我们必须要拼写出所有的迭代器类型，并且还要处理相当烦琐的初始化和缩小数组的操作。只有当向下兼容性是个很重要的特性时，才要使用这种旧式风格的代码。

A.8 复古风格的动态选择（Dynamic Selection in Old Style）

下面这个例子演示了使用嵌套的 switch 语句实现动态选择是多么烦琐的事情：

```
int solver_choice= std::atoi(argv[1]), left= std::atoi(argv[2]),
    right= std::atoi(argv[3]);
switch (solver_choice) {
  case 0:
    switch (left) {
      case 0:
        switch (right) {
          case 0: cg(A, b, x, diagonal, diagonal); break;
          case 1: cg(A, b, x, diagonal, ILU); break;
            ... more right preconditioners
        }
        break;
      case 1:
        switch (right) {
          case 0: cg(A, b, x, ILU, diagonal); break;
```

```
                    case 1: cg(A, b, x, ILU, ILU); break;
                        ...
                }
                break;
            ... more left preconditioners
        }
    case 1:
        ... more solvers
}
```

每一个新的解算器和新的前置条件都要把这份已经非常巨大的代码再进行多处扩展。

A.9 元编程的一些细节（Meta-Programming Details）

A.9.1 历史上的第一个元程序（First Meta-Program in History）

元编程（*Meta-Programming*）实际上是被偶然发现的。Erwin Unruh 在 20 世纪 90 年代初写过一个程序，可以在错误消息中打印出质数，从而证明 C++ 编译器是会进行计算的。不过和 Erwin Unruh 写程序的时候相比，现在的语言已经发生了巨大的变化。下面是一个用今天的 C++ 标准写出来的程序：

```
1  // 质数计算，作者: Erwin Unruh
2
3  template <int i> struct D { D(void*); operator int(); };
4
5  template <int p, int i> struct is_prime {
6    enum { prim = (p==2) || (p%i) && is_prime<(i>2?p:0), i-1> :: prim };
7  };
8
9  template <int i> struct Prime_print {
10   Prime_print<i-1> a;
11   enum { prim = is_prime<i, i-1>::prim };
12   void f() { D<i> d = prim ? 1 : 0; a.f();}
13 };
14
15 template<> struct is_prime<0,0> { enum {prim=1}; };
16 template<> struct is_prime<0,1> { enum {prim=1}; };
17
18 template<> struct Prime_print<1> {
19   enum {prim=0};
20   void f() { D<1> d = prim ? 1 : 0; };
```

```
21    };
22
23    int main() {
24      Prime_print<18> a;
25      a.f();
26    }
```

使用 g++ 4.5 编译这段代码时[1],可以看到以下错误消息:

```
unruh.cpp: In member function >>void Prime_print<i>::f() [with int i = 17]<<:
unruh.cpp:12:36:   instantiated from >>void Prime_print<i>::f() [with int i = 18]<<
unruh.cpp:25:6:    instantiated from here
unruh.cpp:12:33: error: invalid conversion from >>int<< to >>void*<<
unruh.cpp:12:33: error:   initializing argument 1 of >>D<i>::D(void*) [with int i = 17]<<
unruh.cpp: In member function >>void Prime_print<i>::f() [with int i = 13]<<:
unruh.cpp:12:36:   instantiated from >>void Prime_print<i>::f() [with int i = 14]<<
unruh.cpp:12:36:   instantiated from >>void Prime_print<i>::f() [with int i = 15]<<
unruh.cpp:12:36:   instantiated from >>void Prime_print<i>::f() [with int i = 16]<<
unruh.cpp:12:36:   instantiated from >>void Prime_print<i>::f() [with int i = 17]<<
unruh.cpp:12:36:   instantiated from >>void Prime_print<i>::f() [with int i = 18]<<
unruh.cpp:25:6:    instantiated from here
unruh.cpp:12:33: error: invalid conversion from >>int<< to >>void*<<
unruh.cpp:12:33: error:   initializing argument 1 of >>D<i>::D(void*) [with int i = 13]<<
unruh.cpp: In member function >>void Prime_print<i>::f() [with int i = 11]<<:
unruh.cpp:12:36:   instantiated from >>void Prime_print<i>::f() [with int i = 12]<<
unruh.cpp:12:36:   instantiated from >>void Prime_print<i>::f() [with int i = 13]<<
unruh.cpp:12:36:   instantiated from >>void Prime_print<i>::f() [with int i = 14]<<
unruh.cpp:12:36:   instantiated from >>void Prime_print<i>::f() [with int i = 15]<<
unruh.cpp:12:36:   instantiated from >>void Prime_print<i>::f() [with int i = 16]<<
unruh.cpp:12:36:   instantiated from >>void Prime_print<i>::f() [with int i = 17]<<
unruh.cpp:12:36:   instantiated from >>void Prime_print<i>::f() [with int i = 18]<<
unruh.cpp:25:6:    instantiated from here
unruh.cpp:12:33: error: invalid conversion from >>int<< to >>void*<<
unruh.cpp:12:33: error:   initializing argument 1 of >>D<i>::D(void*) [with int i = 11]<<
unruh.cpp: In member function >>void Prime_print<i>::f() [with int i = 7]<<:
unruh.cpp:12:36:   instantiated from >>void Prime_print<i>::f() [with int i = 8]<<
... message continues
```

用单词 initializing 来过滤这段消息[2],就能看清楚编译器是如何计算的:

```
unruh.cpp:12:33: error:   initializing argument 1 of >>D<i>::D(void*) [with int i = 17]<<
unruh.cpp:12:33: error:   initializing argument 1 of >>D<i>::D(void*) [with int i = 13]<<
unruh.cpp:12:33: error:   initializing argument 1 of >>D<i>::D(void*) [with int i = 11]<<
unruh.cpp:12:33: error:   initializing argument 1 of >>D<i>::D(void*) [with int i = 7]<<
unruh.cpp:12:33: error:   initializing argument 1 of >>D<i>::D(void*) [with int i = 5]<<
unruh.cpp:12:33: error:   initializing argument 1 of >>D<i>::D(void*) [with int i = 3]<<
unruh.cpp:12:33: error:   initializing argument 1 of >>D<i>::D(void*) [with int i = 2]<<
```

在人们意识到 C++ 编译器的计算能力后,它经常被用来实现非常强大的性能优化技术。

---

[1] 其他编译器也会给出类似的消息,但是我们发现这个是最容易展示效果的。

[2] bash 下: make unruh 2>&1 | grep initializing; tcsh 下: make unruh |& grep initializing。

实际上甚至可以让应用程序在编译期间执行。Krzysztof Czarnecki 和 Ulrich Eisenecker 写了一个 Lisp 解释器，它可以在 C++编译期间计算 Lisp 表达式的一个子集[9]。

另一方面，过度使用元编程技术可能会让编译时间变得非常长。曾经有一个研究项目在花费了数百万美金的经费后被取消，因为即使 20 行代码都不到的应用程序，也需要在并行计算机上编译数周。作者还知道一个可怕的例子：他们成功产生了一条 18MB 长的错误信息，而这条错误信息只来自一个错误。虽然这可能是一个世界纪录，但是他们一点也不为这项成就感到自豪。

尽管有这些历史，作者仍然在他的科学计算项目中使用了不少的元编程，而且也没有使用特别多的编译时间。此外，编译器在过去十年中也有了明显的进步，如今的编译器在处理大量模板代码时效率要高很多。

A.9.2 元函数（Meta-Functions）

使用递归可以在编译期间计算 Fibonacci 数列：

```
template <long N>
struct fibonacci
{
    static const long value= fibonacci<N-1>::value
                           + fibonacci<N-2>::value;
};

template <>
struct fibonacci<1>
{
    static const long value= 1;
};

template <>
struct fibonacci<2>
{
    static const long value= 1;
};
```

这个类模板定义了名为 `value` 的成员变量且在编译期可以知道它的值，我们称之为元函数（*Meta-Function*）。如果类成员变量同时声明为 `static` 和 `const`，那么它可以在编译期使用。`static` 成员在每个类中只会存在一次，当它同时也是常数的时候，就可以在编译期进行设置了。

回到示例上,注意我们需要对 1 和 2 进行特化以中止递归。如果用了下面这个定义:

```
template <long N>
struct fibonacci
{
    static const long value= N < 3 ? 1 :
        fibonacci<N-1>::value + fibonacci<N-2>::value; // 出错
};
```

则会导致无限的编译循环并被编译器中止。对于 N=2 来说,编译器会去解析表达式:

```
template <2>
struct fibonacci
{
    static const long value= 2 < 3 ? 1 :
        fibonacci<1>::value + fibonacci<0>::value; // 出错
};
```

这时它要去求 Fibonacci<0>::value 的值,如下:

```
template <0>
struct fibonacci
{
    static const long value= 0 < 3 ? 1 :
        fibonacci< -1>::value + fibonacci< -2>::value; // 出错
};
```

然后它又会去求 fibonacci<-1>::value 的值,尽管 $N<3$ 的值都用不上,但是编译器仍然会无限生成这些值,直到在某个位置挂掉。

之前说过,我们用递归实现了计算。事实上所有的重复计算都需要用递归来实现,因为元函数不能迭代。[1]

比如下面的例子:

```
std::cout << fibonacci<45>::value << "\n";
```

此时的值已经在编译期计算好,程序只是要打印它。如果你不相信,可以去检查汇编代码。(例如用这个选项进行编译: g++ -S fibonacci.cpp -o fibonacci.asm)

在第 5 章的一开头就提到了元编程需要很长的编译时间。Fibonacci 数列的第 45 项的编译用时不到一秒,而作为比较,一个最简单的运行期实现:

---

[1] Meta-Programming Library (MPL) 提供了编译期迭代器,但是内部是递归实现的。

```
long fibonacci2(long x)
{
    return x < 3 ? 1 : fibonacci2(x-1) + fibonacci2(x-2);
}
```

则需要 14s。这是因为编译器计算它时会保留中间结果，而运行时则需要重新计算每一项。然而，我们也相信本书的每一个读者都可以重写 `fibonacci2`，而不需要进行指数级的重新计算。

A.9.3　向下兼容的静态断言（Backward-Compatible Static Assertion）

当我们必须要使用不支持 `static_assert` 的旧编译器时，可以使用 Boost 库中的宏 `BOOST_STATIC_ASSERT` 作为替代：

```
// #include <boost/static_assert.hpp>

template <typename Matrix>
class transposed_view
{
    BOOST_STATIC_ASSERT((is_matrix<Matrix>::value)); // 必须是一个矩阵
    // ...
};
```

不过很可惜，它的出错信息意义不大，还非常混乱：

```
trans_const.cpp:96: Error: Invalid application of >>sizeof<<
on incomplete type
  >>boost::STATIC_ASSERTION_FAILURE<false><<
```

如果你看到包含了静态断言的错误消息，请不要考虑消息本身（因为它没有意义），而应该查看导致此错误的源代码行，并期望断言的作者在注释中能够提供更多信息。在最近的 Boost 版本中，当遇到 C++11 兼容的编译器时，这个宏会直接展开成 `static_assert`，这样起码断言条件会被打印出来。注意，这里的 `BOOST_STATIC_ASSERT` 是一个宏，它不懂 C++是什么。当参数包含了一个或者多个逗号的时候这一点尤为明显。这时预处理器会将其解释为宏的多个参数，然后就不知所措了。这时可以像例子中那样，将`BOOST_STATIC_ASSERT`的参数包在括号中（虽然这个例子本身并不需要括号）。

A.9.4　匿名类型参数（Anonymous Type Parameters）

从 2011 年的标准开始，SFINAE 可以用于模板参数类型，这使得实现更具有可读性。

函数模板的结构变得更好了，因为对类型进行处理时已经不再需要去折腾返回值类型或者参数类型，所以只要使用一个未使用的无名类型参数即可。下面是一个例子：

```
template <typename T,
          typename= enable_if_t<is_matrix<T>::value
                                && !is_sparse_matrix<T>::value>>
inline Magnitude_t<T> one_norm(const T& A);

template <typename T,
          typename= enable_if_t<is_sparse_matrix<T>::value>>
inline Magnitude_t<T> one_norm(const T& A);
```

由于现在不再需要知道 enable_if_t 的返回类型，因此可以直接将它赋给一个不会用到的类型参数。

⇒ c++11/enable_if_class.cpp

基于这一点我们还想讨论一下通过类模板参数控制成员函数可用性的问题。它和 SFINAE 不相关，使用 enable_if 会导致错误。假设我们希望对向量逐项计算按位与，即实现向量中标量的 "&=" 操作。显然，只有向量存储了整型值时这样做才有意义：

```
template <typename T>
class vector
{
    ...
    template <typename= enable_if_t<std::is_integral<T>::value>>
    vector<T>& operator&=(const T& value); // 出错
};
```

不幸的是这段代码无法通过编译。这里的替换失败必须归咎于函数和类的模板参数。

根据 Jeremiah Wilcock 所述，它得看起来依赖于某个模板参数。因此我们的 operator &= 必须依赖某个参数，这里我们叫它 U，这样我们就可以在 U 上使用 enable_if：

```
template <typename T>
class vector
{
    template <typename U>
    struct is_int : std::is_integral<T> {};

    template <typename U, typename= enable_if_t<is_int<U>::value> >
    vector<T>& operator&=(const U& value);
};
```

[451]

这里的诀窍是，这个条件间接地依赖于 T，而且它实际上只依赖于 T，且和 U 无关。这样我们的函数就有了一个自由的模板参数，也用上了 SFINAE：

```
vector<int>      v1(3);
vector<double>   v2(3);

v1&= 7;
v2&= 7.0;        // 出错：操作符被禁用了
```

这样我们就成功启用了和类模板参数有关的方法，clang 3.4 的错误信息甚至让我们知道了重载被禁用。

```
enable_if_class.cpp:87:7: error: no viable overloaded '&='
    v2&= 7.0;  // 未启用
    ~~^  ~~~
enable_if_class.cpp:6:44: note: candidate template ignored:
    disabled by 'enable_if' [with U = double]
using enable_if_t= typename std::enable_if<Cond, T>::type;
```

好了，现在函数启用机制已经用上了类参数。不幸的是，这个方法仅仅用到类参数，完全没有考虑到函数的模板参数。可以让一个 double 标量和 int 的向量求"按位与"：

```
v1&= 7.0;
```

此时这个函数被启用了（但不能通过编译）。最初的实现使用了向量的值类型作为函数参数，但是无法启用 SFINAE。为了让 SFINAE 的实现只能使用 T 作为参数类型，还需要保证 T 和 U 是等价的：

```
template <typename T>
class vector
{
    template <typename U>
    struct is_int
      : integral_constant<bool, is_integral<T>::value
                          && is_same<U, T>::value> {};
    // ...
}
```

当然，这个方法确实不那么优雅，我们应该寻求更简单的方案。幸运的是，大多数操作符都可以作为自由函数实现，这样使用 enable_if 会更容易：

```
template <typename T,
          typename= enable_if_t<is_integral<T>::value>>
vector<T>& operator|=(vector<T>& v, const T& mask);
```

```
template <typename T,
          typename= enable_if_t<is_integral<T>::value>>
vector<T>& operator++(vector<T>& v);
```

在任何情况下，这样的实现都要比带有伪模板参数的间接方法更为可取。后者仅用于必须定义在类中的操作符和方法（比如赋值或者括号操作符）。（参见 2.2.5 节）

在科学计算中，存在很多的转换操作，比如置换和分解。确定某个转换是创建一个新对象还是修改已有对象是一项重要的设计决策。当数据很多时创建新对象的成本太高，而另一方面通过传递引用修改数据又不能被嵌套使用：

```
matrix_type A= f(...);
permute(A);
lu(A);
normalize(A); ...
```

而更加自然的写法是：

```
matrix_type A= normalize(lu(permute(f(...))));
```

为了避免过度复制，我们需要参数是一个右值：

```
template <typename Matrix>
inline Matrix lu(Matrix&& LU) { ... }
```

然而，`&&`对于模板来说意味着转发引用，它也能接受左值，例如：

```
auto B= normalize(lu(permute(A))); // A 会被修改
```

为了让函数只处理右值，需要引入一个基于替换失败的过滤器：

```
template <typename T>
using rref_only= enable_if_t<!std::is_reference<T>::value>;
```

它使用了这样一个事实：在通用引用（universal reference）中，当参数为左值时类型会被替换成一个引用。这样 LU 类型分解就可以被实现，如下所示：

```
template <typename Matrix, typename= rref_only<Matrix> >
inline Matrix lu(Matrix&& LU, double eps= 0)
{
    using std::abs;
    assert(num_rows(LU) != num_cols(LU));

    for (size_t k= 0; k < num_rows(LU)-1; k++) {
        if (abs(LU[k][k]) <= eps) throw matrix_singular();
```

```
            irange r(k+1, imax);   // 区间 [k+1, n-1]
            LU[r][k]/= LU[k][k];
            LU[r][r]-= LU[r][k] * LU[k][r];
        }
        return LU;
    }
```

然后给它传递一个左值:

```
    auto B= lu(A);        // 出错: 不匹配
```

这将会导致一个错误, 因为我们禁用了参数是左值的函数。最新的编译器会通知我们被 SFINAE 禁用的函数, 而旧的编译器只能指出重载错误 (或者在编译匿名类型参数时出错)。

当然可以通过 `std::move` 将任何值都声明为右值来使用这个函数, 但是这样的骗局只能是搬石头砸自己的脚。正确的做法是, 我们应该创建一个匿名副本:

```
    auto B= normalize(lu(permute(clone(A))));
```

在这里先创建 A 的副本, 然后直接在这个副本上执行所有转换。然后 B 使用移动构造接管了这个经过转换的匿名副本。这样我们只创建了一次 A 的副本, 就可以将转换过的数据保存到 B 中。

A.9.5 "动态循环展开"的性能基准测试源码 (Benchmark Sources of Dynamic Unrolling)

⇒ c++11/vector_unroll_example.cpp

下面这个程序是 5.4.3 节中用到的性能测试代码:

```cpp
#include <iostream>
#include <chrono>
// ...

using namespace std::chrono;

template <typename TP>
double duration_ms(const TP& from, const TP& to, unsigned rep)
{
    return duration_cast<nanoseconds>((to - from) / rep).count() / 1000.;
}

int main()
```

```
{
    unsigned s= 1000;
    if (argc > 1) s= atoi(argv[1]);   // 读取（可能的）
                                      // 从命令行
    vector<float> u(s), v(s), w(s);

    for (unsigned i= 0; i < s; ++i) {
        v[i]= float(i);
        w[i]= float(2*i + 15);
    }

    // 加载到 L1 或 L2 缓存中
    for (unsigned j= 0; j < 3; j++)
        for (unsigned i= 0; i < s; ++i)
            u[i]= 3.0f * v[i] + w[i];

    const unsigned rep= 200000;

    using TP= time_point<steady_clock>;
    TP unr= steady_clock::now();
    for (unsigned j= 0; j < rep; j++)
        for (unsigned i= 0; i < s; ++i)
            u[i]= 3.0f * v[i] + w[i];
    TP unr_end= steady_clock::now();
    std::cout << "Compute time unrolled loop is "
              << duration_ms(unr, unr_end, rep)
              << " µs.\n";
}
```

A.9.6 矩阵乘法的性能基准测试（Benchmark for Matrix Product）

下面是一段向下兼容的性能基准测试函数：

```
template <typename Matrix>
void bench(const Matrix& A, const Matrix& B, Matrix& C,
           const unsigned rep)
{
    boost::timer t1;
    for (unsigned j= 0; j < rep; j++)
        mult(A, B, C);
    double t= t1.elapsed() / double(rep);
    unsigned s= A.num_rows();

    std::cout << "Time mult is "
              << 1000000.0 * t << " µs. These are "
              << s * s * (2*s - 1) / t / 1000000.0 << " MFlops.\n";
}
```

被用于 5.4.7 节中。

附录 B 编程工具

Programming Tools

本章会介绍一些可以帮助我们实现目标的基本编程工具。

B.1 gcc

g++是最流行的 C++编译器之一，是 C 编译器 gcc 对应的 C++版本。在过去，这个名字是 Gnu C Compiler 的缩写，但是之后它又增加了其他多种语言的支持（如 Fortran、D、Ada 等），所以后来就把名字改成了 *Gnu Compiler Collection*，缩写一样仍然是 gcc。本节会简单介绍如何使用 gcc。

下面这个命令：

`g++ -o hello hello.cpp`

将源代码 hello.cpp 编译成可执行文件 hello。如果省略-o 选项，输出文件就会叫作 a.out（因为诡异的历史原因，它实际上是汇编器输出（assembler output）的缩写。只要在同一个目录中有一个以上的 C++程序，可执行文件就会因为同名而一直覆盖，这还挺招人烦的。因此最好使用输出选项。

最重要的编译器选项有：

- -I *directory*：将 *directory* 添加到文件包含的查询目录中。

- -O *n*：设置优化级别为 *n*。

- -g：生成调试信息。

- -p：产生性能分析信息。

- -o *filename*：指定输出文件名以取代 a.out。

- -c：仅编译，不做链接。

- -L *directory*：库目录。

- -D *macro*：定义宏。

- -l *file*：链接库 lib*file*.a 或者 lib*file*.so。

下面是一个更复杂的例子：

g++ -o myfluxer myfluxer.cpp -I/opt/include -L/opt/lib -lblas

它会编译文件 myfluxer.cpp，并和目录/opt/lib 中的 BLAS 库链接到一起。头文件除了会在标准头文件目录中搜索，还会在/opt/include 中搜索。

为了生成更快的可执行文件，可以使用下面的选项：

-O3 -DNDEBUG

-O3 是 g++最高等级的优化。-DNDEBUG 定义了一个宏，它通过条件编译（#ifndef NDEBUG）让 assert 在可执行文件中消失。禁用断言对性能非常重要：因为要对每个存取操作进行范围检查，MTL4 因此慢了几乎一个数量级。与之相应，也有一些编译器标志可以用于调试：

-O0 -g

-O0 会关闭所有优化，全局禁用内联，以便调试器可以步进程序。标志-g 允许编译器在二进制文件中存储函数和变量的名称，以及每个标签的行号，这样调试器就可以将机器码和对应的源代码关联起来。

B.2 调试（Debugging）

我们在这里用数独游戏来类比调试。调试程序某种程度上类似于修正数独中的错误数字：它要么很简单，很快就能修好，要么就真的非常难搞，很少介乎两者之间。如果是最近犯的错误，那么检查和修复它都会比较迅速。如果错误没有在第一时间被检测到，那么它会成为一个错误的假设，并导致后面一系列的问题。那时再查找错误就会发现，很多部件的结果都出错了（或者存在矛盾），但是这些错误的数据之间确实又是一致的。这是因为它们都建立在同一个错误的前提下。我们之前创造的一切，还要再花费大量的精力来质疑，这是一件非常令人沮丧的事情。如果只是玩数独游戏，我们还可以选择放弃，但是对于开发来说，总有不能放弃的时候。

精心处理错误的防御式编程——不仅用于用户的错误，也针对自身在编程中犯下的错误——不仅会带来更好的软件，同时在时间上的投入也会有出色的回报。（使用断言）检查编程错误会占用一定的额外工作量（例如 5%~20%），而调试一个隐藏在大型程序深处的 bug 所需要的工作量几乎是没有上限的。

B.2.1　基于文本的调试器（Text-Based Debugger）

调试工具有很多，一般来说图形工具会对用户更加友好。但是它们并不总能指望得上（比如在远程计算机上工作）。在本节中我们会介绍 **gdb** 调试器，它对于跟踪运行时错误非常有用。

我们用下面这个小程序作为例子，它用到了 GLAS 库 [29]：

```cpp
#include <glas/glas.hpp>
#include <iostream>

int main()
{
    glas::dense_vector< int > x( 2 );
    x(0)= 1; x(1)= 2;

    for (int i= 0; i < 3; ++i)
        std::cout << x(i) << std::endl;
    return 0 ;
}
```

使用 **gdb** 运行这个程序会有以下输出：

```
> gdb myprog
1
2
hello: glas/type/continuous_dense_vector.hpp:85:
T& glas::continuous_dense_vector<T>::operator()(ptrdiff_t) [with T = int]:
Assertion 'i<size_' failed.
Aborted
```

程序失效的原因是我们无法访问 x(2)，因为它越界了。该程序的 **gdb** 会话（session）

中打印出的错误如下：

```
(gdb) r
Starting program: hello
1
2
hello: glas/type/continuous_dense_vector.hpp:85:
T& glas::continuous_dense_vector<T>::operator()(ptrdiff_t) [with T = int]:
Assertion 'i<size_' failed.

Program received signal SIGABRT, Aborted.
0xb7ce283b in raise () from /lib/tls/libc.so.6
(gdb) backtrace
#0  0xb7ce283b in raise () from /lib/tls/libc.so.6
#1  0xb7ce3fa2 in abort () from /lib/tls/libc.so.6
#2  0xb7cdc2df in __assert_fail () from /lib/tls/libc.so.6
#3  0x08048c4e in glas::continuous_dense_vector<int>::operator() (
    this=0xbfdafe14, i=2) at continuous_dense_vector.hpp:85
#4  0x08048a82 in main () at hello.cpp:10
(gdb) break 7
Breakpoint 1 at 0x8048a67: file hello.cpp, line 7.
(gdb) rerun
The program being debugged has been started already.
Start it from the beginning? (y or n) y
Starting program: hello

Breakpoint 1, main () at hello.cpp:7
7           for (int i=0; i<3; ++i) {
(gdb) step
8               std::cout << x(i) << std::endl ;
(gdb) next
1
7           for (int i=0; i<3; ++i) {
(gdb) next
2
7           for (int i=0; i<3; ++i) {
(gdb) next
8               std::cout << x(i) << std::endl ;
(gdb) print i
$2 = 2
(gdb) next
hello: glas/type/continuous_dense_vector.hpp:85:
T& glas::continuous_dense_vector<T>::operator()(ptrdiff_t) [with T = int]:
Assertion 'i<size_' failed.

Program received signal SIGABRT, Aborted.
0xb7cc483b in raise () from /lib/tls/libc.so.6
(gdb) quit
The program is running.  Exit anyway? (y or n) y
```

命令 backtrace 会告诉我们程序执行到何处。从 backtrace 中可以看到 main 函数的第十行程序崩溃了，因为当 i 是 2 时，会触发 glas::continuous_dense_vector<int>::operator() 中的断言。

B.2.2 使用图形界面 DDD 进行调试（Debugging with Graphical Interface: DDD）

使用像 DDD（Data Display Debugger）这样的图形界面比在文本上调试要更加方便。它的功能与 gdb 大同小异。事实上它在内部运行了一个 gdb（或者其他的文本调试器）。在图 B-1 中可以看到我们的源代码和变量。

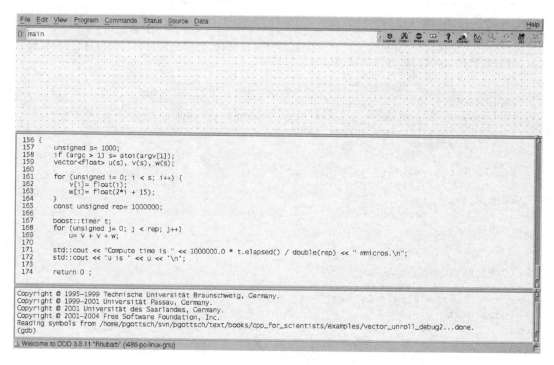

图 B-1　调试窗口

屏幕截图来源自一个调试会话，这个调试会话来自 5.4.5 节的源码 vector_unroll_example2.cpp。除主窗口外我们还可以看到一个较小的窗口，如图 B-2。（当屏幕空间足够时）它通常位于大窗口的右侧。通过这个控制面板，我们可以比文本调试器更轻松、更方便地在调试会话内漫游。我们有以下命令：

附录 B 编程工具 Programming Tools

图 B-2 DDD 控制面板

Run：启动或重启程序。

Interrupt：如果程序没有停止或者还没有运行到下一个断点，可以手动停止它。

Step：前进一步。如果当前位置是一个函数，就会进入到函数体内。

Next：跳到源代码的下一行。如果当前位置是函数调用，它并不会进入函数体内，除非里面有断点。

Stepi 和 Nexti：指令级别的 Step 和 Next。它们只用于调试汇编代码。

Until：当我们把光标定在源代码的某一行时，程序会一直运行到这一行。如果我们的程序在执行时没有经过这一行，那么会一直执行到程序末尾或者下一个断点或者遇到 bug，也有可能程序会陷入无限循环中。

Finish：执行当前函数的其余部分，并停在函数外的第一行，即函数调用后的第一行。

Cont：继续运行直到遇到下个事件（断点、bug 或者结束）。

Kill：杀死程序。

Up：显示调用当前函数的行，即在调用堆栈（如果可用的话）中上升一层。

Down：回到被调用的函数中，即在调用堆栈（如果可用的话）中下降一层。

Undo：撤销上个动作（很少用到，或者几乎用不到）。

Redo：重复上条命令（用得更多）。

Edit：调用编辑器编辑当前显示的源码文件。

Make：调用 `make` 重新构建可执行文件。

gdb 在版本 7 中引入了一个重要的新功能，就是可以用 Python 实现一个非常漂亮的打印程序。这使得我们能够在图形调试器中简洁地表示我们的类型。例如，矩阵可以可视化为一个 2D 数组，而不是指向第一个元素的指针，或者是其他内部一些难以理解的指针。IDEs 一般也会提供调试功能，有一些 IDE 中（比如 Visual Studio）也可以定义美观的打印程序。

对于大型软件，特别是并行软件来说，可以考虑使用一个更加专业的调试器，比如 `DOT` 和 `Totalview`。它允许我们控制单个，或者部分，或者所有的进程、线程和 GPU 线程的运行。

B.3 内存分析（Memory Analysis）

⇒ c++03/vector_test.cpp

根据我们的经验，用于解决内存问题最常用的工具集是 `valgrind`（尽管它不仅仅可以用来处理内存问题）。这里我们主要关注其中的工具 `memcheck`。我们在 2.4.2 节中的 `vector` 例子上使用它：

```
valgrind --tool=memcheck vector_test
```

`memcheck` 可以检查出一部分内存管理上的问题，比如内存泄漏。它也会报告对未初始化内存的读取和部分的越界访问。在这里，如果我们省略了 `vector` 类向量的复制构造函数（这样编译器会生成一份有别名问题的代码），我们可以看到以下输出：

```
==17306== Memcheck, a memory error detector
==17306== Copyright (C) 2002-2013, and GNU GPL'd, by Julian Seward et al.
==17306== Using Valgrind-3.10.0.SVN and LibVEX; rerun with -h for copyright info
==17306== Command: vector_test
==17306==
[1,1,2,-3,]
z[3] is -3
w is [1,1,2,-3,]
w is [1,1,2,-3,]
==17306==
==17306== HEAP SUMMARY:
==17306==     in use at exit: 72,832 bytes in 5 blocks
==17306==   total heap usage: 5 allocs, 0 frees, 72,832 bytes allocated
```

```
==17306==
==17306== LEAK SUMMARY:
==17306==    definitely lost: 128 bytes in 4 blocks
==17306==    indirectly lost: 0 bytes in 0 blocks
==17306==      possibly lost: 0 bytes in 0 blocks
==17306==    still reachable: 72,704 bytes in 1 blocks
==17306==         suppressed: 0 bytes in 0 blocks
==17306== Rerun with --leak-check=full to see details of leaked memory
==17306==
==17306== For counts of detected and suppressed errors, rerun with: -v
==17306== ERROR SUMMARY: 0 errors from 0 contexts (suppressed: 0 from 0)
```

在详细（verbose）模式下，valgrind 还会报告对应的源码行和函数堆栈：

```
valgrind --tool=memcheck -v --leak-check=full \
         --show-leak-kinds=all vector_test
```

这样我们能看到更多的信息。由于篇幅所限，这里不再演示它的结果，读者可自行尝试。

程序在 memcheck 下运行的速度较慢，在极端情况下可能只有正常速度的十分之一或三十分之一。特别是使用原始指针的软件（我们希望在未来这样的程序是一种个例）更应该使用 valgrind 做定期检查。

一些商业调试器（例如 DDT）已经包含了内存分析工具。Visual Studio 也提供了查找内存泄漏的插件。

B.4 gnuplot

gnuplot 是用于可视化输出的公共领域程序。假设我们有一个数据文件 results.dat，其内容如下：

```
0 1
0.25 0.968713
0.75 0.740851
1.25 0.401059
1.75 0.0953422
2.25 -0.110732
2.75 -0.215106
3.25 -0.237847
3.75 -0.205626
4.25 -0.145718
4.75 -0.0807886
5.25 -0.0256738
5.75 0.0127226
6.25 0.0335624
```

```
6.75   0.0397399
7.25   0.0358296
7.75   0.0265507
8.25   0.0158041
8.75   0.00623965
9.25  -0.000763948
9.75  -0.00486465
```

其中第一列表示坐标 x，第二列表示对应的值 u。那么我们可以在 `gnuplot` 中使用如下命令绘制：

```
plot "results.dat" with lines
```

其中命令：

```
plot "results.dat"
```

只会绘制星形，如图 B-3 所示。三维绘制可以使用命令 `splot`。

对于更复杂的可视化，我们可以使用 `Paraview`，它也是免费的。

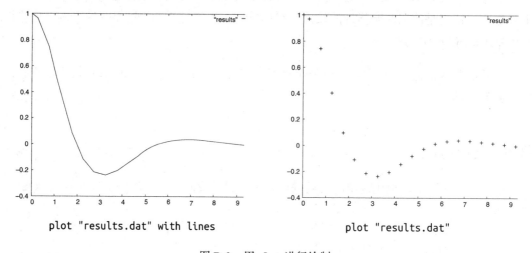

图 B-3　用 plot 进行绘制

B.5　UNIX、Linux 和 macOS 系统（UNIX, Linux, and macOS）

UNIX 系统如 Linux 系统和 macOS 系统都提供了丰富的命令行工具，我们可以在只写极少，甚至可以完全不写程序的情况下完成任务。下面列举了一些最重要的命令：

- `ps`：列举（当前用户下）所有正在运行的进程。
- `kill` *id*：使用 *id* 杀死进程，`kill -9` *id* 强制发送信号 9。
- `top`：列举所有进程和它们的资源占用情况。
- `mkdir` *dir*：创建一个名为 *dir* 的目录。
- `rmdir` *dir*：删除一个空目录。
- `pwd`：显示当前工作目录。
- `cd` *dir*：将当前工作目录切换到 *dir*。
- `ls`：列举当前目录下所有的文件和目录。
- `cp` *from to*：复制文件 *from* 到文件或目录 *to*。如果文件 *to* 存在，就覆盖它，除非使用 `cp -i` *from to*，这时它会询问许可。
- `mv` *from to*：如果这个目录存在，移动文件 *from* 到目录 *to*；否则重命名文件。如果文件 *to* 已经存在，就覆盖它。使用参数 `-i` 时，在覆盖前会询问许可。
- `rm` *files*：移除列表 *files* 中的所有文件。`rm *` 会删除所有文件——使用它时要特别小心。
- `chmod` *mode files*：可以更改文件的访问权限。
- `grep` *regex*：在控制台输入中（或特定文件中）根据正则表达式 *regex* 进行搜索。
- `sort`：对输入排序。
- `uniq`：移除重复的行
- `yes`：无限地输出字符 y，或者指定 *my text*，此时会输出 `yes 'my text'`。

UNIX 命令的特殊魅力在于它可以通过管道进行连接，即一个程序的输出可以是下个程序的输入。比如我们有一个安装程序 install.sh，安装过程中所有的询问都用 y 作答，那么我们可以写成：

```
yes | ./install.sh
```

或者我们希望找到所有长度为 7，且只由字符 t、i、o、m、r、k 和 f 组成的单词：

```
grep -io '\<[tiomrkf]\{7\}\>' openthesaurus.txt |sort| uniq
```

这就是作者在 4 Pics 1 Word[1]中（偶尔）作弊时会用到的方法。

当然，在 C++ 中实现这些命令也是我们的自由。但把程序和系统命令结合到一起之后会更加高效。正因为如此，我们建议使用简单的输出以便使用管道。例如，可以将数据写出，这样就可以被 gnuplot 处理。

显然，这些只是一顿盛宴之前的开胃菜。我们能从适合的工具中获得的收益犹如整座冰山，而整个附录部分仅仅只是冰山一角。

---

1 这是一个字谜类游戏，Android 或者 iOS 系统上都有。——译注

附录 C 语言定义

Language Definitions

本附录旨在为书中所涉及的定义提供参考。

C.1 值类别（Value Categories）

C++将值区分为多个类别。最常用的类别是左值和右值。

定义 C-1（**左值，lvalue**）：一个左值（之所以叫这个名字是有历史原因的，因为它通常出现在赋值表达式的左侧）指定了一个函数或者一个对象。

从实用的角度上来说，lvaule 是一个可以取得地址的实体。这并不排除它们可以是常量——尽管和它的名字有点不一致。这是由于早期版本的 C 没有 const 属性，因此所有的左值都可以出现在赋值表达式的左侧。

与之相反的是：

定义 C-2（**右值，rvalue**）：一个右值（之所以叫这个名字是有历史原因的，因为它通常出现在赋值表达式的右侧）是一个将亡值（expired value）（例如一个对象被转型成一个右值引用），或者是一个临时对象，或者是它们的子对象，或者是一个没有和对象关联起来的值。

这里的定义改编自 ISO 标准。

C.2 操作符概览（Operator Overview）

表C-1：操作符总结

描述	记号	结合律
括号表达式	(*expr*)	–
lambda 表达式	[*capture_list*] *lambda_declarator* { *stmt_list* }	–
作用域解析	*class_name* :: *member*	–
作用域解析	*namespace_name* :: *member*	–
全局命名空间	:: *name*	–
全局命名空间	:: *qualified-name*	–
成员选择	*object* . *member*	⇐
解引用成员选择	*pointer* -> *member*	⇐
下标	*expr* [*expr*]	⇐
下标（用户自定义）	*object* [*expr*]	⇐
函数调用	*expr* (*expr_list*)	⇐
值构造	*expr* { *expr_list* }	⇐
值构造	*type* (*expr_list*)	⇐
值构造	*expr* { *expr_list* }	⇐
后缀递增	*lvalue* ++	–
后缀递减	*lvalue* --	–
类型标识	**typeid** (*type*)	–
运行时类型标识	**typeid** (*expr*)	–
运行时检查类型转换	**dynamic_cast** < *type* > (*expr*)	–
编译期检查类型转换	**static_cast** < *type* > (*expr*)	–
无检查类型转换	**reinterpret_cast** < *type* > (*expr*)	–
const 转换	**const_cast** < *type* > (*expr*)	–
对象大小	**sizeof** *expr*	–
类型大小	**sizeof** (*type*)	–
参数数量	**sizeof**... (*argumentpack*)	–
类型参数数量	**sizeof**... (*typepack*)	–
对齐量	**alignof** (*expr*)	–
类型对齐量	**alignof** (*type*)	–
前缀递增	++ *lvalue*	–
前缀递减	-- *lvalue*	–
取补	~ *expr*	–

表C-1：操作符总结（续表）

描述	记号	结合律
取反	! *expr*	–
一元负号	- *expr*	–
一元正号	+ *expr*	–
取址	& *lvalue*	–
解引用	* *expr*	–
创建（并分配内存）	new *type*	–
创建（分配内存并初始化）	new *type* (*expr_list*)	–
（就地）创建	new (*expr_list*) *type*	–
（就地）创建（并初始化）	new (*expr_list*) *type* (*expr_list*)	–
销毁（回收内存）	delete *pointer*	–
销毁数组	delete [] *pointer*	–
C 风格类型转换	(*type*) *expr*	⇒
成员选择	*object* .* *pointer_to_member*	⇐
成员选择	*pointer* ->* *pointer_to_member*	⇐
乘法	*expr* * *expr*	⇐
除法	*expr* / *expr*	⇐
取模（取余数）	*expr* % *expr*	⇐
加法	*expr* + *expr*	⇐
减法	*expr* - *expr*	⇐
左移	*expr* << *expr*	⇐
右移	*expr* >> *expr*	⇐
小于	*expr* < *expr*	⇐
小于等于	*expr* <= *expr*	⇐
大于	*expr* > *expr*	⇐
大于等于	*expr* >= *expr*	⇐
相等	*expr* == *expr*	⇐
不等	*expr* != *expr*	⇐
按位与	*expr* & *expr*	⇐
按位异或	*expr* ^ *expr*	⇐
按位或	*expr* | *expr*	⇐
逻辑与	*expr* && *expr*	⇐
逻辑或	*expr* || *expr*	⇐
条件表达式	*expr* ? *expr* : *expr*	⇒

表C-1：操作符总结（续表）

描述	记号	结合律
简单赋值	lvalue = expr	⇒
乘并赋值	lvalue *= expr	⇒
除并赋值	lvalue /= expr	⇒
取模并赋值	lvalue %= expr	⇒
加并赋值	lvalue += expr	⇒
减并赋值	lvalue -= expr	⇒
左移并赋值	lvalue <<= expr	⇒
右移并赋值	lvalue >>= expr	⇒
按位与并赋值	lvalue &= expr	⇒
按位或并赋值	lvalue |= expr	⇒
按位异或并赋值	lvalue ^= expr	⇒
抛出异常	throw expr	-
逗号（序列）	expr , expr	⇐

该表来自[43, 10.3 节]，为二元和三元操作符提供了结合律的信息。相同优先级的一元操作符自内向外求值。在左关联操作符的表达式中，优先计算左边的子表达式，例如：

```
a + b + c + d + e           // 等价于
((((a + b) + c) + d) + e
```

而赋值则是右结合的，因此，

```
a= b= c= d= e               // 等价于
a= (b= (c= (d= e)))
```

一个要注意的细节是 sizeof 的定义。它后面可以接一个表达式，比如对象，但如果用于类型就必须要加括号。

```
int i;
sizeof i;           // 可以：i 是一个表达式
sizeof(i);          // 也可以：额外的括号不会有什么问题
sizeof int;         // 错了：类型必须要加括号
sizeof(int);        // 可以
```

C.3　类型转换规则（Conversion Rules）

整型、浮点类型和 bool 值之间可以在 C++中混用，因为它们之间可以两两互相转换。

在某些情况下，值之间的转换可以不损失信息。如果将转换后的值再转换回原来的类型还能和原始值相同，我们就称这样的转换是保值的（*Value-Preserve*），否则就把这样的转换称作窄化（*Narrow*）[1]，这一段可视作是[43, 10.5 节]的简化版。

C.3.1 类型提升（Promotion）

一个能"保值"的隐式转换被称为类型提升（*Promotion*）。较短整数或者浮点数都可以转换成更长的版本。在可能的时候，首先转换成 int 或 double（而不是更长的类型），因为它们会在算术运算中具有最"自然"的大小（即硬件支持性最好）。整数提升具体包括：

- 如果 int 可以表示原类型中的所有值，char、signed char、unsigned char、short int，或者 unsigned short int 变量就会被转换成 int。否则会转换到 unsigned int 上。

- char16_t、char32_t、wchar_t，或者普通 enum 会被转换成下面类型中第一个能够接纳源类型中所有值的类型：int、unsigned int、long、unsigned long 和 unsigned long long。

- 位域在取值范围允许的情况下，会被转换成 int，否则会尝试转换成 unsigned int。如果都没有成功则放弃提升。

- bool 会被转换成 int，false 转换成 0，true 转换成 1。

类型提升通常是作为一般算数类型转换的一部分使用的（参见 C.3.3）。来源：[43, 10.5.1 节]。

C.3.2 其他类型提升（Other Conversions）

C++还会执行以下可能的窄化转换：

- 整数和普通 enum 类型会转换为任意整数类型。如果目标类型比当前类型短，则会切掉所有高位。

---

[1] 也称作类型收窄或类型收缩。——译注

- 浮点值可以转换成更短的浮点类型。如果源值位于两个目标类型的值之间，就会选择其中的一个；否则的话，行为是未定义的。

- 指针和引用：指向任何类型对象的指针都可以转换为 void*（不过这个做法老套且充满弊端）。与之相反，指向任何成员函数或成员的指针都不能转换成 void*。派生类的指针/引用可以隐式转换成（明确的）基类的指针/引用。0（或者是会生成 0 的表达式）可以转换成任意指针类型，从而产生空指针。不过更推荐使用 nullptr。T*可以转换成 const T*，同理还有 T&和 const T&。

- bool：指针、整数和浮点数都可以隐式转换成 bool。0 转换成为 false，其他值均转换成 true。不过这些转换并不会对理解程序有什么帮助。

- 整数和浮点间相互转换：当浮点转换到整数时，小数部分会被丢弃（向 0 取整）。如果值超过整数范围，那么转换行为是未定义的。当整数可以在浮点中表达时，可以精确地从整数向浮点转换。否则可能会取紧邻它的较低或较高的浮点值（取决于具体实现）。如果整数对于浮点类型来说太大了（虽然一般不太可能），那么转换行为也是未定义的。

来源：[43, 10.5.2 节]以及标准。

C.3.3 常用的数值转换（Usual Arithmetic Conversions）

以下转换会在二元操作符的操作数上执行，这样可以将它们转换为公共类型，并将转换后的类型用作结果类型：

1. 如果一个操作数是 long double，则会将另一个操作数也转换成 long double。

    - 否则，如果一个操作数是 double，则会将另一个操作数也转换成 double。

    - 否则，如果一个操作数是 float，则会将另一个操作数也转换成 float。

    - 否则，C3.1 中的整数提升将会在两个操作数上执行。

2. 否则，如果一个操作数是 unsigned long long，则会将另一个操作数也转换成 unsigned long long。

    - 否则，如果一个操作数是 long long，而另一个是 unsigned long，如果前者的值域可以被后者所表示，则会把 unsigned long 转换成 long long，否则会把两个都转换成 unsigned long long。

- 否则，如果一个操作数是 long，而另一个是 unsigned，如果前者的值域可以被后者所表示，则会把 unsigned 转换成 long，否则会把两个都转换成 unsigned long。

- 否则，如果一个操作数是 long，那另一个也被转换成 long。

- 否则，如果一个操作数是 unsigned，那另一个也被转换成 unsigned。

- 否则，两个操作数都会被转换成 int。

总结一下，将 signed 和 unsigned 整数混在一起使用是平台相关的行为，因为其转换规则与整数类型的大小有关。来源：[43，10.5.3 节]。

C.3.4 窄化（Narrowing）

以下隐式类型转换都是窄化转换（*Narrowing Conversion*）：

- 从浮点到整数类型。

- 从 long double 转换到 double 或者 float，或者从 double 转换到 float，特别是当源值是一个常量表达式，而转换后的结果也仍然在目标类型的值域中时（即使不能精确表示）。

- 从整数类型或者无作用域的枚举类型转换到浮点类型，除非源值是一个常量表达式，转换后的值可以匹配到目标类型上，且还能够再转换回来，并且获得的值和原先相同。

- 从整数类型或无作用域的枚举类型转换到不能覆盖原始类型值域中所有值的类型，除非源值是一个常量表达式，转换后的值可以匹配到目标类型上，且还能够再转换回来，并且获得的值和原先相同。

来源：ISO 标准。